模拟电子技术

主　编　尼　喜　曹闹昌　陈雪娇

华中科技大学出版社
中国·武汉

内 容 简 介

本书为应用型本科院校“模拟电子技术”课程而编写，主要内容包括绪论、常用半导体器件、放大电路基础、集成运算放大电路、放大电路中的反馈、集成运放的基本应用、波形产生与变换电路、直流电源等。

本书每章开头配有“本章导读”，说明本章的主要内容及应掌握的知识点；每章结尾配有“本章小结”，对本章内容归纳总结，便于读者把握重点、突破难点。每章都配有习题，附录介绍电路仿真软件 Multisim。

本书可作为应用型本科院校通信、电信、自动化、计算机、软件工程等专业“模拟电子技术”课程的教材，也可作为相关专业从业人员自学的参考书。

图书在版编目(CIP)数据

模拟电子技术/尼喜，曹闹昌，陈雪娇主编. —武汉：华中科技大学出版社，2022.1
ISBN 978-7-5680-7873-3

Ⅰ.①模… Ⅱ.①尼… ②曹… ③陈… Ⅲ.①模拟电路-电子技术-高等学校-教材 Ⅳ.①TN710.4

中国版本图书馆 CIP 数据核字(2021)第 269706 号

模拟电子技术
Moni Dianzi Jishu

尼 喜 曹闹昌 陈雪娇 主编

策划编辑：范 莹
责任编辑：刘艳花
封面设计：原色设计
责任校对：李 弋
责任监印：周治超
出版发行：华中科技大学出版社(中国·武汉) 电话：(027)81321913
武汉市东湖新技术开发区华工科技园 邮编：430223
录 排：武汉市洪山区佳年华文印部
印 刷：武汉市籍缘印刷厂
开 本：787mm×1092mm 1/16
印 张：15.75
字 数：407 千字
版 次：2022 年 1 月第 1 版第 1 次印刷
定 价：46.00 元

前　言

“模拟电子技术”作为通信、电信、自动化、计算机、软件工程等专业重要的专业基础课，经过长期的发展已经形成了完整的知识结构体系。随着电子新器件、新技术、新方法的不断涌现，课程的知识点在不断增加。另一方面，各专业人才培养方案分配给本课程的学时却在不断压缩，课程内容增加与学时减少的矛盾越来越突出。为了更好地缓解这一矛盾，结合应用型本科院校学生的特点，本着因材施教的原则编写了本书。

本书的编写原则是“重基础，精应用，便教学”。在学时不足的条件下，首先要保证将基本的概念、原理及分析方法讲全、讲透，使读者能够完整理解本课程体系结构之间的内涵关系。对于应用电路和工程实例，尽可能精选一些典型的有代表性的电路加以分析，达到举一反三的目的。在章节安排上，将差分放大电路、功率放大电路与集成运算放大电路合并在一章之中，将放大电路的频率响应合并在放大电路基础这章中，这样做的目的是方便教学过程的组织。为了压缩篇幅，将部分必不可少的知识点以例题的形式给出，通过一个具体的电路实例，阐述其中包含的概念和原理。

本书内容包括绪论、常用半导体器件、放大电路基础、集成运算放大电路、放大电路中的反馈、集成运放的基本应用、波形产生与变换电路、直流电源等。在内容安排上，首先介绍电子技术的基本器件，然后介绍由此组成的各种电路的结构、工作原理及分析方法，按照“由浅入深，由简到繁，承前启后”的原则编写。每章开头配有“本章导读”，说明该章的主要内容及应掌握的知识点；每章结尾配有“本章小结”，对本章内容归纳总结，便于读者把握重点，突破难点。

本书可作为高等院校通信、电信、自动化、计算机、软件工程等专业的“模拟电子技术”课程教材，也可作为“电子技术基础”模拟部分教材，还可作为从事电子技术工作的工程技术人员的参考书。

本教材由尼喜（第 0 章、第 1 章、第 2 章、第 7 章、附录）、曹闹昌（第 4 章、第 6 章）、陈雪娇（第 3 章、第 5 章）共同编写。尼喜、曹闹昌、陈雪娇担任主编，全书由尼喜负责统稿。

华南理工大学殷瑞祥教授审阅了全书，提出了许多宝贵的意见和建议，广州城市理工学院刘文胜副教授对本书的出版给予了诸多帮助，在此一并表示衷心的感谢。

由于水平有限，书中难免有疏漏或错误之处，恳请读者指正，深表感谢。

编　者

2021 年 10 月于广州

本书常用符号说明

1. 符号编制基本原则

以晶体管基极电流为例,其他符号可以类比。

i_b	小写字母、小写下标,表示交流瞬时值
I_B	大写字母、大写下标,表示直流量(或静态电流)
i_B	小写字母、大写下标,表示交、直流量的瞬时总量
I_b	大写字母、小写下标,表示交流有效值
$I_{B(AV)}$	表示平均值
$\dot{I}_b$	表示交流相量值
Δi_B	表示瞬时值的变化量

2. 按字母顺序排列的符号

A	放大倍数及增益通用符号
A_c	共模电压放大倍数
A_d	差模电压放大倍数
$\dot{A}_u$	电压放大倍数的通用符号
$\dot{A}_{uu}$	第一个下标为输出量,第二个下标为输入量,类似的有$\dot{A}_{ui}$、$\dot{A}_{iu}$、$\dot{A}_{ii}$
C	电容通用符号
C_b	PN 结势垒电容
C_d	PN 结扩散电容
C_j	PN 结的结电容
C_μ	晶体管 π 型等效电路之集电结等效电容
C_π	晶体管 π 型等效电路之发射结等效电容
d	场效应管的漏极
D	二极管
D_Z	稳压二极管
f	频率
f_{BW}	通频带
f_H、f_L	放大电路的上限截止频率、下限截止频率
f_0	电路的振荡频率、中心频率、滤波电路的中心频率
f_T	晶体管的特征频率
F	反馈系数的通用符号
$\dot{F}_{uu}$	第一个下标为反馈量,第二个下标为输出量,类似的有$\dot{F}_{ui}$、$\dot{F}_{iu}$、$\dot{F}_{ii}$
g	场效应管的栅极
g_m	场效应管的跨导

G	电导通用符号
h_{ie}、h_{re}、h_{fe}、h_{oe}	晶体管 h 参数等效电路的四个参数
i、I	电流
$\dot{I}_i$、$\dot{I}_o$	输入、输出电流相量
I_D	二极管的电流
I_F	二极管的最大整流平均电流
I_s	二极管的反向饱和电流
i_b、i_c、i_e	晶体管基极、集电极、发射极交流电流
I_{BQ}、I_{CQ}、I_{EQ}	晶体管基极、集电极、发射极静态直流电流
i_B、i_C、i_E	晶体管基极、集电极、发射极交/直流瞬时总电流
I_{CBO}	晶体管发射极开路时 b、c 间的反向电流
I_{CEO}	晶体管基极开路时 c、e 间的穿透电流
I_{CM}	晶体管集电极最大允许电流
I_{DO}	增强型场效应管 $U_{GS}=2U_{GS(th)}$ 时的漏极电流
I_{DSS}	结场效应管 $U_{GS}=0$ 时的漏极电流
i_P、i_N	集成运放同相输入端电流、反相输入端电流
K_{CMR}	共模抑制比
P	功率
P_o	输出交流功率
P_T	晶体管耗散功率
P_V	电源消耗的功率
P_{CM}	晶体管集电极最大允许耗散功率
P_{DM}	场效应管漏极最大允许耗散功率
Q	静态工作点
r_d	二极管导通时的动态电阻
r_s	稳压管在稳压状态时的动态电阻
$r_{bb'}$	晶体管基区体电阻
$r_{b'e}$	晶体管发射结的动态电阻
r_{ds}	场效应管 d、s 间的动态电阻
r_{id}	集成运放的差模输入电阻
R	电阻通用符号
R_i	放大电路的输入电阻
R_o	放大电路的输出电阻
R_s	信号源内阻
R_L	负载电阻
s	场效应管的源极
S	整流电路的脉动系数
S_r	稳压电路的稳压系数
SR	集成运放的转换速率

u、U	电压
u_{s}	信号源电压
u_{i}、u_{o}	输入、输出电压交流量
$\dot{U}_{\mathrm{i}}$、$\dot{U}_{\mathrm{o}}$	输入、输出电压相量
U_{on}	PN 结、二极管、三极管发射结的开启电压
U_{CES}	晶体管饱和管压降
$U_{\mathrm{(BR)CBO}}$	晶体管发射极开路时 b、c 间的击穿电压
$U_{\mathrm{(BR)CEO}}$	晶体管基极开路时 c、e 间的击穿电压
$U_{\mathrm{GS(off)}}$	耗尽型场效应管的夹断电压
$U_{\mathrm{GS(th)}}$	增强型场效应管的开启电压
U_{T}	电压比较器阈值电压
U_{OH}、U_{OL}	电压比较器的输出高电平、输出低电平
V_{BB}	基极回路电源
V_{CC}	集电极
V_{DD}	漏极回路电源
V_{EE}	发射极回路电源、源极回路电源
α、$\bar{\alpha}$	晶体管共基交流电流放大系数、共基直流电流放大系数
β、$\bar{\beta}$	晶体管共射交流电流放大系数、共射直流电流放大系数
φ	相位角
ω	角频率
η	效率

目　录

第0章　绪　　论

0.1　电子技术的研究内容

电子技术是十九世纪末、二十世纪初发展起来的新兴技术。由于物理学的重大突破，电子技术在二十世纪发展最为迅速，成为近代科学技术发展的一个重要标志。电子技术以研究电信号的产生、传输以及处理为基本任务；以研究电子器件特性、电子电路的组成原理及分析方法为主要目标；通过完整的电子信息系统实现生产实践中各种各样的应用。

自然界中的物理量可以通过传感器转变为电信号，**电信号是指随时间变化的电压或电流**。根据信号变化规律的不同，电信号可以分为模拟信号和数字信号，由此发展出模拟电子技术和数字电子技术两门课程。

0.1.1　模拟信号与数字信号

模拟信号是指幅度随时间连续变化的信号。对于任意时间 t，均有确定的电压 u 或电流 i。例如正弦波信号，我们能感知到的声音信号、图像信号等都是模拟信号。对模拟信号的处理，主要包括信号的放大、信号的产生和波形变换等。

数字信号在幅度和时间上都是离散的，电压或电流总是在某些离散的瞬间发生突变。应当指出，大多数物理量所转换的电信号都是模拟信号，为了更有效地处理信号，通常将模拟信号转换为数字信号。例如，在用计算机处理信号时，由于计算机只能识别数字信号，因此，要通过一种称为模数转换的电路进行预处理。

模拟信号与数字信号如图 0.1.1 所示。本书所涉及的多为模拟信号。

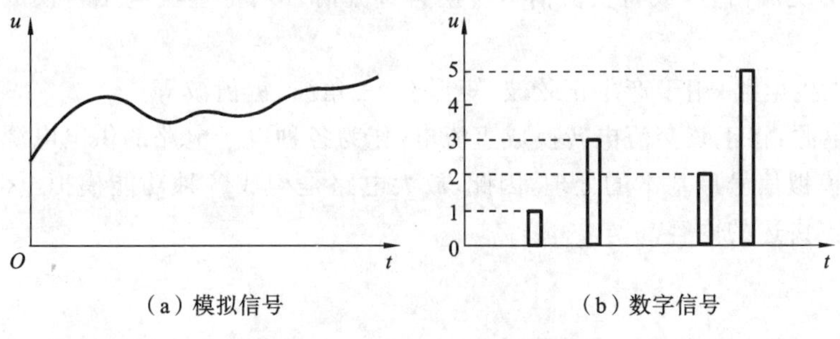

(a) 模拟信号　　(b) 数字信号

图 0.1.1　模拟信号与数字信号

0.1.2　电子信息系统

随着计算机技术的发展，信号处理往往借助计算机程序实现，因此，一个电子信息系统通常是模拟电路与数字电路的有机结合。在图 0.1.2 所示的电子信息系统中,虚线框内为模拟电子电路完成的部分,其余为数字电路或计算机系统完成的部分。

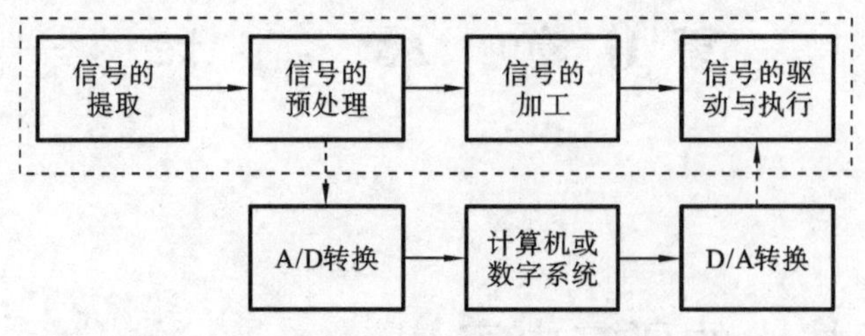

图 0.1.2　电子信息系统

对模拟电路部分而言,首先是信号的提取,也就是通过传感器、接收器将各种物理量转换为电信号。对于实际系统,传感器或接收器所提供信号的幅值往往很小,噪声很大,且易受干扰,有时甚至分不清什么是有用信号,什么是干扰或噪声,因此,在加工信号之前需将其进行预处理,常用的方法有隔离、滤波、阻抗变换等,然后将信号放大。当信号足够大时,再进行信号的运算、转换、比较、采样保持等不同方式的加工处理。最后,通常要经过功率放大以驱动执行机构(负载)。

若系统不经过计算机处理,则图 0.1.2 中信号的预处理和加工可合二为一,这样的电子系统称为模拟系统;将模拟信号预处理后经模拟/数字(A/D)转换器送入计算机或专门的数字系统进行处理,处理的结果再经数字/模拟(D/A)转换器还原为模拟信号,最后驱动执行机构,这样的系统称为模拟-数字混合系统。

0.1.3　电子信息系统中的模拟电路

在电子系统中,常用的模拟电路及其功能如下。

(1) 放大电路:用于将信号的电压、电流或功率的放大。

(2) 滤波电路:用于信号的提取、变换或抗干扰。

(3) 运算电路:完成一个信号或多个信号的加、减、乘、除、积分、微分、对数、指数等运算。

(4) 信号转换电路:用于将电流信号转换成电压信号(或将电压信号转换成电流信号)、将直流信号转换为交流信号(或将交流信号转换为直流信号)、将直流电压转换成与之成正比的频率等。

(5) 信号发生电路:用于产生正弦波、矩形波、三角波、锯齿波等。

(6) 直流电源:将正弦交流电转换成直流电,作为各种电子电路的供电电源。

放大是对模拟信号最基本的处理,因此,放大电路是构成各种功能模拟电路的基本电路,也是本课程重点讲述的内容。

0.2　电子技术的发展史

电子技术从电子管、晶体管、集成电路到大规模和超大规模集成电路,电子器件一直在朝着微型化、大功率、高电压、高频率的方向不断迈进。随着新器件的不断涌现,出现了各种各样的电子电路和围绕电路总结的分析方法，因此电子技术的发展主要伴随着器件、电路、方法的进步而进行。

0.2.1 电子管时代(1904—1947年)

1904年，世界上第一根电子管在英国物理学家弗莱明的手中诞生，弗莱明获得了这项发明的专利权。电子管的诞生标志着世界从此进入电子时代。

说起电子管的发明，要从"爱迪生效应"谈起。1883年，爱迪生致力于研究白炽灯的寿命，他在灯泡的碳丝附近焊上一小块金属片，结果发现了一个奇怪的现象：金属片虽然没有与灯丝接触，但如果在它们之间加上电压，灯丝就会产生一股电流，趋向附近的金属片。这股神秘的电流是从哪里来的？爱迪生也无法解释，但他不失时机地将这一发明注册了专利，并称之为"爱迪生效应"。后来，有人证明电流的产生是因为炽热的金属能向周围发射电子造成的。预见到这一效应具有实用价值的是英国物理学家和电气工程师弗莱明。

电子管历时40余年，一直在电子技术领域占据统治地位。但是，电子管体积大且十分笨重，能耗大、寿命短、噪声大，制造工艺十分复杂。因此，电子管问世不久，人们就在努力寻找新的电子器件。

0.2.2 晶体管时代(1947—1960年)

1947年12月，美国贝尔实验室的肖克利、巴丁和布拉顿组成的研究小组，研制出一种点接触型的锗晶体管。晶体管的问世是20世纪的一项重大发明，是微电子革命的先声。晶体管的发明又为后来集成电路的降生吹响了号角。

1945年秋天，贝尔实验室成立了以肖克莱为首的半导体研究小组，他们经过一系列的实验和观察，逐步认识到半导体中电流放大效应产生的原因。他们发现，在锗片的底面接上电极，在另一面插上细针并通上电流，然后让另一根细针尽量靠近它，并通上微弱的电流，这样就会使原来的电流产生很大的变化。微弱电流少量的变化会对另外的电流产生很大的影响，这就是"放大"作用。他们利用两个靠得很近(相距0.05 mm)的触须接点代替金箔接点，制造了"点接触型晶体管"。1947年12月，这个世界上最早的实用半导体器件问世，在首次试验时，它能把音频信号放大100倍。在为这种器件命名时，布拉顿想到它的电阻变换特性，即它是靠一种从"低电阻输入"到"高电阻输出"的转移电流来工作的，于是取名为Trans-resister(转换电阻)，后来缩写为Transistor，中文译名就是晶体管。

0.2.3 集成电路时代(1961年至今)

集成电路(Integrated circuit，IC)是20世纪60年代初期发展起来的一种微型半导体器件，或称芯片(chip)。集成电路通过采用一定的电子工艺，把一个电路中所需的晶体管、二极管、电阻、电容和电感等元器件及布线互连一起，制作在一小块或几小块半导体晶片或介质基片上，然后封装在一个管壳内，成为具有所需电路功能的微型结构。1961年4月，第一个集成电路专利被授予罗伯特·诺伊斯(Robert Noyce)。由于所有元器件在结构上组成一个整体，集成电路具有体积小、重量轻、寿命长、可靠性高等优点，同时成本低，便于大规模生产。用集成电路来装配电子设备，其装配密度比晶体管提高几十倍至几千倍，设备的稳定工作时间也大大提高。

1971 年以后，电子技术进入大规模集成电路时代。大规模集成电路是指在一个芯片上集成 1000 个以上电子元器件的集成电路。1971 年 Intel 公司发布了第一个微处理器 4004，包含 2000 多个晶体管。1972 年，Intel 公司发布了第一个 8 位处理器 8008。

自 1982 年后，Intel 公司陆续制造了 286 微处理器、386 微处理器（1985 年）、奔腾处理器（1993 年）。2002 年，采用 Intel0.13 μm 制程技术生产的奔腾 4 处理器含有 5500 万个晶体管，高性能桌面台式电脑由此可实现每秒钟 22 亿个周期运算，电子技术进入巨大规模集成电路时代。2011 年 5 月，Intel 公司成功研发出世界首个 3D 晶体管，称为 Tri-Gate。

总之，电子技术产品正以飞快速度由大规模和超大规模集成电路时代进入巨大规模集成电路时代。近 30 年来电子技术发展十分迅猛，集成电路产业已不再依赖 CPU、存储器等单一器件发展，移动互联、多屏互动、智能终端等带来了电子技术的智能时代。

0.3 模拟电子技术课程的特点

模拟电子技术是入门性质的技术基础课，目的是在学习掌握模拟电子电路的基本概念、基本原理、基本分析方法的基础上，提高学习者电子信息系统分析、设计的能力。本课程与数学、物理，甚至电路课程有着明显的差别，主要表现在它的工程性和实践性上。因而读者在学习时应特别注意由此带来的课程特点，进而调整过去形成的学习方法和思维习惯。

所谓工程性，就是要从解决工程问题的角度思考问题，将定性分析与定量分析结合起来，将精算与估算结合起来。实际工程问题的解决方案往往不是唯一的，因而不仅要提出满足需求的方案，还要对各种方案进行可行性分析，即阐明能够达到预期功能和性能的理由，比较不同方案的优缺点，并选定一种最优方案，这个过程也是定性分析。总体方案选定之后，详细设计需要计算元件的参数，但工程实践中发现，元器件的外部特性往往是非线性的，很难用精确的数学表达式描述，因此不得不采用近似估算的方法，但估算又不可避免地会出现误差。如果误差过大，就会造成理论计算与实际测试的不符合。如果太过精确，势必增加计算的复杂性，在电路调试时也没有必要。为了“合理”地控制误差，估算前必须考虑研究的是什么问题，在什么条件下哪些参数可以忽略不计。换言之，**要近似得有道理**。

所谓实践性，就是不仅要学会课程中的概念及原理，而且要学会将理论转化为实践，学会电路的设计、安装、调试、测试、维修等。这些工作不一定有很强的理论，但每一个从事电子系统研发、生产的工程师都应掌握这些基本技能。这就要求掌握常用电子仪器的使用方法、模拟电子电路的测试方法、故障的判断和排除方法、电子电路的仿真方法等。了解各元器件参数对电路性能的影响是正确调试的前提，而对所测试电路原理的理解是正确判断和排除故障的基础，掌握一种仿真软件是提高分析问题、解决问题能力的必要手段。理解了这些关系，就可以明确学习的重点，指导我们的学习。

0.4 如何学习模拟电子技术课程

学习任何一门课程，首要要对课程有真心的热爱，只有热爱才有学习的动力。除此之外，从学习方法上，要注意以下问题。

0.4.1 注重“基本概念、基本电路、基本分析方法”的学习

基本概念的含义是不变的，但应用是灵活的。对于任何一个基本概念，要深究其内涵和外延，了解引入这一概念的必要性及其物理意义，这对电路工作原理的理解、分析方法的掌握很有必要。

基本电路是指具有一定功能和结构特征的最简单电路。电子电路是千变万化的，不可能也没必要记住所有电路的结构，但基本电路的组成原则是不变的。本书中每一章都有基本电路，掌握这些电路是学好该课程的关键，至少应了解其产生背景(即满足什么需求)、结构特点和性能特点，以及在电子系统中的作用。

在掌握基本概念、基本电路的基础上还应掌握基本分析方法。不同类型的电路具有不同的功能，需用不同的参数和不同的方法描述，而不同的参数有不同的求解方法。基本分析方法包括电路的识别方法、性能指标的估算和描述方法、电路形式及电路参数的选择方法等。

0.4.2 学会全面、辩证地分析问题

应当指出，对于实际需求，从适用的角度出发，没有最好的电路，只有最合适的电路，或者说在某一应用场合中最合适的电路才是最好的电路，“最合适”是由各种约束条件得出的，如环境、现有元器件、甚至造价等。当你为改善电路某方面性能而采取某种措施时，必须自问，这种措施还改变了什么？怎么变的？能容忍这种变化吗？因为一个电子电路是一个整体，各方面性能是相互联系的，通常“有一利将有一弊”，不能“顾此失彼”。

0.4.3 注意电路的基本定理、定律的应用

分析模拟电路的方法之一就是用等效电路取代模拟电子电路中的半导体器件，然后按照电路的基本定理、定律分析计算。因此需要对电路中的定理(如基尔霍夫定律、戴维宁定理、诺顿定理等)熟悉并有深刻理解。

第1章　常用半导体器件

【本章导读】 本章从半导体的基础知识开始，主要介绍了半导体二极管、三极管及场效应管的结构、导电机理及外部特性。通过本章的学习，可以理解PN结的形成过程及单向导电性的原理；掌握二极管的伏安特性、主要参数及使用方法；理解三极管的导电机理及电流放大特性产生的原因；通过三极管输入、输出特性曲线理解三极管工作在放大区、饱和区、截止区的条件及特点；了解三极管的主要参数的意义；了解场效应管的类型及主要参数；了解NMOS管的导电机理，并通过场效应管的转移特性及输出特性曲线理解可变电阻区、恒流区及夹断区的特性。

1.1　半导体基础知识

自然界中的材料按照导电能力分为导体(conductor)、半导体(semiconductor)与绝缘体(insulator)，**半导体是指导电能力介于绝缘体与导体之间的材料**。常见的半导体材料有硅(Si)、锗(Ge)、砷化镓(GaAs)等，这些经过特殊加工且性能可控的半导体材料是制作电子元件的基本材料，应用非常广泛。

1.1.1　本征半导体

纯净的具有晶体结构的半导体称为本征半导体，如纯净的硅、锗等。

1. 本征半导体的共价键结构

硅、锗在元素周期表中属于第四族元素，其原子最外层有4个价电子。硅、锗晶体是由硅、锗原子按照特定结构在空间有序排列而形成的正四面体结构，称为晶格结构，如图1.1.1所示。**每个原子的4个价电子和相邻原子的价电子形成4个共用电子对，这种电子对受到很强的原子束缚力，这种组合称为共价键结构**。图中标有“+4”的圆圈表示除价电子外的正离子。

2. 本征激发及载流子

由于共价键的存在，使本征半导体中不像导体那样有大量自由移动的电荷，因而不具有导电性。但是，当温度升高或受到光照时，共价键中的少数价电子由于热运动而获得足够的能量，从而摆脱共价键的束缚成为自由电子，同时在共价键中相应位置上留下一个空位，称为空穴，如图1.1.2所示。由于热和光照的作用，**本征半导体中产生自由电子和空穴的现象称为本征激发，也称热激发**。在本征半导体中，自由电子和空穴总是成对出现，称它们为电子空穴对。

自由电子带负电，而失掉一个价电子的原子带正电，相当于空穴带正电。若在本征半导体两端外加一电场，则一方面自由电子将产生定向移动，形成电子电流；另一方面由于空穴的存在，价电子将按一定的方向依次填补空穴，也就是说空穴也产生定向移动，形成空穴电流。由于自由电子和空穴所带电荷极性不同，所以它们的运动方向相反，本征半导体中的电流是这两个电流之和。**通常把这种运载电荷的自由电子和空穴称为载流子**。导体导电只有一种载流子，即自由电子；而本征半导体有自由电子和空穴两种载流子，这是半导体导电的特殊性质。

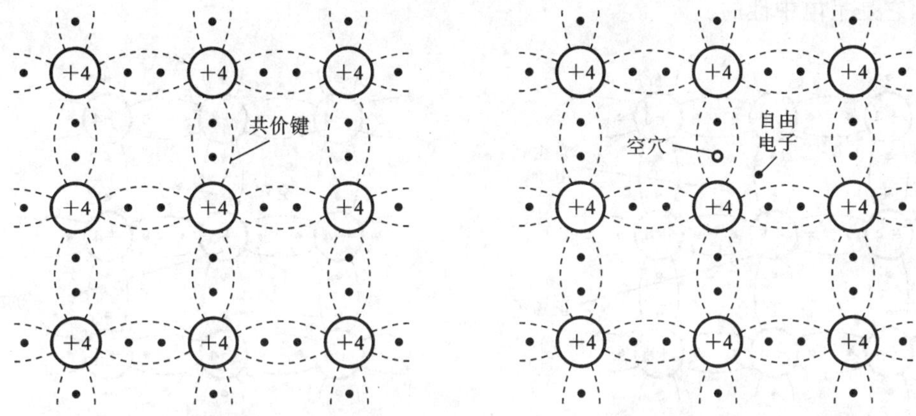

图 1.1.1 本征半导体结构示意图　　图 1.1.2 本征半导体中的载流子

自由电子在运动过程中如果与空穴相遇就会填补空穴，使两者同时消失，这种现象称为复合。在一定的温度下，本征激发所产生的自由电子空穴对与复合的自由电子空穴对数目相等，这种现象称为**动态平衡**。

半导体的导电能力主要与载流子的浓度有关。在一定温度下，本征半导体中载流子的浓度是一定的。当环境温度升高时，热运动加剧，挣脱共价键束缚的自由电子数目增多，空穴也随之增多，即载流子的浓度升高，因而必然使得导电性能增强。反之，当环境温度降低时，载流子的浓度降低，导电性能变差。半导体材料对温度的这种敏感性，可用来制作热敏器件，但也使得半导体器件的温度稳定性变差。

1.1.2 杂质半导体

在制作电子元器件时，需要增强半导体的导电能力，为此，通过一定的工艺，在本征半导体中掺入少量的杂质元素，形成杂质半导体。按掺入杂质元素的不同，可形成 N 型半导体和 P 型半导体。

1. N 型半导体

在纯净的硅或锗晶体中掺入五价元素（如磷），使之取代晶格中硅原子的位置，就形成了 N 型半导体。由于磷原子的最外层有五个价电子，与相邻的四个硅或锗原子组成共价键时，有一个多余的价电子不能构成共价键，这个价电子只受杂质原子核的束缚，因此，这个价电子很容易脱离原子核的束缚而成为自由电子，从而大幅提高其导电能力。其结构示意图如图 1.1.3 所示。

显然，**在 N 型半导体中，自由电子的数目相对较多，故称为多数载流子（简称多子）；空穴为少数载流子（简称少子）**。就整块半导体来说，它既没有失去电子也没有得到电子，所以呈电中性。

2. P 型半导体

在纯净的硅或锗晶体中掺入三价元素（如硼），使之取代晶格中硅原子的位置，就形成了 P 型半导体。三价的硼原子与周围硅原子组成共价键时，因缺少一个电子，相当于多了一个空穴，而这个空穴会得到相邻原子上的自由电子，从而会大幅提高其导电能力，如图 1.1.4 所示。**在 P 型半导体中，空穴的浓度相对较多，为多数载流子，自由电子为少数载流子**。就整块半导体来说，它是呈电中性的。

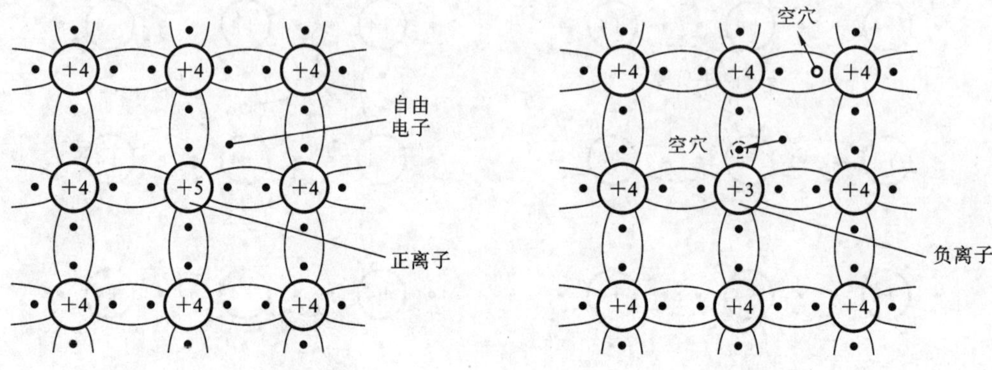

图 1.1.3　N 型半导体　　　　**图 1.1.4　P 型半导体**

综上所述，杂质半导体的导电能力主要取决于多数载流子的浓度，而多数载流子由掺杂产生而不由本征激发产生。另外，由于多子的浓度越高，与少子复合的概率越大，少子的浓度就越低，因而，掺杂半导体受温度影响较小。而少子由本征激发产生，其浓度与温度密切相关，尽管其浓度很低，但对温度非常敏感，这也是使用半导体器件时应注意的问题。

1.1.3　PN 结及其单向导电性

1. PN 结的形成

通过一定掺杂工艺，在一片完整晶体的两边分别制成 P 型半导体和 N 型半导体，在 P 型和 N 型半导体交界面的两侧，形成一个不能移动的空间电荷区，如图 1.1.5 所示，这就是 PN 结。

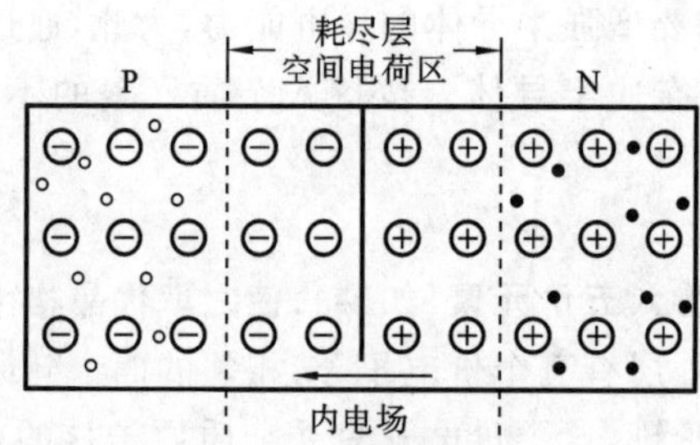

图 1.1.5　PN 结的形成

从载流子运动规律看，PN 结的形成过程，就是载流子扩散—复合—漂移的过程。

物质总是从浓度高的地方向浓度低的地方运动，这种**由于浓度差而产生的运动称为扩散运动**。当把 P 型半导体和 N 型半导结合在一起时，在它们的交界面，两种载流子的浓度差很大，因而 P 区的空穴必然向 N 区扩散，与此同时，N 区的自由电子也向 P 区扩散。扩散到 P 区的自由电子与空穴复合，而扩散到 N 区的空穴与自由电子复合，其结果是在交界面附近多子的浓度下降，**P 区出现负离子区，N 区出现正离子区，这些离子是不能移动的，称为空间电荷区**。图 1.1.5 中 P 区标有负号的小圆圈表示掺杂的硼元素得到一个自由电子后形成的负离子；N区标有正号的小圆圈表示掺杂的磷元素失去一个自由电子后形成的正离子。

空间电荷区的正、负离子是不能移动的，但**正、负离子之间会形成电场，称为内电场**，方向由N区指向P区。显然，内电场对多数载流子的扩散运动起阻碍作用，但对少数载流子起推动作用，使它们向扩散运动相反的方向运动，越过空间电荷区，进入对方。**少数载流子在内电场作用下的定向运动称为漂移运动**。最后，**参与扩散运动的多子数目等于参与漂移运动的少子数目，从而达到动态平衡**，空间电荷区的宽度基本稳定下来，形成PN结。空间电荷区中几乎没有可移动的载流子，在分析PN结特性时，常忽略载流子的作用，而只考虑离子区的电荷，这种方法称为“耗尽层近似”，故空间电荷区也称为耗尽层。

2. PN结的单向导电性

如果在PN结的两端外加电压，就会破坏原来的平衡状态，从而影响PN结的导电特性。所加电压的极性不同，PN结的导电特性也不相同。

1) PN结外加正向电压时处于导通状态

将P区接电源的正极，N区接电源的负极，如图1.1.6所示，PN结处于正向偏置状态，简称正偏。此时外加电压在空间电荷区形成的电场与内电场方向相反，削弱了内电场，使空间电荷区变窄。在电源的作用下，多数载流子更容易向对方区域扩散形成正向电流，其方向是从P区流向N区。**在一定的范围内，外加正向电压越大，正向电流就越大，此时PN结呈现低阻态，常称为导通状态**。

2) PN结外加反向电压时处于截止状态

将P区接电源的负极，N区接电源的正极，如图1.1.7所示，PN结处于反向偏置状态，简称反偏。此时外加电压在空间电荷区形成的电场与内电场方向一致，相当于内电场增强了，使空间电荷区变宽，阻碍了多数载流子的扩散运动。少数载流子在电场力的作用下做漂移运动，其电流由N区流向P区，称为反向电流。由于**反向电流是由少数载流子形成的，故其数值很小，PN结的反向电阻很高，常称为截止状态**。

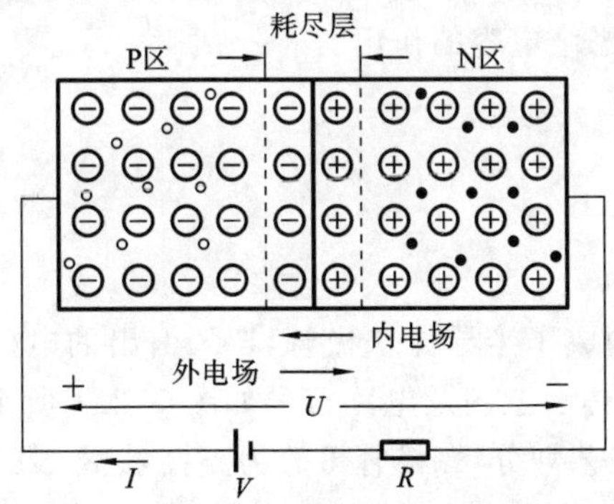

图1.1.6 PN结外加正向电压

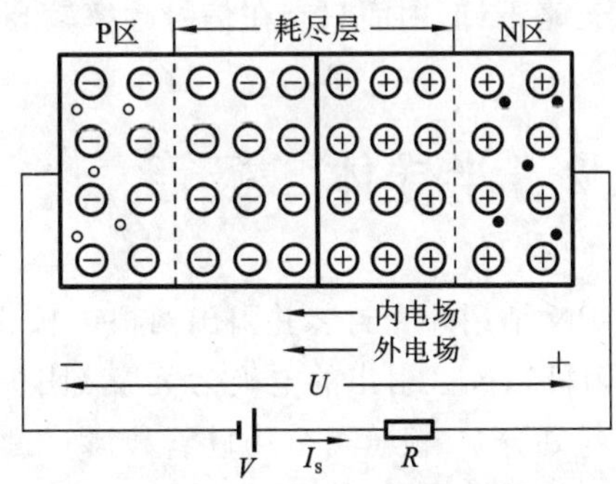

图1.1.7 PN结外加反向电压

综上所述，当PN结正偏时，呈现较小的电阻，正向电流较大，处于导通状态；当PN结反偏时，呈现较大的电阻，反向电流较小，处于截止状态。这就是PN结的单向导电性。

3. PN结的电流方程

由理论分析可知，PN结所加端电压 u 与流过它的电流 i 的关系为

$$i=I_s(e^{\frac{qu}{kT}}-1) \tag{1.1.1}$$

式中：I_s为反向饱和电流；q 为电子的电量；k 为玻尔兹曼常数；T 为热力学温度。将式(1.1.1)中的$\frac{q}{kT}$用$\frac{1}{U_T}$取代(U_T 称为温度的电压当量)，则得

$$i=I_s(e^{\frac{u}{U_T}}-1) \tag{1.1.2}$$

常温下，即 $T=300$ K 时，$U_T \approx 26$ mV。

4. PN 结的电容效应

PN 结的空间电荷区是积累电荷的区域，具有电容效应。根据产生原因的不同，可把 PN 结的电容分为势垒电容和扩散电容。

1) 势垒电容

PN 结的宽度随着外加电压的变化而变化，即耗尽层的电荷量会随着外加电压的变化而增加或减少，这种现象与电容的充放电过程相同。**耗尽层宽窄变化所等效的电容就称为势垒电容，用 C_b表示**。势垒电容的大小与结面积、耗尽层宽度、半导体的介电常数和外加电压有关。当 PN 结外加反向电压时，势垒电容将随外加电压的变化而发生明显的变化。利用 PN 结势垒电容 C_b随外加反向电压变化而变化的特性，可制成各种变容二极管。

2) 扩散电容

当外加正向电压一定时，靠近耗尽层交界面处的载流子浓度高，远离交界面处的载流子浓度低，因此载流子浓度自高向低衰减，形成一定的浓度差，从而形成扩散电流。当外部正向电压增大时，载流子浓度增大，浓度差也增大，扩散电流增大；当外部正向电压减小时，载流子浓度及浓度差减小，扩散电流也随之减小。**扩散电流的变化对应着电荷的变化，电荷的积累和释放与电容器的充放电过程相同，这种电容效应称为扩散电容，用 C_d表示**。当 PN 结正向偏置时，扩散电容较大；当 PN 结反向偏置时，载流子数目很少，因此扩散电容的数值很小，一般可忽略。

总之，PN 结的结电容 C_j是势垒电容 C_b与扩散电容 C_d之和，由于 C_b与 C_d一般都很小(结面积小的为 1 pF 左右，结面积大的为几十至几百皮法)，对于低频信号呈现出很大的容抗，其作用可忽略不计，因而只有在信号频率较高时才考虑结电容的作用。

1.2 半导体二极管

将 PN 结用外壳封装并引出两根电极引线就构成了半导体二极管，P 区引出的电极称为正极 (阳极)，N 区引出的电极为负极 (阴极)，其结构示意图及电路符号如图 1.2.1 所示。按所用材料划分，二极管可分为硅管和锗管；按制造工艺划分，二极管可分为点接触型二极管、面接触型二极管和硅平面型二极管。

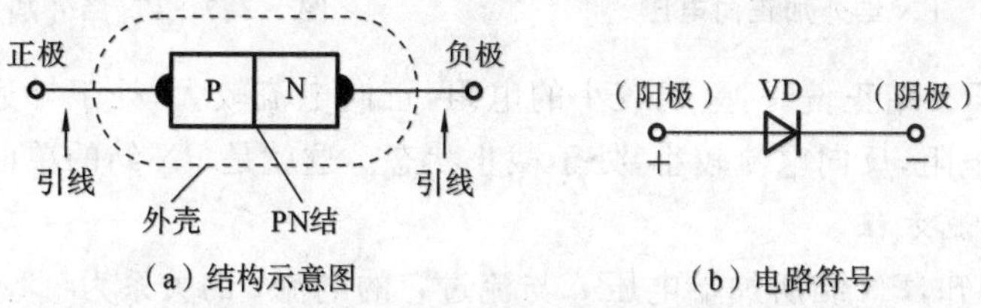

(a) 结构示意图　　(b) 电路符号

图 1.2.1　二极管结构示意图及电路符号

1.2.1 二极管的类型结构

1. 点接触型二极管

点接触型二极管是由一根很细的金属丝热压在半导体薄片上制成的。在热压处理过程中，金属触丝融化并渗入 N 型锗片中，相当于在锗片中掺入金属（如三价的铝）杂质而形成 P 型半导体，与 N 型锗片结合形成 PN 结，金属丝为正极，半导体薄片为负极，加上外壳就构成点接触型二极管，如图 1.2.2(a)所示。

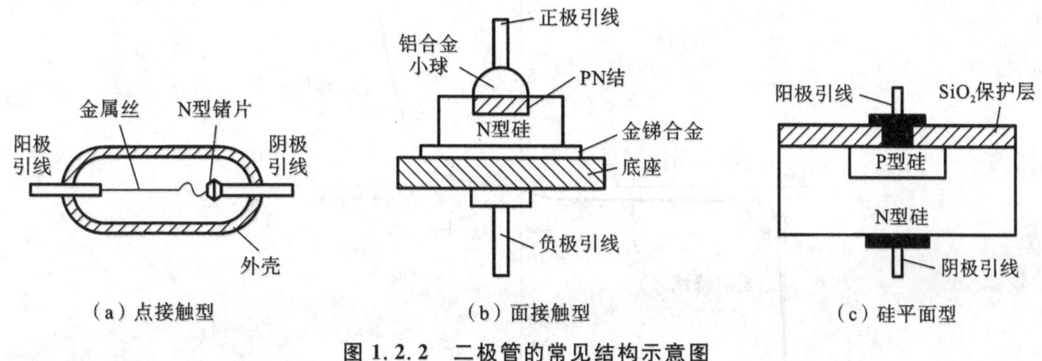

图 1.2.2　二极管的常见结构示意图

由于点接触型二极管金属丝很细，形成的结面积较小，故极间电容小，适合在高频条件下工作，主要应用于高频调制、解调、混频及高频检波等电路中，还可用作数字电路的开关元件。

2. 面接触型二极管

面接触型二极管的 PN 结是采用合金工艺制成的，如图 1.2.2(b)所示。它的结面积大，因而能通过较大的电流，当然，其结电容也相对较大，只能在较低的频率下工作，可用于较大电流、较低频率的整流电路中。

3. 硅平面型二极管

硅平面型二极管的 PN 结是采用扩散法工艺制成的，其结构如图 1.2.2(c)所示，结面积大的可通过较大的电流，适用于大功率整流；结面积小的结电容小，适合在数字电路中做开关。

1.2.2 二极管的伏安特性

二极管两端电压与流过电流之间的关系称为伏安特性。由于二极管是由 PN 结制成的，在已知二极管反向饱和电流 I_S 时，其伏安特性可以通过式(1.1.1)或式(1.1.2)绘制曲线描述。对于具体的二极管，工程上常用图 1.2.3 所示的实验电路测量并绘制伏安特性曲线。电路中利用电压表测定二极管两端的电压，用电流表测定流过的电流。通过改变电位器 R_w 的阻值，不断改变加在二极管两端的电压，测得对应的电流，从而描绘出如图 1.2.4 所示的曲线。

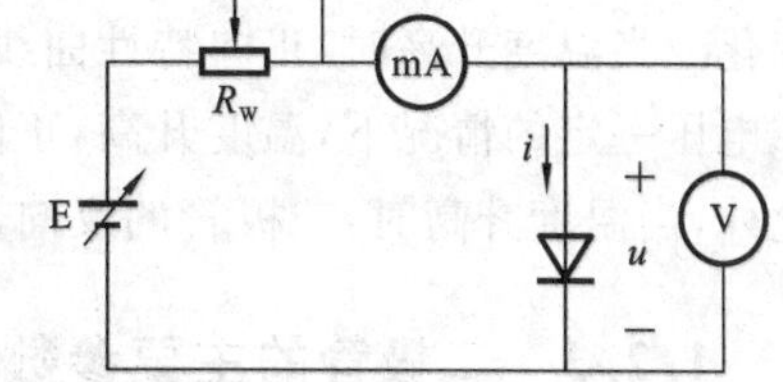

图 1.2.3　二极管伏安特性测试电路

1. 正向特性

图 1.2.4 的 OC 段描述的是二极管的正向特性。在 OA 段，二极管正向电压低于某一数值 U_{on} 时，外电场不足以克服 PN 结内电场对多数载流子扩散运动所造成的阻力，因而正向电

流几乎为零。这个**电压 U_{on} 称为开启电压,锗管约为** 0.1 V,**硅管约为** 0.5 V。当二极管两端所加电压超过开启电压时,正向电流随着外加电压增加而增大。在 AB 段,正向电压稍有变化,正向电流按指数规律增加,此时二极管为导通状态。在 BC 段,正向电压增加时,正向电流按线性规律增加,曲线近似于直线,称为线性区。在此区域中,当正向电流在一定范围内变化时,正向导通电压的变化范围很小,锗管为 0.2～0.3 V,硅管为 0.6～0.8 V。在工程上,二极管的导通电压一般锗管取 0.2 V,硅管取 0.7 V。

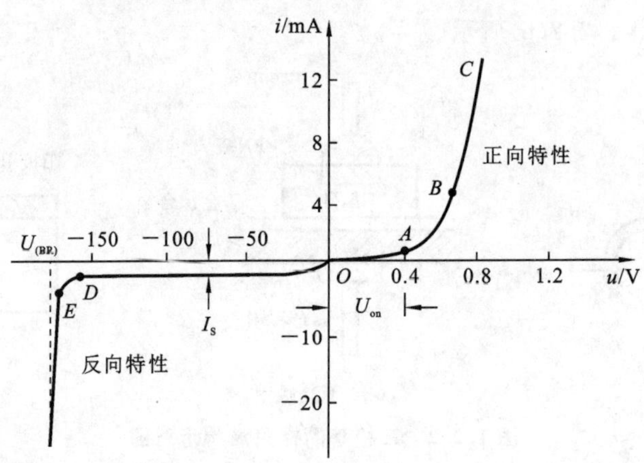

图 1.2.4　二极管伏安特性曲线

2. 反向特性

图 1.2.4 的 OD 段描述的是二极管的反向特性。**当反向偏置时,二极管中有微小电流通过,称为反向饱和电流** I_S,其大小基本上不随反向电压的变化而变化,此时二极管呈现非常大的反向电阻,视为截止状态,在电路中相当于开关的断开状态。

二极管的反向饱和电流 I_S 越小,表明其反向性能越好。小功率锗管反向饱和电流可达几微安至几十微安,小功率硅管的反向饱和电流在 1 μA 以下。

当从 D 点继续增加反偏电压时,反向电流将急剧增大,这种现象称为反向击穿,对应的临界电压称为反向击穿电压,用 $U_{(BR)}$ 表示。普通二极管、整流二极管等不允许工作在该状态,因为二极管反向击穿后,如果没有采取适当的限流措施,将使 PN 结过热而损坏。

3. 温度对二极管特性的影响

由于半导体材料具有热敏性,二极管导电特性受温度影响,因此其伏安特性随温度变化而变化。当温度升高时,正向特性曲线将左移,反向特性曲线将下移。也就是说,从正向特性看,在电压一定的情况下,温度升高,正向电流增大;从反向特性看,温度升高,反向饱和电流增大。此外,当温度升高时,二极管的反向击穿电压 $U_{(BR)}$ 会有所减小。

1.2.3　二极管的主要参数

1. 最大整流电流 I_F

I_F 是二极管长期运行时,允许通过的正向平均电流。此值取决于 PN 结的面积、材料和外部散热条件。实际应用时,通过二极管的正向平均电流不能超过 I_F,否则二极管将因温度升得过高而烧毁。

2. 最高反向工作电压 U_R

U_R是二极管正常工作时，允许外加的最大反向工作电压。当反向电压超过此值时，二极管可能被击穿而损坏。为了确保二极管工作安全，通常取击穿电压 $U_{(BR)}$ 的一半作为 U_R。

3. 反向电流 I_R

I_R是指二极管未击穿时的反向电流，此值越小，表示二极管的单向导电性越好。由于反向电流是由少数载流子形成，故 I_R对温度非常敏感。

4. 最高工作频率 f_M

f_M是保证二极管具有良好单向导电性能的最高工作频率。它的大小与 PN 结的结电容有关，结电容越小，则二极管允许的最高工作频率越高。当工作频率过高时，二极管将失去单向导电性。

应当指出，由于制造工艺所限，半导体器件参数具有分散性，同一型号管子的参数值也会有相当大的差距，因而手册上往往给出的是参数的上限值、下限值或范围。此外，使用时应特别注意手册上每个参数的测试条件，当使用条件与测试条件不同时，参数也会发生变化。

在实际应用中，应根据管子所用场合，按其承受的最高反向电压、最大正向平均电流、工作频率、环境温度等条件，选择满足要求的二极管。

1.2.4 二极管的等效电路

二极管的伏安特性具有非线性，这给二极管电路的分析造成一定的困难。为了分析方便，常在一定的条件下，用线性元件所构成的电路来近似模拟二极管的特性。能够模拟二极管特性的电路称为二极管的等效电路，也称为等效模型。通常，根据二极管的伏安特性可以构造多种等效电路，对于不同的应用场合，不同的分析要求（特别是误差要求），选用不同的模型。

二极管折线化等效电路如图 1.2.5 所示，图中粗实线为折线化的伏安特性，虚线表示实际伏安特性，下面为等效电路。

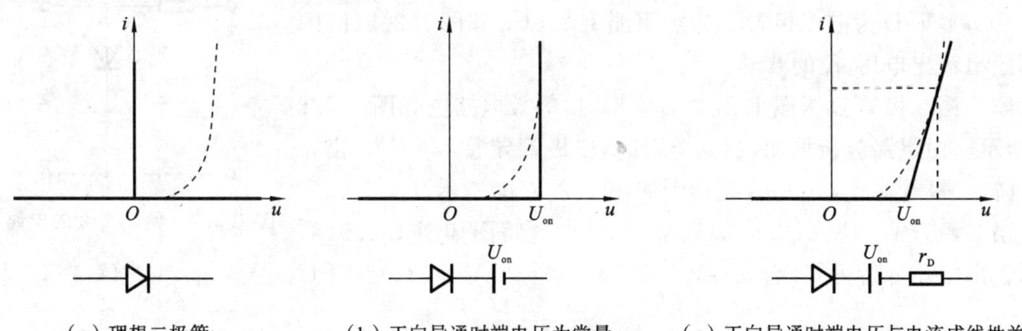

（a）理想二极管　（b）正向导通时端电压为常量　（c）正向导通时端电压与电流成线性关系

图 1.2.5　二极管折线化等效电路

图 1.2.5(a)所示的折线化伏安特性表明二极管导通时正向压降为零，截止时反向电流为零，称为理想二极管，相当于理想开关，用空心的二极管符号来表示。

图 1.2.5(b)所示的折线化伏安特性表明二极管导通时正向压降为一个常量 U_{on}，截止时反向电流为零。因而等效电路是理想二极管串联电压源 U_{on}。

图 1.2.5(c)所示的折线化伏安特性表明当二极管正向电压大于 U_{on}后其电流 i 与 u 成线

性关系，直线斜率为 $1/r_D$。二极管截止时反向电流为零。因此等效电路是理想二极管串联电压源 U_{on} 和电阻 r_D，且 $r_D=\Delta U/\Delta I$。

【例 1.2.1】 在图 1.2.6 所示电路中，已知二极管为硅管，电阻 $R=10\ k\Omega$。试分析电压源 V 分别为 30 V、6 V、1.5 V 时，回路电流 I 的大小。

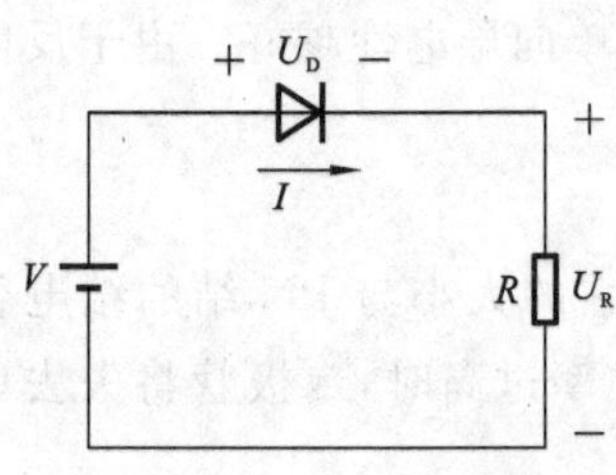

图 1.2.6 例 1.2.1 的电路

解 图示电路中二极管为硅管，其导通电压为 0.6～0.8 V。

当 $V=30$ V 时，电源电压是二极管导通电压的几十倍，因此可以认为电阻 R 上的电压 U_R 约等于电压源电压 V，可选用图 1.2.5(a)所示的二极管等效电路进行分析，二极管的导通电压近似为零，则回路电流 $I\approx V/R=3$ mA。

当 $V=6$ V 时，电源电压是二极管导通电压的几倍，可选图 1.2.5(b)所示等效电路分析，将二极管导通电压近似为 0.7 V。回路电流 $I\approx(V-0.7)/R=0.53$ mA。

当 $V=1.5$ V 时，电源电压接近于二极管的导通电压，为使计算结果更接近实际情况，二极管需选用图 1.2.5(c)所示的等效电路，此时需确定 U_{on} 和 r_D 的大小。确定方法是从二极管的伏安特性曲线上测量。对于本例，假设 $U_{on}=0.55$ V，$r_D=200\ \Omega$，则回路电流为

$$I=\frac{V-U_{on}}{R+r_D}=\frac{(1.5-0.55)\ \text{V}}{(10+0.2)\ \text{k}\Omega}\approx 0.093\ \text{mA}=93\ \mu\text{A}$$

在二极管应用电路中，选用不同的等效电路进行分析，其目的是在保证允许的误差范围内使分析更加简便。如果对于 $V=30$ V 的情况，采用图 1.2.5(c)的模型进行分析，则

$$I=\frac{V-U_{on}}{R+r_D}=\frac{(30-0.55)\ \text{V}}{(10+0.2)\ \text{k}\Omega}\approx 2.9\ \text{mA}$$

可见，虽然 3 mA 与 2.9 mA 之间的误差只有 0.1 mA，但分析的工作量增加不少。在近似分析中，以图 1.2.5(a)误差最大，图 1.2.5(c)误差最小，图 1.2.5(b)应用最广泛。

【例 1.2.2】 如图 1.2.7 所示的电路中，$R=1\ k\Omega$，$V=3$ V，$u_i=6\sin(\omega t)$ V，D 为硅二极管。分别用图 1.2.5(a)和图 1.2.5(b)的模型绘出输出电压 u_o 的波形。

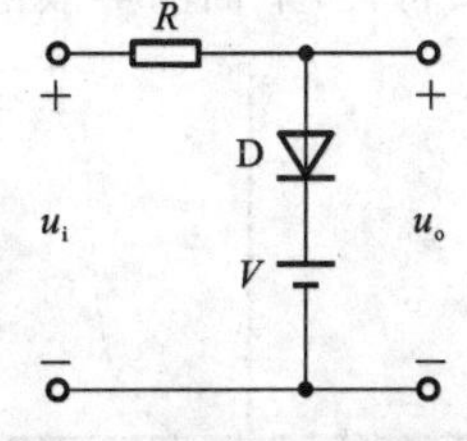

图 1.2.7 例 1.2.2 的电路

解 当二极管 D 为图 1.2.5(a)模型时，等效电路图如图 1.2.8(a)所示。由电路分析可知，当 $u_i>V$ 时，二极管导通，$u_o=V$。当 $u_i<V$ 时，二极管截止，$u_o=u_i$，波形图如图 1.2.8(b)所示。

当二极管 D 为图 1.2.5(b)模型时，等效电路图如图 1.2.9(a)所示。由电路分析可知，当 $u_i>V+U_{on}$ 时，二极管导通，$u_o=V+U_{on}$。当 $u_i<V+U_{on}$ 时，二极

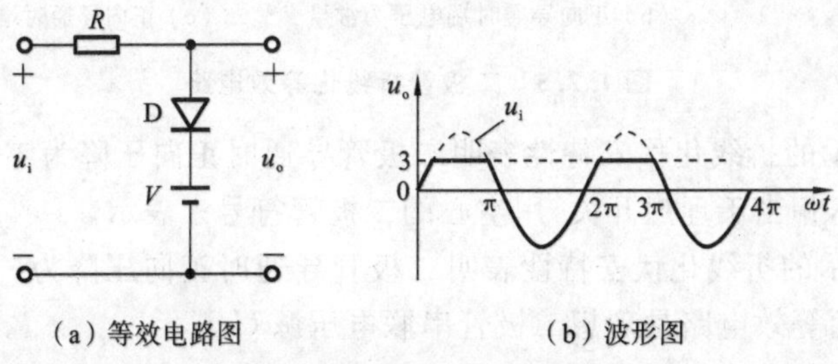

(a) 等效电路图　　(b) 波形图

图 1.2.8 用图 1.2.5(a)模型分析的电路图和波形图

管截止，$u_o=u_i$。硅二极管 $U_{on}=0.7$ V，波形图如图 1.2.9(b)所示。

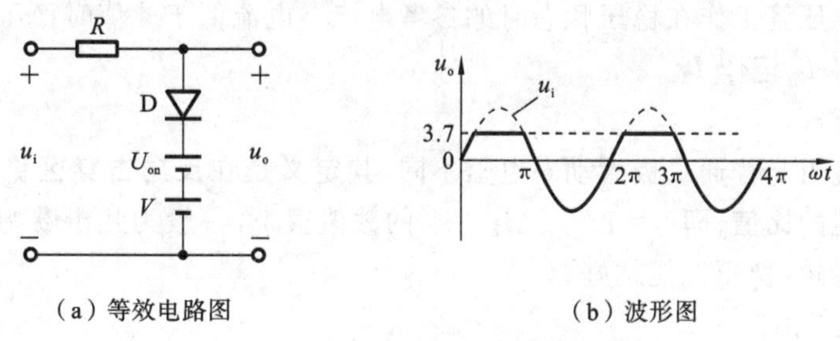

（a）等效电路图　　（b）波形图

图 1.2.9　用图 1.2.5(b)模型分析的电路图和波形图

1.2.5　特殊二极管

1. 稳压二极管

当流过一个电子元件的电流发生变化时，其两端电压基本不变，这样的元件就具有稳压的特性。稳压二极管就是这样的元件，在反向击穿时，其电流在一定的范围内变化，端电压几乎不变。正是有这样的特性，稳压二极管广泛应用于稳压电源与限幅电路之中。

1）稳压管的伏安特性

稳压管的伏安特性及符号如图 1.2.10 所示，其正向特性与普通二极管一样，为指数曲线。反向特性分为两个部分：当稳压管外加反向电压的数值小于击穿电压时，其电流很小，稳压管截止；当反向电压大到一定程度(U_Z)时，稳压管被击穿，特性曲线急转直下，几乎平行于纵轴，显然在这段区域符合电流变化、电压几乎不变的特点，表现其具有稳压特性。为了保证其正常工作，流过稳压管的电流必须限制在一定范围，否则，若电流过小，则失去稳压效果，若电流过大，则管子将因过热而损坏。

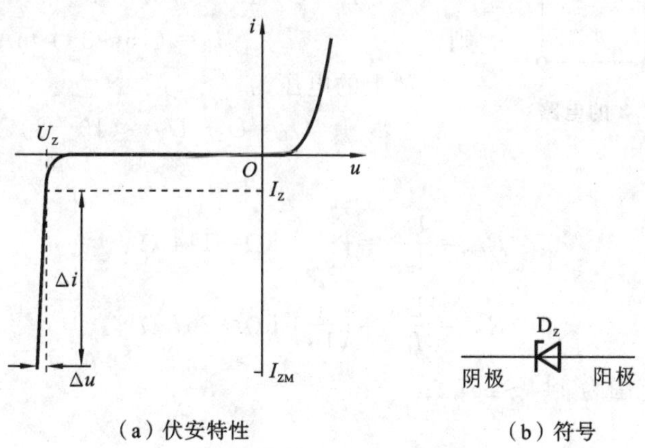

（a）伏安特性　　（b）符号

图 1.2.10　稳压管的伏安特性及符号

2）稳压管的主要参数

(1) 稳定电压 U_Z。

稳定电压指规定电流下稳压管的反向击穿电压。不同型号的稳压管，其稳定电压的值不相同，即使是同一型号的管子，稳定电压也有一定的差别。例如，型号为 2CW11 的稳压管的稳定电压为 3.2～4.5 V。但具体到某根管子而言，U_Z 为确定值。

（2）稳定电流 I_Z。

稳定电流指稳压管工作在稳压状态时的参考电流。电流低于此值时稳压效果变坏甚至根本不稳压。也常将 I_Z 记作 I_{Zmin}。

（3）动态电阻 r_Z。

稳压管动态电阻与普通二极管动态电阻不同，其定义是在**反向击穿区稳压管两端电压变化量与电流变化量的比值**，即 $r_Z=\Delta U_Z/\Delta I_Z$。$r_Z$ 的数值很小，一般为几十欧姆。显然，r_Z 越小，击穿特性曲线越陡峭，稳压性能越好。

（4）额定功耗 P_{ZM}。

稳压管的额定功耗等于稳定电压 U_Z 与最大稳定电流 I_{ZM}（或记作 I_{Zmax}）的乘积。电路工作时若稳压管的功耗超过此值，会因 PN 结温升过高而损坏。工程设计时，常根据额定功率和稳定电压的要求计算最大稳定电流 I_{Zmax} 的值。只要不超过额定功率，电流越大，稳压效果越好。

3）稳压管应用电路分析

在应用稳压管时，不仅要给它加上反向偏压，而且要保证流过稳压管的工作电流在 I_{Zmin} 与 I_{Zmax} 之间。为此，**采用稳压管的电路中必须串联一个电阻来限制工作电流，这个电阻称为限流电阻**。如何计算并选取限流电阻的值是稳压管应用的关键。

【例 1.2.3】 在图 1.2.11 所示的电路中，已知稳压管的稳定电压 $U_Z=6\ \text{V}$，最小稳定电流 $I_{Zmin}=5\ \text{mA}$，最大稳定电流 $I_{Zmax}=25\ \text{mA}$，负载电阻 $R_L=600\ \Omega$。求限流电阻 R 的取值范围。

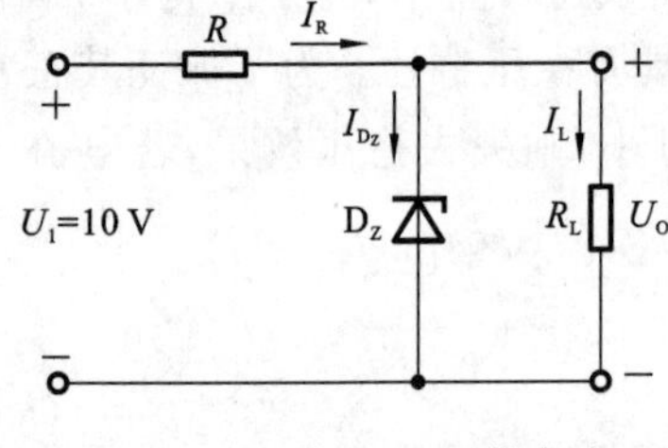

图 1.2.11 例 1.2.3 的电路

解 从图 1.2.11 所示电路可知，R 上的电流 I_R 等于稳压管中电流 I_{D_Z} 和负载电流 I_L 之和，而

$$I_{D_Z}=(5\sim25)\ \text{mA}$$

$$I_L=U_Z/R_L=6/600\ \text{A}=0.01\ \text{A}=10\ \text{mA}$$

则

$$I_R=(15\sim35)\ \text{mA}$$

R 上的电压为

$$U_R=U_I-U_Z=(10-6)\ \text{V}=4\ \text{V}$$

因此

$$R_{min}=\frac{U_R}{I_{max}}=\left(\frac{4}{35}\right)\ \text{k}\Omega\approx114\ \Omega$$

$$R_{max}=\frac{U_R}{I_{min}}=\left(\frac{4}{15}\right)\ \text{k}\Omega\approx267\ \Omega$$

限流电阻 R 的取值范围为 114～267 Ω。

2. 发光二极管

发光二极管简称 LED，它是一种将电能转换为光能的半导体器件，主要由砷化镓（GaAs）、磷化镓（GaP）等半导体材料制成。光的颜色取决于制造 PN 结所用的材料，如砷化镓发射红外光，如果在砷化镓中掺入一些磷即可发出红色可见光；而磷化镓可发出绿色可见光。发光二极管按发光颜色可分为红色、黄色、蓝色、绿色、变色发光二极管和红外光二极管等。发光二极管的外形和电路符号如图 1.2.12 所示。

发光二极管与普通二极管一样，也是由 PN 结构成的，也具有单向导电性，但正向导通压

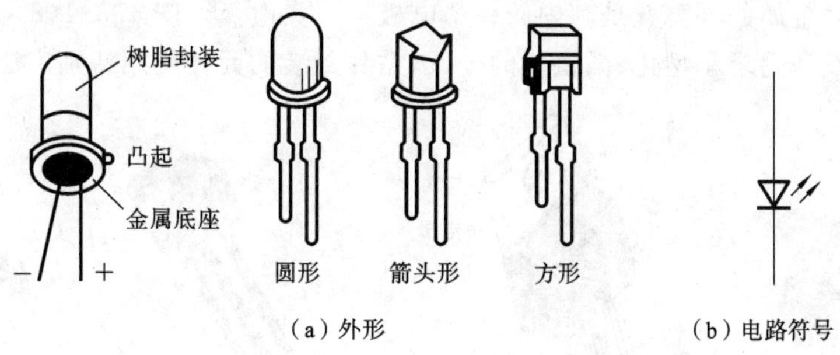

(a) 外形　　(b) 电路符号

图 1.2.12　发光二极管的外形与电路符号

降较普通二极管高，一般为 1.8～2.2 V。正向电流越大，发光越强。使用时应特别注意不要超过最大功耗、最大正向电流和反向击穿电压等极限参数。

发光二极管因其驱动电压低、功耗小、寿命长、可靠性高等优点广泛应用于各种家电、仪表等设备中，做电源或电平指示，有时也用于照明。

3. 光电二极管

光电二极管又称光敏二极管，它可以将光信号转变为电信号，其工作原理是利用 PN 结加反向电压，反向电阻随着照射的光线强度变化而变化，光线越强，反向电阻越小，反向电流越大。光电二极管的管壳上有一个玻璃窗口以便接收外部的光照，其外形、电路符号如图 1.2.13 所示。

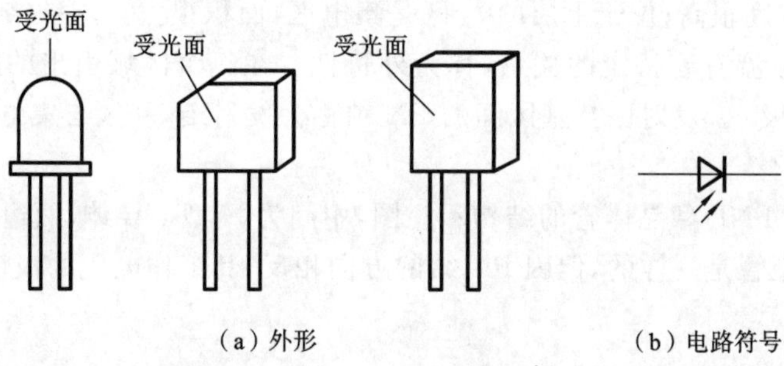

(a) 外形　　(b) 电路符号

图 1.2.13　光电二极管的外形与电路符号

光电二极管种类很多，可用在红外遥控电路中。为减少可见光的干扰，常采用黑色树脂封装，管壳上往往做出标记角，指示受光面的方向。光电二极管在使用过程中管壳必须保持清洁，以保证器件光电灵敏度。

1.3　晶体三极管

晶体三极管是电子电路中最常用的一种半导体器件。它由半导体材料制成，外部引出三根电极，故称为半导体三极管。半导体三极管中有两种不同极性的载流子参与导电，所以又称为双极型晶体三极管，简称晶体管。

常见晶体管的外形结构如图 1.3.1 所示。根据晶体管工作时承受功率的不同，晶体管可以划分为大功率管、中功率管和小功率管。为了便于散热，大功率管一般采用图 1.3.1(a)所示的金属封装，而金属的外壳就是其中的一个电极——集电极。图 1.3.1(d)为贴片封装的小功率管，在电子设备追求小型化、微型化的今天，贴片封装的元件应用特别广泛。

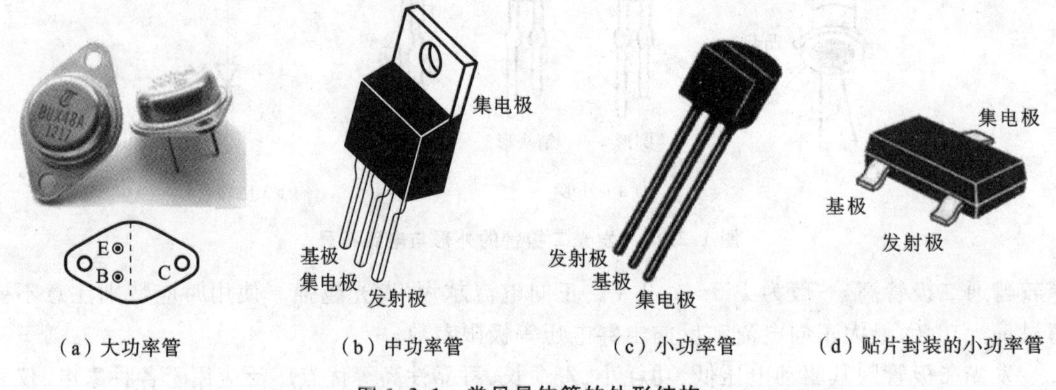

(a) 大功率管　(b) 中功率管　(c) 小功率管　(d) 贴片封装的小功率管

图 1.3.1　常见晶体管的外形结构

1.3.1　晶体管的结构及类型

晶体管的制作是在本征半导体晶片上通过掺杂工艺完成的。首先将晶片划分为三个区域，中间的区域制成 P 型半导体，两边的区域制成 N 型半导体，这样的晶体管称为 NPN 型晶体管，如图 1.3.2(a)所示。位于中间的 P 区称为基区，它很薄且掺杂浓度很低；位于下层的 N 区是发射区，掺杂浓度很高；位于上层的 N 区是集电区，面积很大。这种结构特点决定了晶体管电极间的电压、电流有着特定的关系，称为外特性。在每个区域引出的电极分别称为基极 b、发射极 e 和集电极 c。发射区与基区间的 PN 结称为发射结，基区与集电区间的 PN 结称为集电结。

图 1.3.2(b)为 PNP 型晶体管的结构示意图，中间为 N 型半导体，两边为 P 型半导体。其结构特点与 NPN 型管是一样的，但因 PN 结的方向相反，其工作电压的极性有所不同。

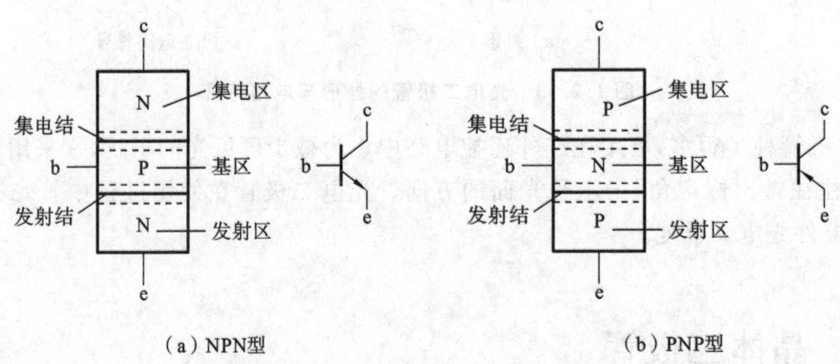

(a) NPN型　(b) PNP型

图 1.3.2　晶体管的结构和电路符号

从晶体管的电路符号可以看出，NPN 型管和 PNP 型管的箭头方向不同，这个箭头方向表示发射结正向偏置时电流的方向。

晶体管种类很多，按其结构类型分，分为 NPN 型管和 PNP 型管；按其基片材料，可分为硅管和锗管；按其承受功率大小，可分为大功率管、中功率管和小功率管；按其工作频率，可分为高频管和低频管；按其工作状态，可分为放大管和开关管。下面以 NPN 型管为例加以讨论，讨论的结果同样适用于PNP型管。

1.3.2 晶体管的电流放大作用

晶体管具有电流放大的功能，也就是在其基极加入一个小电流，集电极和发射极上会得到一个大电流。具有这种特性的原理可以通过晶体管内部载流子的运动规律进行解释。

晶体管要进行电流放大，必须建立外部工作条件，这个条件就是要在发射结上加正向偏压，在集电结上加反向偏压。对于NPN型管，从电位的角度来看，需要基极的电位高于发射极，集电极电位高于基极。在图1.3.3所示的电路中，直流电源V_{BB}通过电阻R_b加在发射结上，实现了发射结的正偏。直流电源V_{CC}通过电阻R_C加在集电极上，由于V_{CC}大于V_{BB}，只要选择合适的电阻R_C，就能保证集电极电位高于基极电位，即集电结的反偏。

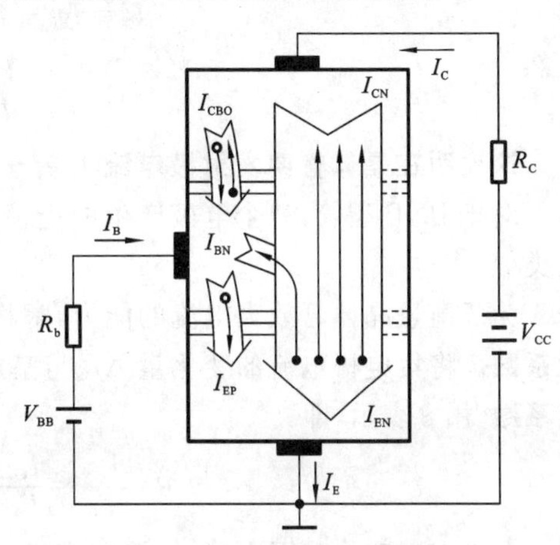

图1.3.3 晶体管内部载流子运动及电流分配

1. 晶体管内部载流子运动规律

NPN型晶体管内部载流子运动规律可从以下几个过程加以说明，如图1.3.3所示。

1）发射区向基区扩散载流子

由于发射结处于正偏，发射区的多子（自由电子）不断扩散到基区，形成发射结扩散电流I_{EN}，其电流方向与载流子扩散方向相反；同时，基区中的多子（空穴）也要扩散到发射区，形成空穴电流I_{BP}，电流方向与I_{EN}相同，由于基区浓度远小于发射区，I_{BP}很小。扩散出去的电子不断从电源补充，形成发射极电流I_E，可得

$$I_E = I_{EN} + I_{EP} \tag{1.3.1}$$

2）载流子在基区扩散和复合

由于基区很薄且掺杂浓度低，其多数载流子（空穴）数量较少，所以从发射极扩散过来的自由电子只有很少部分可以与基区的空穴复合，形成的复合电流I_{BN}也较小，而剩下的绝大部分自由电子都扩散到集电结边缘。基区被复合掉的空穴由电源V_{BB}补充，也就是通过从基区拉走电子的方法补充，形成基极电流I_B。

3）集电区收集从发射区扩散过来的电子

由于集电结反偏，PN结内电场与外电场方向相同，强大的外电场可将到达集电区边缘的自由电子拉入集电区，从而形成漂移电流I_{CN}。显然

$$I_{CN} = I_{EN} - I_{BN} \tag{1.3.2}$$

需要说明的是，**基区的P型半导体中，自由电子是少子，但这里的自由电子是从发射区扩散过来的，与本征激发产生的少子是不同的，称为非平衡少子**，其数量较多，形成的电流I_{CN}也较大。

同时基区内本征激发产生的平衡少子（自由电子）和集电区的少子（空穴）也会在反偏电压作用下产生漂移运动，形成集电结反向饱和电流I_{CBO}。它的大小取决于基区和集电区平衡少子的浓度，虽然数值很小，但受温度影响较大。I_{CN}与I_{CBO}一起构成集电极电流I_C，即

$$I_C = I_{CN} + I_{CBO} \tag{1.3.3}$$

2. 晶体管的电流分配关系

由以上分析可知

$$I_E = I_{EN} + I_{EP} = I_{CN} + I_{BN} + I_{EP}$$
$$I_C = I_{CN} + I_{CBO}$$
$$I_B = I_{EP} + I_{BN} - I_{CBO} = I'_B - I_{CBO}$$

显然

$$I_E = I_B + I_C \tag{1.3.4}$$

这说明**在晶体管中发射极电流 I_E 等于集电极电流 I_C 和基极电流 I_B 之和,符合基尔霍夫定律**。对于 PNP 型管,三个电极产生的电流方向和 NPN 管相反,其内部载流子的运动情况与之类似。

为了衡量晶体管放大电流的能力,常将 I_{CN} 和 I'_B 之比用 $\bar{\beta}$ 表示,称为**共发射极直流电流放大系数**。将集电极电流的变化量 ΔI_C 与基极电流的变化量 ΔI_B 之比称为**共发射极交流电流放大系数**,用 β 表示,即

$$\bar{\beta} = \frac{I_{CN}}{I'_B} = \frac{I_C - I_{CBO}}{I_B + I_{CBO}} \approx \frac{I_C}{I_B}; \quad \beta = \frac{\Delta I_C}{\Delta I_B}$$

在一定的工作范围内,晶体管的直流 $\bar{\beta}$ 值与交流 β 值相差不大,因此在近似分析时不加区分。小功率管的 β 较大,有的可达三、四百倍,大功率管的 β 较小,有的只有几十倍。可见,当基极电流 I_B 有一微小变化时,就能引起集电极电流 I_C 较大的变化,这就是三极管放大作用的实质。

1.3.3 晶体管的特性曲线

为了更精准地描述晶体管的特性,常将晶体管各电极的电流与极间电压相互关联,在直角坐标系下描绘出曲线,称为特性曲线。下面以 NPN 型管为例,分析晶体管共射极接法的特性曲线。

1. 输入特性曲线

晶体管的输入特性是指当管压降 U_{CE} 为常数时,基极电流 i_B 与发射结电压 u_{BE} 之间的函数关系,即

$$i_B = f(u_{BE})\big|_{U_{CE}=\text{常数}} \tag{1.3.5}$$

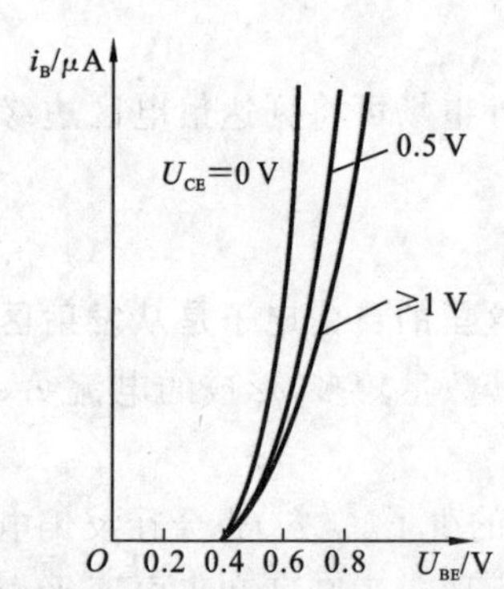

图 1.3.4 晶体管输入特性曲线

经过测量绘制的晶体管输入特性曲线如图 1.3.4 所示,它以集-射电压 U_{CE} 为参变量,理论上,每一个 U_{CE} 的值都对应一条特性曲线。图 1.3.4 示出 U_{CE} 分别为 0 V、0.5 V 和大于等于 1 V 三种情况下的输入特性曲线。$U_{CE}=0$ V 时,集电极与发射极短路,即发射结与集电结并联,相当于发射结的正向特性曲线。

当 0 V$<U_{CE}\leqslant$1 V 时,曲线将右移。这是因为U_{CE}增大时基区的非平衡少子中,有一部分越过集电结到达集电区,使得在基区参与复合运动的非平衡少子浓度减少,因此,要获得同样的 I_B,就必须加大 U_{BE},使发射区向基区注入更多

的非平衡少子，对应曲线上就是右移。

当$U_{CE}\geqslant 1$ V 以后，曲线基本上是重合的。这是因为，对于确定的 U_{BE}，当$U_{CE}\geqslant 1$ V 后，集电结的电场已足够强，可以将基区的绝大部分非平衡少子都收集到集电区，再增大 U_{CE}，也不能将基区更多的非平衡少子拉向集电区，基区的非平衡少子数目维持不变，基区因复合形成的电流 I_B 也基本不变，曲线基本重合。所以，通常只画出$U_{CE}\geqslant 1$ V 的一条输入特性曲线。

2. 输出特性曲线

输出特性曲线是指当基极电流 I_B 一定时，集电极电流 i_C 与管压降 u_{CE} 之间的函数关系曲线，即

$$i_C = f(u_{CE})\big|_{I_B=常数} \tag{1.3.6}$$

对于每一个确定的 I_B，都有一条曲线与之对应，所以晶体管的输出特性是一个曲线簇，如图1.3.5所示。对于某一条曲线而言，当 u_{CE} 从零逐渐增大时，集电结电场随之增强，收集电子的能力逐渐增强，因而 i_C 也就逐渐增大。当 u_{CE} 增大到一定数值时，集电结电场足以将发射区注入基区的绝大部分电子收集到集电区，u_{CE} 再继续增大，收集的自由电子已不能明显提高，i_C 也不再明显增加，表现为曲线几乎平行于横轴，i_C 的大小仅仅取决于 I_B。

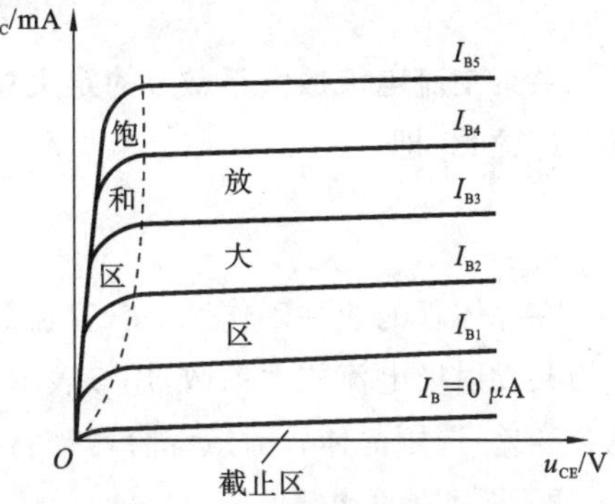

图 1.3.5 晶体管输出特性曲线

通常把输出特性曲线划分为三个区，分别代表晶体管的三种工作状态。

1）截止区

输出特性 $I_B=0$ 曲线以下的区域称为截止区。其特征在于发射结电压小于其开启电压 U_{on}，且集电结处于反向偏置。对于共射电路，$u_{BE}\leqslant U_{on}$，且 $u_{BE}<u_{CE}$。基极电流 I_B 近似为 0，而集电结反偏，集电极电流 i_C 也很小，一般小功率硅管在 1 μA 以下，锗管在几十微安以下，近似分析时取 $i_C\approx 0$。对外电路而言，集电极和发射极之间相当于开路状态，类似于开关断开。

2）放大区

输出特性曲线中近于水平部分的平行区域为放大区。其特征在于发射结处于正向偏置（$u_{BE}\geqslant U_{on}$），集电结处于反向偏置（$u_{BE}<u_{CE}$）。在放大区，i_C 几乎仅仅受控于 I_B，而与 u_{CE} 无关，且 $i_C=\beta i_B$。这种小电流控制大电流的作用，正是体现晶体管电流放大的含义。由于在放大区电流放大系数 β 是一个常数，i_C 与 I_B 之间是线性关系，所以放大区也称为线性区。

3）饱和区

输出特性曲线左边的陡直部分是饱和区，其特征在于发射结和集电结均处于正向偏置，对于共射电路，$u_{BE}>U_{on}$，且 $u_{BE}\leqslant u_{CE}$。在实际电路中，晶体管的 u_{BE} 增大时，I_B 随之增大，但 i_C 增大不多或基本不变，说明晶体管进入饱和区了。事实上，在饱和区集电极电流 i_C 随 u_{CE} 的增大而增大，而受 I_B 的控制减弱了。图 1.3.5 中的虚线称为临界饱和线，虚线的左边是饱和区，右边是放大区。在饱和区，晶体管也失去放大作用，其集电极和发射极之间相当于短路，类似于开关闭合。

1.3.4 晶体管的主要参数

晶体管的参数很多，这里只介绍几个常用的，这些参数从不同的角度说明晶体管的特性，

在电路分析和设计时，可以在半导体器件手册中查询不同型号晶体管的具体参数。

1. 共射电流放大系数

电流放大系数是表征晶体管电流放大能力的参数，有交流和直流之分。

共射直流电流放大系数 $\bar{\beta}$ 的定义：晶体管的集电极电流 I_C 与基级电流 I_B 之比，即

$$\bar{\beta}=\frac{I_C-I_{CBO}}{I_B+I_{CBO}}\approx\frac{I_C}{I_B} \tag{1.3.7}$$

共射交流电流放大系数 β 的定义：晶体管的集电极电流的变化量 ΔI_C 与基级电流的变化量 ΔI_B 之比，即

$$\beta=\frac{\Delta I_C}{\Delta I_B} \tag{1.3.8}$$

在晶体管的线性工作区，交、直流放大系数的数值差别不大，使用中一般不再严格区分，统称为共发射极电流放大系数，用 β 表示。一般来说，β 值越大，电流放大能力越强，但其稳定性也会变差，选用晶体管时应综合考虑。

2. 极间反向电流

1）集电极-基极反向饱和电流 I_{CBO}

I_{CBO} **是指当发射极开路时，集电结的反向饱和电流**。作为 PN 结的反向电流，其数值是很小的，但它受温度影响较大，直接反映了晶体管的热稳定性，其值越小，管子的热稳定性越好。硅管的热稳定性比锗管好，在温度变化范围较大的工作环境中，尽可能选择硅管。

2）集电极-发射极反向饱和电流 I_{CEO}

I_{CEO} **是指当基极开路时，集电极和发射极间的反向电流，也称穿透电流**。由式(1.3.7)可以推导出：$I_C=\bar{\beta}I_B+(1+\beta)I_{CBO}$。令 $I_{CEO}=(1+\beta)I_{CBO}$，可见，I_{CEO} 受温度影响也很大，在选用管子时，应选穿透电流小的管子，以减小温度对其性能的影响。

3. 极限参数

为使晶体管安全工作，需要对它的电压、电流和功率损耗进行限制，极限参数就是允许的电压、电流和功率的最大值。

1）集电极最大允许电流 I_{CM}

集电极电流 i_C 在相当大的范围内 β 值保持不变，当超过一定数值时，三极管电流放大系数 β 值下降，从而使三极管的性能下降。使 β **值明显减小时的 i_C 称为集电极最大允许电流 I_{CM}**。

2）反向击穿电压

晶体管的某一电极开路时，另外两个电极间所允许加的最高反向电压称为反向击穿电压，超过此值时管子会发生击穿现象。

$U_{(BR)CEO}$ 是指基极开路时集电结不致击穿，施加在集电极-发射极之间允许的最大反向电压。

$U_{(BR)CBO}$ 是指发射极开路时集电结不致击穿，施加在集电极-基极之间允许的最大反向电压。

$U_{(BR)EBO}$ 是指集电极开路时发射结不致击穿，施加在发射极-基极之间允许的最大反向电压。

3）最大集电极耗散功率 P_{CM}

最大集电极耗散功率是指晶体管正常工作时允许的集电极损耗的最大功率。晶体管损耗的功率会转化为热量，使集电结温度升高，引起晶体管参数的变化，使晶体管性能变坏甚至会烧坏管子。

对于确定型号的晶体管，P_{CM} 是一个确定值，即 $P_{CM}=i_C\times u_{CE}=$ 常数。当管子的集电极电流过大时，集电极-发射极间电压就不能过高；当集电极-发射极间电压过高时，管子的集电极电流就不能过大。图 1.3.6 所示的曲线表明了在输出特性曲线上极限参数的意义。曲线右上方为过损耗区，使用时功耗的值不能落在这个区域。

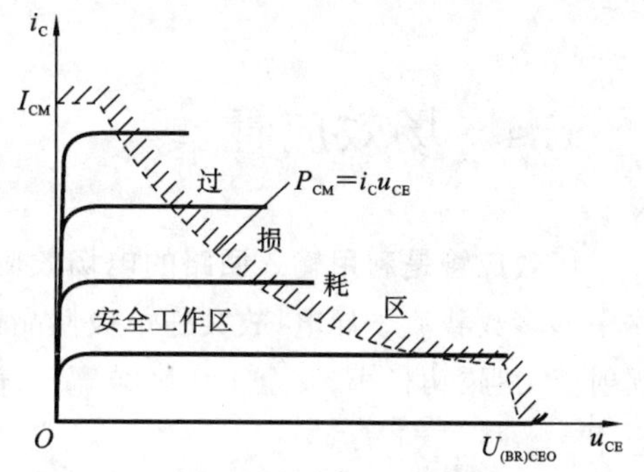

图 1.3.6 晶体管的极限参数

【例 1.3.1】 现测得某电路中几根 NPN 型晶体管三个电极的直流电位如表 1.3.1 所示，各晶体管 B-E 间的开启电压 U_{on} 均为 0.5 V。判断各管子的工作状态。

表 1.3.1 例 1.3.1 中晶体管各电极的电位

晶 体 管	T_1	T_2	T_3
基极电位 U_B/V	0.7	1	0
发射极电位 U_E/V	0	0.3	0
集电极电位 U_C/V	5	0.7	15

解 在电路中，三极管的工作状态主要根据发射结和集电结的状态进行判断。对于 NPN 型晶体管，当 $U_{BE}<U_{on}$ 时，晶体管的基极电流 $I_B\approx 0\rightarrow I_C\approx 0$，发射结、集电结均反偏，管子截止；当 $U_{BE}>U_{on}$，且 $U_{CE}\leqslant U_{BE}$ 时，发射结、集电结都正偏，晶体管饱和；当 $U_{BE}>U_{on}$，且 $U_{CE}>U_{BE}$ 时，发射结正偏，集电结反偏，管子处于放大状态。对于 PNP 型管，读者可以自行总结规律。

对于表中的 T_1 管，$U_{BE}=U_B-U_E=0.7$ V，$U_{CE}=U_C-U_E=5$ V，因此处于放大状态；T_2 管 $U_{BE}=0.7$ V，$U_{CE}=0.4$ V，$U_{CE}<U_{BE}$，管子处于饱和状态；T_3 管 $U_{BE}=0$ V，处于截止状态。

【例 1.3.2】 已知测得放大电路中晶体管 A 的三个电极的电位分别为 $A_1=12$ V，$A_2=3.7$ V，$A_3=3$ V，晶体管 B 的三个电极的电位分别为 $B_1=12$ V，$B_2=15$ V，$B_3=14.8$ V，试判断它们的管型、管脚和所用材料。

解 由于题目中给出的是在放大电路中测得的参数，可以认为晶体管都是处于放大状态的。处于放大状态的晶体管，其直流电位相近的两个极是发射极和基极，电位差约为 0.7 V 的是硅管，约为 0.2 V 的是锗管，另外一极是集电极。若集电极 c 电位最高，则为 NPN 管，其电位最低的为发射极 e，居中的为基极 b；若集电极 c 电位最低，则为 PNP 管，其电位最高的为发射极 e，居中的为基极 b。

对于 A 管，A_2、A_3 电位最接近且相差 0.7 V，A_1 电位最高，说明是硅材料的 NPN 管，A_1 为集电极，A_3 为发射极，A_2 为基极。对于 B 管，B_2、B_3 电位最接近且相差 0.2 V，B_1 电位最低，说明是锗材料的 PNP 管，B_1 为集电极，B_2 为发射极，B_3 是基极。

1.4 场效应管

场效应管是利用输入回路的电场效应来控制输出回路电流的半导体器件，它主要靠半导体中的多数载流子导电，故又称单极性晶体管。场效应管具有内阻高、噪声低、热稳定性好、抗辐射能力强、功耗小、安全工作区域宽等优点，在大规模及超大规模集成电路中得到了广泛的应用。

场效应管的分类如图 1.4.1 所示。按结构的不同，场效应管可分为结型和绝缘栅型两大类。按导电沟道的不同，每一类可分为 N 沟道和 P 沟道两种。按导电方式的不同，绝缘栅型场效应管又可分成耗尽型与增强型。绝缘栅型场效应管又称 MOS(metal-oxide-semiconductor)管，应用最为广泛。

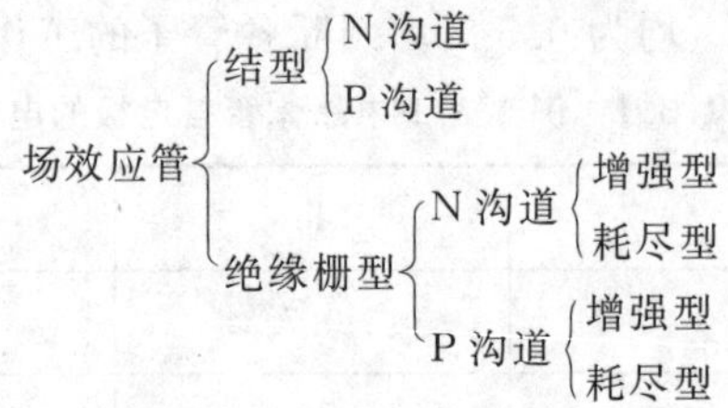

图 1.4.1 场效应管的分类

1.4.1 绝缘栅型场效应管

1. 绝缘栅型场效应管的结构和符号

N 沟道绝缘栅型场效应管简称 NMOS 管，其中，增强型 NMOS 管的结构及符号如图 1.4.2(a)所示，它以一块低掺杂浓度的 P 型硅作衬底，利用扩散工艺制作两个高掺杂浓度的 N 型区，用 N^+ 表示，并引出两个电极分别作为漏极 d 和源极 s。在 P 型硅表面上制作一层很薄的 S_iO_2 绝缘层，再覆盖一层金属铝，并引出一个电极作为栅极 g。在衬底上也引出一个引线 B，引线 B 一般在制造时就与源极 s 相连。由于栅极与源极、漏极均是绝缘的，故称为绝缘栅极。

耗尽型 NMOS 管的结构及符号如图 1.4.2(b)所示，其与增强型基本相同，主要区别在于

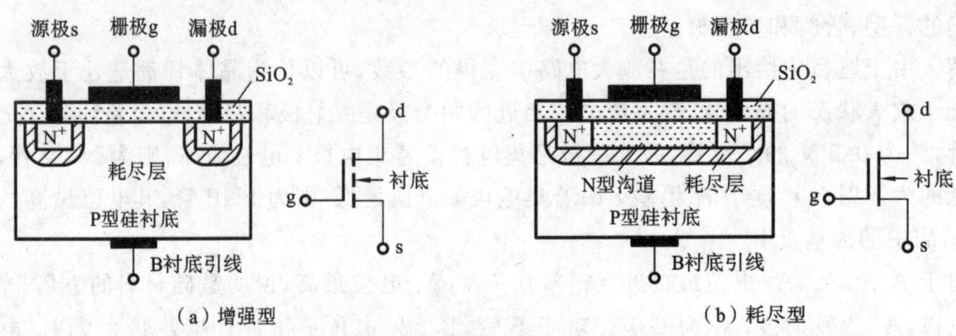

图 1.4.2 NMOS 管的结构及符号

制造时预先在 S_iO_2 绝缘层中掺有大量正离子。正是由于这一特性，使得管子的栅极不加电场也能在漏极与源极之间形成电流，从而表现出与增强型管子不同的特性。

PMOS 管的结构与 NMOS 管相似，不再赘述，其电路符号如图 1.4.3 所示。

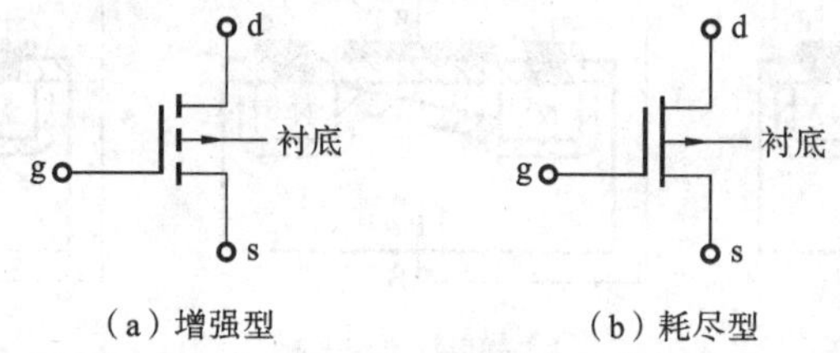

(a) 增强型　　(b) 耗尽型

图 1.4.3　PMOS 管的电路符号

2. 绝缘栅型场效应管的工作原理

场效应管的工作原理与其结构密切相关，尽管不同类型管子的结构有所差别，但其工作原理是相似的，下面仅以 NMOS 管为例进行分析。

1) 增强型 NMOS 管的工作原理

(1) 导电沟道的建立。

当 NMOS 管的栅-源之间不加电压时，漏-源之间是两背向的 PN 结，不存在导电沟道，因此即使漏-源之间加上电压，也不会有漏极电流产生。

当栅极与源极之间加入电压 u_{GS} 且漏-源电压 $u_{DS}=0$ V 时，导电沟道的形成如图 1.4.4 所示。虽然栅-源之间加正向电压，但由于绝缘层的存在，不会产生栅极电流。同时，由于衬底 B 与源极相接，从而在栅极经绝缘层到衬底之间建立了电场。因为绝缘层很薄，在几伏的栅-源电压作用下，便可产生较大的电场强度($10^5\sim10^6$ V/cm)。该电场排斥衬底中的空穴，同时吸引其中的自由电子，使之汇集到栅极表面。

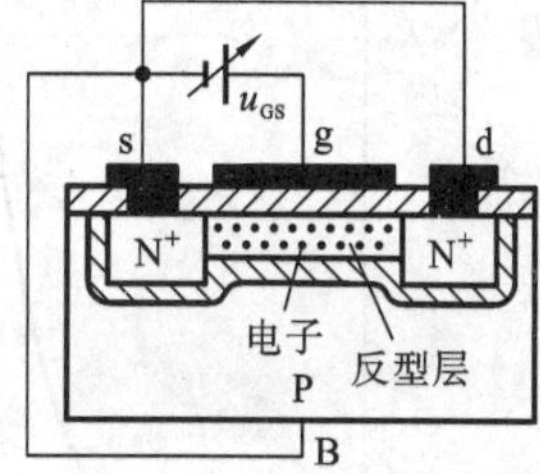

图 1.4.4　导电沟道的形成

当栅-源电压增大到一定的数值后，在靠近栅极表面处便会形成一个由自由电子组成的薄层，这个薄层中自由电子是多子，与 P 型半导体空穴是多子的概念不一致，因此称为 P 型衬底中的反型层。这一**反型层构成了漏-源极之间的导电沟道，此时对应的栅-源电压 u_{GS} 称为管子的开启电压 $U_{GS(th)}$**。显然，$u_{GS}>U_{GS(th)}$ 后，u_{GS} 越大，电场强度越强，反型层越厚，沟道电阻就越小，在相同的漏-源电压作用下，产生的漏极电流 i_D 也越大，这就实现了电压控制电流的作用。

(2) 漏-源电压对导电沟道的影响。

在一定的栅-源电压、漏-源电压作用下，沟道将会形成漏极电流 i_D，由于 i_D 沿沟道产生的电压降使沟道内各点与栅极间的电压不再相等，靠近漏极端的栅-漏电压 u_{GD}($u_{GD}=u_{GS}-u_{DS}$)最小，电场最弱，沟道最薄，而靠近源极端沟道最厚，使得沟道呈楔形。

当漏-源电压较小且保证 u_{GD} 大于开启电压 $U_{GS(th)}$ 的前提下，导电沟道如图 1.4.5(a)所示。沟道电阻几乎是一定的，漏极电流 i_D 随漏-源电压的增大而增加，二者近似成线性关系；当漏源电压增大使得栅-漏电压 u_{GD} 等于开启电压 $U_{GS(th)}$ 时，靠近漏极端的导电沟道将会消失，称为导电沟道预夹断，如图 1.4.5(b)所示；如果继续增大漏-源电压，栅-漏电压小于开启电压，夹断点将向源极方向移动，如图 1.4.5(c)所示。导电沟道的一部分不导电，漏-源电压的增加部分主要降落在夹断区，故漏极电流 i_D 几乎不随漏-源电压的增大而增加，即 i_D 饱和。

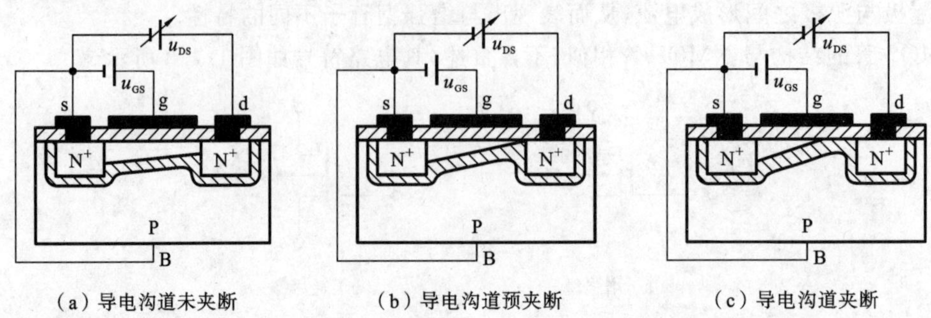

（a）导电沟道未夹断　（b）导电沟道预夹断　（c）导电沟道夹断

图 1.4.5　NMOS 管的导电沟道

(3) 转移特性和输出特性。

MOS 管的转移特性是指当漏-源电压一定时，栅-源电压 u_{GS} 和漏极电流 i_D 之间的关系。 增强型 NMOS 管的转移特性可近似表示为

$$i_D = I_{DO}\left(\frac{u_{GS}}{U_{GS(th)}} - 1\right)^2 \tag{1.4.1}$$

其中：I_{DO} 是当 $u_{GS}=2U_{GS(th)}$ 时的 i_D 值。NMOS 管的转移特性曲线如图 1.4.6(a)所示。

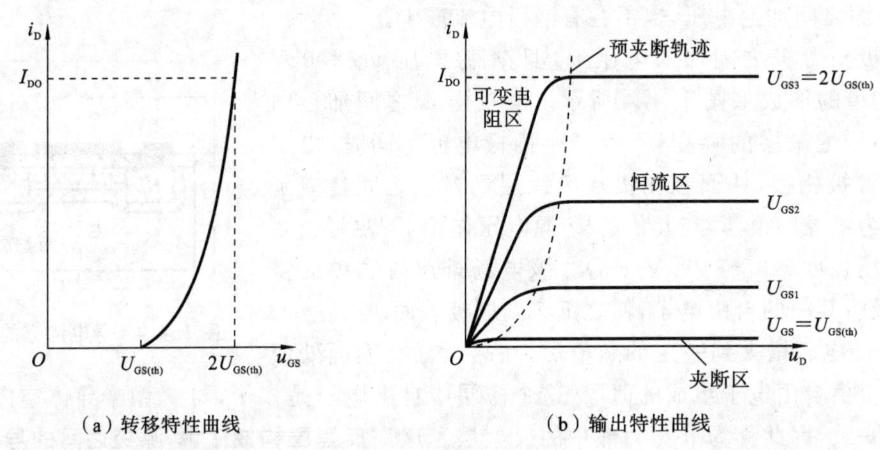

（a）转移特性曲线　（b）输出特性曲线

图 1.4.6　NMOS 管的特性曲线

MOS 管的输出特性是指栅-源电压一定时，漏极电流 i_D 与漏-源电压 u_{DS} 的关系曲线， NMOS 管的输出特性曲线如图 1.4.6(b)所示。在输出特性曲线上可划分成可变电阻区、恒流区和夹断区（截止区）。图中的预夹断轨迹是根据方程 $u_{GD}=u_{GS}-u_{DS}=U_{GS(th)}$ 得出的。

工作在可变电阻区的条件是 $u_{GD}>U_{GS(th)}$。在这个区域漏-源电压较小，对导电沟道的宽度影响不大，i_D 随 u_{DS} 近似呈线性变化。u_{DS} 与 i_D 之比就是场效应管的动态电阻，栅-源电压 u_{GS} 越大，曲线的斜率越小，动态电阻的值越小，所以该区称为可变电阻区。

工作在恒流区的条件是 $u_{GS}>U_{GS(th)}$，且 $u_{GD}<U_{GS(th)}$。此时，导电沟道中形成夹断区，u_{DS} 的增加部分主要降落在夹断区，i_D 基本不变，特性曲线呈水平状。另外，i_D 的大小与栅-源电压 u_{GS} 成正比，因此在这个区域管子具有放大作用，所以也称为放大区。

工作在夹断区的条件是 $u_{GS}<U_{GS(th)}$。导电沟道还没有形成，此时漏极电流 $i_D=0$，因此也称为截止区。

2）耗尽型 NMOS 管的工作原理

由耗尽型 NMOS 管的结构可知，由于制造时预先在 SiO_2 绝缘层中掺有大量正离子，在正离子作用下，即使不加电场，也会将 P 型衬底中的自由电子吸引到栅极附近形成导电沟道，此时只要加上正向电压u_{DS}，便会有电流 i_D产生。

当栅-源之间的正向电压$u_{GS}>0$ 时，由于 SiO_2 绝缘层的存在，不会形成栅极电流，但导电沟道中的电场将吸收更多的自由电子，使沟道变宽，沟道电阻减小，在u_{DS}作用下，i_D随u_{GS}的增大而增大。

当栅-源之间的反偏电压$u_{GS}<0$ 时，沟道变窄，沟道电阻变大，i_D减小。**当u_{GS}反偏电压增加到某一数值时，导电沟道完全被夹断，$i_D=0$，管子截止。此时的栅-源电压称为夹断电压，用$U_{GS(off)}$表示**，而夹断电压是个负值，这是与增强型 NMOS 管不同的地方。

可见，要使管子导通（漏极电流不为零），对于增强型 NMOS 管，需要在其栅-源之间加入大于开启电压 $U_{GS(th)}$ 的正电压，对于耗尽型 NMOS 管，需要在其栅-源之间加入大于夹断电压 $U_{GS(off)}$ 的负电压。

3）PMOS 管

与 NMOS 管相对应，增强型 PMOS 管的开启电压$U_{GS(th)}<0$，当$U_{GS}<U_{GS(th)}$时，管子才导通，漏-源之间应加负电源电压；耗尽型 PMOS 管的夹断电压$U_{GS(off)}>0$，U_{GS}可在正负值的一定范围内实现对 i_D的控制，漏-源之间也应加负电压。

综上所述，绝缘栅型场效应管的符号及特性如表 1.4.1 所示，表中漏极电流的正方向是从漏极流向源极。

表 1.4.1　绝缘栅型场效应管的符号及特性

	N 沟道增强型	N 沟道耗尽型	P 沟道增强型	P 沟道耗尽型
符号	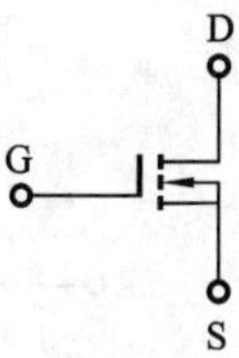 D G S	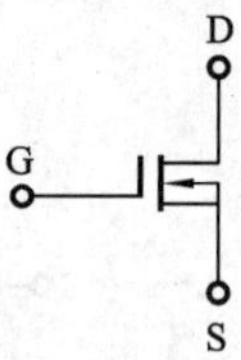 D G S	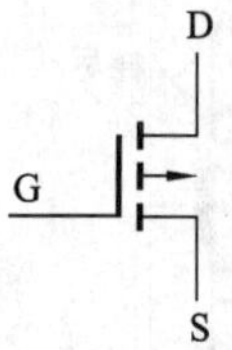 D G S	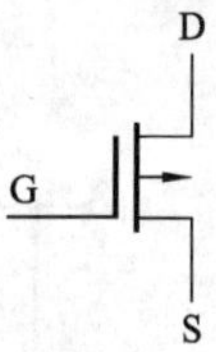 D G S
输出特性曲线	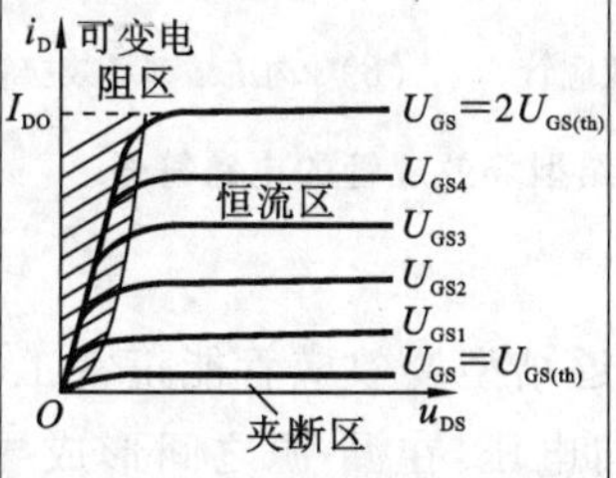 i_D 可变电阻区 I_{DO} $U_{GS}=2U_{GS(th)}$ U_{GS4} 恒流区 U_{GS3} U_{GS2} U_{GS1} $U_{GS}=U_{GS(th)}$ O 夹断区 u_{DS}	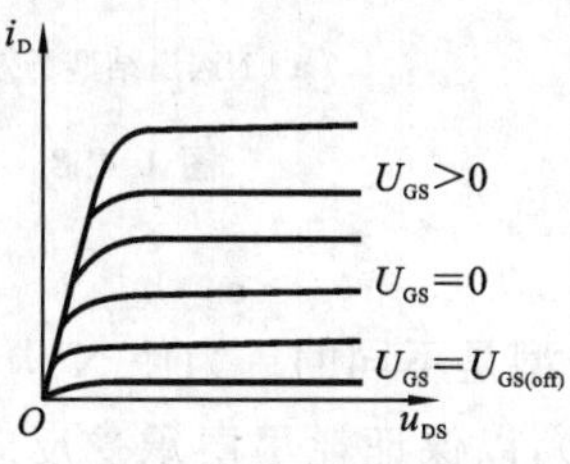 i_D $U_{GS}>0$ $U_{GS}=0$ $U_{GS}=U_{GS(off)}$ O u_{DS}	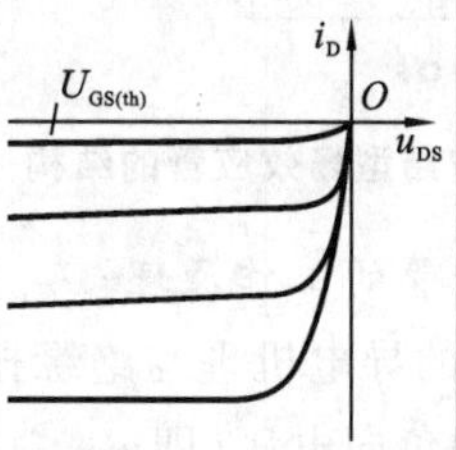 i_D $U_{GS(th)}$ O u_{DS}	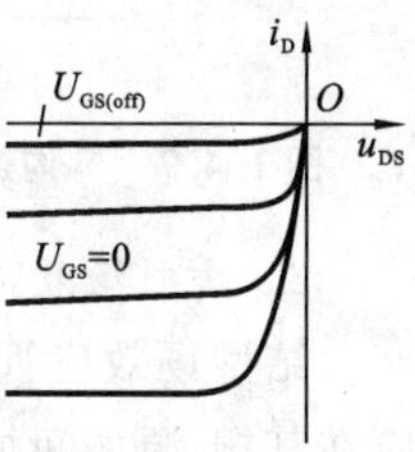 i_D $U_{GS(off)}$ O u_{DS} $U_{GS}=0$
转移特性曲线	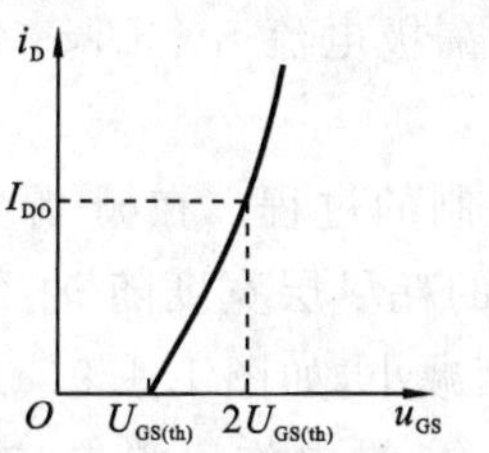 i_D I_{DO} O $U_{GS(th)}$ $2U_{GS(th)}$ u_{GS}	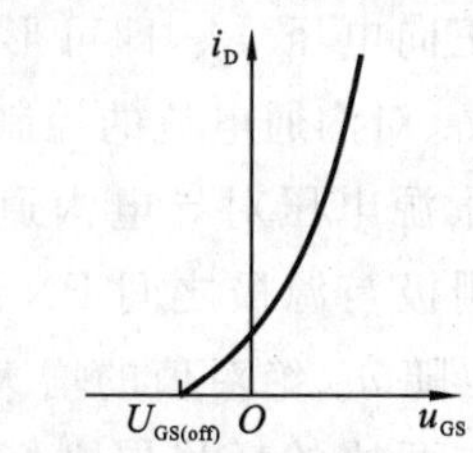 i_D $U_{GS(off)}$ O u_{GS}	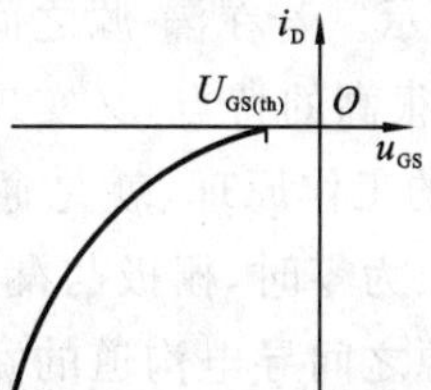 i_D $U_{GS(th)}$ O u_{GS}	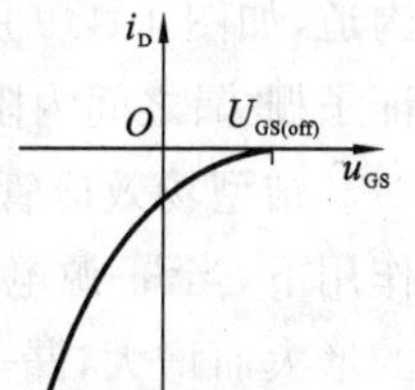 i_D O $U_{GS(off)}$ u_{GS}

(1) 对 N 沟道场效应管要求$u_{DS}>0$，P 沟道场效应管要求$u_{DS}<0$；N 沟道增强型要求$u_{GS(th)}>0$，P 沟道增强型要求$u_{GS(th)}<0$；无论是 N 沟道还是 P 沟道的耗尽型，u_{GS}均可在正、负值的一定范围变化。

(2) 由特性曲线可知，耗尽型 MOS 管的u_{GS}在正、负值一定范围内都可控制 i_D，使用较灵活，因而得到广泛应用。而增强型 MOS 管在数字集成电路中被广泛采用，可利用$u_{GS}>U_{GS(off)}$和$u_{GS}<U_{GS(off)}$来控制场效应管的导通和截止，使 MOS 管工作在开关状态。

(3) MOS 场效应管在制造时，若基底没有与源极相接，则可将漏极 d、源极 s 互换使用。而如果晶体管的集电极 C、发射极 E 互换使用，则为倒置工作状态，β将变得非常小。

(4) 工作在可变电阻区的场效应管可作为压控电阻来使用。

1.4.2 结型场效应管

1. 结型场效应管的结构

N 沟道结型场效应管的结构如图 1.4.7 所示。在一块 N 型半导体两侧通过一定的工艺制作一个高掺杂浓度的 P 型区，便形成两个 PN 结，把两个 P 区连接在一起，引出一个电极，称为栅极 g，在 N 型半导体的两端分别引出两个电极，一个称为源极 s，另一个称为漏极 d。夹在两个 PN 结中间的 N 型区域为导电沟道，这种结构就称为 N 沟道结型场效应管。按照类似方法，在一块 P 型半导体的两边各扩散一个高浓度的 N 区，就可以制成 P 沟道结型场效应管。两种结型场效应管的电路符号如图 1.4.8 所示，箭头方向表示 PN 结正偏时栅极电流的方向。

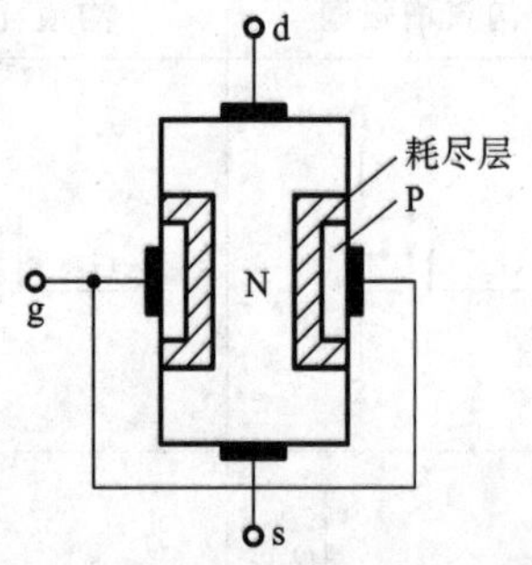

图 1.4.7 N 沟道结型场效应管的结构

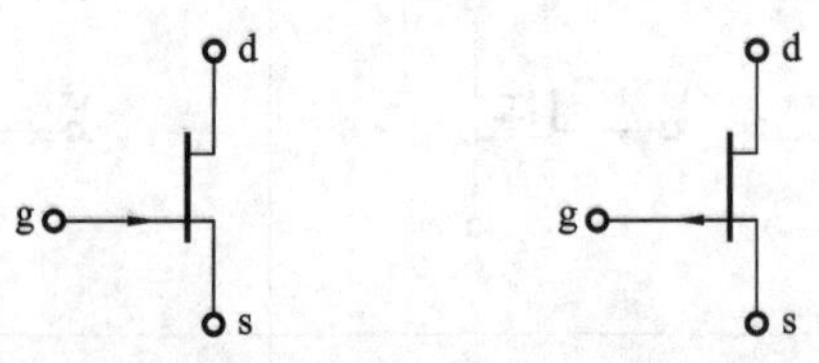

(a) N沟道结型场效应管 (b) P沟道结型场效应管

图 1.4.8 结型场效应管的电路符号

2. 结型场效应管的工作原理

结型场效应管的导电机理与绝缘栅型是不同的。为使 N 沟道结型场效应管能正常工作，应在其栅-源之间加负向电压(即$u_{GS}<0$)，以保证耗尽层承受反向电压，在漏-源之间形成导电沟道，如图 1.4.9 所示。若在漏-源之间加正向电压 u_{DS}，即可形成漏极电流 i_D。$U_{GS}<0$ 既保证了栅-漏之间内阻很高的特点，又实现了 u_{GS}对沟通电流的控制。

结型场效应管的工作原理，就是通过栅-源电压对导电沟道控制的过程。在栅-源负电压作用下，当漏-源电压为零时，栅极与漏极、栅极与源极之间 PN 结的耗尽层宽度随 u_{GS}绝对值的增大而增大，漏-源之间导电沟道的宽度也随 u_{GS}绝对值的增大而减小，如图 1.4.9(a)所示。当栅-源负电压绝对值增大到某个值时，左右两边的耗尽层刚好闭合，导电沟道消失，这个栅-源电压 u_{GS}称为预夹断电压 $U_{GS(off)}$。当$u_{GS}<U_{GS(off)}$时，不论漏-源之间是否加电压，漏极电流近

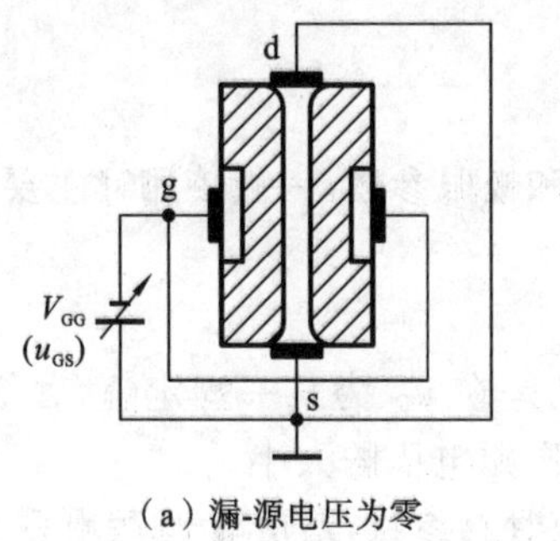

(a) 漏-源电压为零

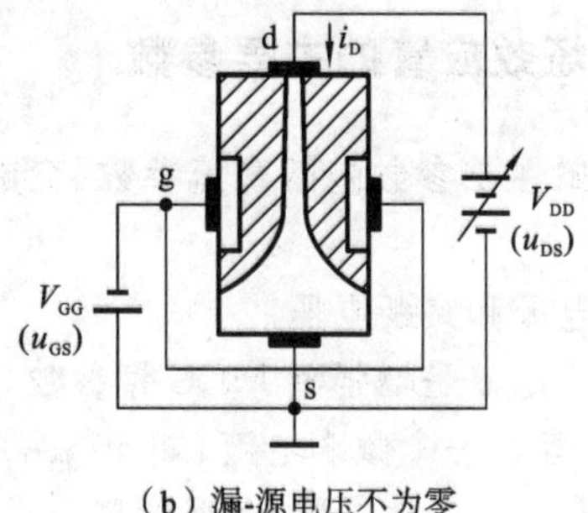

(b) 漏-源电压不为零

图 1.4.9 栅-源电压对导电沟道的控制

似为零。

当$u_{GS}>U_{GS(off)}$且漏-源电压不为零时，如图 1.4.9(b)所示，由于导电沟道靠近漏极端的电压高，栅-漏之间反偏电压较大，因此越靠近漏极，耗尽层越宽，导电沟道反而越窄。可以想象，随着 u_{DS}的增加，必然会出现漏极端导电沟道预夹断的情况。

当导电沟道未夹断之前，其宽度随 u_{DS}的增加而线性增加，漏极电流 i_D也随 u_{DS}的增加而增加；当导电沟道夹断之后，u_{DS}的增大几乎全部降落在夹断区，用于克服夹断区对 i_D形成的阻力。从外部看，当 u_{DS}增大时，i_D几乎不变，表现出 i_D的恒流特性。

N 沟道结型场效应管的特性曲线如图 1.4.10 所示。与绝缘栅型场效应管的特性曲线相似，**N 沟道结型场效应管的输出特性曲线也有三个区：可变电阻区、恒流区、夹断区**。另外，u_{DS}增大到一定程度时，漏极电流会骤然增大，管子将被击穿。

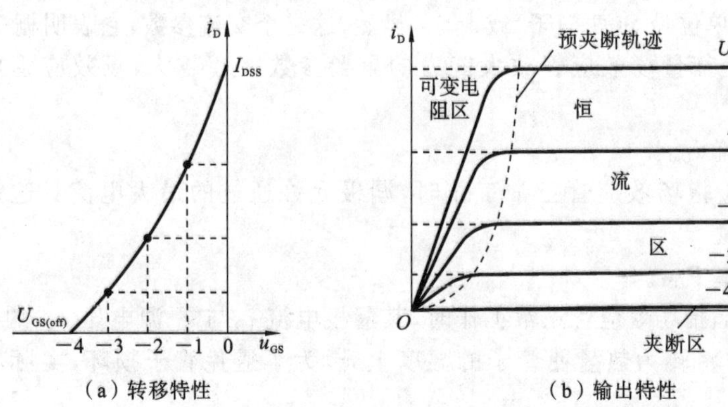

图 1.4.10 N 沟道结型场效应管的特性曲线

当场效应管工作在恒流区时，由于输出特性曲线可近似为横轴的一组平行线，所以可以用一条转移特性曲线代替恒流区的所有曲线。在输出特性曲线的恒流区中作横轴的垂线，读出垂线与各曲线交点的坐标值，建立 u_{GS}-i_D坐标系，连接各点所得曲线就是转移特性曲线，如图 1.4.10(a)所示。

根据半导体物理理论可以得到恒流区中 i_D与 U_{GS}的近似表达式为

$$i_D=I_{DSS}\left(1-\frac{U_{GS}}{U_{GS(off)}}\right)^2 \tag{1.4.2}$$

其中：I_{DSS}是 $u_{GS}=0$ 情况下产生预夹断时的 I_D，称为饱和漏极电流。

1.4.3 场效应管的主要参数

场效应管的主要参数包括直流参数、交流参数和极限参数，一般使用时主要关注以下几个参数。

(1) 开启电压和夹断电压。

开启电压 $U_{GS(th)}$ 是增强型 MOS 管参数，其定义是在 u_{DS} 为某一固定值(如 10 V)时，使管子刚刚导通(i_D 等于一个微小电流，如 50 μA)所加栅-源电压的大小。

夹断电压 $U_{GS(off)}$ 是耗尽型 MOS 管和结型场效应管的参数，是使漏-源间刚截止时的栅-源电压。在 u_{DS} 为某一固定值(如 10 V)时，使 i_D 等于一个微小电流(如 20 PA)所加栅-源电压的大小。

(2) 饱和漏极电流 I_{DSS}。

饱和漏极电流是耗尽型 MOS 管和结型场效应管的参数，指当栅-源电压 u_{GS} 为零时，漏-源之间加有某固定电压时的漏极电流。

(3) 直流输入电阻 R_{GS}。

直流输入电阻是指栅-源之间所加的电压与栅极电流之比。结型场效应管的直流输入电阻一般可达 10 MΩ，绝缘栅型场效应管可高达 1000 MΩ 以上。

(4) 低频跨导 g_m。

低频跨导是指管子在恒流区且漏-源电压一定的情况下，漏极电流变化量与引起它变化的栅-源电压变化量之比，即

$$g_m = \left.\frac{\Delta i_D}{\Delta u_{GS}}\right|_{U_{DS}=\text{常数}} \tag{1.4.3}$$

其中：低频跨导 g_m 的单位是 S(西门子)或 mS。显然，这是个交流参数，它表明栅-源电压对漏极电流的控制强弱，是衡量场效应管放大能力的重要参数。g_m 越大，场效应管放大能力就越好。

(5) 最大漏极电流 I_{DM}。

最大漏极电流 I_{DM} 指场效应管正常工作时，漏极允许通过的最大电流。这是一个极限参数。

(6) 最大耗散功率 P_{DM}。

最大耗散功率 P_{DM} 指场效应管正常工作时，其漏极电流 i_D 与漏-源电压 u_{DS} 的乘积。在使用时，管子的耗散功率将转为热量使管子的温度上升，为了避免管子损坏，实际功耗应小于 P_{DM} 并留有一定余量。

(7) 漏-源击穿电压 $U_{(BR)DS}$、栅-源击穿电压 $U_{(BR)GS}$。

管子进入恒流区后，如果继续增大漏-源电压，在某个点漏极电流会骤然增大，这时的漏-源电压称为漏-源击穿电压 $U_{(BR)DS}$，超过此值会使管子损坏。

对于结型场效应管，使栅极与沟道间 PN 结反向击穿的 u_{GS} 称为栅-源击穿电压 $U_{(BR)GS}$；对于绝缘栅型场效应管，$U_{(BR)GS}$ 是使绝缘层击穿的 u_{GS} 电压。

1.5 本章小结

本章的主要目的是学习常用半导体器件(二极管、三极管、场效应管)的特性，这些器件是

开启电子技术辉煌篇章的钥匙。为了更好地使用这些电子器件，需要对其内部的导电机理有所了解，因此，本章需要理解并掌握以下的知识点：本征半导体及杂质半导体的特性，PN 结的特性，二极管的伏安特性，稳压管的稳压原理，三极管的电流放大作用，三极管的输入/输出特性，场效应管的导电机理，场效应管的输入/输出特性，描述电子器件的主要参数。

(1) 半导体材料是一种导电能力介于导体和绝缘体之间的物质，将半导体材料提纯后形成的完全纯净、具有晶体结构的半导体称为本征半导体。为了提高本征半导体的导电能力，需要对其进行掺杂，形成杂质半导体。杂质半导体可以分为 N 型和 P 型两大类。在 N 型半导体中，自由电子为多数载流子，空穴为少数载流子。而在 P 型半导体中，空穴为多数载流子，自由电子为少数载流子。

(2) 将 P 型半导体和 N 半导体结合在一起形成 PN 结，PN 结具有单向导电性，这是构成半导体器件的重要特性。把一个 PN 结封装起来引出金属电极便可构成二极管，因此，二极管的特性可以从 PN 结的导电机理中解释。二极管可用于整流、限幅、检波、开关等电路中，在使用时可利用理想二极管模型来简化分析和计算。利用 PN 结的特性可做成稳压二极管、发光二极管、光电二极管、变容二极管等特殊二极管，可以应用在稳压电路、自动控制电路、高频电路等不同应用环境中。

(3) 晶体三极管是由两个 PN 结组成的三端有源器件，分 NPN 型和 PNP 型两种类型。无论哪种类型，均有两个 PN 结(发射结和集电结)、三个区域(发射区、基区和集电区)、三个电极(发射极 e、基极 b 和集电极 c)构成。需要说明的是，三极管中的 PN 结在制作时必须满足以下要求：基区很薄且掺杂浓度低；发射区掺杂浓度高；集电结截面积大。显然，实际的制造工艺对每个区的掺杂浓度、厚度、体积等都是要定量控制的，这也是不同型号的管子具有不同参数值的主要原因。

(4) 晶体三极管的外部特性主要通过输入特性曲线和输出特性曲线描述，是学习的重点。由于三极管是三端器件，当描述两端之间的伏安关系时，必然会受到第三端电特性的影响。因此，输入特性描述基极电流 i_B 与基极-发射极电压 u_{BE} 之间的伏安关系就会受到集电极-发射极之间电压 u_{CE} 的影响；输出特性描述集电极电流 i_C 与集电极-发射极电压 u_{CE} 之间的伏安关系就会受到基极电流 i_B 的影响。最后得到的是个曲线簇。通过特性曲线可以发现，三极管具有三个工作区域：放大区、截止区、饱和区。

(5) 三极管要工作在指定的区，必须对其施加合适的外部电压。例如，要工作在放大区，必须让发射结正偏集电极反偏，而两个 PN 结都正偏时工作在饱和区，两个 PN 结都反偏时工作在截止区。每个区的特性也是不一样的，放大区具有电流放大特性，满足 $i_C=\beta i_B$，这也是用三极管构成放大电路的理论基础。在饱和区集电极与发射极之间的电压 u_{CE} 较小，即 $u_{CE} \leqslant u_{BE}$。在截止区基极电流和集电极电流都很小，几乎接近 0。在饱和区和截止区，三极管具有开关特性。

(6) 场效应管利用输入电压产生电场效应来控制输出电流，属于电压控制型器件。场效应管外形与三极管相似。由于其工作时，只有一种载流子参与导电，所以也称为单极型晶体管。场效应管根据不同的制造工艺可以制成结型和绝缘栅型，每一种又有 N 沟道和 P 沟道之分，每一种沟道又有增强型和耗尽型之分。不同类型之间有不同的特性，其特性可以用输出特性曲线和转移特性曲线来描述。与三极管相似，场效应管也有三个工作区域：可变电阻区、恒流区、夹断区(截止区)。每个区域的工作条件和特点读者可自行归纳总结。

习 题 1

1.1 选择题。

(1) 在本征半导体中掺入(　　)元素可以形成P型半导体,掺入(　　)元素形成N型半导体。

A. 五价　　B. 四价　　C. 三价

(2) PN结加正向电压时,空间电荷区将(　　)。

A. 变窄　　B. 基本不变　　C. 变宽

(3) 当温度升高时,二极管的反向饱和电流将(　　)。

A. 增大　　B. 不变　　C. 减小

(4) 稳压管的稳压区是其工作在(　　)。

A. 正向导通　　B. 反向截止　　C. 反向击穿

(5) 工作在放大区的三极管,如果I_B从12 μA增大到22 μA,则I_C从1 mA变为2 mA,那么它的β约为(　　)。

A. 83　　B. 91　　C. 100

(6) 当场效应管的漏极直流电I_D从2 mA变为4 mA时,它的低频跨导g_m将(　　)。

A. 增大　　B. 不变　　C. 减小

1.2 判断题。

(1) 由于P型半导体中含有大量空穴,N型半导体中含有大量自由电子,所以P型半导体带正电,N型半导体带负电。(　　)

(2) 通常,晶体三极管在发射极和集电极互换使用时仍有较大的电流放大作用。(　　)

(3) 晶体三极管工作在放大状态时,集电极电位最高,发射极电位最低。(　　)

(4) 晶体三极管工作在饱和状态时,发射结反偏。(　　)

(5) 当增强型NMOS管工作在恒流区时,其栅-源电压U_{GS}大于零。(　　)

(6) 当$U_{GS}=0$ V时,耗尽型PMOS管能够工作在恒流区。(　　)

1.3 分析题1.3图所示各电路中二极管的工作状态(导通或者截止),并求出输出电压值,设二极管导通电压为0.7 V。

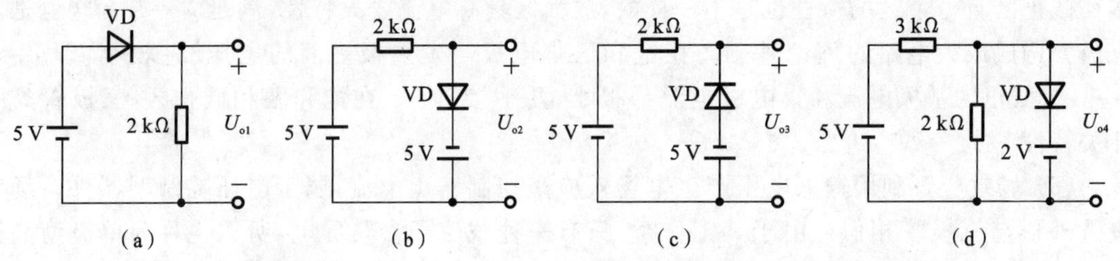

题1.3图

1.4 电路如题1.4图所示,已知$u_i=10\sin(\omega t)$ V,试分别画出u_i与u_o的波形。设二极管正向导通电压为0.7 V。

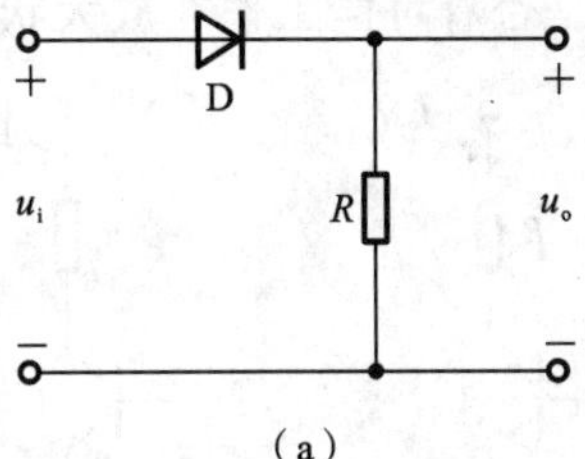

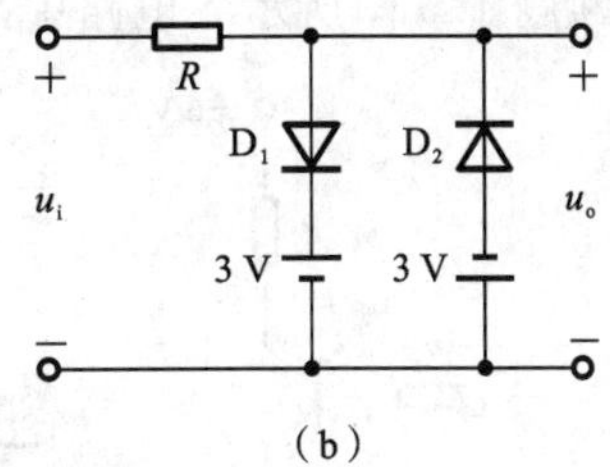

题 1.4 图

1.5 已知题 1.5 图所示电路中稳压管的稳定电压 $U_Z=6$ V，最小稳定电流 $I_{Zmin}=5$ mA，最大稳定电流 $I_{Zmax}=25$ mA。

(1) 分别计算 U_I 为 10 V、15 V、35 V 时输出电压 U_o 的值。

(2) 若 $U_I=35$ V 时负载开路，则会出现什么现象？为什么？

1.6 在题 1.6 图所示电路中，发光二极管导通电压为 1.5 V，正向电流在 5～15 mA 时才能正常工作。试问：

(1) 开关 S 在什么位置时发光二极管才能发光？

(2) R 的取值范围是多少？

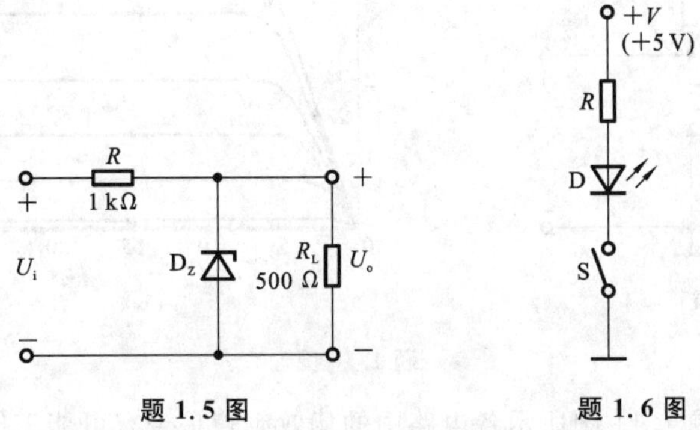

题 1.5 图 **题 1.6 图**

1.7 已知两根三极管三个极的电流大小和方向如题 1.7 图所示，分别判断两个三极管的类型(NPN 或 PNP)，并在图中标出每个晶体管的三个电极，分别求出两个三极管的电流放大系数 β。

1.8 电路如题 1.8 图所示，晶体管导通时 $U_{BE}=0.7$ V，$\beta=50$。试分析 u_i 分别为 0 V、1 V、3 V 三种情况下三极管 T 的工作状态(饱和、放大或截止)及输出电压 u_o 的值。

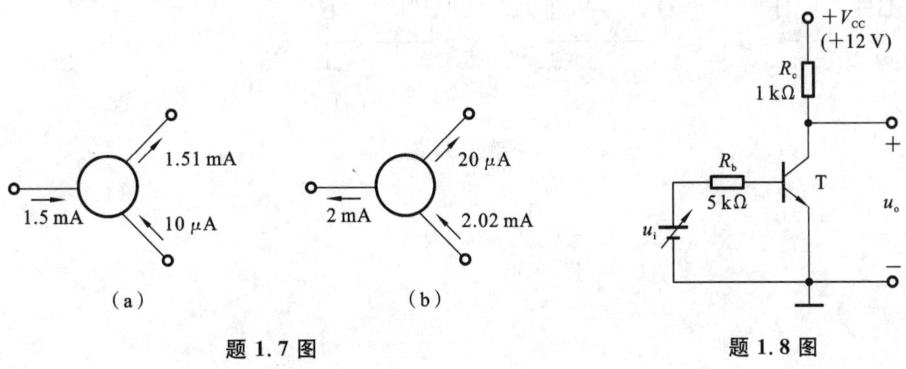

题 1.7 图 **题 1.8 图**

1.9 分别判断题 1.9 图所示各电路中晶体管是否有可能工作在放大状态。

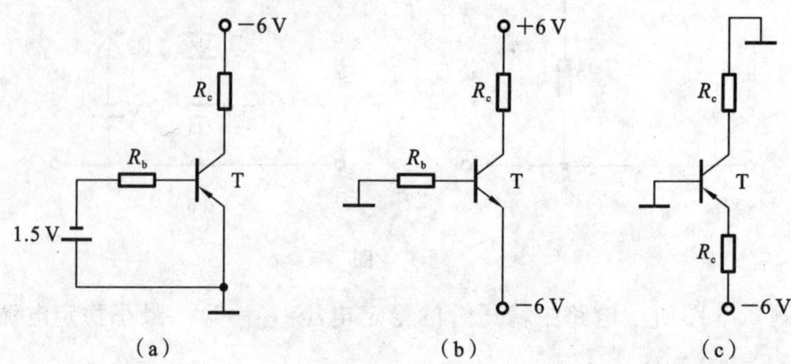

题 1.9 图

1.10 电路如题 1.10 图(a)所示，场效应管 T 的输出特性曲线如题 1.10 图(b)所示，分析当 u_i=4 V、8 V、12 V 三种情况下场效应管分别工作在什么区域。

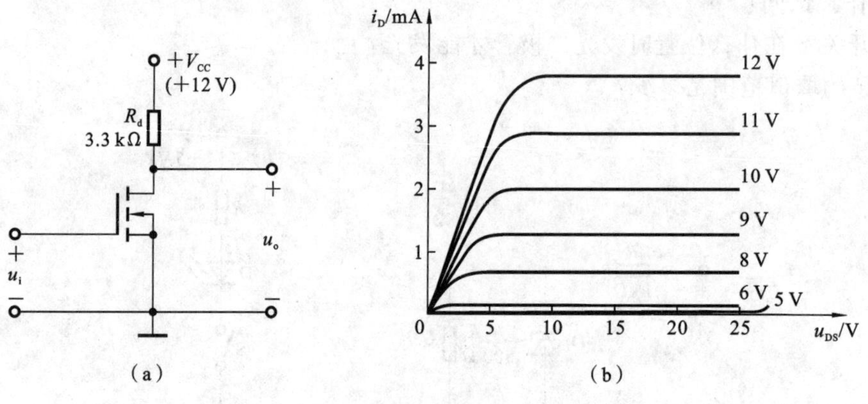

题 1.10 图

1.11 分别判断题 1.11 图所示各电路中的场效应管是否有可能工作在恒流区。

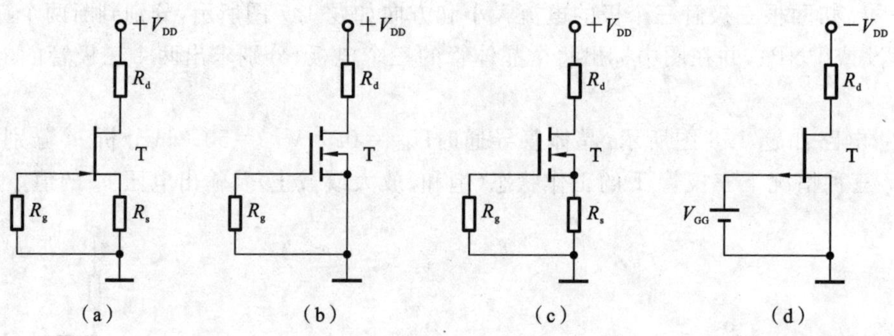

题 1.11 图

第 2 章　放大电路基础

【本章导读】 本章首先说明放大的概念及主要性能指标，重点介绍放大电路的组成原则、工作原理及分析方法。通过本章的学习，可以理解放大电路设置静态工作点的必要性；掌握放大电路静态工作点的图解分析法与估算分析法，以及动态特性的图解分析法和微变等效分析法；理解共射、共集、共基放大电路的特点、性能指标计算及应用方法；熟悉放大电路中容易出现的饱和失真、截止失真问题及消除措施；理解场效应管放大电路的特点、工作原理及分析方法；了解放大电路频率响应的概念以及影响单级阻容耦合共射放大电路频率响应的原因。

2.1　放大电路概述

在电子设备和系统中，通过传感器检测到的电信号往往是微弱的，只有先对其放大才能进一步处理。例如，通过麦克风检测的声音信号一般在微伏级，直接推动扬声器是不可能的，因此，信号放大在电子系统中占有重要地位。模拟电子技术最基本、最重要的内容就是研究电路的放大作用。

2.1.1　放大的概念

简单地说，所谓放大就是将电信号的幅度由小变大，在放大的过程中，不仅电压（或电流）的幅度升高了，而且信号的功率也增大了，这与变压器的升压是不同的。当然，信号功率增大并不是说放大电路可以产生新的能量，**放大的实质是在输入信号作用下，将直流电源的能量转换成交流信号能量**。经过放大器的控制作用，负载上信号的能量远大于放大器输入信号源的能量，因此负载上电压或电流的幅度比输入信号大很多。能够控制能量的元件称为有源元件，在放大电路中必须存在有源元件，如晶体管和场效应管等。

2.1.2　放大电路的分类

放大电路的种类很多，根据不同的分类方法可以分为不同的类型。

根据放大对象的不同，放大电路可分为**电压放大电路和功率放大电路**。电压放大电路主要用于放大电压信号，功率放大电路除了具有放大电压的功能外，还具有电流放大的功能，电路可以输出较大的电流和功率，因此可以驱动大功率的执行部件。当然，电压放大电路也具有功率放大的作用，只是在组成电路时，把电压放大作为主要的指标重点考虑而已。

根据放大信号的不同，放大电路可分为**交流放大电路、直流放大电路、脉冲放大电路**等；根据组成放大器的器件不同，放大电路可分为**晶体三极管放大电路和场效应管放大电路**；根据信号工作频率的不同，放大电路可以分为**低频放大电路和高频放大电路**等。

本课程主要学习低频电压放大电路和低频功率放大电路。

2.1.3 放大电路的性能指标

从整体上看，放大电路可以看成一个有源二端口网络，如图 2.1.1 所示。放大电路主要是放大交流信号，常采用相量分析法。图 2.1.1 中左边的$\dot{U}_s$代表输入正弦波信号源的电压相量，R_s代表信号源的内阻，$\dot{U}_i$、$\dot{I}_i$分别为放大电路输入电压、电流信号的相量值，R_L为负载电阻，$\dot{U}_o$、$\dot{I}_o$分别为输出电压、电流信号的相量值。实践证明，不同放大电路对同一个电压源的放大能力是不同的，引起这种不同的主要原因是不同的放大电路其性能指标有差别，理解和掌握这些指标的意义及计算和测试方法，是学习放大电路的重点。这些指标包括输入电阻、输出电阻、放大倍数、通频带、非线性失真系数、最大输出功率和效率等。

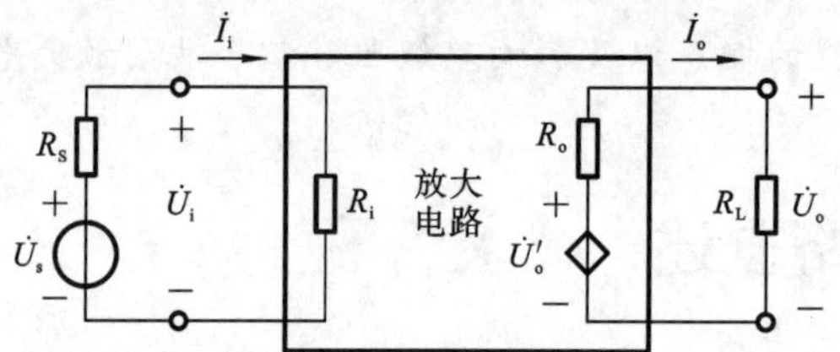

图 2.1.1 放大电路示意图

1. 放大倍数

放大倍数是衡量放大电路放大能力的重要指标，其定义是放大电路输出量与输入量之比。这里的输入量、输出量可以是电压、电流，也可以是功率，而对于小功率放大电路而言，常常只关心电压放大倍数，而不研究功率放大能力。

电压放大倍数是输出电压$\dot{U}_o$与输入电压$\dot{U}_i$之比，记作$\dot{A}_{uu}$，即

$$\dot{A}_{uu}=\dot{A}_u=\frac{\dot{U}_o}{\dot{U}_i} \tag{2.1.1}$$

电流放大倍数是输出电流$\dot{I}_o$与输入电流$\dot{I}_i$之比，记作$\dot{A}_{ii}$，即

$$\dot{A}_{ii}=\dot{A}_i=\frac{\dot{I}_o}{\dot{I}_i} \tag{2.1.2}$$

相似地，输出电压$\dot{U}_o$与输入电流$\dot{I}_i$之比，因其量纲为电阻，故称为互阻放大倍数，记作$\dot{A}_{ui}$，即

$$\dot{A}_{ui}=\frac{\dot{U}_o}{\dot{I}_i} \tag{2.1.3}$$

输出电流$\dot{I}_o$与输入电压$\dot{U}_i$之比，因其量纲为电导，称为互导放大倍数，记作$\dot{A}_{iu}$，即

$$\dot{A}_{iu}=\frac{\dot{I}_o}{\dot{U}_i} \tag{2.1.4}$$

本节重点研究电压放大倍数。

由图 2.1.1 可知，信号源包括电压源和内阻，因此，**常用输出电压$\dot{U}_o$与信号源电压$\dot{U}_s$之比衡量信号源内阻对放大电路性能的影响，称为源电压放大倍数**，记作$\dot{A}_{us}$，即

$$\dot{A}_{us}=\frac{\dot{U}_o}{\dot{U}_s} \tag{2.1.5}$$

放大倍数是相量的形式，包括幅度和相位。在工程上，放大倍数的幅度常用分贝(dB)来表示，称为增益，如式(2.1.5)可以表示为

$$A_{us}=20\lg\left(\frac{U_o}{U_s}\right)$$

2. 输入电阻

输入电阻 R_i 是从放大电路输入端看进去的等效电阻，定义为输入电压有效值 U_i 和输入电流有效值 I_i 之比，即

$$R_i=\frac{U_i}{I_i} \tag{2.1.6}$$

输入电阻的大小主要取决于放大电路的结构及元件参数，计算输入电阻是分析放大电路的重要内容。输入电阻作为信号源的负载，其大小对放大性能有直接影响。当信号源为电压源时，输入电阻与信号源内阻是串联关系，根据分压公式，R_i越大，放大电路输入电压 U_i 越大，放大后的输出电压也越大。因此，输入电阻越大对放大越有利。

当信号源为电流源时，内阻 R_s与电流源 I_s是并联关系，此时 R_i与 R_s也是并联关系，根据分流公式，在 R_s不变的情况下，R_i越小，输入电流 I_i越大，放大后的输出电流越大，因此输入电阻越小对放大越有利。可见，**输入电阻越大越好还是越小越好，要视放大电路信号源的形式而定。**

3. 输出电阻

对于输出负载 R_L，可把放大器当作它的信号源，根据等效电路的理论，放大器可以等效为一个电压源和一个电阻串联的形式，也可以等效为一个电流源和一个电阻并联的形式，这个电阻称为放大器的输出电阻，如图 2.1.1 中的 R_o。

输出电阻 R_o 是在放大器输入端电压源短路(若是电流源，则开路)的情况下，从输出端向放大器看进去所呈现的电阻。输出电阻的计算，通常在放大器输出端外加电压源 U_o，计算出由此产生的电流 I_o，则

$$R_o=\frac{U_o}{I_o}\bigg|_{U_s=0\text{或}I_s=0} \tag{2.1.7}$$

输出电阻也可以通过测量输出电压的方法求得。若在空载时测得输出电压有效值为U'_o，接上已知负载 R_L时测得输出电压有效值为 U_o，则由图 2.1.1 可求得

$$R_o=\left(\frac{U'_o}{U_o}-1\right)R_L \tag{2.1.8}$$

当把放大电路的输出端等效为恒压源时，放大器的输出电阻越小越好，就如同电池的内阻越小，其输出电压越稳定一样，放大器的输出电阻越小，输出电压越稳定，带负载能力越强。

4. 通频带

通频带是用来衡量放大器对不同频率信号放大能力的指标。由于放大器中存在电容、电感及半导体器件结电容等电抗器件，当输入信号的频率偏低或偏高时，放大倍数的数值会下降并产生相移。一般情况下，放大器只适用于放大某一个特定频率范围内的信号，超过这个范围，放大倍数就会下降，这一特定的频率范围就称为通频带。

放大器的通频带可以用图 2.1.2 所示的曲线说明。曲线表明某放大电路放大倍数的数值

与信号频率的关系，称为幅频特性曲线，在曲线的中频段，放大倍数 $|\dot{A}_m|$ 不随频率变化而变化。当频率降低或升高，超出中频段范围时，$|\dot{A}_m|$ 将明显下降。**因频率降低而使放大倍数下降到 $|\dot{A}_m|$ 的 0.707 倍时对应的频率称为下限截止频率 f_L，因频率升高而使 $|\dot{A}_m|$ 下降到 0.707 倍时对应的频率称为上限截止频率 f_H**，则通频带的定义为

$$f_{BW}=f_H-f_L \tag{2.1.9}$$

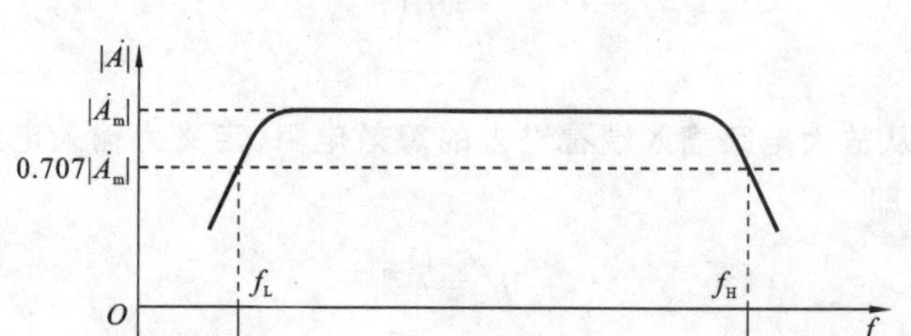

图 2.1.2　放大电路的频率特性

2.2　基本共射放大电路

本节将以 NPN 型晶体管组成的基本共射放大电路为例，阐明放大电路的组成原则及工作原理。

2.2.1　基本共射放大电路的组成

图 2.2.1 为基本共射放大电路，其中的电压源 u_i 是输入信号，其幅度一般在毫伏或微伏量级，放大后的输出信号 u_o 从晶体管的集电极输出。

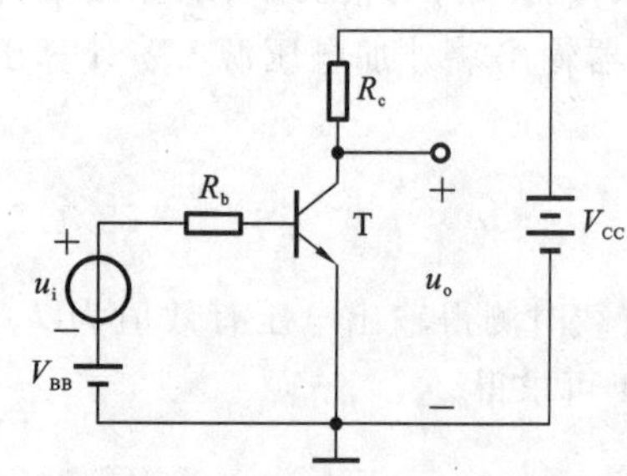

图 2.2.1　基本共射放大电路

显然，晶体管 T 是放大电路的核心元件，利用其电流放大特性实现电压放大。由于晶体管只有工作在放大区时才具有电流放大作用，电源 V_{BB}、V_{CC} 以及电阻 R_b、R_c 的作用之一就是确保三极管工作在放大区。为分析方便，常将由 R_b、晶体管的发射结、V_{BB}、u_i 构成的回路称为输入回路，由 V_{CC}、R_c、集电极、发射极构成的回路称为输出回路。**输入回路与输出回路以发射极为公共端，故称为共射极放大电路，简称共射放大电路。**

放大电路输入信号 $u_i=0$ 时的工作状态称为静态。也就是说，静态就是只有直流电源单独作用时放大电路的工作状态。在输入回路中，基极电源 V_{BB} 使晶体管发射结电压 U_{BE} 大于开启电压 U_{on}，并与基极电阻 R_b 共同决定基极电流 I_B；在输出回路中，集电极电源 V_{CC} 应足够高，使晶体管的集电极电位高于基极电位，即集电结反向偏置，以保证晶体管工作在放大状态；集电极电阻 R_C 上的电流等于 I_C，其电压为 I_CR_C，从而确定了晶体管 c-e 间电压 $U_{CE}=V_{CC}-I_CR_C$。

当 u_i 不为 0 时的工作状态称为动态。也就是说，动态就是交流信号与直流电源共同作用时放大电路的工作状态。由于 u_i 不为 0，输入回路中必将在静态值 I_B 的基础上叠加一个交流

的基极电流 i_b，当然，在输出回路也就得到交流电流 i_c，集电极电阻 R_C 将集电极电流的动态变化转化成电压的变化，使得管压降 u_{CE} 产生变化，这个变化量就是输出动态电压 u_o，从而实现了电压放大。直流电源 V_{CC} 为放大电路提供所需能量。

2.2.2 基本共射放大电路的工作原理

由以上分析可知，放大电路工作时输入交流信号与直流电源共存。为分析方便，对其工作原理的分析可从两个方面分别考虑，即在直流电源单独作用时静态工作情况分析和信号源单独作用时动态工作情况分析。

1. 静态工作点及其计算

将输入信号为零，直流电源单独作用时，晶体管的基极电流 I_B、集电极电流 I_C、b-e 间电压 U_{BE}、管压降 U_{CE} 称为放大电路的静态工作点 Q，常将这四个物理量记作 I_{BQ}、I_{CQ}、U_{BEQ}、U_{CEQ}。 由于这四个量可以分别在晶体管输入、输出特性曲线上描绘出一个点，故而得名。由晶体管的输入特性曲线可知，在线性区 U_{BE} 的变化范围不大，因此在近似估算中常认为 U_{BEQ} 为已知量，对于硅管取 0.7 V，对于锗管取 0.2 V，而且穿透电流 $I_{CEO}=0$，$\bar{\beta}=\beta$。

在图 2.2.1 所示电路中，令 $u_i=0$，根据回路方程，便可得到静态工作点的计算表达式为

$$I_{BQ}=\frac{V_{BB}-U_{BEQ}}{R_b} \tag{2.2.1a}$$

$$I_{CQ}=\beta I_{BQ} \tag{2.2.1b}$$

$$U_{CEQ}=V_{CC}-I_{CQ}R_c \tag{2.2.1c}$$

放大电路设置静态工作点的主要目的是让晶体管工作在放大区，下面分析工作点设置不合适对放大电路产生的影响。假设 $V_{BB}=0$，由于输入电压 u_i 幅值很小，其正半周峰值也远小于晶体管发射结的开启电压 U_{on}，则在信号的整个周期内晶体管始终工作在截止状态，因而基极电流、集电极电流几乎为零，U_{CE} 也毫无变化，输出电压 u_o 为零，就不能正常放大。即使 u_i 的幅值足够大，晶体管在 u_i 正半周大于开启电压 U_{on} 的时间段内导通，勉强可以放大，但输出电压严重失真，这也是不能接受的。即使 V_{BB} 不等于 0，如果 R_b 过大使得 I_{BQ} 偏小，静态工作点接近截止区时，输出电压也会产生失真，可见，静态工作点对放大电路的工作状态及性能指标影响极大，必须要合理设置。

2. 工作原理及波形分析

图 2.2.1 所示基本放大电路的工作原理可以通过工作波形加以分析，在静态时，I_{BQ}、I_{CQ}、U_{CEQ} 的大小如图 2.2.2(b)(c)中虚线所示。在动态时，假设输入信号电压 u_i 为单一频率的正弦波，如图 2.2.2(a)所示。根据叠加原理，u_i 和 V_{BB} 共同作用，产生的基极电流是直流分量 I_{BQ} 与交流分量 i_b 叠加的结果，即 $i_B=I_{BQ}+i_b$，如图 2.2.2(b)中实线所画波形。根据 $i_C=\beta i_B$，集电极电流也会在直流分量 I_C 的基础上叠加一个正弦交流电流分量 i_C。根据欧姆定律，电流 i_C 在集电极电阻 R_c 上产生一个交变电压。由于 $u_{CE}=V_{CC}-i_CR_c$，R_c 上的电压增大时，管压降 u_{CE} 必然减小，R_c 上的电压减小时，u_{CE} 必然增大，所以管压降是在直流分量 U_{CEQ} 的基础上叠加一个与 i_c 变化方向相反的交变电压。综上，集电极总电流 $i_C=I_{CQ}+\beta i_b$，管压降总电压 $u_{CE}=U_{CEQ}+u_{ce}$，如图 2.2.2(c)中实线所画波形。直流分量 U_{CEQ} 可以通过电容去掉，输出端就可得到一个与输入电压 u_i 相位相反且幅度增大了的交流电压 u_o，如图 2.2.2(d)所示。

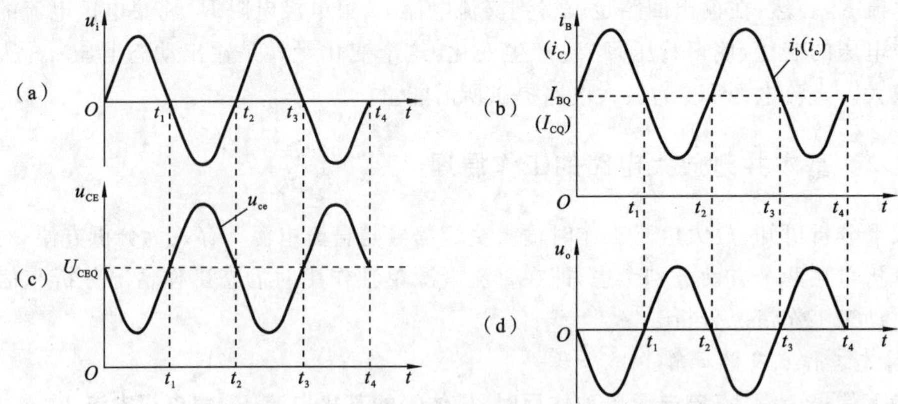

图 2.2.2 基本共射放大电路的波形分析

2.2.3 直流通路与交流通路

从以上分析可知，放大电路工作时交流信号是驮载在直流分量之上的，二者是混在一起不可分割的，但在电路中电容、电感等电抗元件的作用下，二者所走的通路是不同的。**交流信号通过的路径称为交流通路，直流信号通过的路径称为直流通路**。利用直流通路可以计算电路的静态工作点，利用交流通路可以计算放大倍数、输入电阻、输出电阻等动态参数，这种从不同的角度分别对电路进行分析的思路，有利于将复杂问题简单化。

电路分析时常常需要画出直流通路和交流通路。对于直流信号而言，电容器的容抗为无穷大，电感器的感抗为零，因此，直流通路的画法是在原电路基础上更改以下元件。

(1) 将电容视为开路。

(2) 将电感线圈视为短路(即忽略线圈电阻)。

(3) 将信号源视为短路，但应保留其内阻。

对于交流信号而言，在一定信号频率作用下，大容量电容的容抗较小，大电感的感抗较大，因此，交流通路的画法如下。

(1) 将容量大的电容(如耦合电容)视为短路。

(2) 将大电感视为开路。

(3) 将无内阻的直流电源(如 V_{CC})视为短路。

根据以上方法，可画出图 2.2.1 所示电路的直流通路和交流通路，如图 2.2.3 所示。

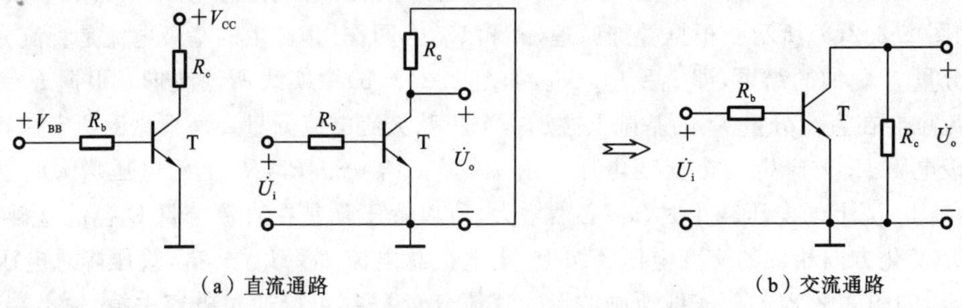

图 2.2.3 基本共射放大电路的直流通路和交流通路

【例 2.2.1】 画出图 2.2.4 所示的放大电路的直流通路和交流通路。

解 图 2.2.4 所示的电路中，信号源与放大电路、放大电路与负载之间直接用导线相连，称为直接耦合。该电路是直接耦合共射放大电路，与基本共射放大电路相比，将直流电源 V_{BB} 与 V_{CC} 合二为一，并且为了合理设置静态工作点，增加了电阻 R_{b2}，图中的电源 V_{CC} 采用习惯画法。

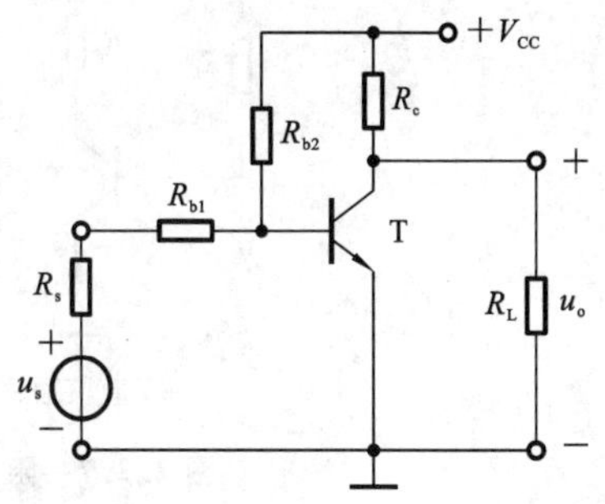

图 2.2.4 直接耦合共射放大电路

画直流通路时，将信号源 u_s 短路，R_s 为信号源内阻，应将其保留，其他元件也保留原样，由此画出的直流通路如图 2.2.5(a)所示。

画交流通路时，将直流电源 V_{CC} 短路，R_{b2} 并联在晶体管的基极与发射极之间，而集电极电阻 R_c 和负载电阻 R_L 均并联在晶体管的集电极与发射极之间，如图 2.2.5(b)所示。

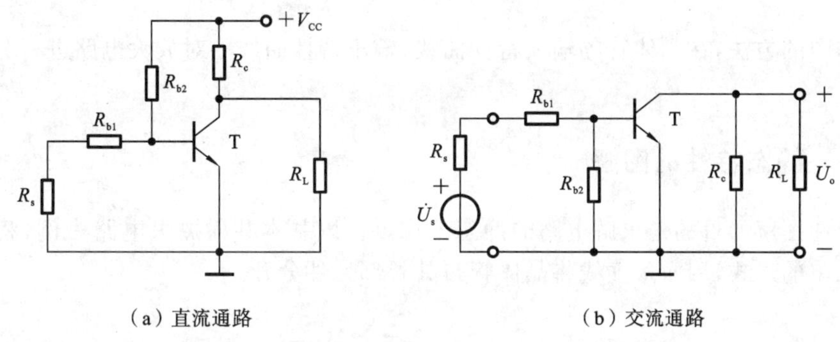

图 2.2.5 直接耦合共射放大电路的直流通路和交流通路

【例 2.2.2】 说明图 2.2.6 所示电路中电容 C_1、C_2 的作用，并画出其直流通路和交流通路。

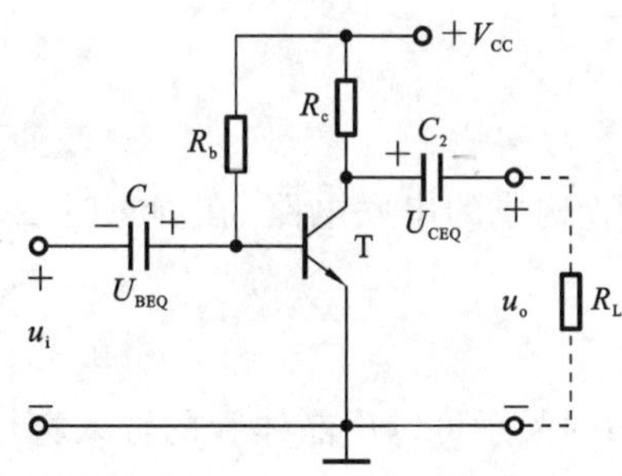

图 2.2.6 阻容耦合共射放大电路

解 图 2.2.6 为阻容耦合共射放大电路，电容 C_1 用于连接信号源与放大电路，电容 C_2 用于连接放大电路与负载。在电子电路中起连接作用的电容称为耦合电容，**利用电阻、电容实现信号连接的方式称为阻容耦合**。因为电容对直流量的容抗为无穷大，所以信号源与放大电路、放大电路与负载之间没有直流量通过。耦合电容的容量应足够大，使其在输入信号频率范围内的容抗很小，对交流可视为短路，所以输入信号几乎无损失地加在放大管的基极与发射极之间。可见，**耦合电容的作用是“隔离直流，通过交流”。**

根据以上分析得到的阻容耦合放大电路的直流通路与交流通路如图 2.2.7 所示。

求解放大电路的静态、动态参数是电路分析的主要目的。在分析放大电路时，应遵循“先静态，后动态”的原则，只有静态工作点合适，动态分析才有意义。常用的分析方法有图解分析法和微变等效电路分析法。

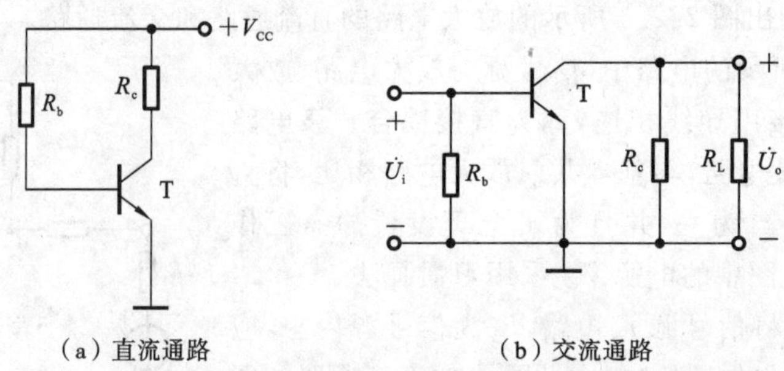

（a）直流通路　　（b）交流通路

图 2.2.7　阻容耦合共射放大电路的直流通路和交流通路

2.3　放大电路的图解分析法

利用作图的方法，在晶体管的输入特性曲线、输出特性曲线上对放大电路进行分析即为图解法。

2.3.1　静态特性的图解

静态特性图解的目的是求解电路的静态工作点。以基本共射放大电路为例，将电路图改画成图 2.3.1 的形式，用两条虚线将晶体管与其外部元件分开。

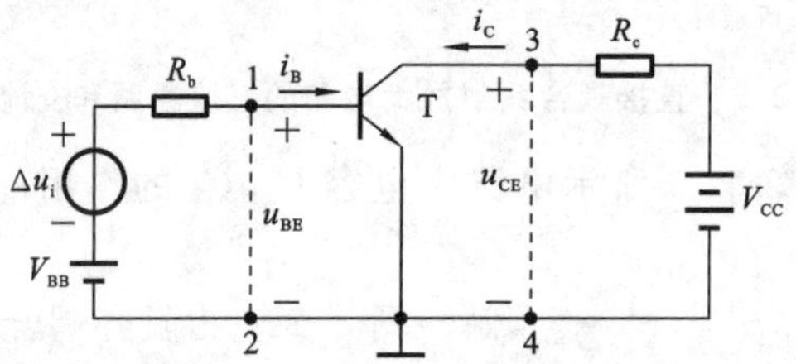

图 2.3.1　基本共射放大电路

在输入回路中，从虚线 1-2 端口向左看，是由 R_b、Δu_i、V_{BB}构成的串联电路，在静态时 $\Delta u_i=0$，因此 i_B与 u_{BE}之间的关系满足回路方程。

$$u_{BE}=V_{BB}-i_B R_b \tag{2.3.1}$$

从虚线 1-2 端口向右看是晶体管的发射结，i_B与 u_{BE}之间的关系可以用晶体管的输入特性曲线描述。将回路方程与输入特性曲线画在同一个坐标系下，即得图 2.3.2(a)所示的图解曲线。根据式(2.3.1)确定的直线，交横轴于点(V_{BB},0)，交纵轴于点(0,V_{BB}/R_b)。直线与曲线的交点就是静态工作点 Q，其横坐标值为 U_{BEQ}，纵坐标值为 I_{BQ}，如图 2.3.2(a)中所标注。**式(2.3.1)所确定的直线称为输入回路负载线。**

输出回路静态工作点的图解与输入回路相似。在图 2.3.1 虚线 3-4 端口向右看，可得输出回路方程为

$$u_{CE}=V_{CC}-i_C R_c \tag{2.3.2}$$

将该方程描绘在晶体管的输出特性曲线上，可得如图 2.3.2(b)所示的直线，它交横轴于

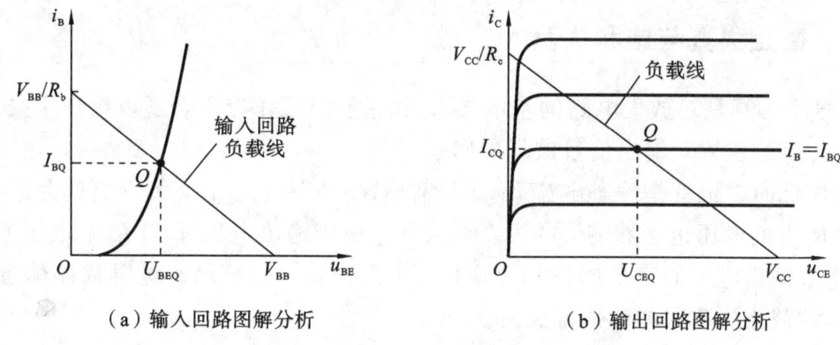

(a) 输入回路图解分析　　(b) 输出回路图解分析

图 2.3.2　基本共射电路静态工作点的图解

$(V_{CC},0)$，交纵轴于$(0,V_{CC}/R_c)$。该直线虽然与输出特性曲线簇中的多条曲线相交，但静态工作点必在与 $I_B=I_{BQ}$曲线相交的点上，即图中的 Q 点。图中标注的 U_{CEQ}、I_{CQ}就是静态工作点的具体数值，**由式(2.3.2)所确定的直线称为输出回路负载线。**

图解法求解静态工作点的优点是可以进一步理解静态工作点的意义，从图形中可以清楚地说明工作点位置是否合适。缺点是需要已知晶体管特性曲线且作图误差影响求解精度。显然，Q 点的位置在晶体管放大区的中间最好，偏上偏下都有可能造成放大器输出信号的波形失真。

2.3.2　动态特性的图解

当输入电压为正弦波时，若静态工作点合适且输入信号幅值较小，则晶体管输入特性曲线在 Q 点的附近是线性的。晶体管 b-e 间的动态电压 u_{be}就是叠加在静态电压 U_{BEQ}之上的输入交流信号电压，由此产生的基极动态电流 i_b也为正弦波，如图 2.3.3(a)所示。

在输出特性曲线上，由于 Q 点在放大区，$i_C=\beta i_B$，在 i_b的作用下，沿着负载线变化得到的集电极动态电流 i_c及集电极-发射极电压 u_{ce}都是正弦波，如图 2.3.3(b)所示。动态电压 u_{CE}就是输出电压 u_o，且 u_o与 u_i 反相。显然，也可以通过测量二者的振幅计算电路的放大倍数，但因 u_i 幅度较小，很难测量准确，精度不高也就失去求解的意义。

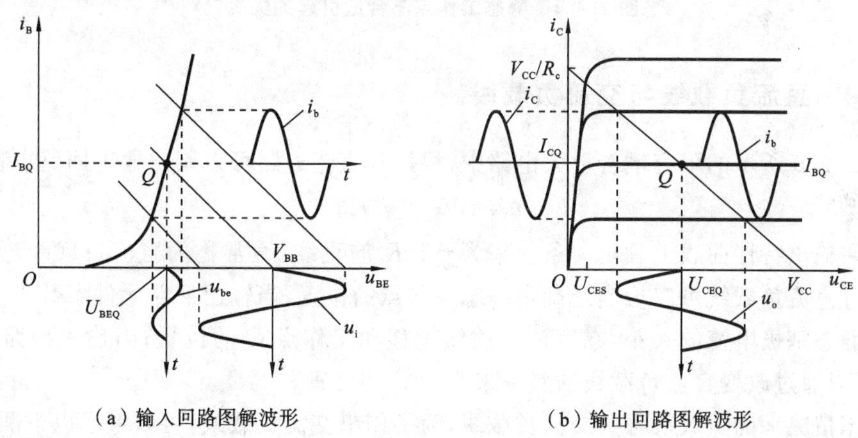

(a) 输入回路图解波形　　(b) 输出回路图解波形

图 2.3.3　基本共射放大电路动态图解波形

2.3.3 截止失真与饱和失真

输出信号不失真是对放大电路的基本要求，如果静态工作点不合适就会产生失真，下面分析静态工作点 Q 的位置对输出信号波形的影响。

当 Q 点偏低时，也就是静态电流 I_{BQ}、I_{CQ}偏小，则动态电流 i_b、i_c负半周就会进入截止区，集电极电阻 R_c上的电压也必然随 i_c的失真而失真。由于输出电压 u_o与 R_c上电压的变化相位相反，从而造成输出电压的正半周被部分切掉，如图 2.3.4(a)所示。**这种因晶体管截止而产生的失真称为"截止失真"，亦称顶部失真。**

当 Q 点偏高时，静态电流 I_{BQ}、I_{CQ}较大，动态基极电流 i_b不会产生失真，但动态集电极电流 i_c的正半周会产生失真，这是由于 i_c的正半周进入了晶体管的饱和区，在饱和区不满足$i_C=\beta i_B$，i_c的数值变小了。显然，集电极电阻 R_c上的电压、输出电压 u_o也会失真，如图 2.3.4(b)所示。**因晶体管饱和而产生的失真称为"饱和失真"，亦称底部失真。**

放大电路是否产生波形失真，与输入信号的大小也有关系。例如，某放大电路因 Q 偏低产生了截止失真，但如果降低输入信号的幅度，在 i_b、i_c信号负半周不进入截止区，就不会产生截止失真，但这样会降低输出信号的幅度，也就降低了放大倍数。

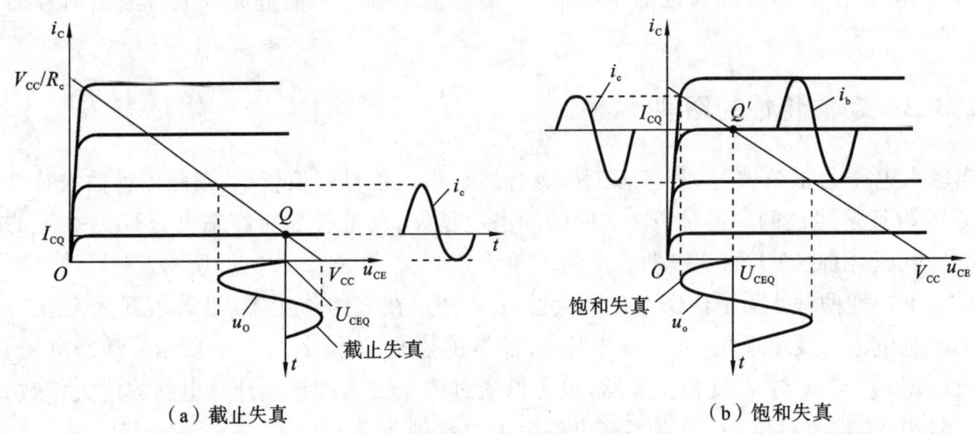

图 2.3.4 静态工作点不合适引起的失真

2.3.4 直流负载线与交流负载线

在图 2.2.6 所示的阻容耦合放大电路中，根据其直流通路可以写出输出回路方程：

$$u_{CE}=V_{CC}-i_C R_c$$

由此式可在输出特性曲线上画出一条斜率为$-1/R_c$的直线，通常称为直流负载线，如图2.3.5所示。通过直流负载线可以恰当地确定静态工作点的位置，当输出回路元件参数不变时，可以通过改变静态基极电流的大小，在直流负载线上移动工作点 Q 的位置；当输入回路元件参数不变时，可以通过改变直流负载线的斜率来改变 Q 的位置。

在动态情况下的负载线称为交流负载线，为了作出交流负载线，可以考虑以下两种情况。

(1) 当输入电压为零时，相当于晶体管处于静态工作状态，其集电极电流为 I_{CQ}，管压降为 U_{CEQ}。因此交流负载线必过 Q 点。

(2) 当输入电压不为零时，在图 2.2.7 所示的交流通路中，晶体管动态管压降$u_{ce}=-i_c(R_c /\!/ R_L)$。另外，总的管压降也等于静态管压降与动态管压降之和，即

$$u_{CE}=U_{CEQ}+u_{ce}=U_{CEQ}-i_c(R_c /\!/ R_L)=U_{CEQ}-i_cR'_L \tag{2.3.3}$$

当集电极总电流为零，即$i_C=I_{CQ}+i_c=0$ 时，动态电流$i_c=-I_{CQ}$，将其代入式(2.3.3)得

$$u_{CE}=U_{CEQ}+I_{CQ}R'_L$$

由此确定在横轴上的一点 B 的坐标为($U_{CEQ}+I_{CQ}R'_L$, 0)，连接该点与 Q 点所得的直线就是交流负载线。**交流负载线是过 Q 点的斜率为$-1/(R_c /\!/ R_L)$的直线。**

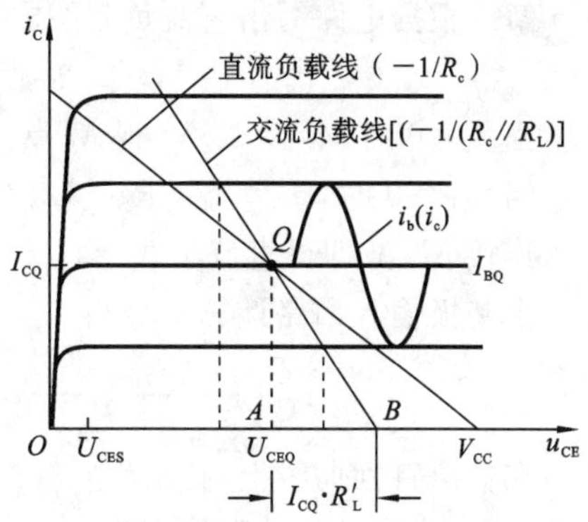

图 2.3.5 放大器的交、直流负载线

由于阻容耦合放大电路直流负载电阻为 R_c，交流负载电阻为($R_c /\!/ R_L$)，交流负载电阻小于直流负载电阻，因此交流负载线更陡峭，表现在放大电路性能指标上就是在同样的输入电压下，接入负载电阻 R_L后输出电压的幅度会降低，放大倍数也会降低。

2.3.5 最大不失真输出电压

当放大器静态工作点和交流负载线确定后，可以在交流负载线上观察失真情况。当逐渐增加输入信号时，输出电压也会跟着增加，就有可能使晶体管进入截止区或饱和区而产生失真。为了衡量放大器能够输出不失真电压信号，引入最大不失真输出电压 U_{om}的指标。

假设晶体管的饱和管压降为U_{CES}，根据图 2.3.5 所示的交流负载线，可得最大不失真电压的计算方法。**以 U_{CEQ}为中心，Q 点右侧的不失真电压为"$I_{CQ}R'_L$"，Q 点左侧的不失真电压为"$U_{CEQ}-U_{CES}$"，这两段距离中的数值较小者即是最大不失真输出电压，通常将此值除以$\sqrt{2}$，以有效值 U_{om}的形式表示。**为了使 U_{om}尽可能大，应将 Q 点设置在放大区内交流负载线的中间。

【例 2.3.1】 如图 2.3.6(a)所示电路中，已知 $R_b=280\ \mathrm{k\Omega}$，$R_c=3\ \mathrm{k\Omega}$，$R_L=3\ \mathrm{k\Omega}$，$V_{CC}=12\ \mathrm{V}$，晶体管的输出特性曲线如图 2.3.6(b)所示，假设晶体管饱和管压降 $U_{CES}=1\ \mathrm{V}$。试用图解法作出交、直流负载线，并确定静态工作点及最大不失真电压。

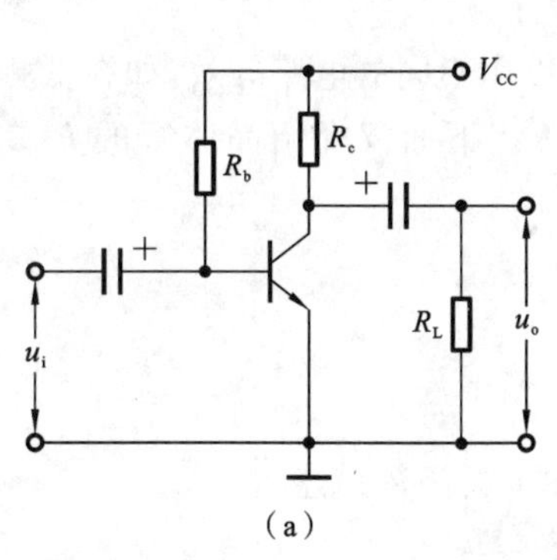

(a)

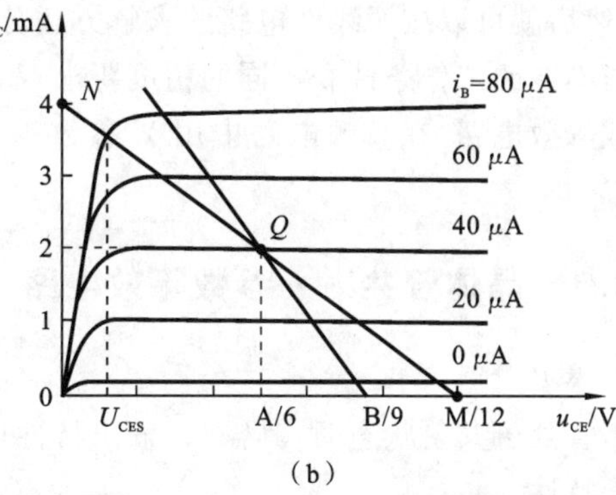

(b)

图 2.3.6 例 2.3.1 图

解 根据电路写出直流负载线方程为

$$u_{CE}=V_{CC}-i_C R_c=12-3\,i_C$$

当 $i_C=0$ 时，$u_{CE}=12$ V，得 M 点。

当 $u_{CE}=0$ 时，$i_C=V_{CC}/R_c=12/3$ mA$=4$ mA，得 N 点。

连接 M、N 即得直流负载线。

由基极输入回路计算 I_{BQ}，得

$$I_{BQ}=\frac{V_{CC}-U_{BEQ}}{R_b}=\frac{12-0.7}{280}\ \text{mA}\approx 0.04\ \text{mA}=40\ \mu\text{A}$$

在输出特性曲线上，找出 $i_B=I_{BQ}=40\ \mu$A 的那条曲线，它与直流负载线的交点 Q 就是静态工作点，对应的具体数值为

$$U_{CEQ}=6\ \text{V},\quad I_{CQ}=2\ \text{mA}$$

当 $i_C=0$ 时，$u_{CE}=U_{CEQ}+I_{CQ}R'_L=\left(6+2\times\dfrac{3\times3}{3+3}\right)$ V$=9$ V，得交流负载线与横坐标的交点 $B(9,0)$。连接 B、Q 得交流负载线。

在交流负载线上，B 点电压与 U_{CEQ} 之差为 3 V，U_{CEQ} 与 U_{CES} 电压之差为 5 V，取二者较小的数值，得最大不失真电压 $U_{om}=3/\sqrt{2}$ V≈2.1 V。

需要说明的是，如果负载 R_L 开路，交、直流负载线重合，最大不失真电压在直流负载线上求解即可。

用图解法分析放大电路比较直观且便于理解，但作图过程烦琐并存在作图误差，尤其是在计算放大电路输入电阻、输出电阻等交流参数时无能为力。事实上，对于线性电路的求解已经有成熟的理论和方法，但放大电路中的晶体管是非线性元件，不能直接使用线性电路的方法求解，为此引入微变等效电路分析法。

2.4 放大电路的微变等效电路分析法

微变等效电路分析法的基本思想是在小信号（微变）条件下，放大电路中的晶体管可以用线性元件（如电阻、受控源等）组成的电路等效，等效后放大电路就变成了一个纯线性元件构成的电路，然后就可以按照线性电路的求解方法分析、计算了。

根据不同的工作条件和不同的精度要求，晶体管可以用不同的电路等效，如在低频电路中用 h 参数等效电路，在高频电路中用 Y 参数等效电路等。下面仅介绍晶体管的 h 参数等效电路。

2.4.1 晶体管共射 h 参数等效电路

1. h 参数特性方程

晶体管处于共射状态时，其输入、输出特性可以用如下的函数描述：

输入特性：
$$u_{BE}=f(i_B,u_{CE})\tag{2.4.1}$$

输出特性：
$$i_C=f(i_B,u_{CE})\tag{2.4.2}$$

式中的变量代表各电量的总瞬时值。

对式(2.4.1)和式(2.4.2)求全微分，则有

$$du_{BE}=\left.\frac{\partial u_{BE}}{\partial i_B}\right|_{U_{CEQ}}di_B+\left.\frac{\partial u_{BE}}{\partial u_{CE}}\right|_{I_{BQ}}du_{CE} \tag{2.4.3}$$

$$di_C=\left.\frac{\partial i_C}{\partial i_B}\right|_{U_{CEQ}}di_B+\left.\frac{\partial i_C}{\partial u_{CE}}\right|_{I_{BQ}}du_{CE} \tag{2.4.4}$$

定义

$$\left.\frac{\partial u_{BE}}{\partial i_B}\right|_{U_{CEQ}}=h_{ie} \tag{2.4.5}$$

$$\left.\frac{\partial u_{BE}}{\partial u_{CE}}\right|_{I_{BQ}}=h_{re} \tag{2.4.6}$$

$$\left.\frac{\partial i_C}{\partial i_B}\right|_{U_{CEQ}}=h_{fe} \tag{2.4.7}$$

$$\left.\frac{\partial i_C}{\partial u_{CE}}\right|_{I_{BQ}}=h_{oe} \tag{2.4.8}$$

式中的 h_{ie}、h_{re}、h_{fe}、h_{oe} 称为晶体管在共射状态下的 h 参数。将它们代入式(2.4.3)和式(2.4.4)，得

$$du_{BE}=h_{ie}di_B+h_{re}du_{CE} \tag{2.4.9}$$

$$di_C=h_{fe}di_B+h_{oe}du_{CE} \tag{2.4.10}$$

在晶体管的线性区内，微分形式的电压、电流可用交流符号代替，式(2.4.9)和式(2.4.10)可改写为(注意字母和下标都为小写)

$$u_{be}=h_{ie}i_b+h_{re}u_{ce} \tag{2.4.11}$$

$$i_c=h_{fe}i_b+h_{oe}u_{ce} \tag{2.4.12}$$

式(2.4.11)和式(2.4.12)是晶体管共射 h 参数特性方程。根据这两个方程画出的等效电路称为晶体管共射 h 参数等效电路，如图 2.4.1(b)所示。图中的 h_{ie}、h_{oe} 参数用电阻等效，h_{re} 用受控电压源等效，h_{fe} 用受控电流源等效。

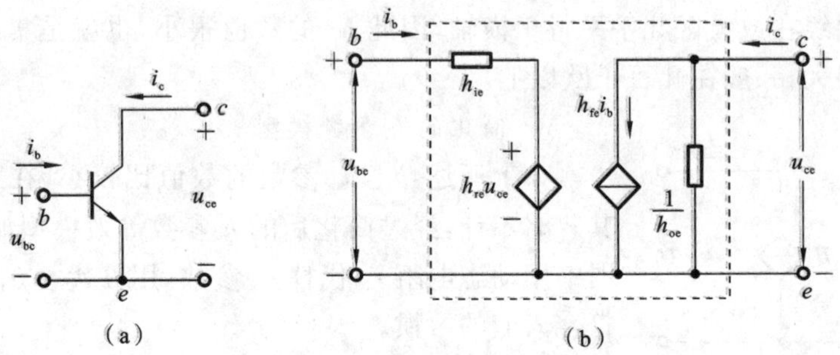

图 2.4.1　晶体管及其 h 参数模型

2. h 参数的意义

从式(2.4.5)～式(2.4.8)可以得出，h_{ie} 为静态电压 U_{CEQ} 恒定时从晶体管输入端看进去的电阻，也就是输入特性曲线在静态工作点处的动态电阻，其求解方法如图 2.4.2(a)所示，$h_{ie}\approx\Delta u_{BE}/\Delta i_B$。

h_{re} 为静态基极电流 I_{BQ} 恒定时，晶体管输入端电压与输出端电压的比值，即 $h_{re}\approx\Delta u_{BE}/\Delta u_{CE}$。它反映的是输出回路电压对输入回路的影响。在输入特性曲线上看，当 u_{CE} 变化时，输

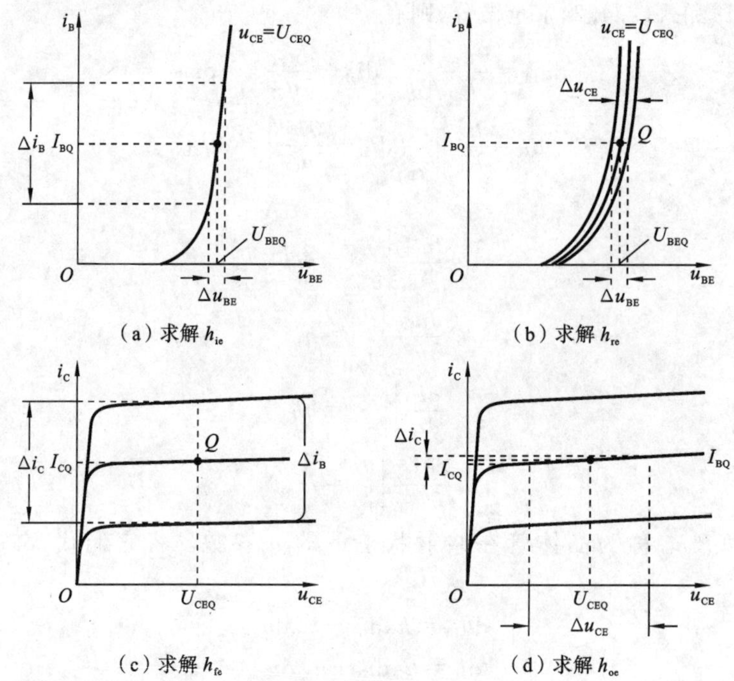

(a) 求解 h_{ie}　　(b) 求解 h_{re}

(c) 求解 h_{fe}　　(d) 求解 h_{oe}

图 2.4.2　h 参数的物理意义及求解方法

入特性曲线会左右平移，当 u_{CE} 足够大（$u_{CE}\geqslant 1$ V）时，输入特性曲线几乎重合，因此 h_{re} 的数值很小，多小于10^{-2}。

h_{fe} 为共射电路输出静态电压 U_{CEQ} 恒定时的电流放大系数，也就是输出特性曲线在静态工作点处的电流放大系数 β，即 $h_{je}\approx\Delta i_C/\Delta i_B$。

h_{oe} 为共射电路静态基极电流 I_{BQ} 恒定时，输出交流电流与输出交流电压的比值，即 $h_{oe}\approx\Delta i_C/\Delta u_{CE}$，也就是静态工作点处的输出电导，反映的是输出特性曲线上翘的程度。大多数晶体管输出特性曲线在放大区几乎平行于横轴，因此 h_{oe} 的数值很小，也就是集电极与发射极之间的动态电阻很大，一般在几百千欧以上。

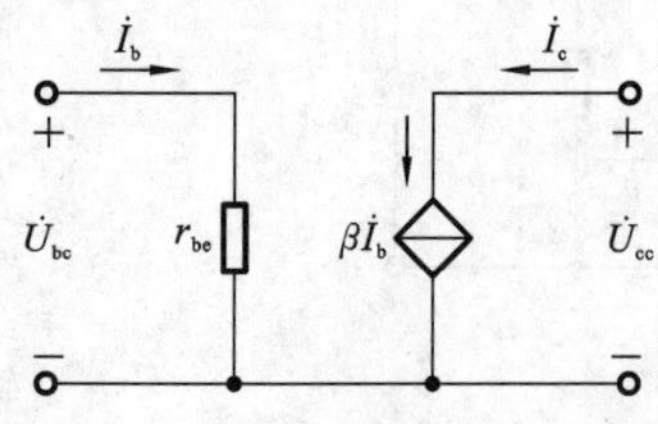

图 2.4.3　简化的 h 参数等效模型

3. 简化的 h 参数模型

如上所述，h_{re}、h_{oe}参数的数值比较小，在工程计算时常将其忽略不计，经过简化后的 h 参数等效模型如图 2.4.3 所示。图中用动态电阻 r_{be} 代替 h_{ie} 参数，用 β 代替 h_{fe} 参数，这是为了符合人们的习惯。

尽管 r_{be} 的大小可以根据晶体管的输入特性曲线测量得到，但工程上多根据 PN 结伏安特性关系式(1.1.1)及三极管的内部等效电阻近似得出如下的计算公式

$$r_{be}=r_{bb'}+(1+\beta)\frac{U_T}{I_{EQ}}=r_{bb'}+\beta\frac{26(\mathrm{mV})}{I_{CQ}(\mathrm{mA})} \tag{2.4.13}$$

式中：U_T 为温度的电压当量，在常温下其值为 26 mV；$r_{bb'}$ 为晶体管的基区电阻，其值对不同类型的晶体管略有差别，大功率管一般为几十欧姆，小功率管为几百欧姆。

h 参数等效电路是在没有考虑晶体管结电容的情况下得出的，只适用于低频小信号的工

作条件，因此称为低频微变等效电路模型。

2.4.2 共射放大电路动态参数分析

利用晶体管的 h 参数等效模型可以求解放大电路的电压放大倍数、输入电阻和输出电阻。下面以阻容耦合放大电路为例，讨论具体的分析过程。

在图 2.2.7(b)所示的交流通路中，将 h 参数等效模型取代晶体管便可得到放大电路的交流等效电路，如图 2.4.4 所示。其中 U_s、R_s为电压信号源及其内阻。

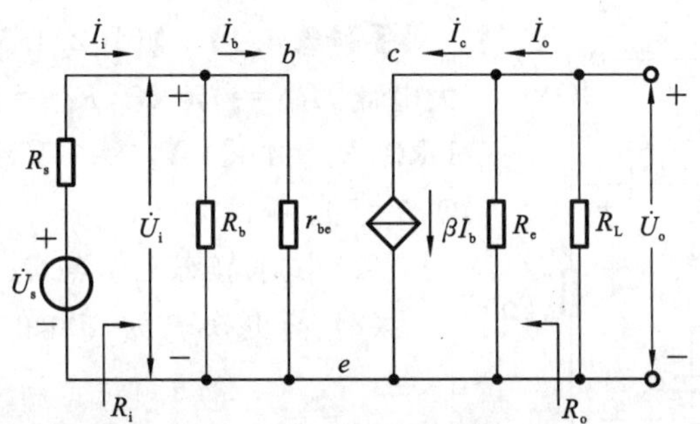

图 2.4.4 阻容耦合放大电路的微变等效电路

1. 电压放大倍数$\dot{A}_u$

根据电压放大倍数的定义，利用晶体管$\dot{I}_b$对$\dot{I}_c$的控制关系，可得$\dot{U}_i=\dot{I}_b r_{be}$，$\dot{U}_o=-\dot{I}_c(R_c /\!/ R_L)=-\beta\dot{I}_b R'_L$。因此，电压放大倍数的表达式为

$$\dot{A}_u=\frac{\dot{U}_o}{\dot{U}_i}=-\frac{\beta R'_L}{r_{be}} \tag{2.4.14}$$

式中：$R'_L=R_c /\!/ R_L$，负号表示输出电压与输入电压的相位相反，这与图解法得出的结论是一致的。

2. 输入电阻 R_i

输入电阻是从放大电路输入端看进去的等效电阻，也就是图 2.4.4 中的 R_b与 r_{be}并联后的总电阻，一般 $R_b \gg r_{be}$，则

$$R_i=\frac{U_i}{I_i}=R_b /\!/ r_{be}\approx r_{be} \tag{2.4.15}$$

注意，输入电阻与信号源内阻无关。

3. 输出电阻 R_o

输出电阻是在信号源为零时从放大电路输出端看进去的等效电阻。通常采用加压求流的方法计算，即在输出端接入电压源$\dot{U}_o$，求出从电压源流出的电流$\dot{I}_o$，二者的比值就是输出电阻。对于本电路，在输出端接入电压源$\dot{U}_o$后，输出回路的信号不能传到输入回路，因而当$\dot{U}_s=0$ 时，$\dot{I}_b=0$，受控源 $\beta\dot{I}_b=0$，也就是受控电流源开路，因此输出电阻

$$R_o=R_c \tag{2.4.16}$$

注意，输出电阻不包含负载电阻 R_L。

4. 源电压放大倍数$\dot{A}_{us}$

根据定义，源电压放大倍数是输出电压$\dot{U}_o$与信号源电压$\dot{U}_s$ 之比。从图 2.4.4 的输入端可

以看出，输入电压与信号源电压之间的关系为

$$\dot{U}_i=\frac{r_i}{R_s+r_i}\dot{U}_s$$

因此

$$\dot{A}_{us}=\frac{\dot{U}_o}{\dot{U}_s}=\frac{r_i}{R_s+r_i}\dot{A}_u \tag{2.4.17}$$

应当指出，虽然利用 h 参数等效模型分析的是动态参数，但是由于 r_{be} 与 Q 点紧密相关，动态参数也就与 Q 点紧密相关，因此，改变 Q 点的位置会影响放大倍数与输入电阻。

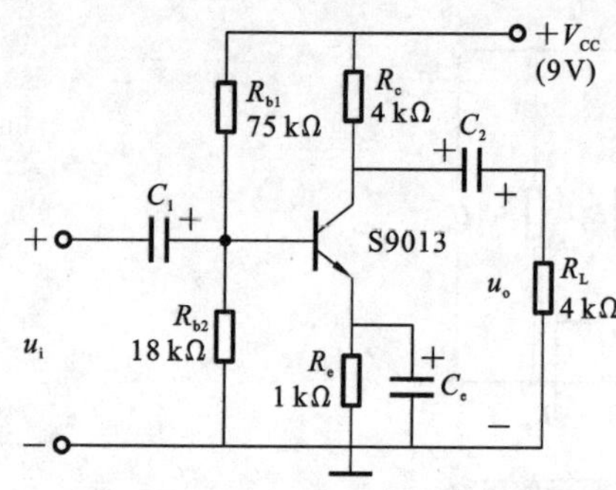

图 2.4.5　分压偏置共射放大电路

【例 2.4.1】　如图 2.4.5 所示的分压偏置共射放大电路，$R_{b1}=75\ k\Omega$，$R_{b2}=18\ k\Omega$，$R_c=4\ k\Omega$，$R_e=1\ k\Omega$，$R_L=4\ k\Omega$，$V_{CC}=9\ V$，晶体管为硅管，$r_{bb'}=200\ \Omega$，$\beta=50$。

(1) 试求静态工作点 Q；

(2) 若更换 β 为 100 的管子，重新确定静态工作点；

(3) 求 $\beta=100$ 时的 $\dot{A}_u$、R_i、R_o。

解　(1) 画出直流通路，如图 2.4.6(a)所示。为了方便，分压偏置电路静态工作点的计算可以采用近似计算的方法。

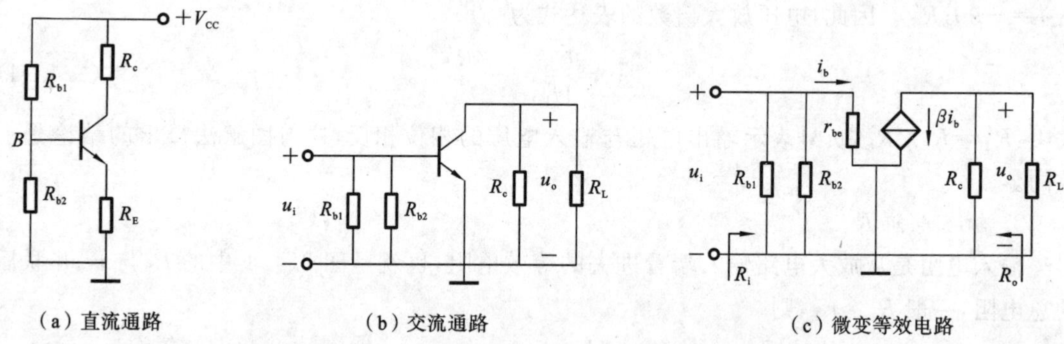

(a) 直流通路　　(b) 交流通路　　(c) 微变等效电路

图 2.4.6　例 2.4.1 的直流通路、交流通路和微变等效电路

由于基极电流 I_{BQ} 很小，可以认为流过 R_{b1}、R_{b2} 的电流远大于 I_{BQ}，在近似计算时忽略 I_{BQ}，因此可利用分压公式计算出 B 点的对地电位：

$$U_B\approx\frac{R_{b2}}{R_{b1}+R_{b2}}V_{CC}=\left(\frac{18}{75+18}\times 9\right)\ V\approx 1.7\ V$$

R_e 电阻两端的电压，即晶体管发射极电位为

$$U_E=U_B-U_{BEQ}=(1.7-0.7)\ V=1\ V$$

电阻 R_e 上的电流就是晶体管的发射极电流，即

$$I_{EQ}=\frac{U_E}{R_e}=\frac{1\ V}{1\ k\Omega}=1\ mA$$

根据晶体管各极电流之间关系，有

$$I_{CQ}\approx I_{EQ}=1\ mA$$

$$I_{BQ}=\frac{I_{CQ}}{\beta}=\frac{1}{50}\ \text{mA}=0.02\ \text{mA}=20\ \mu\text{A}$$

由直流输出回路的电压方程，有

$$U_{CEQ}=V_{CC}-I_{CQ}R_c-I_{EQ}R_E=(9-1\times4-1\times1)\ \text{V}=4\ \text{V}$$

(2) 当晶体管的 $\beta=100$ 时，由上述计算过程可知 I_{EQ}、I_{CQ}、U_{CEQ}的数值不会改变，只有 I_{BQ} 发生变化，是 $\beta=50$ 时的一半，即 10 μA。

由以上分析可知，分压偏置电路更换不同 β 的管子后，能够自动改变 I_{BQ} 以抵消 β 变化而产生的影响。事实上**这种电路具有稳定静态工作点的功能**。假设由于某种原因（如工作环境温度发生变化）引起晶体管集电极电流 I_C 增加，由于基极电位 U_B 固定，电路会通过如下的过程自动将 I_C 减小：

$$T\uparrow \longrightarrow I_C(I_E)\uparrow \longrightarrow I_ER_e\uparrow \longrightarrow U_{BE}\downarrow \longrightarrow I_B\downarrow \longrightarrow I_C(I_E)\downarrow$$

事实上，**图 2.4.5 所示的电路为典型的静态工作点稳定电路**。不难看出，在稳定的过程中，R_e 起着重要作用，当晶体管的输出回路电流 I_C 变化时，通过 R_e 上产生电压的变化来影响 b-e 间电压，从而使 I_C 向相反方向变化，达到稳定 Q 点的目的。这种**将输出量(I_C)通过一定的方式(利用 R_e 将 I_C 的变化转化成电压的变化)引回到输入回路来影响输入量(U_{BE})的措施称为反馈**；由于反馈的结果使输出量的变化减小，故称为负反馈；又由于反馈出现在直流通路之中，故称为直流负反馈。R_e 为直流负反馈电阻。

为了有效地稳定工作点，流过 R_{b1}、R_{b2}的电流要比 I_{BQ}至少大 5 倍以上。

(3) 动态参数的计算需要借助微变等效电路，因此首先根据交流通路画出微变等效电路，如图 2.4.5(b)(c)所示，有

$$r_{be}=r_{bb'}+\beta\frac{26\ (\text{mV})}{I_{CQ}\ (\text{mA})}=\left(200+100\times\frac{26}{1}\right)\ \Omega=2800\ \Omega=2.8\ \text{k}\Omega$$

根据定义，有

$$\dot{A}_u=\frac{\dot{U}_o}{\dot{U}_i}=-\frac{\beta i_b\ (R_c/\!/R_L)}{i_b r_{be}}=-\frac{\beta\ (R_c/\!/R_L)}{r_{be}}=-\frac{100\times(4/\!/4)}{2.8}\approx-71$$

$$R_i=R_{b1}/\!/R_{b2}/\!/r_{be}=(75/\!/18/\!/2.8)\ \text{k}\Omega\approx2.8\ \text{k}\Omega$$

因$\dot{U}_i=0$ 时受控电流源开路，则

$$R_o=R_c=5.1\ \text{k}\Omega$$

图 2.4.5 中的电容 C_e 为发射极旁路电容，具有“通交流，隔直流”的作用，它不影响静态工作点，但可以提高电路的放大倍数。

【例 2.4.2】 在如图 2.4.7(a)所示的电路中，已知$V_{BB}=1$ V，$R_b=18$ kΩ，$R_c=5.1$ kΩ，$R_s=6$ kΩ，$V_{CC}=12$ V，晶体管的$r_{bb'}=100$ Ω，$\beta=100$，$U_{BEQ}=0.7$ V。

(1) 求静态工作点；

(2) 求$\dot{A}_u$、R_i、R_o、$\dot{A}_{us}$。

解 (1) 由电路图可以得出

$$I_{BQ}=\frac{V_{BB}-U_{BEQ}}{R_s+R_b}=\frac{1-0.7}{6+18}\ \text{mA}=0.0125\ \text{mA}=12.5\ \mu\text{A}$$

$$I_{CQ}=\beta I_{BQ}=(100\times0.0125)\ \text{mA}=1.25\ \text{mA}$$

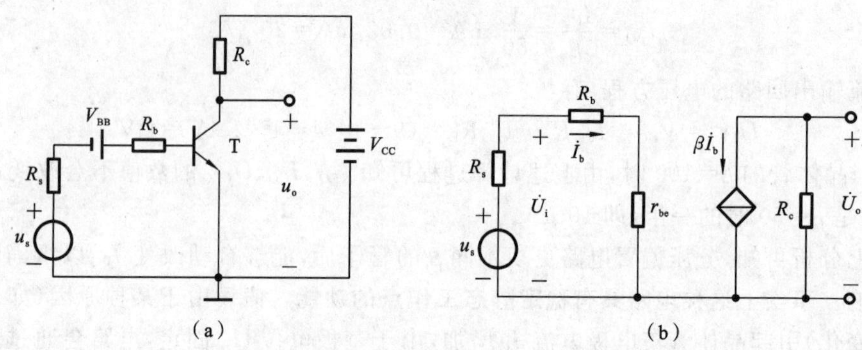

图 2.4.7 例 2.4.2 图

$$U_{CEQ}=V_{CC}-I_{CQ}R_c=(12-1.25\times5.1)\ \text{V}\approx5.63\ \text{V}$$

$U_{CEQ}>U_{BEQ}$，说明管子处于放大区。

(2) 动态分析时，先画出微变等效电路，如图 2.4.7(b)所示，其中

$$r_{be}=r_{bb'}+\beta\frac{26}{I_{CQ}}=\left(100+100\times\frac{26}{1.25}\right)\ \Omega=2200\ \Omega=2.2\ \text{k}\Omega$$

再根据电压放大倍数及输入电阻的定义，得

$$\dot{A}_u=\frac{\dot{U}_o}{\dot{U}_i}=-\frac{\beta R_c}{R_b+r_{be}}=-\frac{100\times5.1}{18+2.2}\approx-25.2$$

$$R_i=\frac{U_i}{I_b}=R_b+r_{be}=(18+2.2)\ \text{k}\Omega=20.2\ \text{k}\Omega$$

计算输出电阻时，考虑$\dot{U}_s=0$ 的受控源开路，则

$$R_o=R_c=5.1\ \text{k}\Omega$$

源电压放大倍数为

$$\dot{A}_{us}=\frac{R_i}{R_S+R_i}\dot{A}_u=-\frac{20.2}{6+20.2}\times25.2=-19.4$$

由于信号源内阻的存在，源电压放大倍数将会降低。从另一个角度看，对于这种电压源与内阻串联的输入信号，放大器的输入电阻 R_i 越大，源电压放大倍数与电压放大倍数越接近，因此希望放大器的输入电阻越大越好。

2.5 放大电路的三种基本接法

晶体管组成的基本放大电路除了前面所述的共射放大电路外，还有以集电极为公共端的共集放大电路和以基极为公共端的共基放大电路。它们的组成原则和分析方法基本相同，但电路的特点各有不同，使用时可根据需求合理选用。

2.5.1 基本共集放大电路

阻容耦合基本共集放大电路的结构如图 2.5.1(a)所示。晶体管集电极直接与电源 V_{CC} 连接，显然，晶体管的集电极电位高于基极，而基极电位高于发射极，从而保证了发射结正

偏,集电结反偏,晶体管工作于放大状态。图 2.5.1(a)中的 R_b、R_e 与 V_{CC} 共同决定管子的静态工作点。对交流信号而言,电压源 U_s 通过 C_1 接入晶体管的基极,放大后的信号从发射极通过 C_2 引向负载 R_L。**由于直流电源对交流信号源是短路的,所以交流通路中集电极是接地的,输入、输出回路公用集电极,故称共集电路**。另外,由于输出信号从发射极引出,故此电路又称为射极输出器。

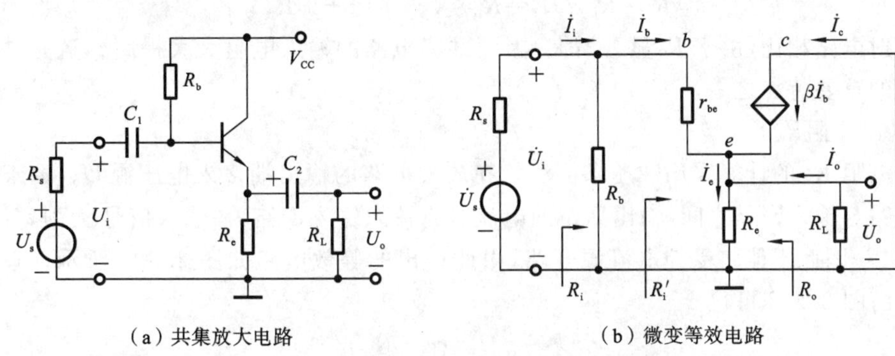

(a) 共集放大电路　　(b) 微变等效电路

图 2.5.1　基本共集放大电路及其微变等效电路

1. 静态分析

在图 2.5.1(a)中,将 C_1、C_2 看成开路,可列出输入回路方程:

$$V_{CC}=I_{BQ}R_b+U_{BEQ}+I_{EQ}R_e=I_{BQ}R_b+U_{BEQ}+(1+\beta)I_{BQ}R_e$$

由此得出静态基极电流 I_{BQ}、发射极电流 I_{EQ} 及管压降 U_{CEQ} 为

$$I_{BQ}=\frac{V_{CC}-U_{BEQ}}{R_b+(1+\beta)R_e} \tag{2.5.1}$$

$$I_{EQ}=(1+\beta)I_{BQ} \tag{2.5.2}$$

$$U_{CEQ}=V_{CC}-I_{EQ}R_e \tag{2.5.3}$$

2. 动态分析

将图 2.5.1(a)所示电路中的电容 C_1、C_2 以及电源 V_{CC} 看成短路,将晶体管用简化的 h 参数模型代替,得到图 2.5.1(b)所示的微变等效电路,由图 2.5.1 可求得如下动态参数。

1) 电压放大倍数 $\dot{A}_u$

由

$$\dot{U}_o=\dot{I}_e(R_e/\!/R_L)=(1+\beta)\dot{I}_bR'_e$$

$$\dot{U}_i=\dot{I}_br_{be}+\dot{I}_e(R_e/\!/R_L)=\dot{I}_br_{be}+(1+\beta)\dot{I}_bR'_e$$

得

$$\dot{A}_u=\frac{\dot{U}_o}{\dot{U}_i}=\frac{(1+\beta)R'_e}{r_{be}+(1+\beta)R'_e} \tag{2.5.4}$$

其中

$$R'_e=R_e/\!/R_L$$

式(2.5.4)表明电压放大倍数 $\dot{A}_u$ 恒小于 1,一般情况下满足 $(1+\beta)R'_e\gg r_{be}$,因而 $\dot{A}_u$ 又接近于 1,且输出电压与输入电压同相。换句话说,输出电压几乎跟随输入电压变化而变化,因此,共集电极放大器又称为射极跟随器。虽然该电路没有电压放大能力,但输出电流远大于输入电流,具有功率放大的能力。

2）输入电阻R_i

由图 2.5.1(b)可知，从基极看进去的输入电阻为

$$R'_i=\frac{U_i}{I_b}=\frac{I_b r_{be}+I_e R'_e}{I_b}=r_{be}+(1+\beta)R'_e$$

所以

$$R_i=R_b /\!/ R'_i=R_b /\!/ (r_{be}+(1+\beta)R'_e) \tag{2.5.5}$$

与共射电路相比，由于R'_i显著增大，因而共集电路的输入电阻大大提高，这是共集电极放大电路的重要特点之一。

3）输出电阻R_o

输出电阻R_o的计算采用加压求流法。在放大电路的输出端接入电压源U_o，由于r_{be}跨接在输出回路与输入回路之间，输出回路的电流必将流入输入回路，在输入信号$\dot{U}_s$为零时，电流I_b并不为零，因此不能将受控电流源开路，由此得出的等效电路如图 2.5.2 所示。首先计算电阻R'_o，由图 2.5.2 可得

$$U_o=-I_b(r_{be}+R'_s)$$

其中

$$R'_s=R_s /\!/ R_b$$

$$I'_o=-I_e=-(1+\beta)I_b$$

$$R'_o=\frac{U_o}{I'_o}=\frac{r_{be}+R'_s}{1+\beta}$$

所以，输出电阻为

$$R_o=R_e /\!/ R'_o=R_e /\!/ \frac{r_{be}+R'_s}{1+\beta} \tag{2.5.6}$$

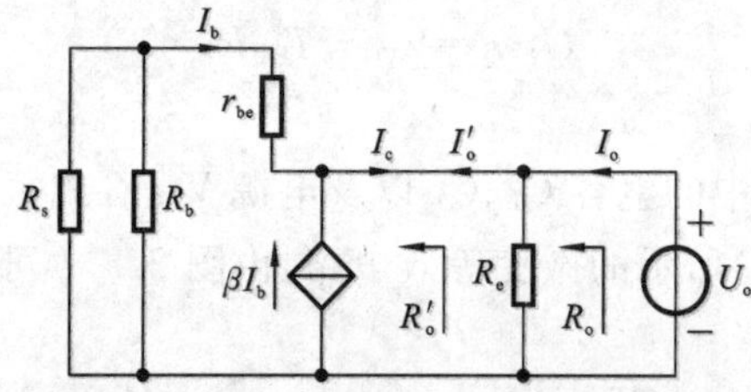

图 2.5.2　求共集电路输出电阻的等效电路

由于信号源内阻及r_{be}一般较小，式(2.5.6)**说明共集电极电路的输出电阻很小，这样的特点使其具有较强的带负载能力。**

综上所述，共集电极放大电路是一个具有高输入电阻、低输出电阻、电压放大倍数近似为1且输出电压与输入电压同相的放大电路。在多级放大电路中，共集放大电路常用作输入级、输出级，也可作为缓冲级隔离前后两级之间的相互影响。

2.5.2　基本共基放大电路

图 2.5.3(a)给出了阻容耦合的共基极放大电路，图中R_{b1}、R_{b2}、R_c和R_e构成分压偏置电路，为晶体管设置合适的工作点。信号从射极输入，集电极输出，而基极通过旁通电容C_b交流接地，输入、输出回路共用基极，因此称为共基放大电路。

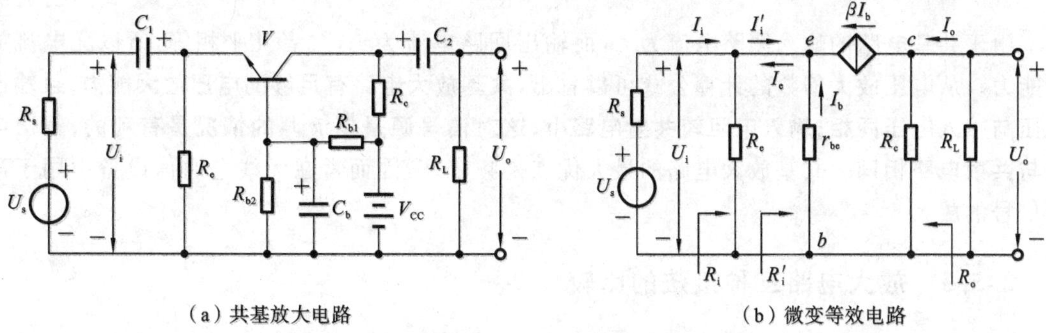

（a）共基放大电路　　（b）微变等效电路

图 2.5.3　共基放大电路及其微变等效电路

1. 静态分析

从图 2.5.3(a)可以看出，尽管画法不同，其直流通路和阻容耦合分压偏置共射电路的结构是一样的，因此其静态工作点的估算方法相同，其估算公式如下：

$$U_{\mathrm{B}} \approx \frac{R_{\mathrm{b2}}}{R_{\mathrm{b1}}+R_{\mathrm{b2}}} V_{\mathrm{CC}}$$

$$I_{\mathrm{CQ}} \approx I_{\mathrm{EQ}}=\frac{U_{\mathrm{E}}}{R_{\mathrm{e}}}=\frac{U_{\mathrm{B}}-U_{\mathrm{BEQ}}}{R_{\mathrm{e}}}$$

$$I_{\mathrm{BQ}}=\frac{I_{\mathrm{CQ}}}{\beta}$$

$$U_{\mathrm{CEQ}}=V_{\mathrm{CC}}-I_{\mathrm{CQ}}(R_{\mathrm{c}}+R_{\mathrm{e}})$$

2. 动态分析

通过图 2.5.3(a)及其交流通路画出的微变等效电路如图 2.5.3(b)所示。

1）电压放大倍数$\dot{A}_{\mathrm{u}}$

由图 2.5.3(a)可知

$$\dot{U}_{\mathrm{o}}=-\beta\dot{I}_{\mathrm{b}}(R_{\mathrm{c}}/\!/R_{\mathrm{L}})=-\beta\dot{I}_{\mathrm{b}}R'_{\mathrm{c}}$$

$$\dot{U}_{\mathrm{i}}=-\dot{I}_{\mathrm{b}}r_{\mathrm{be}}$$

$$\dot{A}_{\mathrm{u}}=\frac{\dot{U}_{\mathrm{o}}}{\dot{U}_{\mathrm{i}}}=\frac{\beta R'_{\mathrm{c}}}{r_{\mathrm{be}}} \tag{2.5.7}$$

其中

$$R'_{\mathrm{c}}=R_{\mathrm{c}}/\!/R_{\mathrm{L}}$$

2）输入电阻R_{i}

在图 2.5.3(b)中，有

$$R'_{\mathrm{i}}=\frac{U_{\mathrm{i}}}{I'_{\mathrm{i}}}=\frac{U_{\mathrm{i}}}{-I_{\mathrm{e}}}=\frac{-I_{\mathrm{b}}r_{\mathrm{be}}}{-(1+\beta)I_{\mathrm{b}}}=\frac{r_{\mathrm{be}}}{1+\beta}$$

$$R_{\mathrm{i}}=R'_{\mathrm{i}}/\!/R_{\mathrm{e}}=\frac{r_{\mathrm{be}}}{1+\beta}/\!/R_{\mathrm{e}}\approx\frac{r_{\mathrm{be}}}{1+\beta} \tag{2.5.8}$$

式(2.5.8)说明，**共基放大电路的输入电阻比共射电路小，更比共集电路小。**

3）输出电阻R_{o}

在图 2.5.3(b)中，采用加压求流法计算输出电阻。在输出端接入电压源时，输出回路的电流没有通路流入到输入回路，当 $U_{\mathrm{s}}=0$ 时，$I_{\mathrm{b}}=0$，受控电流源开路，因此，输出电阻

$$R_o = R_c \tag{2.5.9}$$

由于共基电路的输入回路电流为 i_e，而输出回路电流为 i_c，二者几乎相等，所以无电流放大能力。从电压放大倍数的计算公式可以看出，**共基放大电路有足够的电压放大能力，且输出电压与输入电压同相；输入电阻较共射电路小，这对信号源是电流源的情况是有利的；输出电阻与共射电路相同**。共基放大电路的最大优点是频带宽，因而常在无线电通信设备中用于高频信号的放大。

2.5.3 放大电路三种接法的比较

晶体管单管放大电路的三种基本接法特点鲜明、应用广泛，归纳如下。

(1) 共射电路既能放大电流又能放大电压，输入电阻居中，输出电阻较大，频带较窄，常作为低频电压放大电路的单元电路。

(2) 共集电路只能放大电流不能放大电压，输入电阻最大，输出电阻最小，具有电压跟随的特点，常作为多级放大电路的输入级和输出级，以提高整个电路的输入电阻，降低输出电阻。

(3) 共基电路只能放大电压不能放大电流，具有电流跟随的特点。输入电阻小，电压放大倍数、输出电阻与共射电路相当，是三种接法中高频特性最好的电路。

2.6 场效应管放大电路

场效应管是电压控制型器件，栅极电流几乎为零，因此，由场效应管构成的放大电路的输入电阻非常高，特别是对高内阻的信号源放大效果较好。

如第 1 章所述，场效应管具有源极、漏极、栅极，与晶体管的三个电极有对应关系，即栅极对应基极，源极对应发射极，漏极对应集电极。相应的场效应管放大电路也有共源放大电路、共漏放大电路和共栅放大电路三种组态。

2.6.1 共源放大电路的组成及静态工作点的设置

场效应管也是非线性器件，要构成放大电路，就要让管子工作在线性范围(即恒流区)，为此，首先要设置合适的静态工作点。因场效应管栅极电流 $I_G \approx 0$，设置静态工作点只需确定合适的栅-源电压 U_{GSQ}、漏-源电压 U_{DSQ} 以及漏极电流 I_{DQ}。对于不同的场效应管，要工作在恒流区，栅-源电压应有不同的要求。

N 沟道结型场效应管，预夹断电压为负值，栅-源之间需加负偏压：$U_{GS(off)} < U_{GS} \leqslant 0$。

N 沟道增强型 MOS 管，开启电压为正值，栅-源电压要大于开启电压：$U_{GS} > U_{GS(on)}$。N 沟道耗尽型 MOS 管，预夹断电压为负值，栅-源电压需大于预夹断电压：$U_{GS} > U_{GS(off)}$，并且 U_{GS} 可以为正值。

常用的设置静态工作点的电路有自给偏压电路和分压偏置电路。

1. 自给偏压电路

图 2.6.1 所示的电路是自给偏压共源放大电路，它适用于 N 沟道耗尽型 MOS 管或结型场效应管。在静态时，由于场效应管栅极电流为零，因而流过电阻 R_g 的电流为零，栅极电位

U_{GQ}也就为零；而漏极电流 I_{DQ}流过源极电阻 R_s必然产生电压，使源极电位 $U_{SQ}=I_{DQ}R_s$，因此，栅-源之间静态电压为

$$U_{GSQ}=U_{GQ}-U_{SQ}=-I_{DQ}R_s \tag{2.6.1}$$

此式满足耗尽型 NMOS 管正常工作时栅-源之间必须加负偏压的要求，由于这个负偏压是靠源极电阻上的压降产生的，故称自给偏压。由于结型场效应管也要求负偏压，此电路也适用于结型场效应管放大电路。

在 U_{GSQ}确定之后，根据 NMOS 管的电流方程可得

$$I_{DQ}=I_{DSS}\left(1-\frac{U_{GSQ}}{U_{GS(off)}}\right)^2 \tag{2.6.2}$$

$$U_{DSQ}=V_{DD}-I_{DQ}(R_d+R_s) \tag{2.6.3}$$

当然，静态工作点也可以用图解法求解，读者可参看相关资料。

2. 分压偏置电路

分压偏置共源放大电路如图 2.6.2 所示。该电路适合于增强型和耗尽型 MOS 管和结型场效应管。为了不使分压电阻 R_1、R_2 对放大电路的输入电阻影响太大，在栅极连接一个兆欧级的大电阻 R_g。由于栅极电流为零，R_g上没有压降，栅极电位就是 R_1、R_2 之间的分压，因此栅-源电压为

$$U_{GSQ}=\frac{R_1}{R_1+R_2}V_{DD}-I_{DQ}R_s \tag{2.6.4}$$

联合式(2.6.1)～式(2.6.3)，即求出 I_{DQ}、U_{GSQ}、U_{DSQ}。

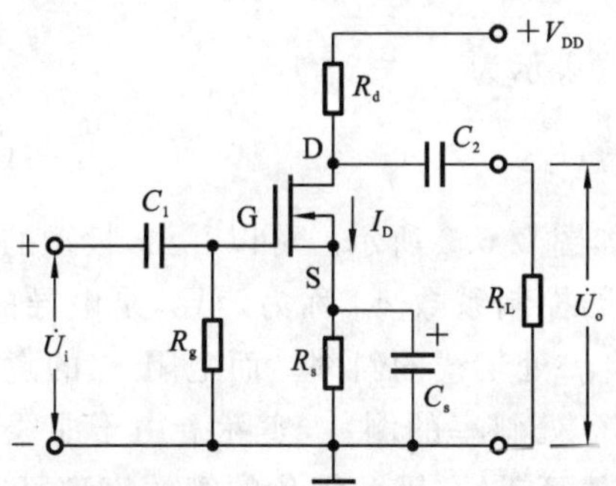

图 2.6.1 自给偏压共源放大电路

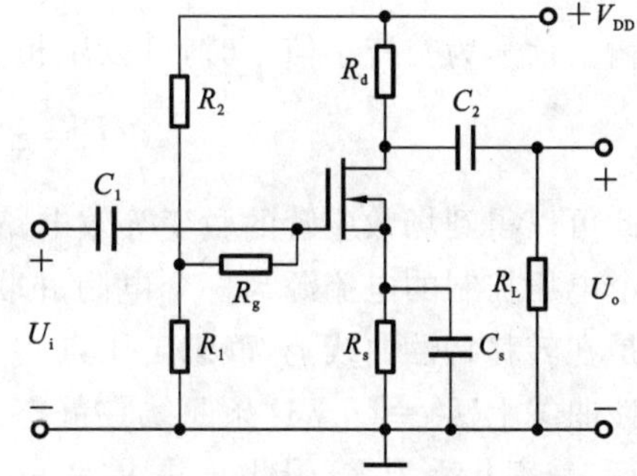

图 2.6.2 分压偏置共源放大电路

【例 2.6.1】 在如图 2.6.2 所示的电路中，已知 $R_1=50\ \text{k}\Omega$，$R_2=150\ \text{k}\Omega$，$R_g=1\ \text{M}\Omega$，$R_d=R_s=10\ \text{k}\Omega$，$V_{DD}=20\ \text{V}$，场效应管为 3DJ7F，其中$U_{GS(off)}=-5\ \text{V}$，$I_{DSS}=1\ \text{mA}$，试计算电路的静态工作点。

解 由式(2.6.2)、式(2.6.4)可得

$$U_{GSQ}=\frac{50}{50+150}\times 20-10I_{DQ}=5-10I_{DQ}$$

$$I_{DQ}=1\times\left(1+\frac{U_{GSQ}}{5}\right)^2$$

将 U_{DSQ}代入 I_{DQ}，得

$$I_{DQ}=\left(1+\frac{5-10I_{DQ}}{5}\right)^2\rightarrow 4I_D^2-9I_D+4=0$$

解得

$$I_D = 0.61\ \text{mA}, \quad U_{GSQ} = -1.1\ \text{V}$$

代入式(2.6.3),得

$$U_{DSQ} = [20 - 0.61 \times (10 + 10)]\ \text{V} = 7.8\ \text{V}$$

2.6.2 共源放大电路的动态分析

与晶体管放大电路的动态分析思路一样,首先综合场效应管的微变等效电路,然后根据线性电路的理论求解。

1. 场效应管的微变等效电路

场效应管在低频小信号时,可不考虑极间分布电容的影响,并可以在静态工作点附近把特性曲线作为直线处理。由于栅极电流为零,栅-源之间可以看成开路,场效应管仅存在漏极电流与栅-源电压、漏-源电压之间的关系,即

$$i_D = f(u_{GS}, u_{DS})$$

对此式进行全微分,可得

$$di_D = \left.\frac{\partial i_D}{\partial u_{GS}}\right|_{U_{DSQ}} du_{GS} + \left.\frac{\partial i_D}{\partial u_{DS}}\right|_{U_{GSQ}} du_{DS}$$

令 $\left.\dfrac{\partial i_D}{\partial u_{GS}}\right|_{U_{DSQ}} = g_m$,$\left.\dfrac{\partial i_D}{\partial u_{DS}}\right|_{U_{GSQ}} = \dfrac{1}{r_{ds}}$,则

$$di_D = g_m du_{GS} + \frac{1}{r_{ds}} du_{DS}$$

当输入信号为交流小信号时,可以用相量的形式表示为

$$\dot{I}_d = g_m \dot{U}_{gs} + \frac{1}{r_{ds}} \dot{U}_{ds} \tag{2.6.5}$$

由此可以得到场效应管的微变等效电路模型,如图 2.6.3 所示。可以看出,模型的输出回路是一个电压控制的电流源与一个电阻并联,其中的控制系数 g_m 称为跨导,是电导的量纲,其意义是在转移特性曲线上,静态工作点 $Q(U_{GSQ}, I_{DQ})$ 处切线的斜率。而电阻 r_{ds} 的意义是在输出特性曲线上 $U_{GS} = U_{GSQ}$ 这条曲线在静态工作点 Q 处斜率的倒数,实际上由于曲线基本与横轴平行,斜率几乎为零,因此 r_{ds} 非常大,一般可达数百千欧,因此简化的等效模型可以将 r_{ds} 去掉。

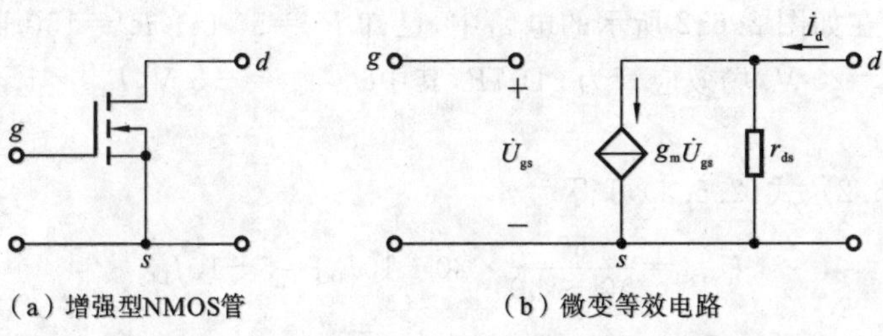

图 2.6.3 场效应管的微变等效电路模型

2. 动态参数的计算

下面以图 2.6.4(a)所示的分压偏置共源放大电路为例,说明其动态参数的计算方法。首先将电容 C_1、C_2 及电源 V_{DD} 看成短路,画出其交流通路,然后将场效应管用其微变等效电路代

替，得到如图 2.6.4(b)所示共源放大电路的微变等效电路。由图 2.6.4(b)可知电压放大倍数为

$$\dot{A}_u=\frac{\dot{U}_o}{\dot{U}_i}=\frac{-g_m\dot{U}_{gs}(r_{ds}/\!/R_d/\!/R_L)}{\dot{U}_{gs}}\approx -g_m(R_d/\!/R_L) \tag{2.6.6}$$

输入电阻为

$$R_i=R_{g3}+(R_{g1}/\!/R_{g2})\approx R_{g3} \tag{2.6.7}$$

可见，R_{g3}的作用就是提高放大电路的输入电阻。

当$\dot{U}_{GS}=0$时，受控电流源相当于开路，因此，输出电阻为

$$R_o=R_d \tag{2.6.8}$$

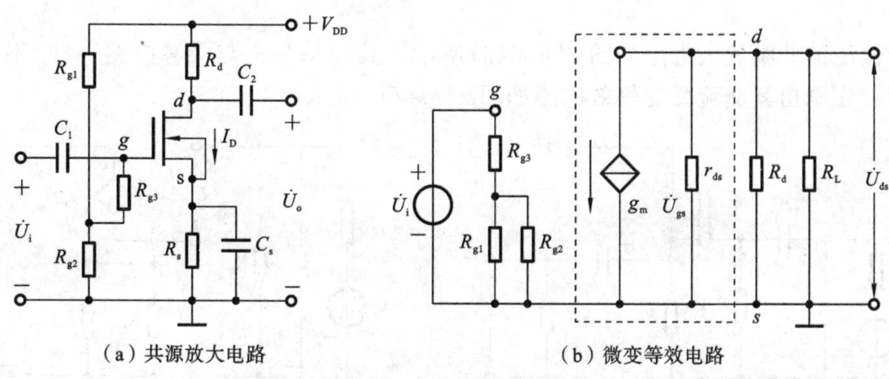

(a) 共源放大电路　　(b) 微变等效电路

图 2.6.4　共源放大电路及其微变等效电路

【例 2.6.2】 在图 2.6.4(a)所示的共源放大电路中，已知$R_{g1}=182\ \text{k}\Omega$，$R_{g2}=20\ \text{k}\Omega$，$R_{g3}=1\ \text{M}\Omega$，$R_s=2\ \text{k}\Omega$，$R_d=5\ \text{k}\Omega$，$R_L=100\ \text{k}\Omega$，$V_{DD}=20\ \text{V}$，场效应管的参数：$I_{DSS}=4\ \text{mA}$，$U_{GS(off)}=-4\ \text{V}$，$g_m=2\ \text{mA/V}$。假设电容$C_s$开路，试确定静态工作点并计算$\dot{A}_u$、$R_i$、$R_o$。

解　(1) 静态工作点的估算。

栅-源电压为

$$U_{GSQ}=\frac{R_{g2}}{R_{g1}+R_{g2}}V_{DD}-I_{DQ}R_s=\frac{20}{182+20}\times 20-2I_{DQ}\approx 2-2I_{DQ}$$

根据场效应管的电流方程并将上式代入可得

$$I_{DQ}=I_{DSS}\left(1-\frac{U_{GSQ}}{U_{GS(off)}}\right)^2=4\times\left(1-\frac{2-2I_{DQ}}{-4}\right)^2$$

$$I_{DQ}^2-7I_{DQ}+9=0$$

联合以上两式求得

$$I_{DQ}=1.7\ \text{mA},\quad U_{GSQ}=-1.4\ \text{V}$$

$$U_{DSQ}=V_{DD}-I_{DQ}(R_d+R_s)=[20-1.7\times(5+2)]\ \text{V}=8.1\ \text{V}$$

(2) 由于源极旁路电容C_s开路，可画出其微变等效电路如图 2.6.5 所示(r_{ds}开路)。

$$\dot{A}_u=\frac{\dot{U}_o}{\dot{U}_i}=\frac{-g_m\dot{U}_{gs}(R_d/\!/R_L)}{\dot{U}_{gs}+g_m\dot{U}_{gs}R_s}=-\frac{g_m(R_d/\!/R_L)}{1+g_mR_s}=-\frac{2\times(5/\!/100)}{1+2\times 2}\approx -2$$

此式说明，不加源极旁路电容，对放大倍数有很大影响。

$$R_i=R_{g3}+(R_{g1}/\!/R_{g2})\approx R_{g3}=1\ \text{M}\Omega$$

$$R_o=R_d=5\ \text{k}\Omega$$

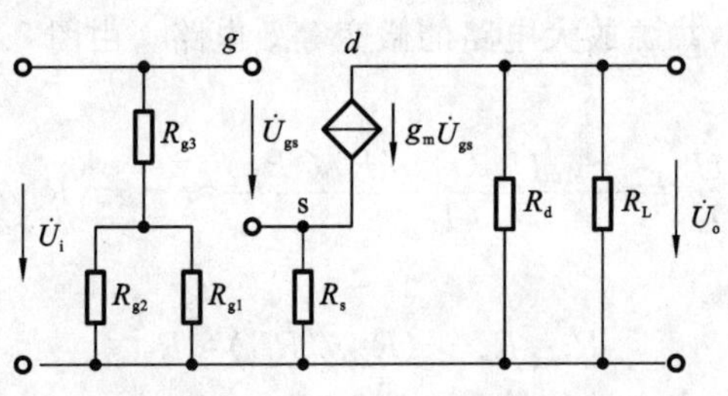

图 2.6.5 例 2.6.2 的微变等效电路

2.6.3 共漏放大电路

自给偏压的共漏放大电路如图 2.6.6(a)所示。其静态分析与共源电路一样，不做阐述。动态分析首先画出其交流微变等效电路如图 2.6.6(b)所示。

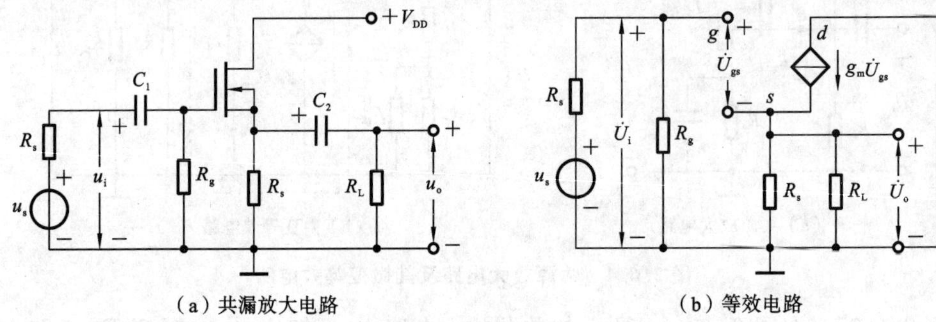

图 2.6.6 共漏放大电路及其微变等效电路

由图 2.6.6 可知

$$\dot{U}_{gs}=\dot{U}_i-\dot{U}_o$$

$$\dot{U}_o=g_m\dot{U}_{gs}(R_s /\!/ R_L)=g_m(\dot{U}_i-\dot{U}_o)R'_L$$

其中

$$R'_L=R_s /\!/ R_L$$

则

$$\dot{U}_o=\frac{g_m\dot{U}_iR'_L}{1+g_mR'_L}$$

因此，电压放大倍数为

$$\dot{A}_u=\frac{\dot{U}_o}{\dot{U}_1}=\frac{g_mR'_L}{1+g_mR'_L}\approx 1 \tag{2.6.9}$$

输入电阻

$$R_i=R_g \tag{2.6.10}$$

输出电阻的计算需要借助图 2.6.7 所示的电路，令 $u_s=0$，并在输出端加信号源$\dot{U}_o$。由于$\dot{U}_{gs}=-\dot{U}_o$，受控电流源不能视为开路，故

$$I_o=U_o/R_s-g_mU_{gs}=-U_o/R_s+g_mU_o$$

因此，输出电阻

$$R_o=\frac{U_o}{I_o}=\frac{1}{\dfrac{1}{R_s}+g_m}=R_s /\!/ \frac{1}{g_m}$$

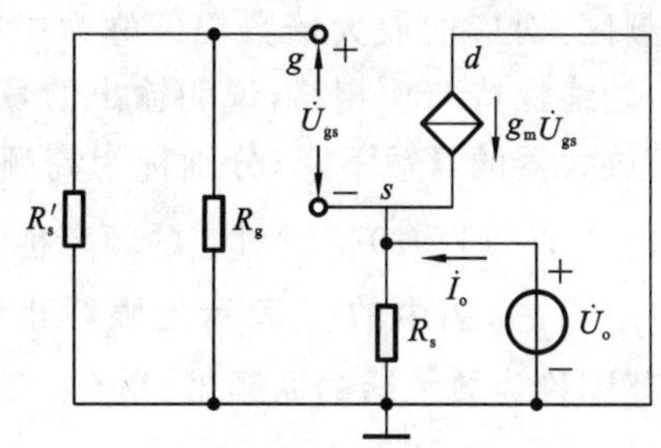

图 2.6.7 共漏放大电路输出电阻的计算电路

可见，共漏电路的输出电阻与输入信号源的内阻 R'_s 无关，这一点与三极管共集电路的输出电阻不同。

2.7 放大电路的频率响应

2.7.1 频率响应的基本概念

对于任何一个具体的放大电路，由于电抗元件（如电容、电感等）及晶体管极间电容的存在，对不同频率的信号进行放大时，其放大倍数是不同的。当输入信号的频率过低或过高时，不但放大倍数的幅值会变小，相位也会产生超前或滞后移动。也就是说**放大倍数是输入信号频率的函数，这种函数关系称为频率响应或频率特性**，用相量的形式表示为

$$\dot{A}(\mathrm{j}f)=|\dot{A}(\mathrm{j}f)|\angle\varphi(f) \tag{2.7.1}$$

式中：$|\dot{A}(\mathrm{j}f)|$ 为放大倍数的幅值；$\varphi(f)$ 为放大倍数的相角，它们都是频率的函数。**幅值随频率变化而变化的特性称为幅频特性；相角随频率变化而变化的特性称为相频特性**。一个典型的反相放大器的幅频特性曲线和相频特性曲线如图 2.7.1 所示。

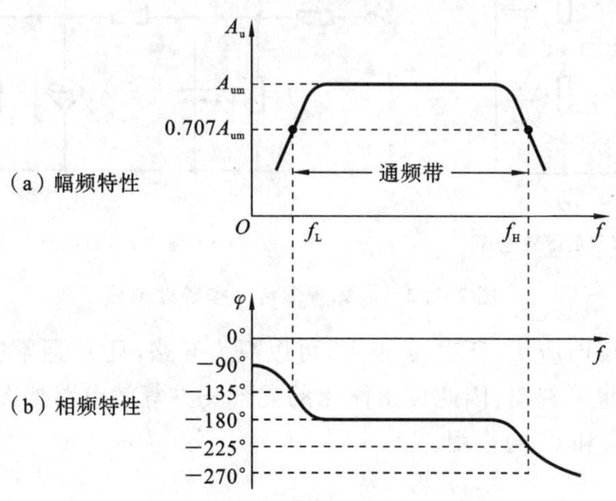

图 2.7.1 共射放大电路的频率特性

就幅频特性而言，在一个较宽的频率范围内曲线是平坦的，即放大倍数幅值不随信号频率

变化而变化，这个范围称为中频区，对应的放大倍数幅值称为中频增益，用 A_{um} 表示。在中频区，相位不随频率变化而变化，始终保持 180°相移，说明输出信号与输入信号反相。在中频区以外，随着频率的升高或降低，放大器的增益下降，分别称为高频区频率特性或低频区频率特性。增益下降为中频增益 A_{um} 的 0.707($1/\sqrt{2}$)倍时对应的频率称为截止频率，此时的增益比中频增益降低约3 dB($=\left|20\lg(1/\sqrt{2})\right|$)，**图中的 f_H 表示上限截止频率，f_L 表示下限截止频率，上、下限截止频率之间的频率范围称为放大器的通频带，用 f_{BW} 表示。**

$$f_{BW}=f_H-f_L \tag{2.7.2}$$

通频带有时也称为 3 dB 带宽，它表征放大器对不同频率输入信号的响应能力。在设计电路时，首先要了解输入信号的频率范围，然后使所设计的电路能够适应这个频率范围，也就是放大电路的通频带一定要覆盖这个频率范围，否则将会引起频率失真。

影响放大电路频率特性的因素主要有两个：一个是电路中的耦合电容和旁路电容等电抗感应元件，另一个是三极管内部的极间电容。前者主要影响低频特性，后者主要影响高频特性。为了分析放大电路的频率特性，应先对晶体管的极间电容进行分析，通常的方法是建立晶体管的高频等效电路模型。

2.7.2 晶体管的混合 π 型等效电路

从晶体管的物理结构出发，考虑各极间存在的电容效应，得到的混合 π 型等效电路如图 2.7.2(b)所示。图 2.7.2(a)是晶体管的结构示意图，其中，C_π 为发射结的结电容，C_μ 为集电结的结电容。受控源用 $g_m\dot{U}_{b'e}$ 而不用 $\beta\dot{I}_b$，其原因是 $\dot{I}_b$ 不仅包含流过 $r_{b'e}$ 的电流，还包含了流过结电容 C_π 的电流，因此受控电流已不再与 $\dot{I}_b$ 成正比。这里引入一个新参数——跨导，其定义为 $g_m=I_C/U_{b'e}$，表示 $\dot{U}_{b'e}$ 变化 1 V 时集电极电流的变化量。

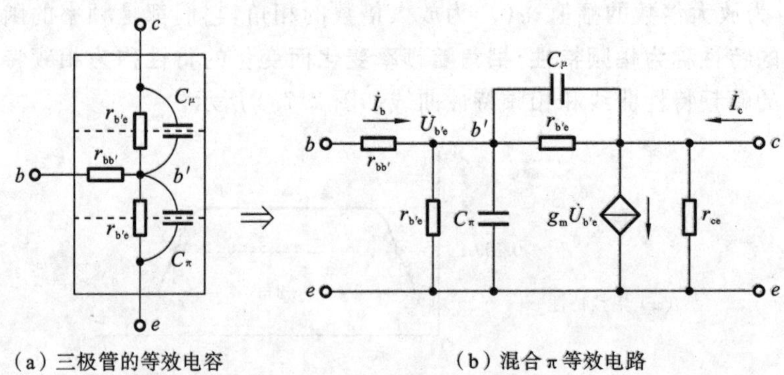

(a) 三极管的等效电容　　(b) 混合 π 等效电路

图 2.7.2　晶体管混合 π 型等效电路

由于集电结处于反向应用，所以 $r_{b'c}$ 很大，可以视为开路，且 r_{ce} 通常比放大电路中的集电极负载电阻 R_c 大得多，也可忽略，因此可得简化的混合 π 型等效电路如图 2.7.3(a)所示。在中频区时，可以不考虑 C_π 和 C_μ 的作用。

由于

$$r_{be}=r_{bb'}+r_{b'e}=r_{bb'}+\beta\frac{26}{I_{CQ}}$$

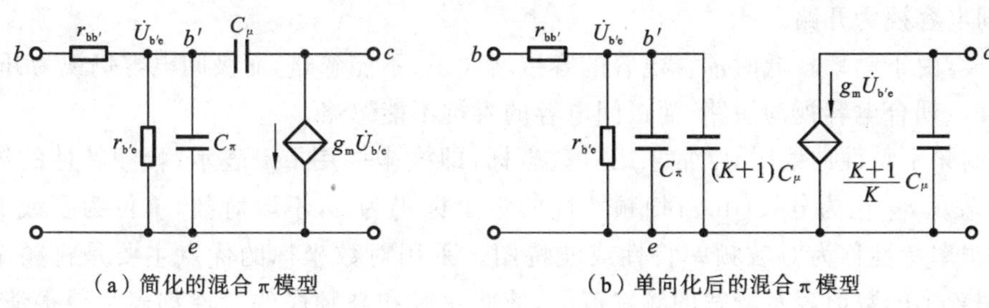

(a) 简化的混合π模型　　(b) 单向化后的混合π模型

图 2.7.3　混合π模型的简化

其中
$$r_{b'e}=\beta\frac{26}{I_{CQ}} \tag{2.7.3}$$

又
$$g_m\dot{U}_{b'e}=g_m I_b r_{b'e}=\beta I_b$$

故
$$g_m=\frac{\beta}{r_{b'e}}=\frac{I_{CQ}}{26} \tag{2.7.4}$$

可见，跨导g_m的大小与晶体管的静态工作电流 I_{CQ}有关，一般小功率三极管的g_m约为几十毫安/伏。

图 2.7.3(a)中的电容 C_μ跨接在基极与集电极之间，分析计算时十分不方便，为此可利用密勒定理(读者可参看相关文献)，将其等效到输入回路和输出回路中，得到如图 2.7.3(b)所示的单向化后的混合π模型。图 2.7.3(b)中的 $K=-\dot{U}_{ce}/\dot{U}_{b'e}$。由于$\dot{U}_{ce}$远大于$\dot{U}_{b'e}$且相位相反，则 $K\gg1$，输入回路的总电容为$C_\pi+(K+1)C_\mu$；而输出回路的电容近似为C_μ，其值较小，容抗较大，近似计算可以忽略不计。

2.7.3　单管放大电路的频率响应

为了分析图 2.7.4(a)所示共射电路的频率特性，可画出其混合π等效电路，如图 2.7.4(b)所示，图中 $C'_\pi=C_\pi+(K+1)C_\mu$。图 2.7.4(a)中的 C_2、R_L可视为后级电路的耦合电容和输入电阻而不予考虑。

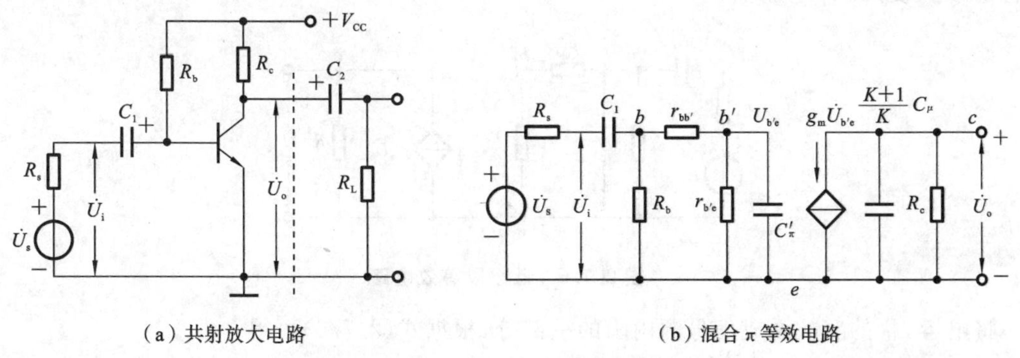

(a) 共射放大电路　　(b) 混合π等效电路

图 2.7.4　共射放大电路及其混合π等效电路

在分析放大电路的频率特性时，首先根据等效电路计算电压放大倍数$\dot{A}_u(jf)$，然后画出幅频特性曲线和相频特性曲线，并根据特性曲线求出通频带。为了方便，计算时通常分成三个频段分别考虑。

中频段：由于耦合电容的电容量较大，而极间电容的电容量较小，分析时耦合电容可视为短路，极间电容视为开路。

低频段：由于频率较低时耦合电容的容抗增大了，不能忽略，而极间电容仍视为开路。

高频段：耦合电容视为短路，而极间电容的容抗不能忽略。

在绘制频率特性曲线时，常常采用对数坐标，即横坐标用 $\lg f$ 表示；幅频特性的纵坐标用 $20\lg|\dot{A}_u|$ 表示，单位为分贝(dB)；相频特性的纵坐标仍为 φ，不取对数，单位为度或弧度。这样得到的频率特性称为对数频率特性或波特图。采用对数坐标的优点主要是将频率特性压缩，可以用较小的数值表示较宽的频率范围，使低频段和高频段的特性都表示得很清楚，而且将乘法运算转换为相加运算。

1. 中频段电压放大倍数

将图 2.7.4(b)所示电路中的电容去除后得到中频段等效电路，如图 2.7.5 所示。

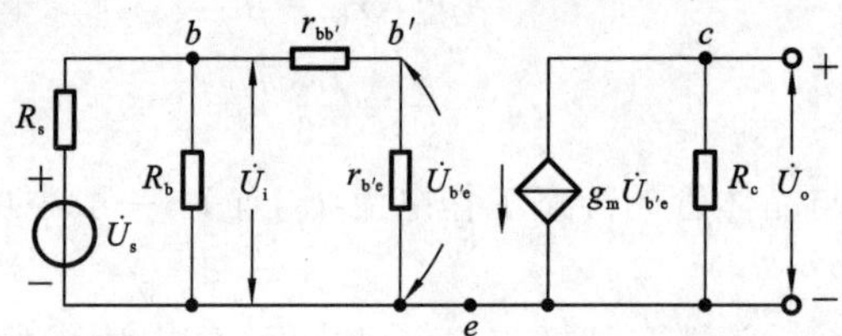

图 2.7.5　中频段等效电路

电压放大倍数为

$$\dot{A}_{um}=\frac{\dot{U}_o}{\dot{U}_i}=\frac{\dot{U}_{b'e}}{\dot{U}_i}\frac{\dot{U}_o}{\dot{U}_{b'e}}=\frac{r_{b'e}}{r_{bb'}+r_{b'e}}\frac{-g_m\dot{U}_{b'e}R_c}{\dot{U}_{b'e}}=-\frac{r_{b'e}}{r_{be}}g_mR_c \tag{2.7.5}$$

源电压放大倍数为

$$\dot{A}_{usm}=\frac{\dot{U}_o}{\dot{U}_s}=\frac{\dot{U}_i}{\dot{U}_s}\dot{A}_{um}=\frac{R_i}{R_s+R_i}\dot{A}_{um}=-\frac{R_i}{R_s+R_i}\frac{r_{b'e}}{r_{be}}g_mR_c \tag{2.7.6}$$

2. 低频段电压放大倍数

低频段等效电路如图 2.7.6 所示，在频率较低时，图中的电容 C_1 的容抗就会增大，对频率特性的影响较大，不可短路。

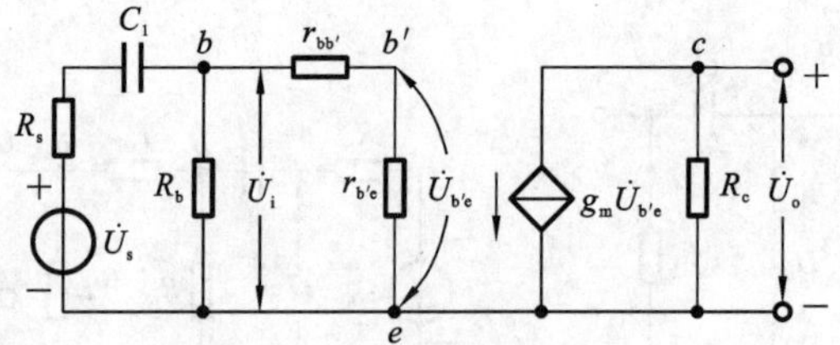

图 2.7.6　低频段等效电路

将电容 C_1 的容抗看成信号源内阻的一部分，根据式(2.7.6)可得

$$\dot{A}_{usl}=\frac{\dot{U}_o}{\dot{U}_s}=\frac{R_i}{R_s+\frac{1}{j\omega C_1}+R_i}\dot{A}_{um} \tag{2.7.7}$$

为了找出 $\dot{A}_{usl}$ 与中频区源电压放大倍数 $\dot{A}_{usm}$ 的关系，便于推导出低频段电压放大倍数的频率特性方程，从而求得下限频率，将上述公式进行变换：

$$\dot{A}_{usl}=\frac{R_i}{R_s+\frac{1}{j\omega C_1}+R_i}\dot{A}_{um}=\frac{R_i}{R_s+R_i}\dot{A}_{um}\frac{1}{1+\frac{1}{j\omega(R_s+R_i)C_1}}$$

令
$$f_L=\frac{1}{2\pi(R_s+R_i)C_1} \tag{2.7.8}$$

则
$$\dot{A}_{usl}=\frac{R_i}{R_s+R_i}\dot{A}_{um}\frac{1}{1-j\frac{2\pi}{2\pi\omega(R_s+R_i)C_1}}=\dot{A}_{usm}\frac{1}{1-j\frac{f_L}{f}} \tag{2.7.9}$$

将式(2.7.9)用模和相角表示为

$$|\dot{A}_{usl}|=|\dot{A}_{usm}|\frac{1}{\sqrt{1+\left(\frac{f_L}{f}\right)^2}} \tag{2.7.10}$$

$$\varphi=-180^\circ+\arctan\frac{f_L}{f} \tag{2.7.11}$$

对式(2.7.10)取对数，得

$$G_u=20\lg|\dot{A}_{usl}|=20\lg|\dot{A}_{usm}|-20\lg\sqrt{1+\left(\frac{f_L}{f}\right)^2} \tag{2.7.12}$$

当 $f=f_L$ 时

$$G_u=20\lg|\dot{A}_{usl}|=20\lg|\dot{A}_{usm}|-20\lg\sqrt{2}=20\lg|\dot{A}_{usm}|-3$$

幅频特性在中频段数值基础上下降 3 dB，f_L 为下限频率。

当 $f\gg f_L$ 时

$$20\lg\sqrt{1+\left(\frac{f_L}{f}\right)^2}\approx 0,\quad G_u=20\lg|\dot{A}_{usm}|$$

幅频特性与中频段数值近似相等。

当 $f\ll f_L$ 时

$$20\lg\sqrt{1+\left(\frac{f_L}{f}\right)^2}\approx 20\lg\frac{f_L}{f}$$

幅频特性是一条直线，该直线通过横轴上 $f=f_L$ 这一点，斜率为 20 dB/10 倍频程，即当横坐标频率每降低 10 倍频程时，纵坐标就在中频段上减小 20 dB。由此得到低频段对数幅频特性，如图 2.7.7(a)所示。

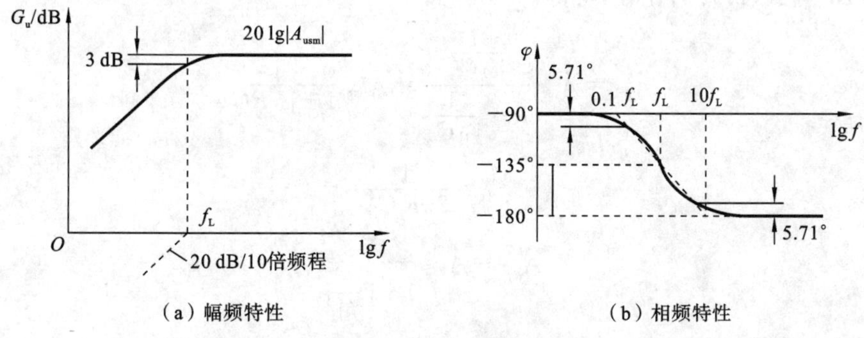

（a）幅频特性　　（b）相频特性

图 2.7.7　低频段对数频率特性

低频段的相频特性可根据式(2.7.11)画出。考虑当 $f=f_L$ 时，$\arctan\dfrac{f_L}{f}=45^\circ$，$\varphi=-135^\circ$，当 $f\gg f_L$ 时，$\arctan\dfrac{f_L}{f}$ 趋近于 0°，$\varphi=-180^\circ$，当 $f\ll f_L$ 时，$\arctan\dfrac{f_L}{f}$ 趋近于 90°，$\varphi=-90^\circ$。由此得到的特性曲线如图 2.7.7(b)所示。在 $0.1f_L\leqslant f_L\leqslant 10\,f_L$ 范围内，相角按照 $-45^\circ/10$ 倍频程的斜率变化。

3. 高频段电压放大倍数

在高频段，由于容抗变小，电容 C_1 可视为短路，但并联的极间电容影响应予以考虑，其等效电路如图 2.7.8(a)所示。由于 $\dfrac{K+1}{K}C_\mu$ 所在回路的时间常数比输入回路 C'_π 的时间常数小得多，所以将 $\dfrac{K+1}{K}C_\mu$ 忽略不计。

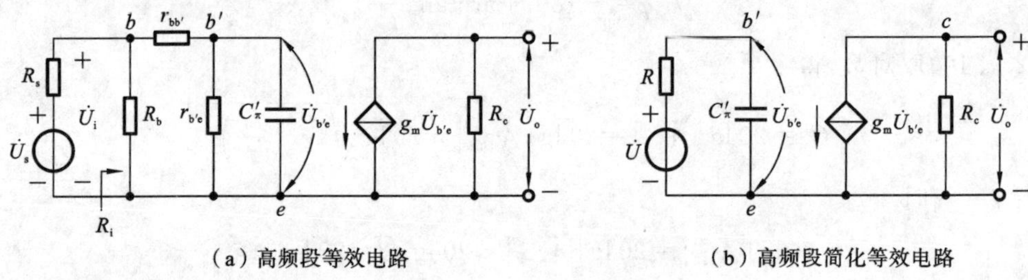

(a) 高频段等效电路　　(b) 高频段简化等效电路

图 2.7.8　高频段等效电路

利用戴维宁定理，从 C'_π 向左看，电路可等效为一个电压源和电阻串联的形式，由此得到图 2.7.8(b)所示简化的等效电路，其中

$$\dot U=\frac{r_{b'e}}{r_{bb'}+r_{b'e}}\dot U_i=\frac{r_{b'e}}{r_{be}}\frac{R_i}{R_s+R_i}\dot U_s$$

$$R=r_{b'e}\,/\!/\,(r_{bb'}+R_s\,/\!/\,R_b)$$

由于输出电压 $\dot U_o$ 与 $\dot U_{b'e}$ 的关系没变，则

$$\dot A_{ush}=\frac{\dot U_o}{\dot U_s}=\frac{\dot U}{\dot U_s}\frac{\dot U_{b'e}}{\dot U}\frac{\dot U_o}{\dot U_{b'e}}=\frac{R_i}{R_s+R_i}\frac{r_{b'e}}{r_{be}}\frac{\dfrac{1}{j\omega C'_\pi}}{R+\dfrac{1}{j\omega C'_\pi}}(-g_mR_c) \tag{2.7.13}$$

将式(2.7.13)与式(2.7.6)比较，可得

$$\dot A_{ush}=\dot A_{usm}\frac{\dfrac{1}{j\omega C'_\pi}}{R+\dfrac{1}{j\omega C'_\pi}}=\dot A_{usm}\frac{1}{1+j\omega RC'_\pi} \tag{2.7.14}$$

令

$$f_H=\frac{1}{2\pi RC'_\pi} \tag{2.7.15}$$

则

$$\dot A_{ush}=\dot A_{usm}\frac{1}{1+j\dfrac{f}{f_H}} \tag{2.7.16}$$

将式(2.7.16)用模和相角表示为

$$|\dot{A}_{ush}|=|\dot{A}_{usm}|\frac{1}{\sqrt{1+\left(\frac{f}{f_H}\right)^2}} \tag{2.7.17}$$

$$\varphi=-180°-\arctan\frac{f}{f_H} \tag{2.7.18}$$

对式(2.7.17)取对数，得

$$G_u=20\lg|\dot{A}_{ush}|=20\lg|\dot{A}_{usm}|-20\lg\sqrt{1+\left(\frac{f}{f_H}\right)^2} \tag{2.7.19}$$

利用与低频段同样的方法，根据式(2.7.18)、式(2.7.19)，可以画出高频段的对数幅频特性和相频特性，如图 2.7.9 所示。

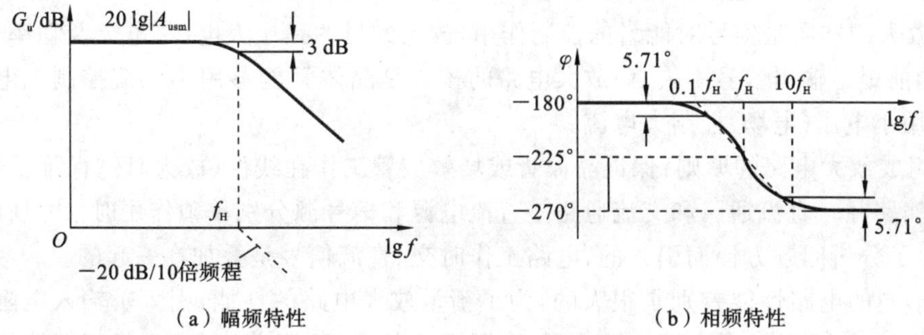

图 2.7.9 高频段的对数频率特性

将上述中频段、低频段和高频段求出的放大倍数综合起来，可得共射基本放大电路在全部频率范围内放大倍数的表达式

$$\dot{A}_{us}=\frac{\dot{A}_{usm}}{\left(1-j\frac{f_L}{f}\right)\left(1+j\frac{f}{f_H}\right)} \tag{2.7.20}$$

将三段频率特性曲线连起来，得完整的频率特性曲线，如图 2.7.10 所示。

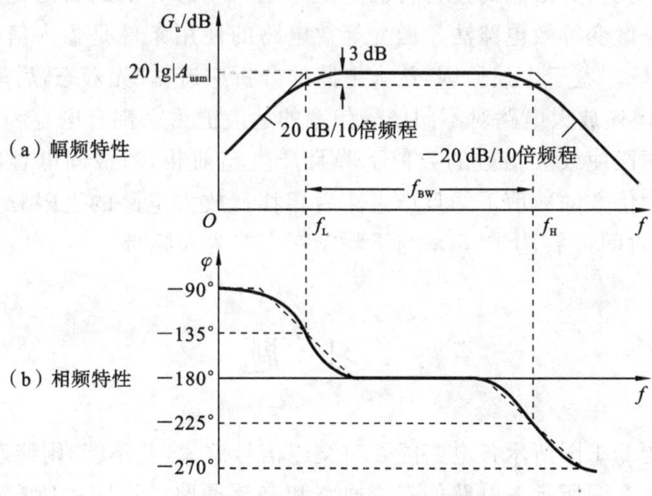

图 2.7.10 共射放大电路的频率特性

从以上分析可知，式(2.7.20)中的上限频率和下限频率均可表示为 $1/2\pi\tau$，τ 分别是极间

电容C'_{π}和耦合电容 C_1 所在回路的时间常数。也就是从电容两端向外看的总等效电阻与相应的电容之积。

2.8 本章小结

对模拟信号的处理，重要的内容就是放大，本章学习的放大电路是本课程的重点和难点。之所以是重点，是因为很多复杂的电子电路或电子系统都是以此为基础的，后续章节都是在此基础上展开的；之所以是难点，是因为它的基本概念抽象，电路形式多样，原理及分析方法复杂。学习本章应重点掌握以下内容。

(1) 放大的本质是信号对能量的控制作用，放大的目的是增大电压、电流及功率信号的幅度；放大的前提是输出信号不失真；放大电路的核心是晶体管能够用小电流控制大电流，场效应管能够用小电压(电场)控制大电流。

(2) 组成放大电路的原则：保证晶体管或场效应管工作在线性(放大)区；保证信号能够有正常的传输路径。直流通路和交流通路是直流电源和信号源分别单独作用时信号所经过的路径，只是为了分析问题方便而引入的，电路工作时交、直流信号是叠加在一起的。

(3) 不同的电路性能差别是很大的，为了衡量放大电路的性能，引入了输入电阻、输出电阻、电压/电流放大倍数、最大不失真电压、上限截止频率、下限截止频率、通频带等技术指标。每个指标都是从一个角度说明电路的性能，放大电路的特点可以通过技术指标的不同数值具体描述，有的放大倍数突出，有的输入电阻突出，有的工作频带宽。正确理解、分析、计算这些技术指标是进行电子系统设计的前提和基础。

(4) 放大电路的分析包括静态分析和动态分析。静态分析的目的就是确定合适的静态工作点，让有源元件置于线性区，其分析方法包括近似估算法和图解法。图解法真正的作用是让初学者更好地理解放大电路的工作原理，实际设计时没有必要通过图解的方式确定静态工作点和动态参数，反而是估算法因简便易行而广泛采用。动态分析的目的是计算放大电路的技术指标，分析方法是微变等效电路法。微变等效电路的使用条件是输入信号的幅度较小且有源器件工作在线性区。鉴于上述原因，放大电路的分析应遵循"先静态，后动态"的原则。

(5) 频率响应描述放大电路对不同信号频率的适应能力。耦合电容和旁路电容所在回路为高通电路，在低频段使放大倍数的数值下降且产生超前相移；极间电容所在回路为低通电路，在高频段使放大倍数的数值下降且产生滞后相移。放大电路的上限频率和下限频率取决于电容所在回路的时间常数，上限频率与下限频率之差为通频带。

习 题 2

2.1 试分析题 2.1 图所示各电路能否对交流信号放大，若不能，则修改电路使之能放大。

2.2 画出题 2.2 图所示各电路的直流通路和交流通路。设图中所有电容对交流信号均可视为短路。

2.3 如题 2.3 图所示电路中晶体管为硅管，计算其静态工作点。

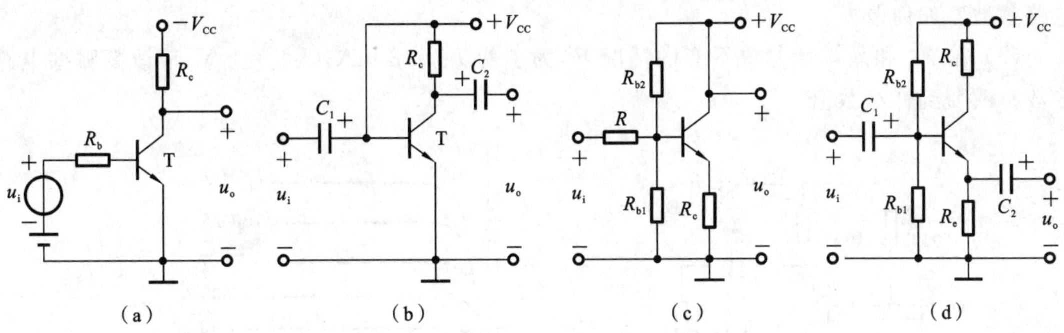

(a)　(b)　(c)　(d)

题 2.1 图

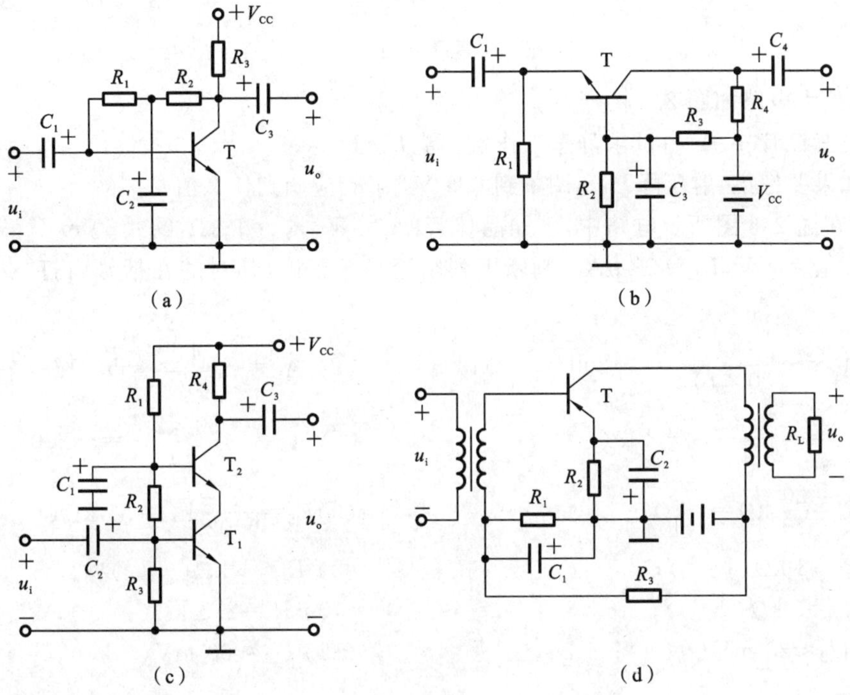

(a)　(b)

(c)　(d)

题 2.2 图

(a)　(b)　(c)

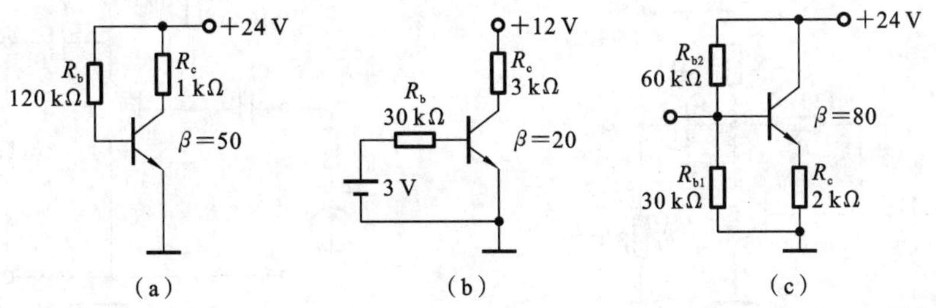

题 2.3 图

2.4 共射放大电路及晶体管的伏安特性曲线如题 2.4 图所示。

(1) 用图解法求出电路的静态工作点，并分析这个工作点选得是否合适；

(2) 在 V_{CC} 和晶体管参数不变的情况下，为了把管压降 U_{CEQ} 提高到 5 V 左右，应改变哪些电路参数？如何改变？

(3) 在 V_{CC} 和晶体管参数不变的情况下，为了使 $I_{CQ}=2\ mA$，$U_{CEQ}=2\ V$，应改变哪些电路参数？改变到什么数值？

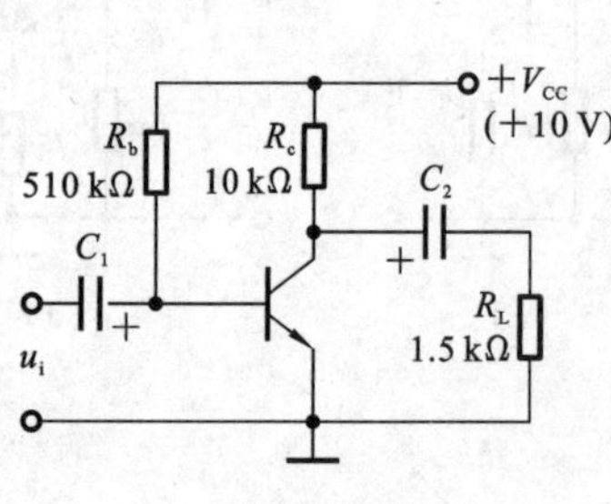

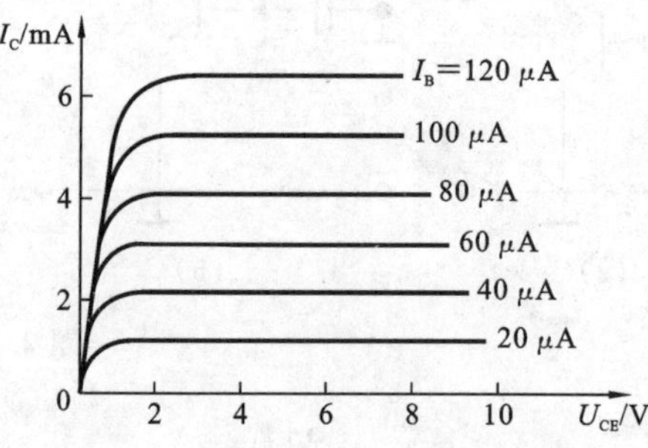

题 2.4 图

2.5 放大电路如题 2.5 图所示。

(1) 设三极管 $\beta=100$，试求静态工作点 I_{BQ}、I_{CQ}、U_{CEQ}；

(2) 如果要把集-射压降 U_{CEQ} 调整到 6.5 V，则 R_b 应调到什么值？

2.6 在题 2.6 图所示电路中，已知晶体管的 $\beta=80$，$r_{be}=1\ k\Omega$，$U_i=20\ mV$；静态时 $U_{BEQ}=0.7\ V$，$U_{CEQ}=4\ V$，$I_{BQ}=20\ \mu A$。判断下列结论是否正确，凡对的在括号内打"√"，否则打"×"。

(1) $\dot{A}_u=-\dfrac{4}{20\times10^{-3}}=-200$(　　)；　(2) $\dot{A}_u=-\dfrac{4}{0.7}\approx-5.71$(　　)；

(3) $\dot{A}_u=-\dfrac{80\times5}{1}=-400$(　　)；　(4) $\dot{A}_u=-\dfrac{80\times2.5}{1}=-200$(　　)；

(5) $R_i=\dfrac{20}{20}\ k\Omega=1\ k\Omega$(　　)；　(6) $R_i=\dfrac{0.7}{0.02}\ k\Omega=35\ k\Omega$(　　)；

(7) $R_i\approx3\ k\Omega$(　　)；　(8) $R_i\approx1\ k\Omega$(　　)；

(9) $R_o=5\ k\Omega$(　　)；　(10) $R_i=2.5\ k\Omega$(　　)；

(11) $U_S\approx20\ mV$(　　)；　(12) $U_S\approx60\ mV$(　　)。

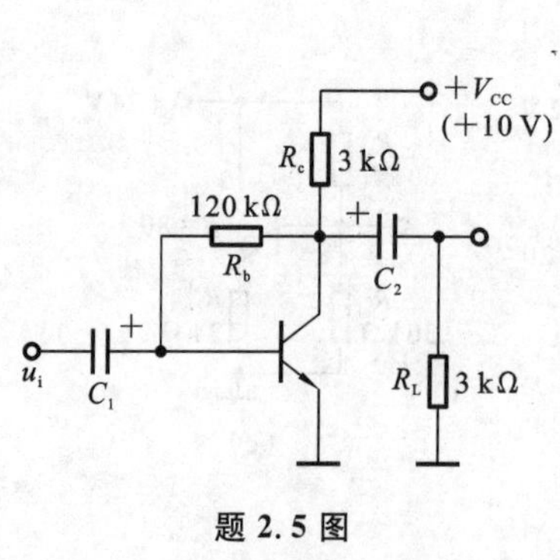

题 2.5 图

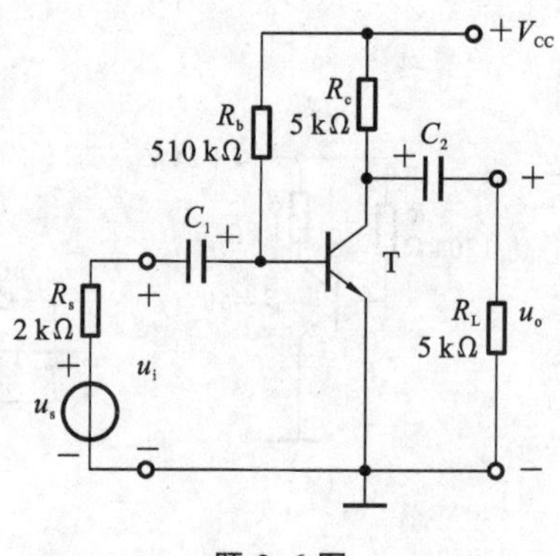

题 2.6 图

2.7 有一共射放大电路如题 2.7 图所示，试回答下列问题。

(1) 写出该电路电压放大倍数 A_u、输入电阻 R_i 和输出电阻 R_o 的表达式；

(2) 若换用 β 值较小的晶体管，则静态工作点 I_{BQ}、U_{CEQ} 将如何变化？电压放大倍数 A_u、输

入电阻 R_i 和输出电阻 R_o 将如何变化？

(3) 若该电路在调试中输出电压波形顶部出现了"缩顶"失真，电路产生的是饱和失真还是截止失真？为消除失真应调整电路中哪个电阻？如何调整（增大或减小）？

2.8 电路如题 2.8 图所示，晶体管的 $\beta=100$，$r_{bb'}=100\ \Omega$。

(1) 求电路的 Q 点以及动态参数 $\dot{A}_u$、R_i、R_o；

(2) 若改用 $\beta=200$ 的晶体管，则 Q 点如何变化？

(3) 若发射极电容 C_e 开路，则将引起电路的哪些动态参数发生变化？如何变化？

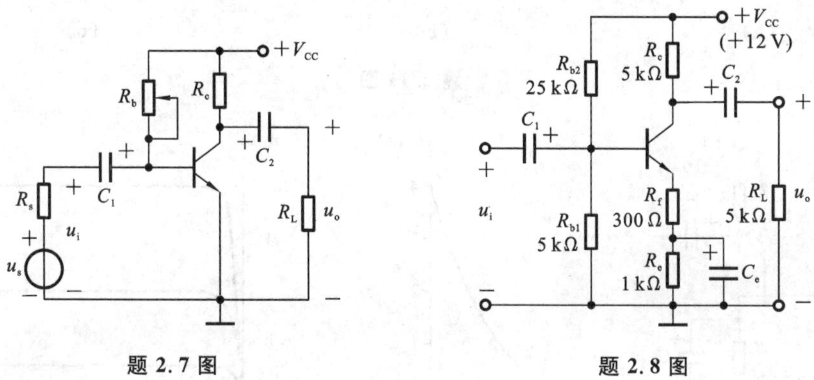

题 2.7 图　　　　题 2.8 图

2.9 电路如题 2.9 图所示，晶体管的 $\beta=80$，$r_{be}=1\ \text{k}\Omega$。

(1) 求电路的 Q 点；

(2) 分别求出 $R_L=\infty$ 和 $R_L=3\ \text{k}\Omega$ 时的动态参数 $\dot{A}_u$、R_i、R_o。

2.10 共基放大电路如题 2.10 图所示，晶体管的 $\beta=100$，$r_{bb'}=300\ \Omega$。

(1) 求电路的 Q 点；

(2) 求动态参数 $\dot{A}_u$、R_i、R_o；

(3) 若 $R_s=50\ \Omega$，计算源电压放大倍数 $\dot{A}_{us}$。

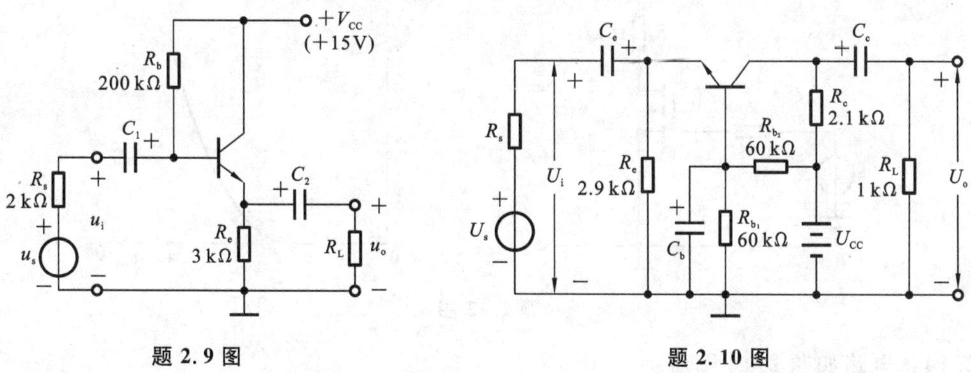

题 2.9 图　　　　题 2.10 图

2.11 改正题 2.11 图所示各电路中的错误，使它们有可能放大正弦波电压。要求保留电路的共源接法。

2.12 已知题 2.12 图(a)所示电路中场效应管的转移特性和输出特性分别如题 2.12 图(b)(c)所示。

(1) 利用图解法求电路的 Q 点；

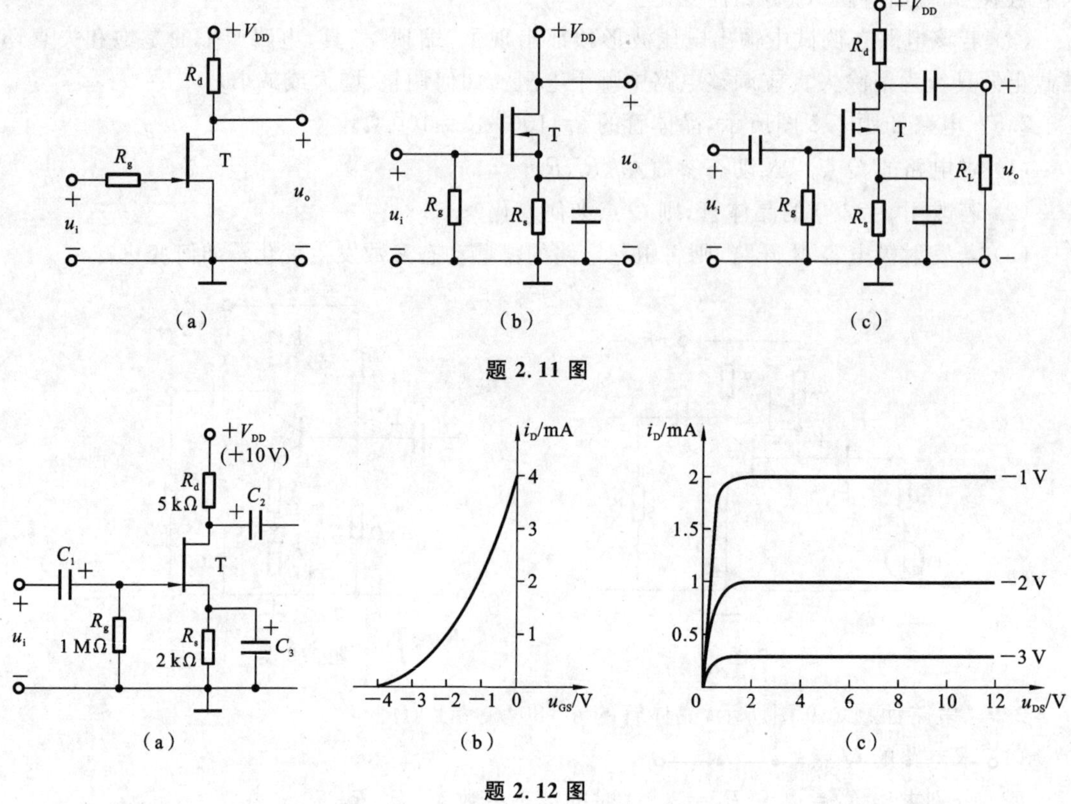

题 2.11 图

题 2.12 图

(2) 利用等效电路法求动态参数 $\dot{A}_u$、R_i、R_o。

2.13 在如题 2.13 图所示的场效应管放大电路中，已知管子的转移特性曲线，计算静态工作点及放大倍数。

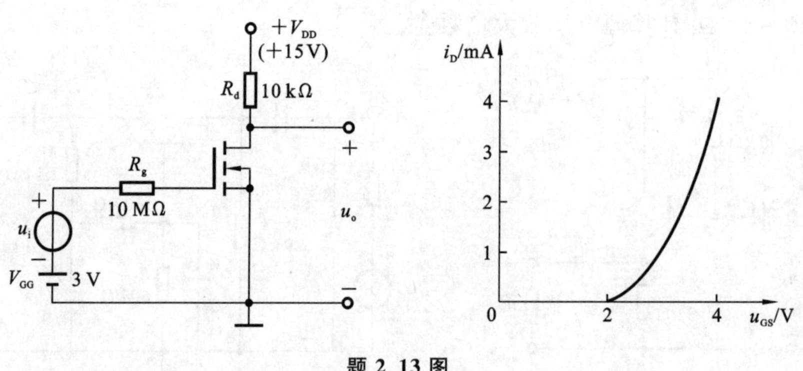

题 2.13 图

2.14 电路如题 2.14 图所示。

(1) 若输出电压波形底部失真，为消除失真可采取哪些措施？若输出电压波形顶部失真，又可采取哪些措施？

(2) 若想增大 $|\dot{A}_u|$，则可采取哪些措施？

2.15 放大电路的频率响应是指对于不同频率的输入信号放大倍数的变化情况。高频时放大倍数下降，主要是因为______的影响，低频时放大倍数下降，主要是因为______的影响。

2.16 若某放大电路的电压放大倍数为100，则换算为对数电压增益是多少分贝？另一放大电路的对数电压增益为80 dB，则相当于电压放大倍数为多少？

2.17 电路如题2.17图所示，晶体管参数为$\beta=100$，$r_{bb'}=100\ \Omega$，$U_{BE}=0.7\ V$，$f_T=10$ MHz，$C_\mu=10$ pF。试通过下列情况的分析计算，说明各种参数变化对放大电路频率特性的影响。

(1) 画出中频段、低频段和高频段的简化等效电路，并计算中频电压放大倍数$\dot{A}_{um}$、上限频率f_H、下限频率f_L；

(2) 在不影响电路其他指标的情况下，欲将下限频率f_L降到200 Hz以下，电路参数应进行怎样的变更？

(3) 其他参数不变，若将负载电阻R_c降到200 Ω，对电路性能有何影响？

(4) 在不换管子也不改变电路接法的前提下，如何通过电路参数的调整进一步展宽频带？

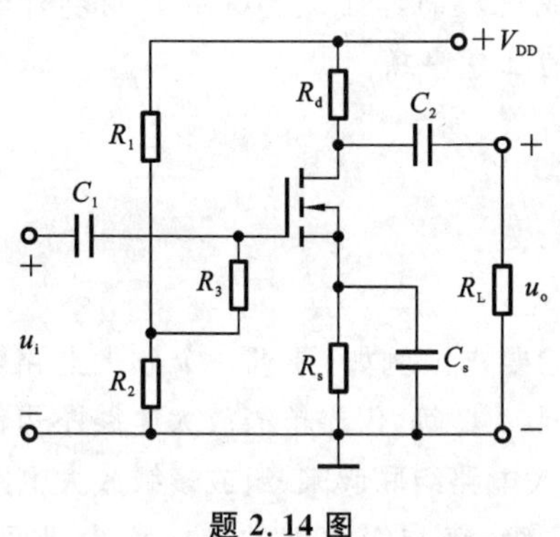

题2.14图

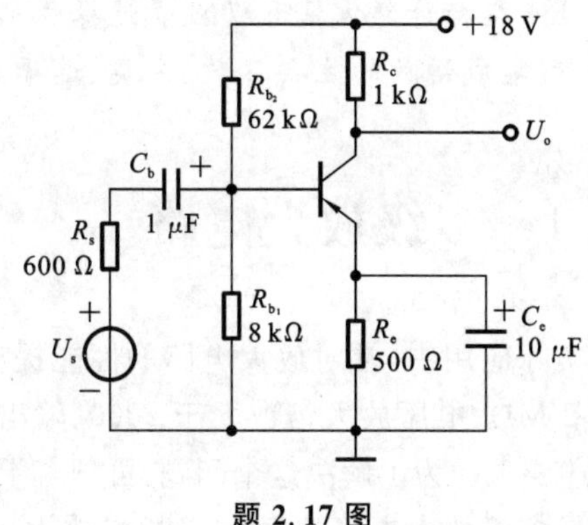

题2.17图

2.18 已知放大电路的电压放大倍数为

$$\dot{A}_u=\frac{-10jf}{\left(1+j\dfrac{f}{10}\right)\left(1+j\dfrac{f}{10^5}\right)}$$

试求解中频放大倍数、上限截止频率、下限截止频率，并画出波特图。

第3章 集成运算放大电路

【本章导读】 集成运算放大电路是一种高性能的多级直接耦合放大电路，其内部主要由差分放大电路、功率放大电路、电流源电路等组成。本章首先介绍这些电路的结构和工作原理，然后说明集成运算放大器的外部特性、主要参数及使用注意事项。通过本章学习，掌握多级放大电路的耦合方式及其特点；理解零点漂移现象及抑制措施，掌握差分放大电路的工作原理及分类；理解电流源电路、功率放大电路的工作原理、特点和类型的识别，掌握OCL和OTL电路的性能指标计算方法和功放管选择原则；掌握集成运放的各组成部分的作用和外特性的特征，了解集成运放的主要参数、分类、选择和使用时的注意事项。

3.1 多级放大电路

在实际应用中，常对放大电路的性能提出多方面的要求。例如，要求一个放大电路输入电阻大于2 MΩ、电压放大倍数大于2000、输出电阻小于100 Ω等，仅靠单级放大电路不可能同时满足上述要求。为了解决这个问题，可把若干个单级放大电路级联起来，组成多级放大电路。

组成多级放大电路的每一个基本放大电路称为一级，级与级之间的连接称为**级间耦合**。耦合方式主要有**阻容耦合**、**变压器耦合**、**直接耦合**、**光电耦合**等。前两种只能传输交流信号，后两种既能传输交流信号，又能传输直流信号。变压器耦合由于变压器的笨重，已日渐少用，这里主要介绍阻容耦合和直接耦合。

3.1.1 阻容耦合放大电路

将放大电路的前级输出端通过电容C_2接到后级输入端，称为阻容耦合，C_2为耦合电容。图3.1.1所示为两级阻容耦合放大电路，第一级为共射放大电路，第二级为共集放大电路。

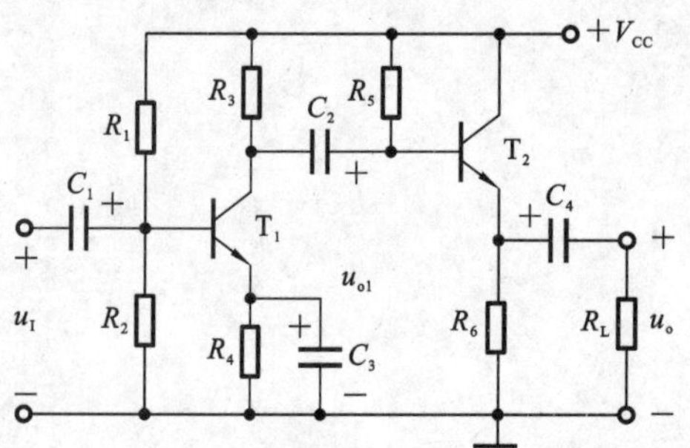

图3.1.1 两级阻容耦合放大电路

由于电容C_2有隔离直流作用，可使前、后级放大电路的直流通路各不相通，因而阻容耦合多级放大电路中每一级的静态工作点可以单独设置和调试。为了有效地传输信号，耦合电容

C_2 数值一般取得很大（几微法到几十微法），当信号的工作频率足够大，耦合电容的容抗与后级输入电路相比就很小，前级的输出信号几乎没有衰减地传输到后级，因此，在分立元件电路中阻容耦合方式得到非常广泛的应用。

阻容耦合放大电路的低频特性较差，不能放大变化缓慢的信号。这是因为电容对这类信号呈现出很大的容抗，信号的一部分甚至全部都衰减在耦合电容上，而根本不向后级传输。此外，在集成电路中制造大容量电容很困难，甚至不可能，所以这种耦合方式不便于集成化。应当指出，目前只有在信号频率很高、输出功率很大等特殊情况下，才采用阻容耦合方式的分立元件放大电路。

下面对多级阻容耦合放大电路的静态工作点和动态性能进行分析。

由于前、后级之间通过电容连接，阻容耦合多级放大电路各级的直流电路互不相通，各级静态工作点互不影响，每一级放大电路的静态工作点均可按照前面介绍的方法单独进行设置和分析。

由图 3.1.1 可知，第一级放大电路的输出电压 u_{o1} 即是第二级输入电压 u_{i2}，即 $u_{i2}=u_{o1}$。两级电路的电压放大倍数分别为

$$A_{u1}=\frac{\dot{U}_{o1}}{\dot{U}_{i}}$$

$$A_{u2}=\frac{\dot{U}_{o}}{\dot{U}_{i2}}=\frac{\dot{U}_{o}}{\dot{U}_{o1}}$$

总放大倍数为

$$A_{u}=\frac{\dot{U}_{o}}{\dot{U}_{i}}=\frac{\dot{U}_{o1}}{\dot{U}_{i}}\frac{\dot{U}_{o}}{\dot{U}_{o1}}=A_{u1}A_{u2} \tag{3.1.1}$$

可见，多级放大电路的总电压放大倍数等于各级放大电路电压放大倍数的乘积，一般地，n 级放大电路的电压放大倍数为

$$\dot{A}_{u}=\frac{\dot{U}_{o}}{\dot{U}_{i}}=\frac{\dot{U}_{o1}}{\dot{U}_{i}}\frac{\dot{U}_{o2}}{\dot{U}_{i2}}\cdots\frac{\dot{U}_{on}}{\dot{U}_{in}}=\prod_{j=1}^{n}\dot{A}_{uj} \tag{3.1.2}$$

应当指出，式(3.1.2)中从第 1 级到第($n-1$)级，每一级的放大倍数均是以后级输入电阻作为负载时的有载放大倍数。只有把后级输入电阻作为前级电路的负载时，才把多级放大电路级联对放大倍数的影响考虑进去。因此，分析时需要首先将后级放大电路的输入电阻计算出来，作为前级电路的负载，才能计算前级放大电路的放大倍数。

根据放大电路输入电阻的定义，多级放大电路的输入电阻就是第 1 级的输入电阻，即

$$R_{i}=R_{i1} \tag{3.1.3}$$

根据放大电路输出电阻的定义，多级放大电路的输出电阻是最后一级的输出电阻，即

$$R_{o}=R_{on} \tag{3.1.4}$$

【例 3.1.1】 已知图 3.1.1 所示电路中，$R_1=15\ \text{k}\Omega$，$R_2=R_3=5\ \text{k}\Omega$，$R_4=2.3\ \text{k}\Omega$，$R_5=100\ \text{k}\Omega$，$R_6=R_L=5\ \text{k}\Omega$，$V_{CC}=12\ \text{V}$；晶体管的 β 均为 150，$r_{be1}=4\ \text{k}\Omega$，$r_{be2}=2.2\ \text{k}\Omega$，$U_{BEQ1}=U_{BEQ2}=0.7\ \text{V}$。试估算电路的 Q 点、$\dot{A}_u$、R_i 和 R_o。

解 (1) 求解 Q 点：由于电路采用阻容耦合方式，所以每一级的 Q 点都可以按单管放大电路来求解。

第 1 级为典型的 Q 点稳定电路，根据参数取值可以认为

$$U_{BQ1} \approx \frac{R_2}{R_1+R_2}V_{CC}=\frac{5}{15+5}\times 12\ \text{V}=3\ \text{V}$$

$$I_{EQ1}=\frac{U_{BQ1}-U_{BEQ1}}{R_4}\approx\frac{3-0.7}{2.3}\ \text{mA}=1\ \text{mA}$$

$$I_{BQ1}=\frac{I_{EQ1}}{1+\beta}\approx\frac{1}{150}\ \text{mA}=0.0067\ \text{mA}=6.7\ \mu\text{A}$$

$$U_{CEQ1}\approx V_{CC}-I_{EQ1}(R_3+R_4)=[12-1\times(5+2.3)]\ \text{V}=4.7\ \text{V}$$

第 2 级为共集放大电路，根据其基极回路方程求出I_{BQ2}，便可得到I_{EQ2}和U_{CEQ2}，即

$$I_{BQ2}=\frac{V_{CC}-U_{BEQ2}}{R_5+(1+\beta)R_6}\approx\frac{12-0.7}{100+151\times 5}\ \text{mA}\approx 0.013\ \text{mA}=13\ \mu\text{A}$$

$$I_{EQ2}=(1+\beta)I_{BQ2}\approx(1+150)\times 13\ \mu\text{A}=1963\ \mu\text{A}\approx 2\ \text{mA}$$

$$U_{CEQ2}=V_{CC}-I_{EQ2}R_6=(12-2\times 5)\ \text{V}=2\ \text{V}$$

(2) 求解$\dot{A}_u$、R_i和R_o。画出图 3.1.1 所示电路的交流等效电路，如图 3.1.2 所示。

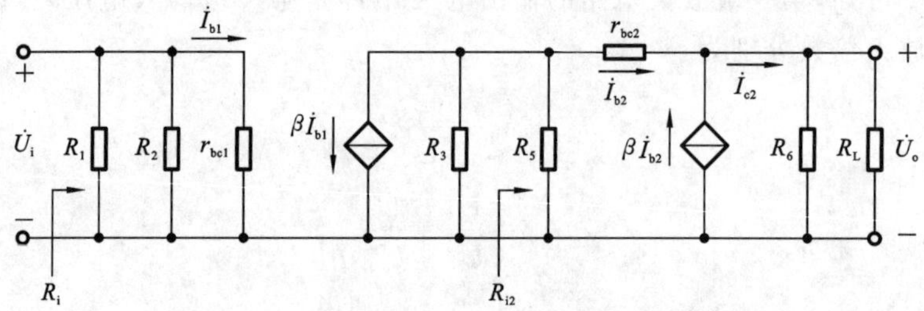

图 3.1.2　图 3.1.1 所示电路的交流等效电路

为了求出第 1 级的电压放大倍数$\dot{A}_{u1}$，首先应求出其负载电阻，即第 2 级的输入电阻：

$$R_{i2}=R_5 /\!/ [r_{be2}+(1+\beta)(R_6 /\!/ R_L)]\approx 79\ \text{k}\Omega$$

$$\dot{A}_{u1}=-\frac{\beta(R_3 /\!/ R_{i2})}{r_{be1}}\approx-\frac{150\times\frac{5\times 79}{5+79}}{4}\approx-176$$

第 2 级的电压放大倍数应接近 1，根据电路有

$$\dot{A}_{u2}=\frac{(1+\beta)(R_6 /\!/ R_L)}{r_{be2}+(1+\beta)(R_6 /\!/ R_L)}=\frac{151\times 2.5}{2.2+151\times 2.5}\approx 0.994$$

将$\dot{A}_{u1}$和$\dot{A}_{u2}$相乘，便可得出整个电路的电压放大倍数

$$\dot{A}_u=\dot{A}_{u1}\dot{A}_{u2}\approx-176\times 0.994\approx-175$$

根据输入电阻的定义，可知

$$R_i=R_1 /\!/ R_2 /\!/ r_{be1}=\frac{1}{\frac{1}{15}+\frac{1}{5}+\frac{1}{4}}\ \text{k}\Omega\approx 1.94\ \text{k}\Omega$$

电路的输出电阻R_o与第一级的输出电阻R_3有关，即

$$R_o=R_6 /\!/ \frac{r_{be2}+R_3 /\!/ R_5}{1+\beta}\approx\frac{r_{be2}+R_3}{1+\beta}=\frac{2.2+5}{1+150}\ \text{k}\Omega\approx 0.477\ \text{k}\Omega\approx 48\ \Omega$$

3.1.2　直接耦合放大电路

阻容耦合多级放大电路要求信号频率足够高，耦合电容的容抗充分小，信号才能顺利通过

耦合电路传输到下一级进行放大，但是工业控制中的大部分控制信号（由温度、压力、流量、长度等物理量通过传感器转化成电信号）一般为变化缓慢的微弱信号，要采用阻容耦合，必须使用非常大容量的电容，这是不现实的。为了避免耦合电容对变化缓慢的信号带来不良影响，可以将阻容耦合方式的耦合电容去掉，用短路线直接连接前、后级，这样便组成了**直接耦合放大电路**。

直接耦合方式既能放大交流信号，也能放大变化缓慢的直流信号。虽然耦合元件简单，便于集成化，但采用直接耦合方式也带来了两个特殊问题。

1. 前后级静态工作点的影响

直接耦合使前、后级之间存在直流通路，各级工作点相互影响，不能独立分析、设计，如果设置不当则使放大电路不能正常工作。图 3.1.3(a)是两个 NPN 型晶体管组成的直接耦合的两级放大电路，由电路图可知，$U_{CE1}=U_{BE2}=0.7$ V，T_1 管的静态工作点接近饱和区，在动态信号作用时容易引起饱和失真。因此，为了使第一级有合适的静态工作点，就要抬高 T_2 管的基极电位。为此，可以在 T_2 管的发射极加电阻 R_{e2}，如图 3.1.3(b)所示。

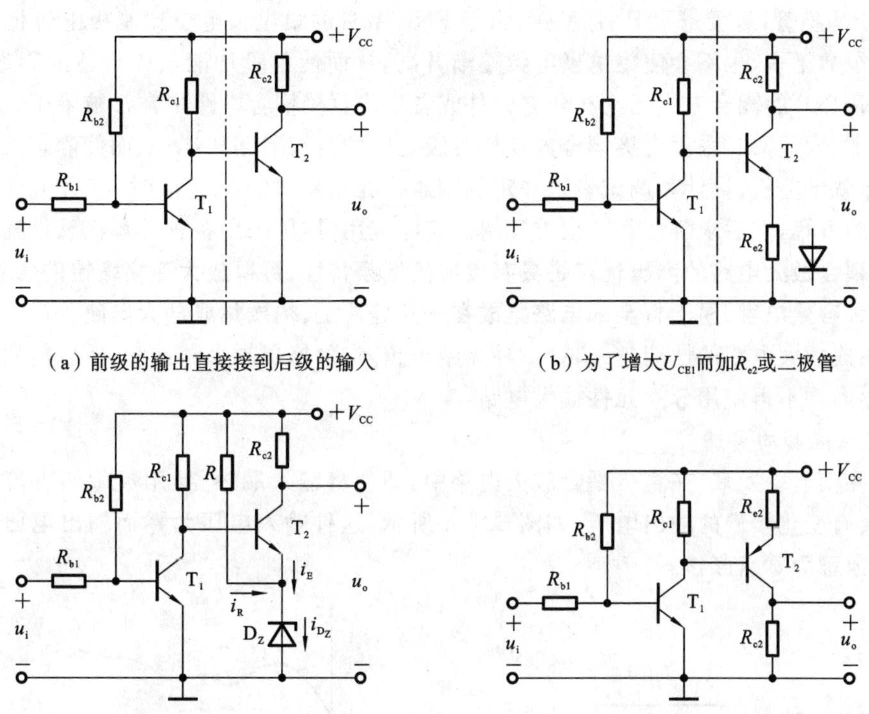

(a) 前级的输出直接接到后级的输入

(b) 为了增大 U_{CE1} 而加 R_{e2} 或二极管

(c) 后级发射极电阻用稳压管替代

(d) NPN和PNP管混合使用

图 3.1.3 直接耦合放大电路静态工作点的设置

串入电阻 R_{e2} 会使第二级的电压放大倍数大大下降，影响整个电路的放大能力。因此，需要一种器件取代电阻 R_{e2}。它应对直流量和交流量呈现出不同的特性：对直流量，它相当于一个电压源；对交流量，它等效成一个小电阻。这样，既可以设置合适的静态工作点，又对放大电路的放大能力影响不大。二极管和稳压管都具有上述特性。

由二极管的伏安特性可知，当二极管流过直流电流时，在伏安特性上可以确定它的端电压 U_D；对交流小信号而言，二极管的动态电阻值仅为几至几十欧，因而不会降低电路的放大倍数。若要求 T_1 管的管压降 U_{CEQ} 的数值小于 2 V，则可用一根或两根二极管取代 R_{e2}，如图 3.1.3(b)所示。但如果要求 U_{CEQ1} 为几伏，则需要多根二极管串联。这样，一方面多根二极管串联后的动态电阻变大，使放大能力变差；另一方面元件数量的增多，必然使焊点增多，故障率增大，可靠性变差。

通过对稳压管反向特性的分析可知，当稳压管工作在击穿状态时，在一定的电流范围内，其端电压基本不变，并且动态电阻也仅为十几至几十欧姆，所以可以用稳压管取代 R_{e2}，如图 3.1.3(c)所示。为了保证稳压管工作在稳压状态，图 3.1.3(c)中电阻 R 的电流 i_R 流经稳压管，使得稳压管中的电流大于稳定电流（多为 5 mA 或 10 mA）。根据 T_1 管的管压降 U_{CEQ} 所需的数值，选取稳压管的稳定电压 U_Z。

在图 3.1.3(a)(b)(c)所示电路中，为使各级晶体管都工作在放大区，必须要求 T_2 管的集电极电位高于其基极电位，当级数增多，集电极电位也逐级升高，以至于接近电源电压，使后级的静态工作点不合适。因此，直接耦合多级放大电路常采用 NPN 型和 PNP 型管混合使用的方法解决上述问题，如图 3.1.3(d)所示。在图 3.1.3(d)所示电路中，每两级组成一个单元，前级采用 NPN 型管，后级采用 PNP 型管，由于 PNP 型管的集电极电位比基极电位低，因此，即使耦合的级数增多，也不会使集电极电位逐渐升高，从而使各级均能获得合适的静态工作点。这种 NPN-PNP 的耦合方式无论在分立元件或者集成直接耦合电路中常常被采用。

从以上分析可知，采用直接耦合方式使各级之间的直流通路相连，从而使静态工作点相互影响，这样就给分析、设计和调试带来一定的困难。在求解静态工作点时，应写出直流通路中各个回路的方程，然后求解多元一次方程组。实际应用时，可采用各种计算机软件辅助分析。

直接耦合放大电路的突出优点是具有良好的低频特性，可以放大变化缓慢的信号；由于电路中没有大容量电容，易于将全部电路集成在一片硅片上，构成集成放大电路。由于电子工艺的发展，集成放大电路的性能越来越好，种类越来越多，价格也越来越便宜，所以能用集成放大电路的场合，均不再使用分立元件放大电路。

2. 零点漂移的影响

人们在实验中发现，在直接耦合放大电路中，即使将输入端短路，用灵敏的直流表测量输出量，也会有变化缓慢的输出电压，如图 3.1.4 所示，这种**输入电压为零而输出电压的变化不为零的现象称为零点漂移。**

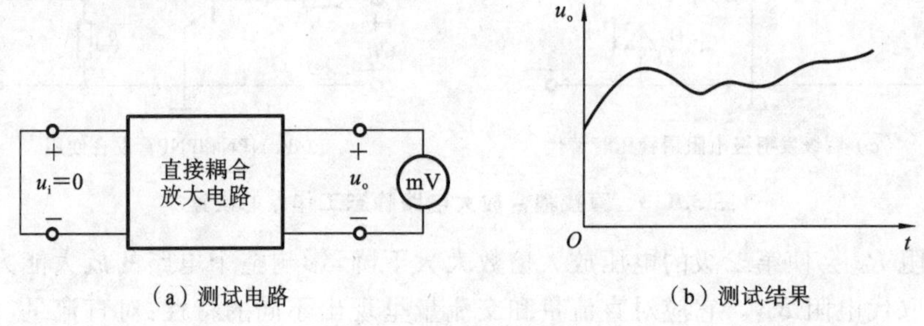

(a) 测试电路　　(b) 测试结果

图 3.1.4　零点漂移现象

在放大电路中，任何元件参数的变化，如电源电压的波动、元件的老化、半导体器件参数随温度变化而产生的变化，都将产生输出电压的漂移。在阻容耦合放大电路中，这种缓慢变化的漂移电压都将降落在耦合电容上，而不会传输到下一级电路进一步放大。但是，在直接耦合放大电路中，由于前后级直接相连，前一级的漂移电压会和有用信号一起被送到下一级，而且逐级放大，以至于输出端很难区分什么是有用信号、什么是漂移电压，放大电路不能正常工作。

采用高质量的稳压电源和使用经过老化实验的元件可以大大减小因此而产生的漂移。由温度变化所引起的半导体器件参数的变化就成为产生零点漂移现象的主要原因，因此，**也称零点漂移为温度漂移，简称温漂。**

对于直接耦合放大电路，如果不采用措施抑制温度漂移，即使理论上它的性能再优良，也不能成为实用电路。因为从某种意义上讲，零点漂移就是 Q 点漂移，因此抑制温度漂移的方法如下。

(1) 在电路中引入直流负反馈，如典型静态工作点稳定电路中的 R_e 所引起的作用。

(2) 采用温度补偿的方法，利用热敏元件来抵消放大管的变化。

(3) 采用特性相同的管子，使它们的温漂相互抵消，构成“差分放大电路”。这个方法也可以归结为温度补偿。

3.2 差分放大电路

差分放大电路在性能方面有许多优点，是集成运放的重要组成单元之一。本节先介绍差分放大电路的一般结构，然后讨论 BJT 差分放大电路。

3.2.1 差分放大电路的一般结构

1. 用三端器件组成的差分放大电路

图 3.2.1(a)是用两个特性相同的三端器件（如晶体管 BJT、场效应管 FET）T_1 和 T_2 所组成的差分放大电路，并在两器件下端公共接点 E 通过电阻 R_e 接负电源（$-V_{EE}$），两器件输入端 i_1、i_2 分别接输入电压 u_{i1} 和 u_{i2}，两个输出端 o_1、o_2 分别连接两个等值电阻 R_1 和 R_2。电路由电源 V_{CC} 和 $-V_{EE}$ 供电。增大 R_e 的阻值，能够有效地抑制每一边电路的温漂，这一点对单端输出的差分放大电路尤为重要。但 R_e 越大，需要的 V_{EE} 越大，才能设置合适的静态工作点，则要求差分管必须选择高耐压管，对于小信号处理电路是不合理的；另外在集成电路中，因为大电阻比 BJT 或 FET 占用的表面积大得多，所以要尽可能地不用电阻。差分电路需要既能采用较低的电源电压，又能有很大的等效电阻 R_e 的发射极电路，恒流源电路（将在 3.3 节介绍）具备上述特点。恒流源的具体电路是多种多样的，若用恒流源符号取代具体电路，则可得到图 3.2.1(b)所示的差分放大电路。

2. 差模信号和共模信号的概念

当 u_{i1} 和 u_{i2} 为大小相等、极性相同的输入信号时，称为共模信号，记作 u_{ic}，产生的共模电流 i_{ic} 如图 3.2.1(b)所示。

当 u_{i1} 和 u_{i2} 为大小相等、极性相反的输入信号时，称为差模信号，记作 u_{id}。产生的差模电流 i_{id} 如图 3.2.1(b)所示。

差分放大电路两输入端的输入信号不一定是一对标准的差模信号或共模信号。**若差分放大电路两个输入信号 u_{i1}、u_{i2} 大小和相位任意，则可分解为差模分量 u_{id} 和共模分量 u_{ic} 的组合**，即

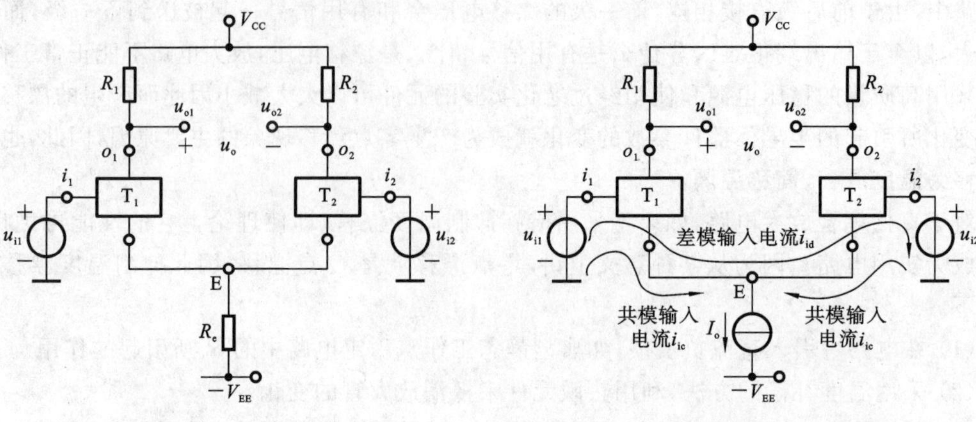

(a) 用三端器件组成的差分放大电路　　(b) 具有恒流源的差分放大电路

图 3.2.1　差分放大电路

$$u_{i1}=u_{ic}+\frac{1}{2}u_{id},\quad u_{i2}=u_{ic}-\frac{1}{2}u_{id}$$

则差模信号为两输入信号之差:

$$u_{id}=u_{i1}-u_{i2} \tag{3.2.1}$$

共模信号为两输入信号的算术平均值:

$$u_{ic}=\frac{1}{2}(u_{i1}+u_{i2}) \tag{3.2.2}$$

类似地,单管的输出电压分别为

$$u_{o1}=u_{oc}+\frac{1}{2}u_{od},\quad u_{o2}=u_{oc}-\frac{1}{2}u_{od}$$

所以两管的差模输出电压和共模输出电压可表示为

$$u_{od}=u_{o1}-u_{o2} \tag{3.2.3}$$

$$u_{oc}=\frac{1}{2}(u_{o1}+u_{o2}) \tag{3.2.4}$$

差模信号是有用信号,共模信号是无用信号或者是干扰噪声等有害信号。通常,要求设计出这样一种放大器,差模输出电压越大越好,而共模输出电压越小越好。在差模信号和共模信号同时存在的情况下,对于线性放大电路,可以利用叠加原理来求总的输出电压,即

$$u_o=A_{od}u_{id}+A_{oc}u_{ic} \tag{3.2.5}$$

式中:$A_{od}=\frac{u_{od}}{u_{id}}$为差模电压放大倍数;$A_{oc}=\frac{u_{oc}}{u_{ic}}$为共模电压放大倍数。

3.2.2　典型的差分放大电路

1. 基本电路

如选用两根特性完全相同的晶体管或场效应管 T_1 和 T_2,则可得到图 3.2.2 所示的典型差分放大电路。电路参数理想对称,即 $R_{c1}=R_{c2}=R_c$。由于该电路具有两个输入端和两个输出端,因而称为**双端输入双端输出差分放大电路**。下面以晶体管电路为主分析电路的工作原

理，对电路的主要技术指标进行计算。场效应管电路的分析过程与晶体管类似，请自行分析。

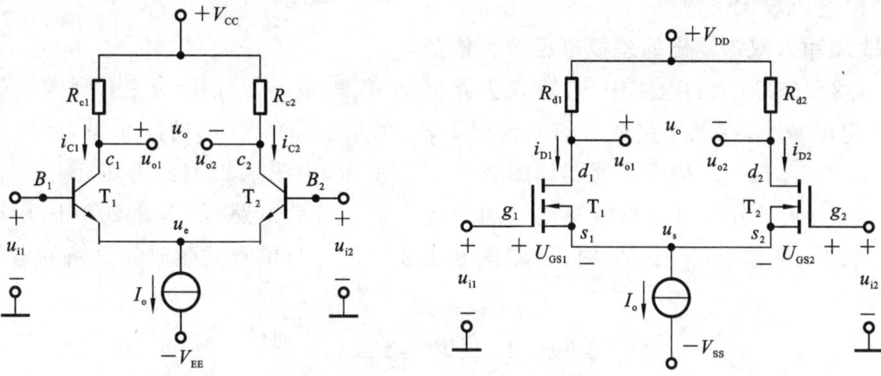

（a）晶体管构成差分放大电路　　（b）场效应管构成差分放大电路

图 3.2.2　长尾式差分放大电路

2. 工作原理

1）静态分析

当输入信号$u_{i1}=u_{i2}=0$时，由于电路完全对称，$R_{c1}=R_{c2}=R_c$，$U_{BE1}=U_{BE2}=0.7\ \text{V}$，这时$I_{c1}=I_{c2}=I_c\approx I_o/2$，$R_{c1}I_{c1}=R_{c2}I_{c2}=R_cI_c$，$U_{CE1}=U_{CE2}=U_{CQ}-U_{EQ}=V_{CC}-R_cI_c+0.7\ \text{V}$，$u_o=u_{o1}-u_{o2}=0$。由此可知，输入信号为零，输出信号也为零。

2）动态分析

（1）**输入信号为差模信号u_{id}。**

当电路的两个输入端所加信号为大小相等、极性相反的输入电压信号，即$u_{i1}=-u_{i2}=u_{id}/2$时，一支管子电流增加，另一支管子的电流减小，所以差模输出信号电压$u_{od}=u_{o1}-u_{o2}\neq 0$，即在两输出端间有信号电压输出。

（2）**输入信号为共模信号u_{ic}。**

在差分放大电路中，无论是温度变化，还是电源电压的波动都会引起两管集电极电流以及相应的集电极电压相同的变化，其效果相当于在两个输入端加入了共模信号u_{ic}，两输出端输出的共模电压相同，即$u_{oc1}=u_{oc2}=u_{oc}$，双端输出时的输出电压$u_o=u_{oc1}-u_{oc2}=0$。

以上结论是在差分电路理想对称的情况下得出的。实际电路中，由于元件不可能完全对称，两管特性也不可能完全相同，所以实际电路不可能理想对称，因此共模输出电压也不可能等于0。

（3）**输入信号为差模信号u_{id}与共模信号u_{ic}的叠加。**

当输入信号电压$u_{i1}=u_{ic}+\frac{1}{2}u_{id}$，$u_{i2}=u_{ic}-\frac{1}{2}u_{id}$时，输出电压$u_{o1}=u_{oc}+\frac{1}{2}u_{od}$，$u_{o2}=u_{oc}-\frac{1}{2}u_{od}$，在双端输出时，$u_o=u_{o1}-u_{o2}=u_{od}$，即双端输出差分放大电路放大了差模信号，抑制了共模信号。

根据这一原理，差分放大电路可以用来抑制温度等外界因素的变化对电路性能的影响，因此差分放大电路常用来作为多级直接耦合放大电路的输入级，它对共模信号有很强的抑制能力，以改善整个电路的性能。

3. 主要技术指标的计算

1) 差模电压放大倍数

(1) **双端输入双端输出的差模电压放大倍数。**

在图 3.2.2(a)所示的电路中，若输入为差模信号，即 $u_{i1}=-u_{i2}=u_{id}/2$，则因一管电流增加，另一管电流减小，在电路完全对称的情况下，i_{c1} 的增加量等于 i_{c2} 的减小量，所以流过电流源的电流 I_o 不变，$u_e=0$，故交流通路如图 3.2.3(a)所示，由图 3.2.3(a)可知 T_1、T_2 构成对称的共射电路，为便于分析可画出差模信号的半边小信号等效电路，如图 3.2.3(b)所示。当从两管集电极做双端输出，未接 R_L 时，其差模电压放大倍数与单管共射放大电路的电压放大倍数相同，即

$$A_d=\frac{u_{od}}{u_{id}}=\frac{u_{c1}-u_{c2}}{u_{i1}-u_{i2}}=\frac{2u_{c1}}{2u_{i1}}=-\frac{\beta R_c}{r_{be}} \tag{3.2.6}$$

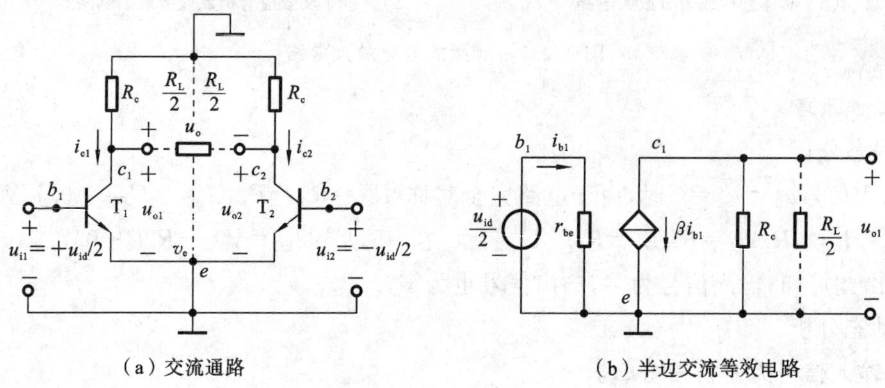

(a) 交流通路　　　　(b) 半边交流等效电路

图 3.2.3　差分放大电路加差模信号

当集电极 c_1、c_2 两点间接入负载电阻 R_L 时，有

$$A_d=-\frac{\beta\left(R_c\,/\!/\,\frac{R_L}{2}\right)}{r_{be}} \tag{3.2.7}$$

因为输入差模信号时，c_1 和 c_2 点的电位向相反的方向变化，一边增量为正，一边增量为负，并且大小相等，可见负载电阻 R_L 的中点是交流电位，所以在差分输入的半边等效电路中，负载电阻是 $R_L/2$。

综上分析可知，在电路完全对称、双端输入双端输出的情况下，图 3.2.2(a)的电路与单边电路的电压放大倍数相等。可见该电路用成倍的元器件换取抑制共模信号的能力。

(2) 双端输入单端输出的差模电压放大倍数。

如果输出取自其中一管的集电极(u_{o1} 或 u_{o2})，则称为单端输出，此时由于只取一管的集电极电压变化量，当 $R_L=\infty$ 时，电压放大倍数只有双端输出时的一半，因此，当分别从 T_1 或 T_2 的集电极输出时，则有

$$A_{d1}=\frac{1}{2}A_d=-\frac{\beta R_c}{2r_{be}} \tag{3.2.8}$$

$$A_{d2}=-\frac{1}{2}A_d=\frac{\beta R_c}{2r_{be}} \tag{3.2.9}$$

这种接法**常用于将双端输入信号转换为单端输出信号**，集成电路的中间级有时就采用这

样的接法。

(3) 单端输入的差模电压放大倍数。

在实际系统中，当要求输入端(信号源)有一端接地时，可在图 3.2.2 所示的电路中，令 $u_{i1}=u_{id}$，$u_{i2}=0$，就可实现。**这种输入方式称为单端输入(或不对称输入)**。图 3.2.4 表示单端输入时的交流通路。图 3.2.4 中 r_o 为实际电流源的动态输出电阻，其阻值一般很大，容易满足 $r_o \gg r_e$(发射结的结电阻)的条件，这样就可认为 r_o 支路相当于开路，输入信号电压 u_{id} 近似均匀分在两管的输入回路上。将图 3.2.4 与图3.2.3(a)作比较可知，**两电路中作用于 be 结上的信号分量基本上是一致的，即单端输入时电路的工作状态与双端输入时近似一致**。如 r_o 足够大，若电路双端输出，则其差模电压放大倍数与式(3.2.6)近似一致；若电路单端输出，则与式(3.2.8)近似一致，其他指标也与双端输入电路相同。

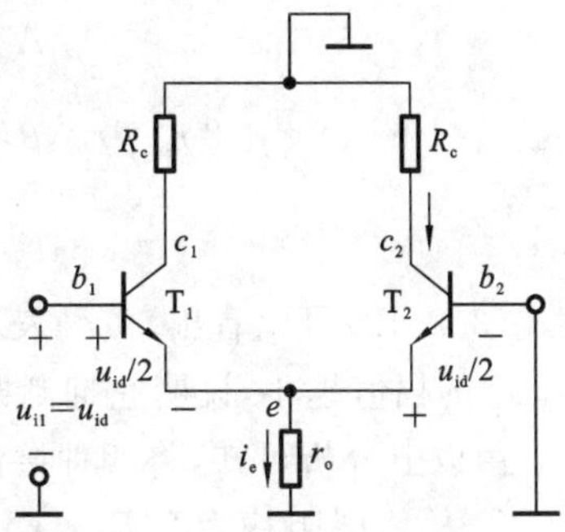

图 3.2.4　单端输入差分放大电路的交流通路

2) 共模电压放大倍数

(1) 双端输出的共模电压放大倍数。

当图 3.2.2 所示电路的两个输入端接入共模输入电压，即 $u_{i1}=u_{i2}=u_{ic}$ 时，两管的电流或是同时增加，或是同时减小，因此有 $u_e=i_e r_o=2i_{e1}r_o$，即对每根管子而言，相当于射极接了 $2r_o$ 的电阻，其交流通路如图 3.2.5(a)所示。图 3.2.5(b)为共模输入半边微变等效电路，当从两管集电极输出时，由于电路的对称性，其输出电压为 $u_o=u_{oc1}-u_{oc2}\approx 0$，其双端输出的共模电压放大倍数为

$$A_c=\frac{u_{oc}}{u_{ic}}=\frac{u_{oc1}-u_{oc2}}{u_{ic}}\approx 0 \tag{3.2.10}$$

实际上，要达到电路完全对称是不可能的，但是即使这样，这种电路抑制共模信号的能力还是很强的。如前所述，共模信号就是伴随输入信号一起加入的干扰信号，即对两边输入相同或接近相同的干扰信号，因此，**共模电压放大倍数越小，说明放大电路的性能越好。**

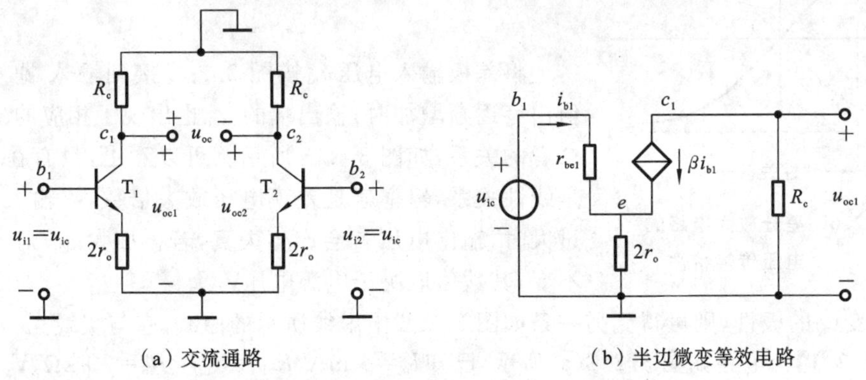

(a) 交流通路　　(b) 半边微变等效电路

图 3.2.5　差分放大电路加共模信号

(2) 单端输出的共模电压放大倍数。

单端输出的共模电压放大倍数表示两个集电极任一端对地的共模输出电压与共模输入电

压之比，由图 3.2.5(b)可得

$$A_c=\frac{u_{oc1}}{u_{ic}}=\frac{u_{oc2}}{u_{ic}}=-\frac{\beta R_c}{r_{be}+(1+\beta)2r_o} \tag{3.2.11}$$

一般情况下，$(1+\beta)2r_o \gg r_{be}$，$\beta \gg 1$，故式(3.2.11)可简化为

$$A_c \approx -\frac{R_c}{2r_o} \tag{3.2.12}$$

由式(3.2.12)可以看出，负号表示放大器输出电压相位相反，r_o 越大，电流源I_o 越接近理想情况，A_c 的幅值越小，说明它抑制共模信号的能力越强。

由以上分析可知，将四种接法的动态参数特点归纳如下。

① 输入电阻均为 $2(R_b+r_{be})$。

② A_d、A_c、R_o 与输出方式有关，双端输出时，A_d 见式(3.2.6)，$A_c=0$，$R_o=2R_c$；单端输出时，A_d见式(3.2.8)，$A_c\neq 0$，$R_o=R_c$。

③ 单端输入时，在差模信号输入的同时总伴随着共模输入。若输入信号为 u_i，则$u_{id}=u_i$，$u_{ic}=u_i/2$。

3）共模抑制比

为了综合考察差分放大电路对差模信号的放大能力和对共模信号的抑制能力，特引入一个指标参数——共模抑制比，记作K_{CMR}，定义为

$$K_{CMR}=\left|\frac{A_d}{A_c}\right| \tag{3.2.13}$$

其值越大，说明差模电压放大倍数越大，共模电压放大倍数越小，则抑制共模信号的能力越强，放大电路的性能越优良。对于图 3.2.2 所示电路，在电路参数理想对称的情况下，由于$A_c=0$，$K_{CMR}=\infty$。对于实际电路，元件不可能完全对称，两管特性也不可能完全相同，所以K_{CMR}不可能趋于无穷大，但也希望其数值越大越好。常通过增加差分放大电路的发射极电阻 R_e或者用恒流源代替 R_e来提高共模抑制比。

4. 电压传输特性

放大电路输出电压与输入电压之间的关系曲线称为**电压传输特性**，即

$$u_o=f(u_i)$$

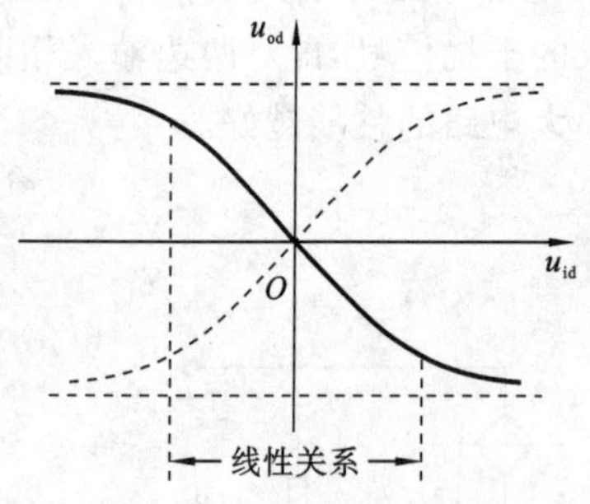

图 3.2.6　差分放大电路的电压传输特性

将差模输入电压u_{id}按图 3.2.2 接到输入端，并令其幅值由零逐渐增加时，输出端的 u_{od}也出现了相应的变化，画出二者的关系，如图 3.2.6 所示。可以看出，只有在中间一段是线性关系，斜率就是差模电压放大倍数，当输入电压幅值过大时，输出电压就会产生失真，若再加大u_{id}，则 u_{od}将趋于不变，其数值取决于电源电压V_{CC}。

若改变u_{id}的极性，则可得到另一条如图 3.2.6 中虚线所示的曲线，它与实线完全对称。

【例 3.2.1】 电路如图 3.2.2(a)所示，已知$I_o=1$ mA，$R_{c1}=R_{c2}=R_c=10$ kΩ，$V_{CC}=10$ V，$-V_{EE}=-10$ V，晶体管的 $\beta=100$，$r_{be}=10$ kΩ，$U_{BEQ}=0.7$ V。试求：(1) 电路的静态工作点；(2) 双端输入双端输出的差模电压放大倍数A_d、差模输入电阻R_i、输出电阻R_o；(3) 当电流源的$r_o=83$ kΩ 时，单端输出A_{d1}、A_{c1}和K_{CMR1}的值；(4) 当电流源I_o不变，差模输入电压$u_{id}=0$，共模输入电压$u_{ic}=5$ V 时，U_{CE}为多少？

解 (1) 静态工作点。

由于$I_o=1\ \text{mA}$,差分管的集电极电流和电压分别为

$$I_{c1}=I_{c2}=I_c=\frac{1}{2}I_o=0.5\ \text{mA}$$

$$U_{c1}=U_{c2}=U_c=V_{CC}-I_cR_c=(10-0.5\times10)\ \text{V}=5\ \text{V}$$

因

$$u_{i1}=u_{i2}=0,\quad U_e=-U_{BEQ}=-0.7\ \text{V}$$

所以

$$U_{CE}=U_c-U_e=5.7\ \text{V}$$

(2) 双端输入双端输出时的A_d、R_i和R_o。

$$A_d=-\frac{\beta R_c}{r_{be}}=-\frac{100\times10}{10}=-100$$

$$R_i=2r_{be}=(2\times10)\ \text{k}\Omega=20\ \text{k}\Omega$$

$$R_o=2R_c=(2\times10)\ \text{k}\Omega=20\ \text{k}\Omega$$

(3) 单端输出时,有

$$A_{d1}=\frac{1}{2}A_d=-50$$

$$A_{c1}\approx-\frac{R_c}{2r_o}=-0.06$$

$$K_{CMR}=\left|\frac{A_d}{A_c}\right|=\frac{100}{0.06}\approx1667$$

(4) $u_{ic}=5\ \text{V}$时,有

$$U_e=u_{ic}-U_{BEQ}=4.3\ \text{V},\quad U_c=5\ \text{V}$$

$$U_{CE}=U_c-U_e=0.7\ \text{V}$$

由上分析可知,当共模电压u_{ic}变化时,电流源I_o、I_{c1}、I_{c2}不变,但U_{CE}变了,即静态工作点变了,当$u_{ic}=5\ \text{V}$时,T_1 管和 T_2 管进入饱和区,这说明对输入的共模信号要限制在一定的范围内,才能保证 T_1 管和 T_2 管都工作在线性区。

3.3 电流源电路

集成运放电路中的晶体管和场效应管,除了作为放大管外,还构成电流源电路,为各级提供合适的静态电流;或作为有源负载取代高阻值的电阻,从而提高放大电路的放大能力。本节将介绍几种基本的电流源电路。

3.3.1 镜像电流源电路

由晶体管或场效应管构成的镜像电流源电路结构相似,如图 3.3.1 所示。以晶体管为例讲解它的工作原理,它由两根特性完全相同的管子 T_0 和 T_1 构成,由于 T_0 的管压降U_{CEQ}与其b、e 间电压U_{BEQ}相等,从而保证 T_0 工作在放大状态,而不可能进入饱和状态,故其集电极电流$I_{C0}=\beta_0 I_{B0}$。T_0 和 T_1 的 b、e 间电压相等,故它们的基极电流$I_{B0}=I_{B1}=I_B$,而由于电流放大系

数$\beta_0=\beta_1=\beta$,故集电极电流$I_{C0}=I_{C1}=I_C=\beta I_B$。可见,由于电路的这种特殊接法,使$I_{C1}$和$I_{C0}$成镜像关系,故称此电路为**镜像电流源电路**。$I_{C1}$为输出电流。

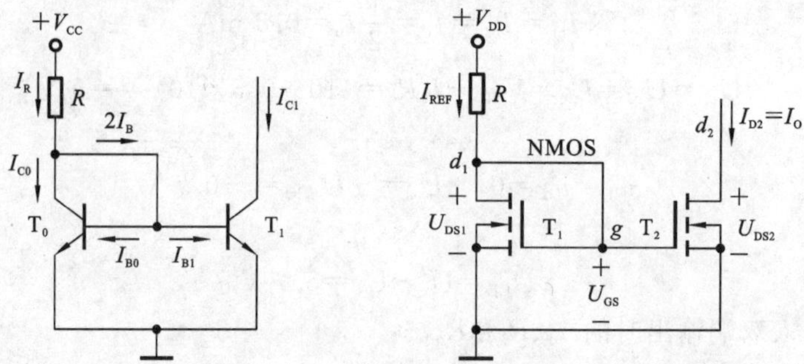

(a) 由晶体管构成的镜像电流源电路　　(b) 由场效应管构成的镜像电流源电路

图 3.3.1　镜像电流源电路

电阻 R 中的电流为基准电流,其表达式为

$$I_R=\frac{V_{CC}-U_{BE}}{R}=I_C+2\ I_B=I_C+2\ \frac{I_C}{\beta}$$

所以集电极电流为

$$I_C=\frac{\beta}{\beta+2}I_R \tag{3.3.1}$$

当 $\beta\gg2$ 时,输出电流

$$I_{C1}\approx I_R=\frac{V_{CC}-U_{BE}}{R} \tag{3.3.2}$$

由式(3.3.2)可以看出,当V_{CC}和 R 的数值一定时,I_{C1}也就随之确定。

镜像电流源电路具有一定的温度补偿作用,简述如下。

当温度升高时,有

$$I_{C1}\uparrow\ I_{C1}\downarrow \leftarrow\cdots$$
$$I_{C0}\uparrow\rightarrow I_R\uparrow\rightarrow U_R(I_RR)\uparrow\rightarrow U_B\downarrow\rightarrow I_B\downarrow$$

当温度降低时,电流、电压的变化与上述过程相反,因此提高了输出电流I_{C1}的稳定性。

镜像电流源电路简单,应用广泛。但是,在电源电压V_{CC}一定的情况下,若要求I_{C1}较大,则根据式(3.3.2),I_R势必增大,R 的功耗也就增大,这是集成电路中应当避免的;若要求I_{C1}很小,则I_R势必也小,R 的数值必然很大,这在集成电路中是很难做到的。因此需要研究改进型的电流源。

3.3.2　微电流源电路

图 3.3.2 是模拟集成电路中常用的一种电流源电路,与图 3.3.1 相比,在 T_2 管的发射极电路接入电阻 R_e。当 $\beta\gg1$ 时,T_1 管集电极电流为

$$I_{C1}\approx I_{E1}=\frac{U_{BE0}-U_{BE1}}{R_e} \tag{3.3.3}$$

式中：$(U_{BE0}-U_{BE1})$只有几十毫伏，甚至更小，故用阻值不大的 R_e 即可获得微小的工作电流，称为**微电流源**。

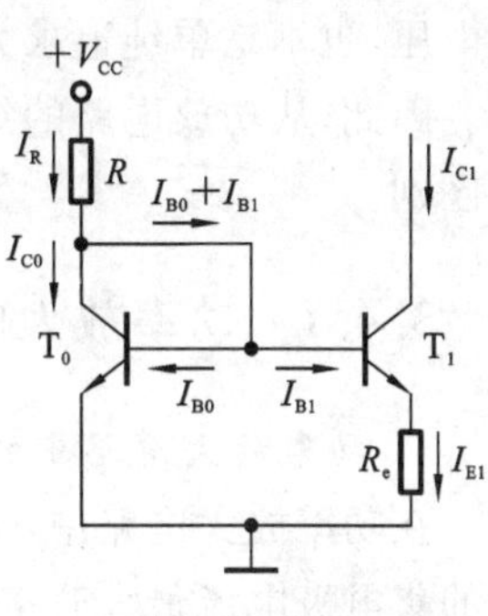

图 3.3.2 微电流源图

由 PN 结的电流方程可知，晶体管发射结电压与发射极电流的近似关系为

$$U_{BE}\approx U_T\ln\frac{I_E}{I_s}$$

图 3.3.2 中 T_0 和 T_1 特性完全相同，所以

$$U_{BE0}-U_{BE1}\approx U_T\ln\frac{I_{E0}}{I_{E1}} \tag{3.3.4}$$

当$\beta\gg 1$ 时，$I_{C0}\approx I_{E0}\approx I_R$，$I_{C1}\approx I_{E1}$，将式(3.3.4)代入式(3.3.3)可得

$$I_{C1}\approx\frac{U_T}{R_e}\ln\frac{I_R}{I_{C1}} \tag{3.3.5}$$

在已知 R_e的情况下，式(3.3.5)对I_{C1}而言是超越方程，可以通过图解法或累试法解出I_{C1}。式中基准电流

$$I_R\approx\frac{V_{CC}-U_{BE0}}{R} \tag{3.3.6}$$

实际上，在设计电路时，首先应确定I_R和I_{C1}的数值，然后求出 R 和 R_e的数值。例如，在图 3.3.2 所示电路中，若$V_{CC}=15$ V，$I_R=1$ mA，$U_{BE0}=0.7$ V，$U_T=26$ mV，$I_{C1}=20$ μA，则根据式(3.3.6)可得 $R=14.3$ kΩ，根据式(3.3.5)可得 $R_e\approx 5.09$ kΩ。可见求解过程并不复杂。

3.3.3 电流源作为有源负载

在共射(共源)放大电路中，为了提高电压放大倍数的数值，行之有效的方法是增大集电极电阻 R_c(或漏极电阻R_d)。然而，为了维持晶体管(场效应管)的静态电流不变，在增大 $R_c(R_d)$时必须提高电源电压，当电源电压增大一定程度时，电路的设计就变得不合理了。在集成运放中，常用电流源电路取代 R_c(或R_d)，这样在电源电压不变的情况下，即可获得合适的静态电流，对于交流信号，又可得到很大的等效的 R_c(或R_d)。由于晶体管和场效应管是有源元件，而上述电路又以它们作为负载，故称为有源负载。图 3.3.3 所示即为用镜像电流源作为放大管 T_1 的集电极负载电阻的电路。

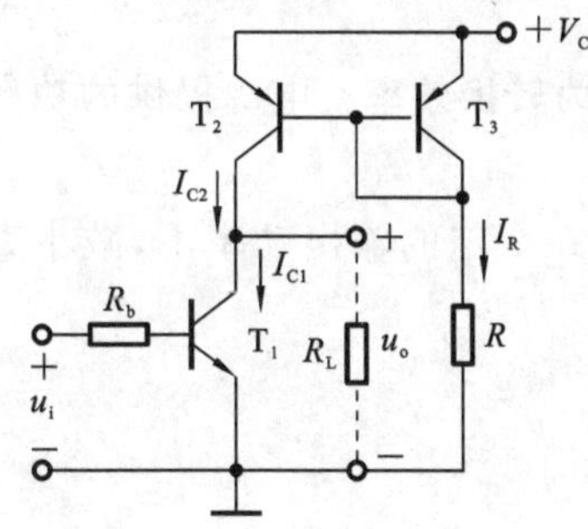

图 3.3.3 电流源作为有源负载

3.4 功率放大电路

在实用电路中，往往要求放大电路的末级(即输出级)输出一定的功率，以驱动负载。**能够向负载提供足够信号功率的放大电路称为功率放大电路，简称功放**。从能量控制和转换的角度看，功率放大电路与其他放大电路在本质上没有根本的区别；只是功放既不是单纯追求高输

出电压，也不是单纯追求大输出电流，而是追求在电源电压确定的情况下，输出尽可能大的功率。因此，从功放电路的组成和分析方法，到其元器件的选择，都与小信号放大电路有着明显的区别。

3.4.1 功率放大电路的特点

1. 功率放大电路中的晶体管

在功率放大电路中，为使输出功率尽可能大，需要设置晶体管工作在极限应用状态。晶体管的集电极电流最大时接近I_{CM}，管压降最大时接近$U_{(BR)CEO}$，耗散功率最大时接近P_{CM}。I_{CM}、$U_{(BR)CEO}$和P_{CM}是晶体管的极限参数。在选择功率放大管时，要特别注意极限参数的选择，以保证管子安全工作。

一般功率放大管都是大功率管，使用时要特别注意其散热条件，安装合适的散热片，有时还要采取各种保护措施。

2. 功率放大电路的分析方法

因为功率放大电路的输出电压和输出电流幅值均很大，功率管特性的非线性不可忽略，所以在分析功放电路时，不能采用仅适用于小信号的微变等效电路法，而应采用图解法。

此外，由于功放的输入信号较大，输出波形容易产生非线性失真，电路中应采用适当的方法以改善输出波形，如引入交流负反馈等。

3. 功率放大电路的主要技术指标

1）最大输出功率P_{om}

功率放大电路提供给负载的信号功率称为输出功率。在输入信号为正弦波，且输出波形基本不失真条件下，输出功率是交流功率，表达式为 $P_o=U_oI_o$，式中 U_o 和 I_o 均为交流有效值。**最大输出功率 P_{om} 是在电路参数确定的情况下负载上可能获得的最大交流功率。**

2）转换效率 η

功率放大电路的最大输出功率与电源所提供的功率之比称为转换效率。电源提供的功率是直流功率，**其值等于电源输出电流平均值及其电压之积。**

通常功放输出功率大，电源消耗的直流功率也就多。因此，在一定的输出功率下，减小直流电源的功耗，就可以提高电路的效率。

3.4.2 功率放大电路的类型

根据放大电路中三极管静态工作点设置的不同，功率放大电路可分为甲类、乙类和甲乙类。

甲类工作状态是指静态工作点设置在放大区的中间，三极管在整个信号周期内均导通，如图 3.4.1(a)所示。前面介绍的基本放大电路就工作在这种状态。在甲类工作状态，电源提供的直流功率$P_V=V_{CC}I_C$是恒定的。无信号输入时，直流功率全部消耗在管子和电阻上，其中又以管子的集电极损耗为主；有信号输入时，直流功率中的一部分转换为有用的信号输出功率P_o，信号越大，输出的功率也越大。不论有无输入信号，甲类功率放大电路晶体管的集电极都有较大的静态电流，晶体管的损耗功率较大，甲类功率放大电路的效率很低。在理想的情况下，甲类功率放大电路的最高效率也只能达到50%。目前基本上不再使用这种电路作为功放电路。

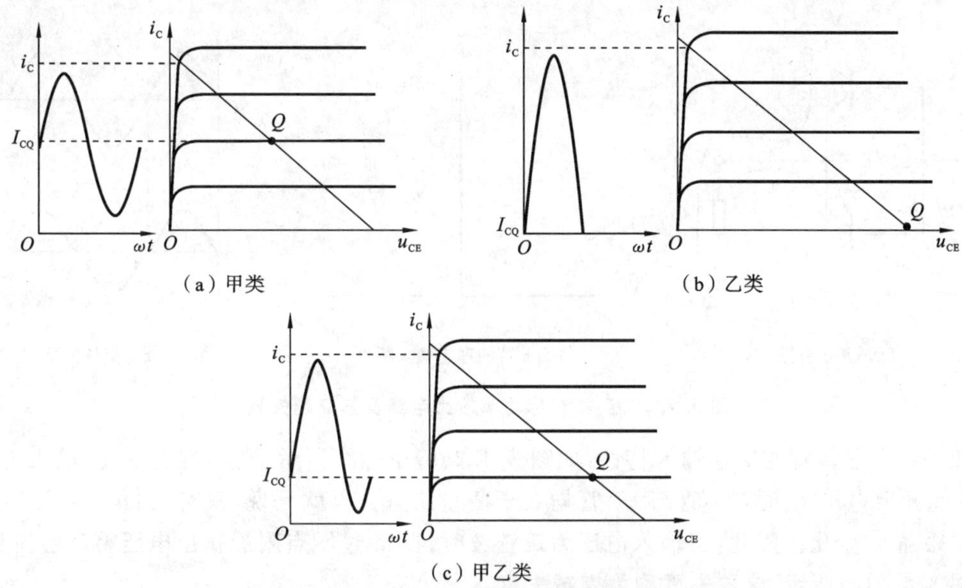

图 3.4.1　功率放大电路的工作状态

乙类工作状态是指静态工作点设置在截止区，三极管的静态电流 $I_{CQ}=0$，三极管仅在信号的半个周期内导通，如图 3.4.1(b)所示。为了使负载上能够获得正弦波，常常需要采用两根管子，在信号的正、负半周交替导通。在乙类工作状态下，且输入信号为零时，电源基本不提供功率，输入信号越大，负载获得的功率也越大，电源提供的功率也随之增大，因此，其静态功耗非常小，效率高，但输出波形在正、负半周的交汇处产生交越失真。

甲乙类工作状态是指静态工作点设置在放大区但接近截止区，三极管在信号的多半个周期内导通，如图 3.4.1(c)所示。甲乙类功率放大电路的静态功耗较小，效率较高，可以有效克服乙类工作状态的交越失真，因此甲乙类功率放大电路获得了极为广泛的应用。

3.4.3　双电源互补对称功率放大电路(OCL 电路)

1. 电路组成及工作原理

互补对称功率放大电路如图 3.4.2(a)所示，由具有对称特性的 NPN 型管和 PNP 型管组成，T_1 管和 T_2 管的基极相连作为输入端，发射极相连作为输出端，两个集电极分别接正、负电源，这种双电源无输出电容的功率放大电路，一般称为**无输出电容器**(output capacitor less, OCL)**电路**。

设晶体管有理想输入特性，如图 3.4.2(b)中实线所示。静态时，输入电压为零(即输入端接地)，输出电压为零(即输出端电位为零)。设输入电压 u_i 为正弦波，当 $u_i>0$ 时，T_1 管导通，T_2 管截止，T_1 管以射极输出形式将正半周信号传输到负载，$u_o=u_i$。此时正电源 $+V_{CC}$ 供电，电流通路如图 3.4.2(a)中实线所示。与此相反，当 $u_i<0$ 时，T_1 管截止，T_2 管导通，T_2 管以射极输出形式将负半周信号传输到负载，$u_o=u_i$。此时负电源 $-V_{CC}$ 供电，电流通路如图 3.4.2(a)中虚线所示。这样 T_1 **管与** T_2 **管以互补的方式交替工作，正、负电源交替供电，电路实现了双向跟随**。在输入电压幅值足够大时，输出电压的最大幅值可达 $\pm(V_{CC}-|U_{CES}|)$，U_{CES} 为饱和管压降。

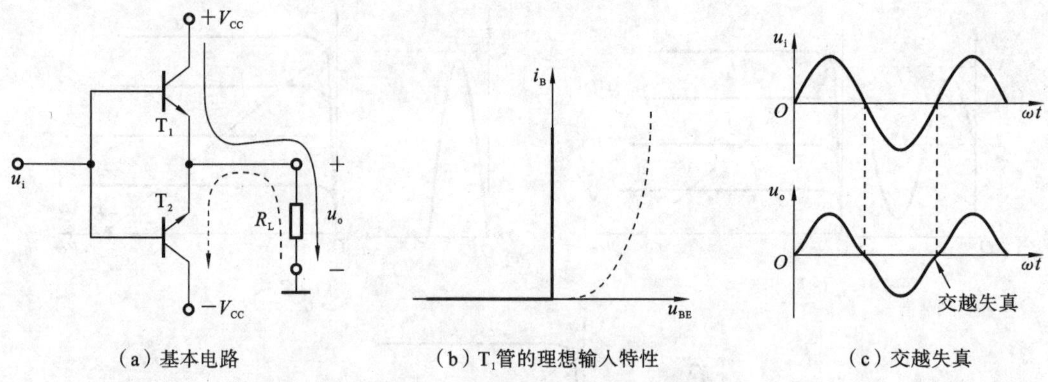

（a）基本电路　（b）T_1管的理想输入特性　（c）交越失真

图 3.4.2　互补对称功率放大电路及其交越失真

如果考虑晶体管的实际输入特性，如图 3.4.2(b)中虚线所示，则不难发现，当输入电压小于 b、e 间开启电压U_{on}时，T_1 管与 T_2 管均处于截止状态。也就是说，只有当$|u_i|>U_{on}$时输出电压才跟随 u_i 变化。因此，**当输入电压为正弦波时，在 u_i 过零点附近输出电压将产生失真，波形如图 3.4.2(c)所示，这种失真称为交越失真。**

与一般放大电路相同，消除失真的方法是设置合适的静态工作点。可以设想，若在静态时 T_1 管与 T_2 管均处于临界导通或微导通（既有一个微小的静态电流）状态，则当输入信号作用时，就能保证至少一根管子导通，实现双向跟随。

2. 消除交越失真的 OCL 电路

在图 3.4.3(a)所示电路中，静态时，从正电源$+V_{CC}$经 R_1、D_1、D_2、R_2 到负电源$-V_{CC}$形成一个直流电流，必然使 T_1 管和 T_2 管的两个基极之间产生电压，即

$$U_{B1B2}=U_{D1}+U_{D2}$$

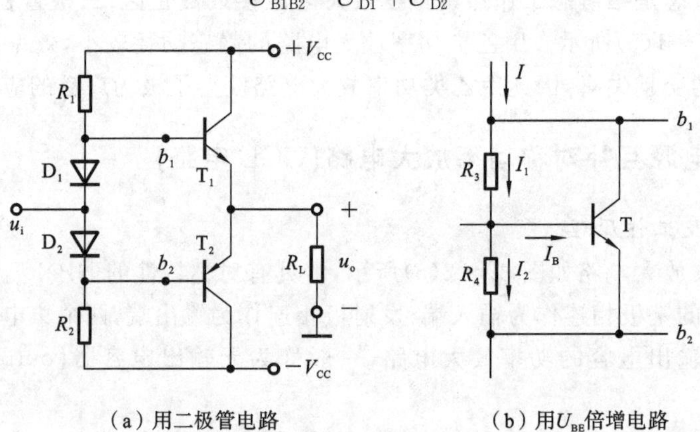

（a）用二极管电路　（b）用U_{BE}倍增电路

图 3.4.3　消除交越失真的互补输出级

如果晶体管与二极管采用同一材料，如都为硅管，就可以通过调整 R_1、R_2 的阻值来改变二极管的管压降，使 T_1 管和 T_2 管均处于微导通状态。由于二极管的动态电阻很小，可以认为 T_1 管基极动态电位与 T_2 管基极动态电位近似相等，且均约为 u_i，即$u_{b1}\approx u_{b2}\approx u_i$。

在集成电路中通常采用图 3.4.3(b)所示电路消除交越失真。若 $I_2\gg I_B$，则

$$U_{B1B2}=U_{CE}\approx\frac{R_3+R_4}{R_4}U_{BE}=\left(1+\frac{R_3}{R_4}\right)U_{BE} \tag{3.4.1}$$

合理选择 R_3 和 R_4，可以得到 U_{BE} 任意倍数的直流电压，故称为 U_{BE} **倍增电路**。同时也可得到 PN 结任意倍数的温度系数，从而得到温度补偿。

为了增大 T_1 管和 T_2 管的电流放大系数，以减小前级驱动电流，常采用复合管结构。而要寻找特性完全对称的 NPN 型和 PNP 型管是比较困难的，所以在实用电路中常采用图 3.4.4 所示电路。图中 T_1 管和 T_2 管复合成 NPN 型管，T_3 管和 T_4 管复合成 PNP 型管。从输出端看进去，T_2 管和 T_4 管均采用了同类型管，较容易做到特性相同。**这种输出管为同一类型管的电路称为准互补电路。**

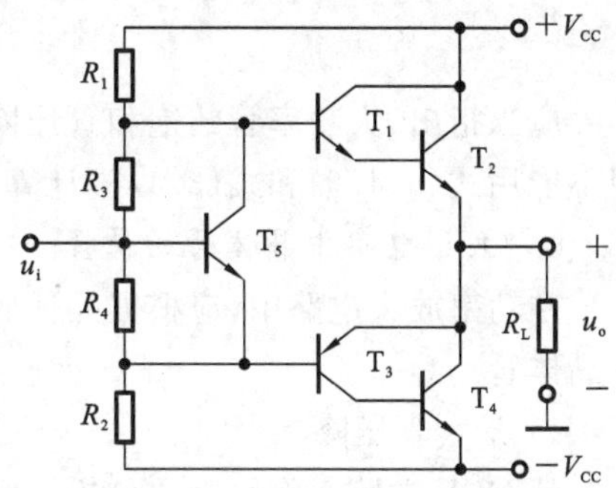

图 3.4.4 采用复合管的互补输出级

3. OCL 电路输出功率及效率

功率放大电路最重要的技术指标是电路的最大输出功率 P_{om} 及效率 η，为了求解 P_{om}，需首先求出负载上能够得到的最大输出电压幅值。在正弦波信号的正半周，u_i 从零逐渐增大时，输出电压随之逐渐增大，T_1 管的管压降必然逐渐减小，当管压降降到饱和管压降时，输出电压达到最大幅值，其值为 $(V_{CC}-U_{CES1})$，因此最大不失真输出电压的有效值

$$U_{om}=\frac{V_{CC}-U_{CES1}}{\sqrt{2}}$$

设饱和管压降为

$$U_{CES1}=-U_{CES2}=U_{CES} \tag{3.4.2}$$

最大输出功率为

$$P_{om}=\frac{U_{om}^2}{R_L}=\frac{(V_{CC}-U_{CES})^2}{2R_L} \tag{3.4.3}$$

在忽略基极回路电流的情况下，电源 V_{CC} 提供的电流为

$$i_c=\frac{V_{CC}-U_{CES}}{R_L}\sin(\omega t)$$

电源在负载获得最大交流功率时所消耗的平均功率等于其平均电流与电源电压之积，其表达式为

$$P_V=\frac{1}{\pi}\int_0^{\pi}\frac{V_{CC}-U_{CES}}{R_L}\sin(\omega t)V_{CC}\,\mathrm{d}(\omega t)$$

整理后可得

$$P_V=\frac{2}{\pi}\frac{V_{CC}(V_{CC}-U_{CES})}{R_L} \tag{3.4.4}$$

因此，转换效率

$$\eta=\frac{P_{om}}{P_V}=\frac{\pi}{4}\frac{V_{CC}-U_{CES}}{V_{CC}} \tag{3.4.5}$$

在理想情况下，即饱和管压降可忽略不计的情况下，有

$$P_{om}=\frac{U_{om}^2}{R_L}=\frac{V_{CC}^2}{2R_L} \tag{3.4.6}$$

$$P_V=\frac{2}{\pi}\frac{V_{CC}^2}{R_L} \tag{3.4.7}$$

$$\eta=\frac{\pi}{4}\approx 78.5\% \tag{3.4.8}$$

应当指出，大功率管的饱和管压降常为 2～3 V，因而一般情况下都不能忽略饱和管压降，即不能用式(3.4.6)和式(3.4.8)计算电路的最大输出功率和效率。

4. OCL 电路中晶体管的选择

在功率放大电路中，应根据晶体管所承受的最大管压降、集电极最大电流和最大功耗来选择晶体管。

1) 最大管压降

从 OCL 电路工作原理的分析可知，**两根功放管中处于截止状态的管子将承受较大的管压降。**设输入电压为正半周，T_1 管导通，T_2 管截止，当 u_i 从零逐渐增大到峰值时，T_1 管的发射极电位 u_E 从零逐渐增大到($V_{CC}-U_{CES1}$)，因此，T_2 管压降u_{EC2}的数值 $u_{EC2}=u_E-(-V_{CC})=u_E+V_{CC}$将从$V_{CC}$增大到最大值，即

$$u_{EC2max}=(V_{CC}-U_{CES1})+V_{CC}=2V_{CC}-U_{CES1} \tag{3.4.9}$$

利用同样的分析方法可得，当 u_i 为负峰值时，T_1 管承受最大管压降，数值为 $2V_{CC}-(-U_{CES2})$。所以，考虑留有一定的余量，管子承受的最大管压降为

$$|U_{CEmax}|=2V_{CC} \tag{3.4.10}$$

2) 集电极最大电流

从电路最大输出功率的分析可知，晶体管的发射极电流等于负载电流，负载电阻上的最大电压为$V_{CC}-U_{CES1}$，故集电极电流的最大值

$$I_{Cmax}\approx I_{Emax}=\frac{V_{CC}-U_{CES1}}{R_L}$$

考虑留有一定的余量

$$I_{Cmax}=\frac{V_{CC}}{R_L} \tag{3.4.11}$$

3) 集电极最大功耗

在功率放大电路中，电源提供的功率，除了转换成输出功率外，其余部分主要消耗在晶体管上，可以认为晶体管所损耗的功率$P_T=P_V-P_o$。当输入电压为零，即输出功率最小时，由于集电极电流很小，使管子的损耗很小；当输入电压最大，即输出功率最大时，由于管压降很小，管子的损耗也很小；可见，管耗最大既不会发生在输入电压最低时，也不会发生在输入电压最高时。下面列出晶体管集电极功耗P_T与输出电压峰值U_{om}的关系式，然后对U_{om}求导，令导数为零，得出的结果就是P_T最大的条件。

管压降和集电极电流瞬时值的表达式分别为

$$u_{CE}=[V_{CC}-U_{om}\sin(\omega t)],\quad i_C=\frac{U_{om}}{R_L}\sin(\omega t)$$

功耗P_T为功放管所损耗的平均功率，所以每根晶体管的集电极功耗表达式为

$$P_T=\frac{1}{2\pi}\int_0^{\pi}[V_{CC}-U_{om}\sin(\omega t)]\frac{U_{om}}{R_L}\sin(\omega t)\mathrm{d}(\omega t)=\frac{1}{R_L}\left(\frac{V_{CC}U_{om}}{\pi}-\frac{U_{om}^2}{4}\right)$$

令$\frac{\mathrm{d}P_T}{\mathrm{d}U_{om}}=0$，可以求得

$$U_{om}=\frac{2}{\pi}V_{CC}\approx 0.6V_{CC}$$

以上分析表明，当$U_{om}\approx0.6V_{CC}$时，$P_T=P_{Tmax}$。将U_{om}代入P_T的表达式，就可得出

$$P_{Tmax}=\frac{V_{CC}^2}{\pi^2 R_L} \tag{3.4.12}$$

当$U_{CES}=0$时，根据式(3.4.6)可得

$$P_{Tmax}=\frac{2}{\pi^2}P_{om}\approx0.2P_{om}\big|_{U_{CES}=0} \tag{3.4.13}$$

可见，晶体管集电极最大功耗仅为理想状态（饱和管压降为零）时最大输出功率的五分之一。

在查阅手册选择晶体管时，应使极限参数

$$\begin{cases}U_{(BR)CEO}>2V_{CC}\\ I_{CM}>\dfrac{V_{CC}}{R_L}\\ P_{CM}>0.2P_{om}\big|_{U_{CES}=0}\end{cases}$$

这里仍需强调，**在选择晶体管时，其极限参数，特别是P_{CM}应留有一定的余量，并严格按手册要求安装散热片。**

3.4.4 单电源互补对称功率放大电路

构成OCL电路需要正、负两个直流电源，有时显得不是很方便，在一些信号频率较高的场合，可使用单电源互补对称电路，如图3.4.5所示。电路中，通过电容C将负载电阻接至两管的发射极。**这种单电源有输出电容的功率放大电路称为无输出变压器（output transformer-less，OTL）电路。**

虽然T_1管为NPN型管，T_2管为PNP型管，但是它们的特性理想对称。静态时，前级电路应使基极电位为$V_{CC}/2$，由于T_1管和T_2管特性对称，发射极电位为$V_{CC}/2$，故电容上的电压为$V_{CC}/2$，极性如图3.4.5所示。设电容容量足够大，对交流信号可视为短路；晶体管b、e间的开启电压可忽略不计；输入电压为正弦波。当$u_i>0$时，T_1管导通，T_2管截止，电流由T_1管经过电容C流向负载R_L，如图3.4.5中实线所示；当$u_i<0$时，T_1管截止，T_2管导通，已充电$U_C=V_{CC}/2$的电容C起着电源的作用，通过T_2管向负载R_L放电，电流如图3.4.5中虚线所示。只要选择时间常数R_LC足够大（远大于信号的周期），在信号的两个半周期中电容的充电与放电引起的电压变化可以忽略，就可以认为用电容C和一个电源V_{CC}可替代原来的$+V_{CC}$和$-V_{CC}$两个电源的作用。

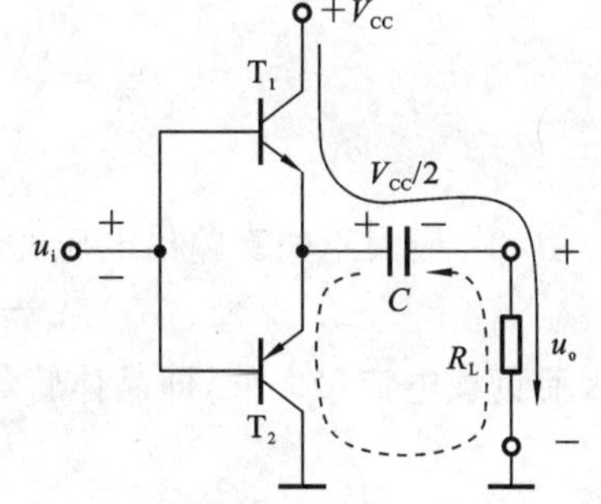

图 3.4.5 OTL 电路

值得指出的是，采用单电源互补对称电路，由于工作电压不是原来的V_{CC}，而是$V_{CC}/2$。所以前面导出的计算P_{om}、P_V、η和P_T的公式，必须加以修正才能使用。只要用$V_{CC}/2$代替原来的式(3.4.3)、式(3.4.4)、式(3.4.5)和式(3.4.12)中的V_{CC}即可。

【例 3.4.1】 在图3.4.3(a)所示电路中，已知$V_{CC}=15$ V，输入电压为正弦波，晶体管的饱和管压降$|U_{CES}|=3$ V，电压放大倍数约为1，负载电阻$R_L=4\ \Omega$。

(1) 求解负载上可能获得的最大功率和效率；

(2) 若输入电压最大有效值为 8 V,则负载上能够获得的最大功率为多少?

(3) 若 T_1 管的集电极和发射极短路,则将产生什么现象?

解 (1) 根据式(3.4.3)、式(3.4.5)可得

$$P_{om}=\frac{U_{om}^2}{R_L}=\frac{(V_{CC}-|U_{CES}|)^2}{2R_L}=\frac{(15-3)^2}{2\times4}\ \text{W}=18\ \text{W}$$

$$\eta=\frac{\pi}{4}\frac{V_{CC}-|U_{CES}|}{V_{CC}}\approx\frac{15-3}{15}\times78.5\%=62.8\%$$

(2) 因为$U_o\approx U_i$,所以$U_{om}\approx8$ V。最大输出功率为

$$P_{om}=\frac{U_{om}^2}{R_L}=\left(\frac{8^2}{4}\right)\ \text{W}=16\ \text{W}$$

可见,功率放大电路的最大输出功率除了取决于功放自身的参数外,还与输入电压是否足够大有关。

(3) 若 T_1 管的集电极和发射极短路,则 T_2 管静态管压降为 $2V_{CC}$,且从$+V_{CC}$经 T_2 管的 e、b、R_3 至$-V_{CC}$形成基极静态电流,由于 T_2 管工作在放大状态,集电极电流势必很大,使之因功耗过大而损耗。

【例 3.4.2】 已知图 3.4.3(a)所示电路的负载电阻为 8 Ω,晶体管饱和管压降$|U_{CES}|=$ 2 V,试问:

(1) 若负载所需最大功率为 16 W,则电源电压至少应取多少伏?

(2) 若电源电压取 20 V,则晶体管的最大集电极电流、最大管压降和集电极最大功耗各为多少?

解 (1) 根据

$$P_{om}=\frac{(V_{CC}-|U_{CES}|)^2}{2R_L}=\frac{(V_{CC}-2)^2}{2\times8}\ \text{W}=16\ \text{W}$$

$$V_{CC}\geqslant18\ \text{V}$$

(2) 最大不失真输出电压的峰值

$$U_{om}=V_{CC}-|U_{CES}|=(20-2)\ \text{V}=18\ \text{V}$$

因而负载电流最大值,即晶体管集电极最大电流

$$I_{Cmax}\approx\frac{U_{om}}{R_L}=\frac{18}{8}\ \text{A}=2.25\ \text{A}$$

最大管压降

$$U_{CEmax}=2V_{CC}-U_{CES}=(2\times20-2)\ \text{V}=38\ \text{V}$$

根据式(3.4.12),晶体管集电极最大功耗

$$P_{Tmax}=\frac{V_{CC}^2}{\pi^2R_L}=\left(\frac{20^2}{\pi^2\times8}\right)\ \text{W}\approx5.07\ \text{W}$$

3.5 集成运算放大电路概述

集成电路是一种将“管”和“路”紧密结合的器件,它以半导体单晶硅为基片,采用专门的制造工艺,把晶体管、场效应管、二极管、电阻和电容等元件及它们之间的连线所组成的完整电路

制作在一起，使之具有特定的功能。集成放大电路最初多用于各种模拟信号的运算（如求和、求差、积分、微分等）上，故被称为集成运算放大电路，简称集成运放。集成运放广泛用于模拟信号的处理和产生电路中，因其高性能、低价位，在大多数情况下，已经取代了分立（或分离）元件放大电路。

3.5.1 集成运放的组成及各部分的作用

集成运放电路由输入级、中间级、输出级和偏置电路部分组成，如图 3.5.1 所示。它有两个输入端、一个输出端，图中所示u_P、u_N、u_o均以"地"为公共端。

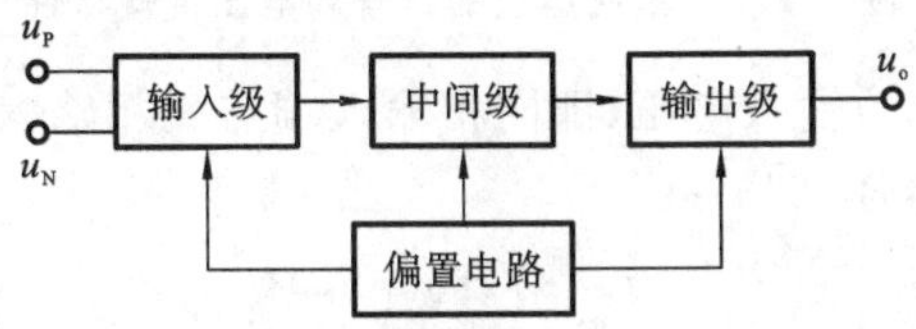

图 3.5.1 集成运放电路方框图

1. 输入级

输入级又称前置级，它往往采用恒流源偏置的双端输入差分放大电路。一般要求其输入电阻高、差模放大倍数大、抑制共模信号的能力强、静态电流小。输入级直接影响集成运放的大多数性能参数，是提高集成运放质量的关键。

2. 中间级

中间级是整个放大电路的主放大器，其作用是使集成运放具有较强的放大能力，多采用共射（或共源）放大电路。而且为了提高电压放大倍数，经常采用复合管作放大管，以恒流源作集电极负载，其电压放大倍数可达千倍以上。

3. 输出级

输出级应具有输出电压线性范围宽、输出电阻小（即带负载能力强）、非线性失真小等特点。集成运放的输出级多采用互补输出电路。

4. 偏置电路

偏置电路用于设置集成运放各级放大电路的静态工作点。与分立元件不同，集成运放采用电流源电路为各级提供合适的集电极（或发射极、漏极、源极）静态工作电流，从而确定了合适的静态工作点。

此外，集成运放中还有一定的保护电路，如过流保护和过压保护。

3.5.2 集成运放的电压传输特性及理想集成运放

1. 集成运放的电压传输特性

集成运放有同相输入端和反相输入端，这里的"同相"和"反相"是指集成运放的输入电压与输出电压之间的相位关系，其符号如图 3.5.2(a)(b)所示，本书采用图 3.5.2(b)所示符号。从外部看，可以认为集成运放是一个双端输入单端输出，具有高电压放大倍数、高输入电阻、低输出电阻、能较好地抑制零点漂移现象的差分放大电路，有单电源供电和正负双电源供电之分。

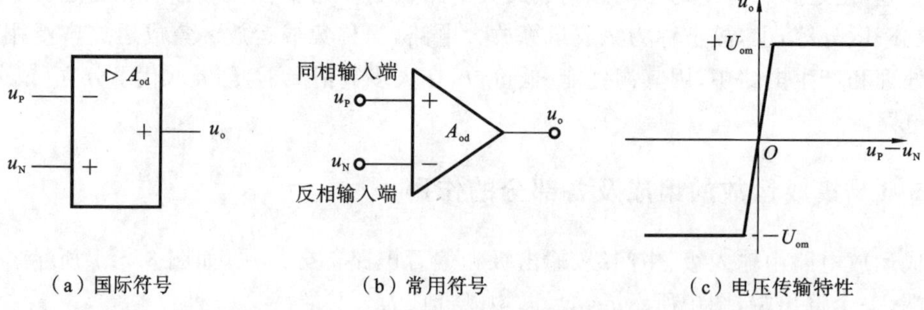

(a) 国际符号　　(b) 常用符号　　(c) 电压传输特性

图 3.5.2　集成运放的符号和电压传输特性

集成运放的输出电压u_o与输入电压(即同相输入端与反相输入端之间的电位差,$u_P - u_N$)之间的关系称为**电压传输特性**,即

$$u_o = f(u_P - u_N) \tag{3.5.1}$$

对于正、负电源供电的集成运放,电压传输特性如图 3.5.2(c)所示。从图示曲线可以看出,**集成运放有线性放大区域(称为线性区)和饱和区域(称为非线性区)两部分。在线性区**,曲线的斜率为电压放大倍数;在非线性区,输出电压只有两种可能的情况:正饱和值$+U_{om}$(接近正电源电压)或负饱和值$-U_{om}$(接近负电源电压)。

由于集成运放放大的是u_P和u_N之间的差值信号,称为差模信号,且没有通过外电路引入反馈,故其电压放大倍数称为开环差模放大倍数,记作 A_{od},因而当集成运放工作在线性区时,有

$$u_o = A_{od}(u_P - u_N) \tag{3.5.2}$$

通常 A_{od}非常高,可达几十万倍,因此集成运放电压传输特性中的线性区非常窄。假如输出电压的最大值$\pm U_{om} = \pm 14$ V,$A_{od} = 5\times 10^5$,那么只有当$|u_P - u_N| < 28$ μV 时,电路才工作在线性区。换言之,若$|u_P - u_N| > 28$ μV,则集成运放进入非线性区,因而输出电压u_o不是$+14$ V,就是-14 V。

2. 理想集成运放

在分析由集成运放组成的各种应用电路时,为了简化分析,通常都将其性能指标理想化,即将其看成理想集成运放。尽管集成运放的应用电路多种多样,但其工作区域却只有两个:在电路中,它们不是工作在线性区,就是工作在非线性。

1) 理想集成运放的性能指标

集成运放的理想化参数如下

(1) 开环差模增益(放大倍数)$A_{od} = \infty$。

(2) 差模输入电阻$r_{id} = \infty$。

(3) 差模输出电阻$r_o = 0$。

(4) 共模抑制比$K_{CMR} = \infty$。

(5) 上限截止频率$f_H = \infty$。

(6) 失调电压U_{IO}、失调电流I_{IO}和它们的温漂均为零,且无任何内部噪声。

实际上,集成运放的技术指标均为有限值,理想化后必然带来分析误差。但是,在一般的工程计算中,这些误差都是允许的。而且,随着新型集成运放的不断出现,性能指标越来越接

近理想，误差也就越来越小。因此，只有在进行误差分析时，才考虑实际集成运放有限的增益、带宽、共模抑制比、输入电阻和失调因素等所带来的影响。

在分析基础集成运放应用电路的工作原理时，运用理想集成运放的概念，有利于抓住事物的本质，忽略次要因素，简化分析过程。在以后的分析中，如无特别说明，均将集成运放作为理想集成运放来考虑。

2）理想集成运放工作在线性区的特点

在由集成运放组成的负反馈放大电路中集成运放工作在线性区。设集成运放同相输入端和反相输入端的电位分别为u_P、u_N，电流分别为i_P、i_N。

（1）“虚短路”。

当集成运放工作在线性区，输出电压应与输入差模电压成线性关系，即应满足

$$u_o = A_{od}(u_P - u_N)$$

由于u_o为有限值，$A_{od}=\infty$，因而净输入电压$u_P-u_N=0$，即

$$u_P = u_N$$

称**两个输入端“虚短路”，简称“虚短”**。所谓“虚短路”是指理想集成运放的两个输入端电位无穷接近，但又不是真正短路的特点。

（2）“虚断路”。

因为净输入电压为零，又因为理想集成运放的差模输入电阻无穷大，所以两个输入端的输入电流也均为零，即

$$i_P = i_N = 0$$

换而言之，**从集成运放输入端看进去相当于断路，称两个输入端“虚断路”，简称“虚断”**。所谓“虚断路”是指理想集成运放两个输入端的电流趋于零，但又不是真正断路的特点。

应当特别指出，“虚断”和“虚短”是非常重要的概念。对于集成运放工作在线性区的应用电路，“虚断”和“虚短”是分析输入信号和输出信号关系的两个基本出发点。

3）理想集成运放工作在非线性区的特点

集成运放工作在非线性区时，输出电压不再随输入电压线性增长，而是达到饱和。理想集成运放工作在非线性区时，有两个重要特点。

（1）由于u_o为有限值，$A_{od}=\infty$，若集成运放的输出电压u_o的幅值为$\pm U_{OM}$，则当$u_P>u_N$时，$u_o=+U_{om}$；当$u_P<u_N$时，$u_o=-U_{om}$。理想集成运放工作在非线性区时，$u_P\neq u_N$，不存在“虚短”现象。

（2）理想集成运放的净输入电流等于零。

因理想集成运放的差模输入电阻无穷大，故净输入电流为零，即$i_P=i_N=0$，存在“虚断”现象。

如上所述，理想集成运放工作在线性区或非线性区时，各有不同的特点。因此，在分析各种应用电路的工作原理时，首先必须判断集成运放工作在哪个区域。

3.5.3 集成运放的主要参数

在考察集成运放的性能时，常用下列参数来描述。

1. 开环差模增益 A_{od}

集成运放无外加反馈时的差模放大倍数称为开环差模增益，记作 A_{od}。$A_{od}=\dfrac{\Delta u_o}{\Delta(u_P-u_N)}$，

常用分贝(dB)表示，其分贝数为 $20\lg|A_{od}|$。通用型集成运放的 A_{od} 通常在10^5左右，即 100 dB 左右。F007C 的 A_{od} 大于 94 dB。

2．共模抑制比K_{CMR}

共模抑制比等于差模放大倍数与共模放大倍数之比的绝对值，即$K_{CMR}=|A_{od}/A_{oc}|$，也常用分贝表示，其数值为 $20\lg K_{CMR}$。

F007 的 K_{CMR} 大于 80 dB。因为 A_{od} 大于 94 dB，所以 A_{oc} 小于 14 dB。

3．差模输入电阻r_{id}

r_{id}是集成运放对输入差模信号的输入电阻。r_{id}越大，从信号源索取的电流越小。

F007C 的r_{id}大于 2 MΩ。

4．输入失调电压U_{IO}及其温漂 dU_{IO}/dT

由于集成运放的输入级电路参数不可能绝对对称，所以当输入电压为零时，u_o 并不为零。U_{IO}是使输出电压为零时在输入端所加的补偿电压，若集成运放工作在线性区，则 U_{IO} 的数值是 u_i 为零时输出电压折合到输入端的电压，即

$$U_{IO}=-\frac{U_O|_{u_i=0}}{A_{od}}$$

U_{IO}越小，表明电路参数对称性越好。对于有外接调零电位器的集成运放，可以通过改变电位器滑动端的位置使得输入为零时输出为零。

dU_{IO}/dT 是 U_{IO}的温度系数，是衡量集成运放温漂的重要参数，其值越小，表明集成运放的温漂越小。

F007C 的U_{IO}小于 2 mV，dU_{IO}/dT 小于 20 μV/℃。因为 F007C 的开环差模增益为 94 dB，约为5×10^4倍；在输入失调电压(2 mV)作用下，集成运放已工作在非线性区，所以若不加调零措施，则输出电压不是$+U_{om}$，就是$-U_{om}$，而且无法放大。

5．输入失调电压I_{IO}及其温漂 dI_{IO}/dT

$$I_{IO}=|I_{B1}-I_{B2}|$$

I_{IO}反映输入级差放管输入电流的不对称程度。dI_{IO}/dT 与 dU_{IO}/dT 的含义类似，只不过研究的对象为I_{IO}。I_{IO}和 dI_{IO}/dT 越小，集成运放的质量越好。

6．输入偏置电流I_{IB}

I_{IB}是输入级差放管的基极(栅极)偏置电流的平均值，即

$$I_{IB}=\frac{1}{2}(I_{B1}+I_{B2})$$

I_{IB}越小，信号源内阻对集成运放静态工作点的影响也就越小。而通常I_{IB}越小，往往I_{IO}也越小。

7．最大共模输入电压U_{Icmax}

U_{Icmax}是输入级能正常放大差模信号情况下允许输入的最大共模信号，若共模输入电压高于此值，则集成运放不能对差模信号进行放大。因此，在实际应用时，要特别注意输入信号中共模信号的大小。F007C 的U_{Icmax}高达±13 V。

8．最大差模输入电压U_{Idmax}

当集成运放所加差模信号大到一定程度时，输入级至少有一个 PN 结承受反向电压，U_{Idmax}是不至于使 PN 结反向击穿所允许的最大差模输入电压。当输入电压大于此值时，输入

级将损坏。集成运放中 NPN 型管的 b、e 间耐压值只有几伏，而横向 PNP 型管的 b、e 间耐压值可达几十伏。F007C 中输入级采用了横向 PNP 型管，因而U_{Idmax}可达±30 V。

9. −3 dB 带宽f_H

f_H是使 A_{od}下降 3 dB(即下降到约 0.707A_{od})时的信号频率。由于集成运放中晶体管(或场效应管)数目多，因而极间电容就较多；又因为那么多元件制作在一小块硅片上，分布电容和寄生电容也较多；因此，当信号频率升高时，这些电容的容抗变小，信号受到损失，导致 A_{od}数值下降且产生相移。F007C 的f_H仅为 7 Hz。

应当指出，在实用电路中，因为引入负反馈，展宽了频带，所以上限频率可达数百千赫兹以上。

10. 单位增益带宽 f_c

f_c 是使 A_{od}下降到零分贝(即 $A_{od}=1$，失去电压放大能力)时的信号频率，与晶体管的特征频率f_T类似。

11. 转换速率 SR

转换速率(slew rate，SR)是在大信号作用下输出电压在单位时间变化量的最大值，即

$$SR=\left|\frac{du_o}{dt}\right|_{max}$$

SR 表示集成运放对信号变化速度的适应能力，是衡量集成运放在幅值信号作用时工作速度的参数，常用每微妙输出电压变化多少表示。当输入信号变化斜率的绝对值小于 SR 时，输出电压才能按线性规律变化。信号幅值越大、频率越高，要求集成运放的 SR 也就越大。

在近似分析时，常把集成运放的参数理想化，即认为 A_{od}、K_{CMR}、r_{id}、f_H 等参数数值均为无穷大，而 U_{IO}、dU_{IO}/dT、I_{IO}、dI_{IO}/dT 等参数数值均为零。

3.5.4 集成运放的种类

按供电方式集成运放可分为双电源供电和单电源供电，在双电源供电中又分正、负电源对称型和不对称型供电。按集成度(即一个芯片上集成运放个数)可分为单运放、双运放和四运放，目前四运放日益增多。按制造工艺集成运放可分为双极型、CMOS 型、Bi-FET 型和 Bi-MOS 型。双极型集成运放一般输入偏置电流，器件功耗较大，但由于采用多种改进技术，所以种类多、功能强；CMOS 型集成运放输入阻抗高、功耗小，可在低电源电压下工作，目前已有低失调电压、低噪声、高速度、强驱动能力的产品；Bi-FET 和 Bi-MOS 型集成运放采用双极型管与单极型管混合搭配的生产工艺，以场效应管作输入级，输入电阻高达 10^{12} Ω 以上。Bi-MOS 常以 CMOS 电路作输出级，可输出较大功率。目前有电参数各不相同的多种产品。

除以上几种分类方法外，还可以按内部电路的工作原理、电路的可控性和性能指标三个方面分类，下面简单介绍。

(1) 按内部电路的工作原理分类：电压放大型、电流放大型、跨导放大型和互阻放大型。

(2) 按电路的可控性分类：可变增益集成运放和选通控制集成运放。

(3) 按性能指标分类：按性能指标可分为通用型和特殊型两类。通用型集成运放用于无特殊要求的电路之中；特殊型集成运放为了适应各种特殊要求，某一方面性能特别突出，主要有高阻型、高速型、高精度型、低功耗型、高压型和大功率型等。

除了通用型和特殊型集成运放外，还有一类集成运放是为完成某种特定功能而生产的，如

仪表用放大器、隔离放大器、缓冲放大器、对数/反对数放大器等。随着 EDA 技术的发展，人们会越来越多地设计专用芯片。目前可编程模拟器件也在发展之中，人们可以在一块芯片上通过编程的方法实现对多路(如 16 路)模拟信号的各种处理，如放大、有源滤波、电压比较等。

3.5.5 集成运放的选择

通常情况下，在设计集成运放应用电路时，没有必要研究集成运放的内部结构，而是根据设计需求寻找具有相应性能指标的芯片。因此，了解集成运放的类型，理解集成运放主要性能指标的物理意义，是正确选择集成运放的前提。应根据以下几个方面的要求选择集成运放。

1. 信号源的性质

根据信号源是电压源还是电流源，源阻抗大小、输入信号的幅值及频率的变化范围，选择集成运放的差模输入电阻 r_{id}、-3 dB 带宽(或单位增益带宽)、转换速率 SR 等性能指标。

2. 负载的性质

根据负载电阻的大小，确定所需集成运放的输出电压和输出电流的幅值。对于容性负载或感性负载，还要考虑它们对频率参数的影响。

3. 精度要求

对模拟信号的处理，如放大、运算等，往往提出精度要求，如电压比较，往往提出响应时间、灵敏度要求。根据这些要求选择集成运放的开环增益 A_{od}、失调电压U_{IO}、失调电流I_{IO}及转换速率 SR 等指标参数。

4. 环境条件

根据环境温度的变化范围，可正确选择集成运放的失调电压及失调电流的温漂 dU_{IO}/dT、dI_{IO}/dT 等参数；根据所能提供的电源(如有些情况只能用干电池)选择集成运放的电源电压；根据对能耗有无限制，选择集成运放的功耗等。

根据上述分析就可以通过查阅手册等手段选择某一型号的集成运放，必要时还可以通过各种 EDA 软件进行仿真，最终确定最满意的芯片。目前，各种专用集成运放和多方面性能俱佳的集成运放种类繁多，采用它们会大大提高电路的质量。

不过，从性能价格比方面考虑，应尽量采用通用型集成运放，只有在通用型集成运放不能满足应用要求时才采用专用型集成运放。

3.5.6 集成运放的使用

本节将对使用集成运放时必做的工作和集成运放的保护措施作简单的介绍。

1. 使用时必做的工作

1) 集成运放的外引脚(管脚)

目前集成运放的常见封装形式有金属壳封装和双列直插式封装，而且后者居多。多列直插式有 8、10、12、14、16 管脚等种类，虽然它们的外引线排列日趋标准化，但各制造厂仍略有区别。因此，使用集成运放前必须查阅有关手册，辨认管脚，以便正确连线。集成运放电路的外形如图3.5.3 所示。

2) 参数测量

在使用集成运放之前往往要用简易测试法判断其好坏，如用万用表电阻的中间挡(“×100

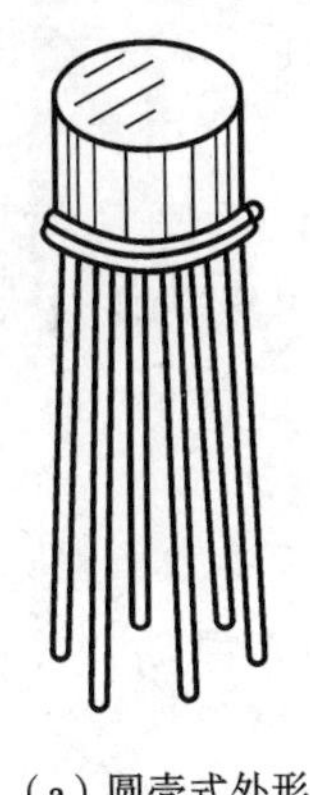

(a) 圆壳式外形

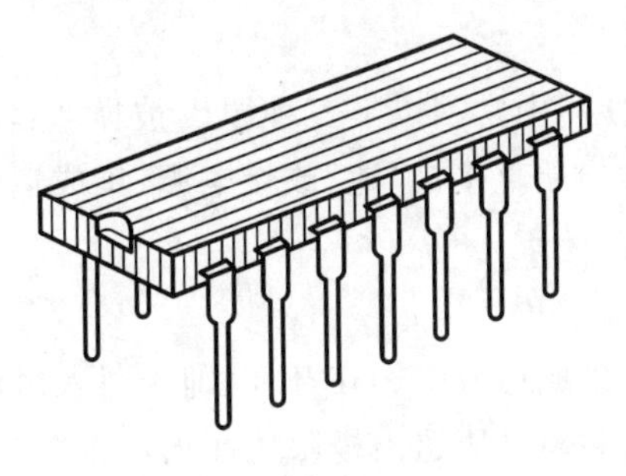

(b) 双列直插式外形

图 3.5.3 集成运放电路的外形

Ω”或“×1 kΩ”挡,避免电流或电压过大)对照管脚测试有无短路和断路现象。必要时还可采用测试设备测量集成运放的主要参数。

3) 调零或调整偏置电压

由于失调电压及失调电流的存在,输入为零时输出往往不为零。对于内部无自动稳零措施的集成运放需外加调零电路,使之在零输入时输出为零。对于单电源供电的集成运放,有时还需在输入端加直流偏置电压,设置合适的静态输出电压,以便能放大正、负两个方向的变化信号。例如,为使正、负两个方向信号变化的幅值相同,应将 Q 点设置在集成运放电压传输特性的中点,即 $V_{CC}/2$ 处,如图 3.5.4(a)所示。图 3.5.4(b)(c)分别为阻容耦合和直接耦合两种情况下的偏置电路,$u_{I1}=u_{I2}=0$,由于 4 个电阻均为 R,阻值相等,故 $u_P=u_N=V_{CC}/2$。如果正、负两个方向信号变化的幅值不同,可通过调整偏置电路中电阻阻值来调高或调低 Q 点。

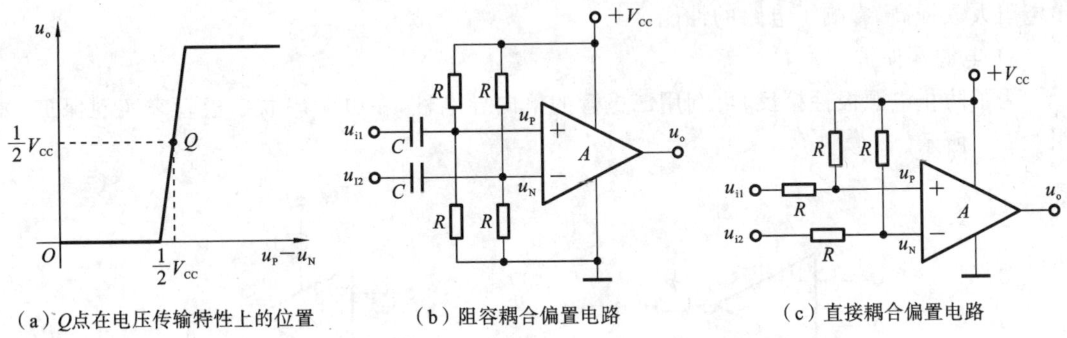

(a) Q点在电压传输特性上的位置　(b) 阻容耦合偏置电路　(c) 直接耦合偏置电路

图 3.5.4 单电源集成运放静态工作点的设置

4) 消除自激振荡

由于集成运放的放大倍数很大,内部电路复杂,而且制造工艺也不能保证电路结构的理想对称,使用中可能发生静态时的输出电压偏移和深度负反馈情况下的自激振荡。一般集成运放的使用手册都给出不同集成运放调零与消振电路,可按手册介绍的典型电路进行消振与调零。

随着集成运放制作工艺和设计技术的进步,目前生产的集成运放中多数品种已经在电路内部采用了相应的措施,不再需要外接此类电路。但是在一些高精度集成运放应用电路中,还必须根据需要外接调零与频率补偿电路，以保证电路的性能指标。

2. 保护措施

集成运放在使用中常因以下三种原因被损坏：输入信号过大，使 PN 结击穿；电源电压极性接反或过高；输出端直接接"地"或接电源，集成运放将因输出级功耗过大而损坏。因此，使用时应进行保护。

1）输入保护

一般情况下，集成运放工作在开环（即未引入反馈）状态时，易因差模电压过大而损坏；在闭环状态时，易因共模电压超出极限值而损坏。图 3.5.5(a)所示是防止差模电压过大的保护电路，图 3.5.5(b)所示是防止共模电压过大的保护电路。

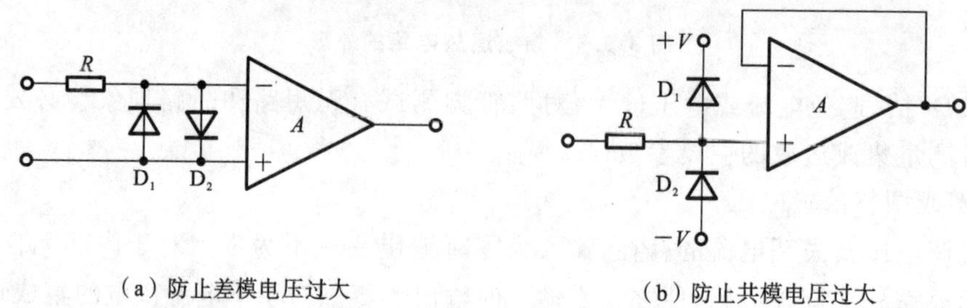

（a）防止差模电压过大　　（b）防止共模电压过大

图 3.5.5　输入保护措施

2）输出保护

图 3.5.6 所示为输出保护电路，限流电阻 R 与稳压管 D_Z 构成限幅电路。一方面将负载与集成运放输出端隔离开来，限制了集成运放的输出电流；另一方面也限制了输出电压的幅值。当然任何保护措施都是有限度的，若将输出端直接接电源，则稳压管会损坏，使电路的输出电阻大大提高，影响了电路的性能。

3）电源端保护

为了防止电源极性接反，可利用二极管的单向导电性，在电源串联二极管来实现保护，如图 3.5.7 所示。

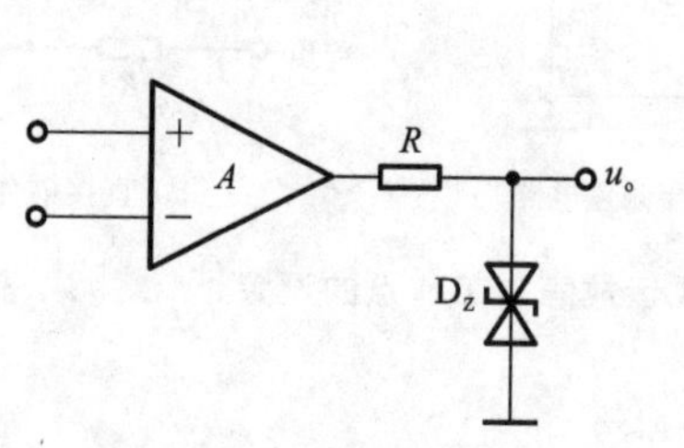

图 3.5.6　输出保护电路

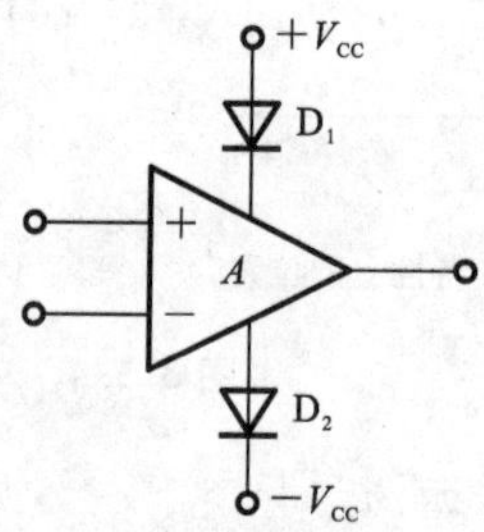

图 3.5.7　电源端保护

3.6　本章小结

本章首先讲述一下多级放大电路的耦合方式及分析方法，然后讲述差分放大电路、电流源电路、功率放大电路，最后阐明集成运放的特点、电路组成、电压传输特性、性能指标、种类和使用方法等。

(1) 多级放大电路的耦合方式和分析方法。

直接耦合放大电路存在温度漂移问题，低频特性好，能够放大变化缓慢的信号，便于集成化，应用广泛；阻容耦合放大电路因耦合电容“隔直流，通交流”、低频特性差、不便于集成化，仅用于非用分立元件电路不可的情况；变压器耦合放大电路能够实现阻抗变换，常用作调谐放大电路或输出功率很大的功率放大电路；光电耦合方式具有电气隔离作用，使电路抗干扰能力强，适用于信号的隔离和远距离传输。

多级放大电路的电压放大倍数等于组成它的各级电路电压放大倍数之积，在求解某一级的电压放大倍数时应将后级输入电阻作为负载。其输入电阻是第一级的输入电阻，输出电阻是末级的输出电阻。输出波形失真时，应首先判断从哪一级开始产生失真，然后再判断失真性质并予以消除。

(2) 基本差分放大电路利用参数的对称性进行补偿来抑制温漂，长尾式放大电路和具有恒流源的差分放大电路还利用共模负反馈抑制每根放大管的温漂。用共模放大倍数 A_c、差模放大倍数 A_d、共模抑制比 K_{CMR}、输入电阻和输出电阻来描述差分电路的性能。根据输入端与输出端接地情况不同，差分放大电路有四种接法。在集成运放中，不仅充分利用元件参数一致性好的特点构成高质量的差分放大电路，而且构成各种电流源电路，它们既为各级放大电路提供合适的静态电流，又作为有源负载，从而大大提高了集成运放的增益。互补输出电路在零输入时零输出，输出信号正、负半周对称，双向跟随，具有很强的带负载能力。

(3) 集成运放是一种高性能的直接耦合放大电路，从外部看，可等效成双端输入、单端输出的差分放大电路。通常由输入级、中间级、输出级和偏置电路四部分组成。输入级多用差分放大电路，中间级用共射(共源)电路，输出级多用互补输出级，偏置电路是多路电流源电路。

(4) 集成运放主要的性能指标有 A_{od}、r_{id}、f_H、U_{IO}、dU_{IO}/dT、I_{IO}、dI_{IO}/dT 等。通用型集成运放各方面参数均衡，适合一般应用；专用型集成运放在某方面的性能指标特别优秀，适合有特殊要求的场合。

(5) 使用集成运放时应注意调零、设置偏置电压、频率补偿和必要的保护措施。目前多数产品内部有补偿电容，部分产品内部有稳零措施。

学完本章应达到以下要求。

(1) 掌握以下概念及定义：零点漂移与温度漂移，共模信号与共模放大倍数，差模信号与差模放大倍数，共模抑制比，差模输入电阻，晶体管的甲类、乙类和甲乙类工作状态，最大输出功率，转换效率等。

(2) 掌握各种耦合方式的优缺点，能够正确估算多级放大倍数电路的 A_u、R_i和R_o。

(3) 理解差分放大电路的组成和工作原理，掌握静态和动态参数的分析方法，了解电流源电路的工作原理。

(4) 理解功率放大电路的组成原理，掌握 OCL 的工作原理，了解其他类型功率放大电路的特点。

(5) 理解功率放大电路最大输出功率和效率的分析方法，了解功放管的选择方法。

(6) 熟悉集成运放的组成及各部分的作用，正确理解主要指标参数的物理意义及其使用注意事项。

习 题 3

3.1 现有以下基本放大电路：

A. 共射电路　B. 共集电路　C. 共基电路　D. 共源电路　E. 共漏电路

根据要求选择合适电路组成两级放大电路。

(1) 要求输入电阻为 1～2 kΩ，电压放大倍数大于 3000，第一级应采用(　　)，第二级应采用(　　)。

(2) 要求输入电阻大于 10 MΩ，电压放大倍数大于 300，第一级应采用(　　)，第二级应采用(　　)。

(3) 要求输入电阻为 100～200 kΩ，电压放大倍数大于 100，第一级应采用(　　)，第二级应采用(　　)。

(4) 要求电压放大倍数大于 10，输入电阻大于 10 MΩ，输出电阻小于 100 Ω，第一级应采用(　　)，第二级应采用(　　)。

3.2 选择合适答案填入空内。

(1) 直接耦合放大电路存在零点漂移的原因是(　　)。

A. 电阻阻值有误差　B. 晶体管参数的分散性

C. 晶体管参数受温度影响　D. 电源电压不稳

(2) 集成放大电路采用直接耦合方式的原因是(　　)。

A. 便于设计　B. 放大交流信号　C. 不易制作大容量电容

(3) 选用差动放大电路的原因是(　　)。

A. 克服温漂　B. 提高输入电阻　C. 稳定放大倍数

(4) 差动放大电路的差模信号是两个输入端信号的(　　)，共模信号是两个输入端信号的(　　)。

A. 差　B. 和　C. 平均值

(5) 用恒流源取代长尾式差动放大电路中的发射极电阻，将使单端电路的(　　)。

A. 差模放大倍数增大　B. 抑制共模信号能力增强

C. 差模输入电阻增大

(6) 互补输出级采用共集形式是为了使(　　)。

A. 放大倍数大　B. 最大不失真输出电压大

C. 带负载能力强

(7) 功率放大电路的最大输出功率是在输入电压为正弦波时，输出基本不失真情况下，负载上可获得最大(　　)。

A. 交流功率　B. 直流功率　C. 平均功率

(8) 功率放大电路的转换效率是指(　　)。

A. 输出功率与晶体管所消耗的功率之比

B. 最大输出功率与电源提供的平均功率之比

C. 晶体管所消耗的功率与电源提供的平均功率之比

(9) 在选择功放电路中的晶体管时,应当特别注意的参数有(　　)。

A. β　　B. I_{CM}　　C. I_{CBO}　　D. U_{CEO}　　E. P_{CM}　　F. f_T

(10) 若题 3.2 图所示电路中晶体管饱和管压降的数值为 $|U_{CES}|$,则最大输出功率 $P_{om}=$(　　)。

A. $\dfrac{(V_{CC}-U_{CES})^2}{2R_L}$　　B. $\dfrac{\left(\frac{1}{2}V_{CC}-U_{CES}\right)^2}{R_L}$　　C. $\dfrac{\left(\frac{1}{2}V_{CC}-U_{CES}\right)^2}{2R_L}$

3.3 已知电路如题 3.3 图所示,T_1 管和 T_2 管的饱和管压降 $|U_{CES}|=3$ V,$V_{CC}=15$ V,$R_L=8$ Ω,选择正确答案填入空内。

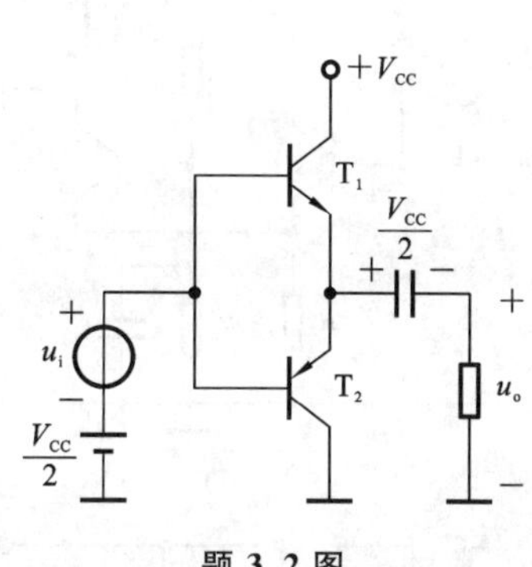

题 3.2 图

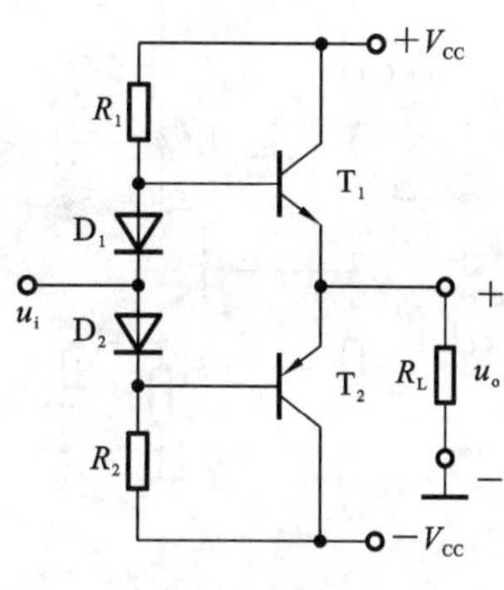

题 3.3 图

(1) 电路中 D_1 和 D_2 的作用是消除(　　)。

A. 饱和失真　　B. 截止失真　　C. 交越失真

(2) 静态时,晶体管发射极电位 U_{EQ}(　　)。

A. >0　　B. $=0$　　C. <0

(3) 最大输出功率 P_{om}(　　)。

A. ≈28 W　　B. =18 W　　C. =9 W

(4) 当输入为正弦波时,若 R_1 虚焊,即开路,则输出电压(　　)。

A. 为正弦波　　B. 仅有正半波　　C. 仅有负半波

(5) 若 D_1 虚焊,则 T_1 管(　　)。

A. 可能因功耗过大而烧坏　　B. 始终饱和　　C. 始终截止

3.4 判断题 3.4 图所示各两级放大电路中 T_1 管和 T_2 管分别组成哪种基本接法的放大电路。设图中所有电容对于交流信号均可视为短路。

3.5 基本放大电路如题 3.5 图(a)(b)所示,题 3.5 图(a)虚线框内为电路Ⅰ,题 3.5 图(b)虚线框内为电路Ⅱ。由电路Ⅰ、Ⅱ组成的多级放大电路如题 3.5 图(c)(d)(e)所示,它们均正常工作。试说明题 3.5 图(c)(d)(e)所示电路中:

(1) 哪些电路的输入电阻较大?

(2) 哪些电路的输出电阻较小?

(3) 哪个电路的电压放大倍数最大?

3.6 设题 3.6 图所示各电路的静态工作点均合适,分别画出它们的交流等效电路,并写

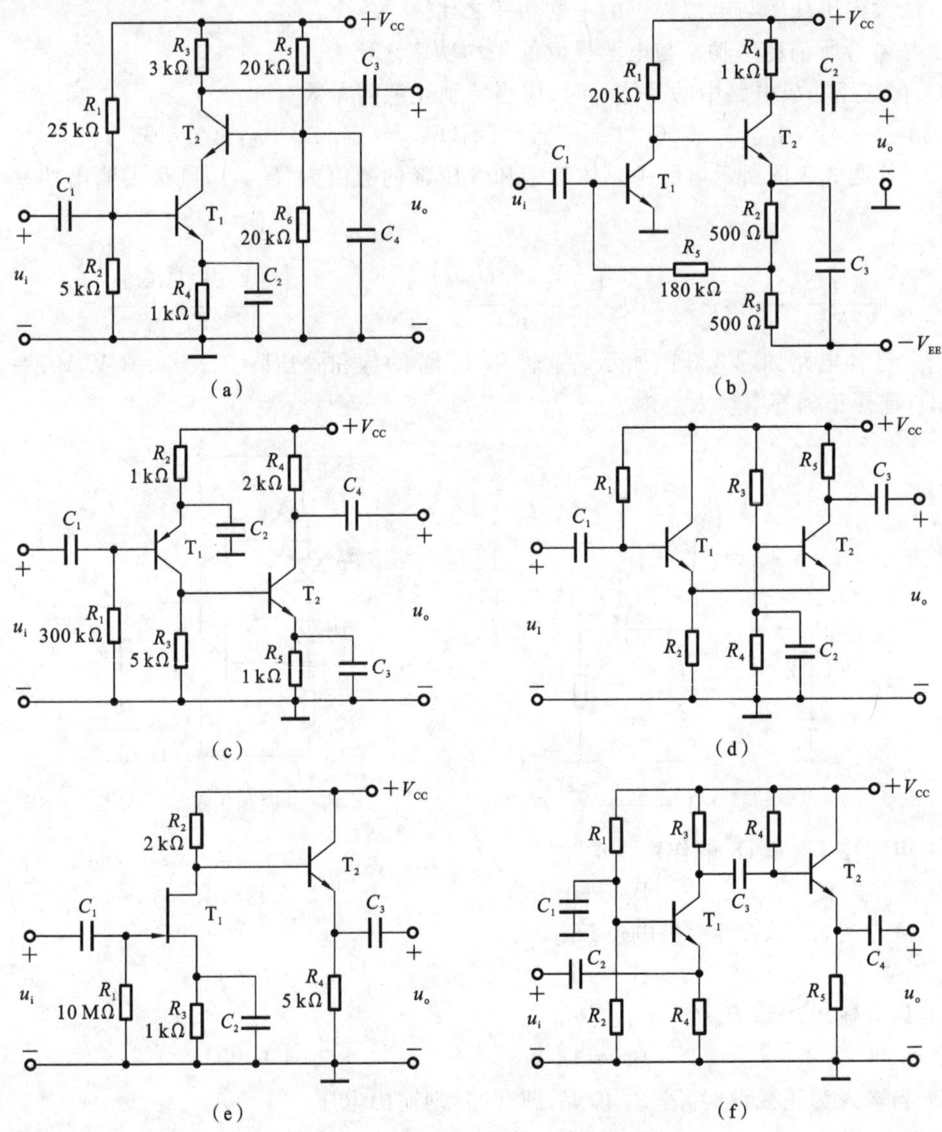

题 3.4 图

出 A_u、R_i 和 R_o 的表达式。

3.7 电路如题 3.7 图所示，T_1 管和 T_2 管的 β 均为 140，r_{be} 均为 4 kΩ。试问：若输入直流信号 $u_{i1}=20$ mV，$u_{i2}=10$ mV，则电路的共模输入电压 u_{ic} 为多少？差模输入电压 u_{id} 为多少？输出动态电压 Δu_o 为多少？

3.8 题 3.8 图所示电路参数理想对称，晶体管的 β 均为 100，$r_{bb'}=100$ Ω，$U_{BEQ}\approx 0.7$ V。试求 R_W 的滑动端在中点时 T_1 管和 T_2 管的发射极静态电流 I_{EQ} 以及动态参数 A_d 和 R_i。

3.9 电路如题 3.9 图所示，T_1 管和 T_2 管的低频跨导 g_m 均为 10 mS。试求解差模放大倍数和输入电阻。

3.10 电路如题 3.10 图所示，已知 $\beta_1=\beta_2=\beta_3=100$。各管的 U_{BE} 均为 0.7 V，试求 I_{C2} 的值。

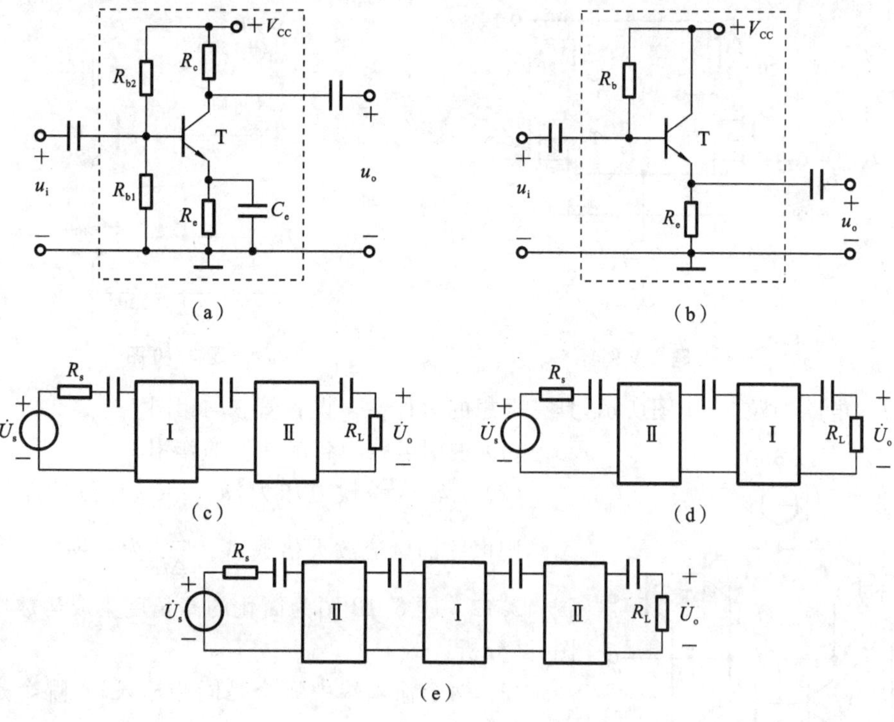

题 3.5 图

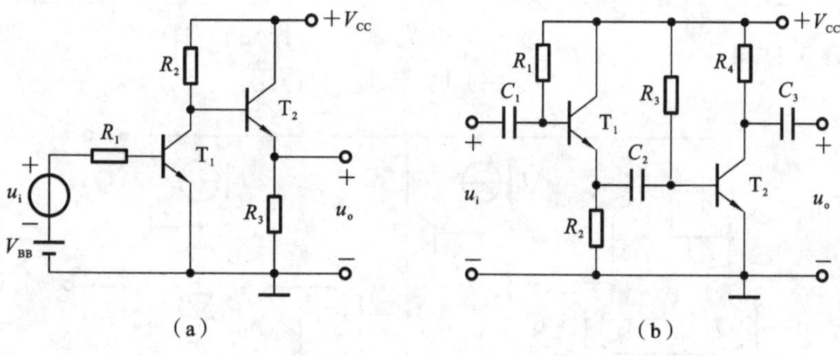

题 3.6 图

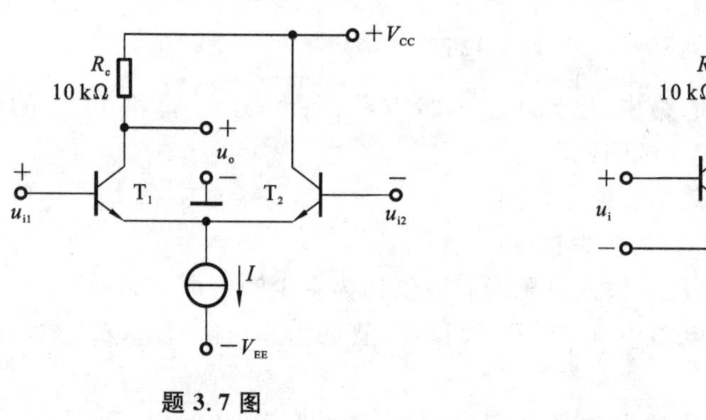

题 3.7 图

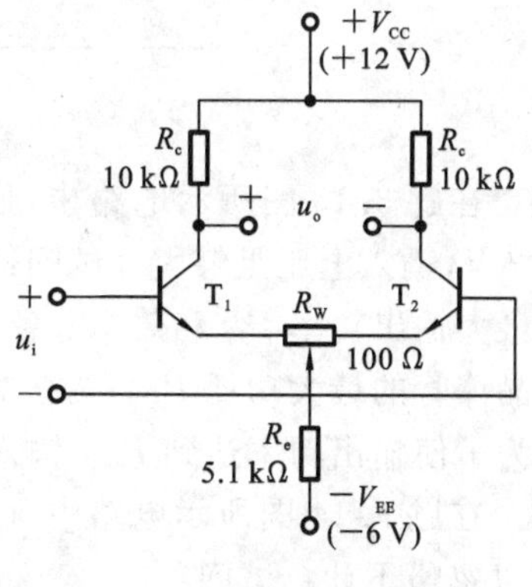

题 3.8 图

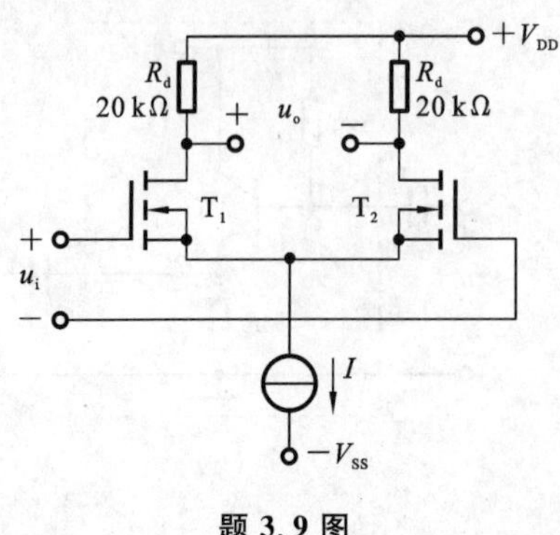

题 3.9 图

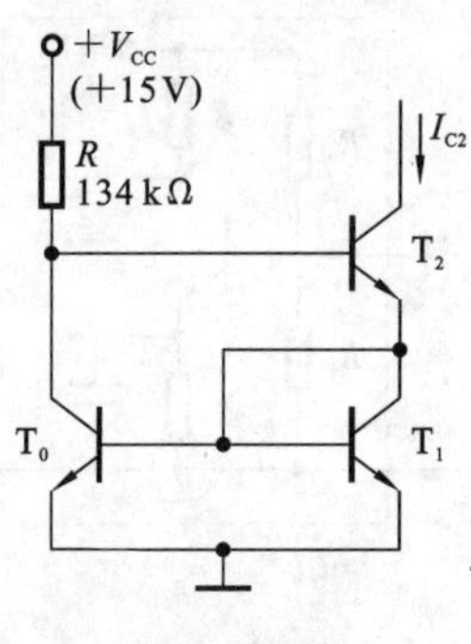

题 3.10 图

3.11 电路如题 3.11 图所示，具有理想的对称性。设各管 β 均相同。

(1) 说明电路中各晶体管的作用；

(2) 若输入差模电压为 $(u_{i1}-u_{i2})$ 产生的差模电流为 Δi_D，则电路的电流放大倍数 $A_i=\dfrac{\Delta i_o}{\Delta i_D}$ 为多少？

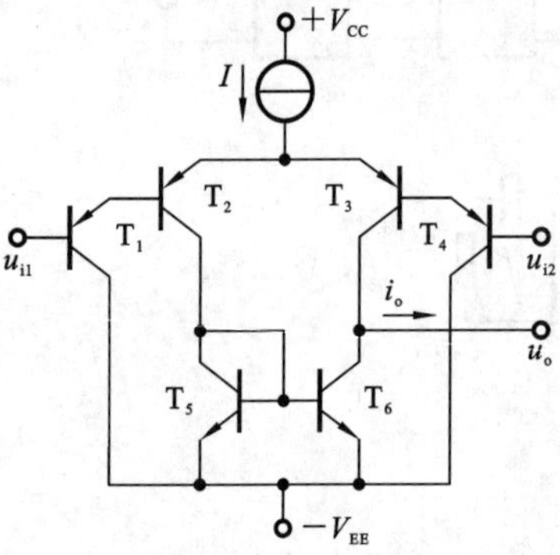

题 3.11 图

3.12 题 3.12 图为简化的高精度集成运放电路原理图，试分析：

(1) 两个输入端中哪个是同相输入端，哪个是反相输入端；

(2) T_3 与 T_4 的作用；

(3) 电流源 I_3 的作用；

(4) D_1 与 D_2 的作用。

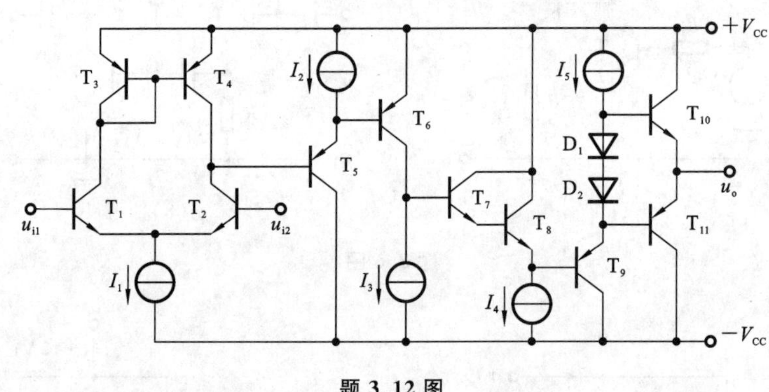

题 3.12 图

3.13 在题 3.13 图所示电路中，已知 $V_{CC}=16$ V，$R_L=4$ Ω，T_1 管和 T_2 管的饱和压降 $|U_{CES}|=2$ V，输入电压足够大。试问：

(1) 最大输出功率 P_{om} 和效率 η 各为多少？

(2) 晶体管的最大功耗 P_{Tmax} 为多少？

(3) 为了使输出功率达到 P_{om}，输入电压的有效值约为多少？

3.14 在题 3.14 图所示电路中，已知 T_2 管和 T_4 管的饱和压降 $|U_{CES}|=2$ V，静态时电源电流可以忽略不计。试问：

(1) 负载上可能获得的最大输出功率 P_{om} 和效率 η 各约为多少？

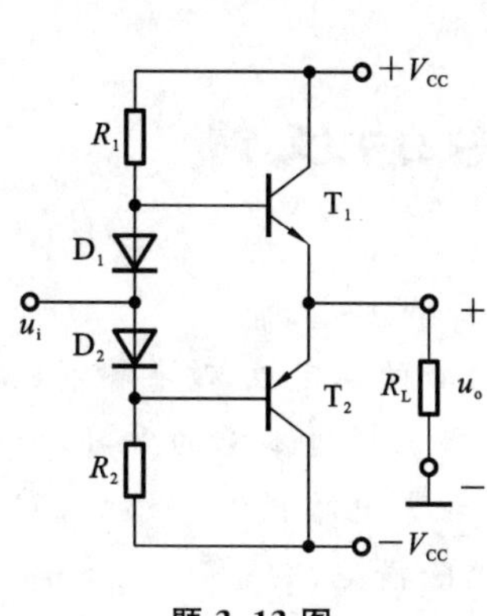

题 3.13 图

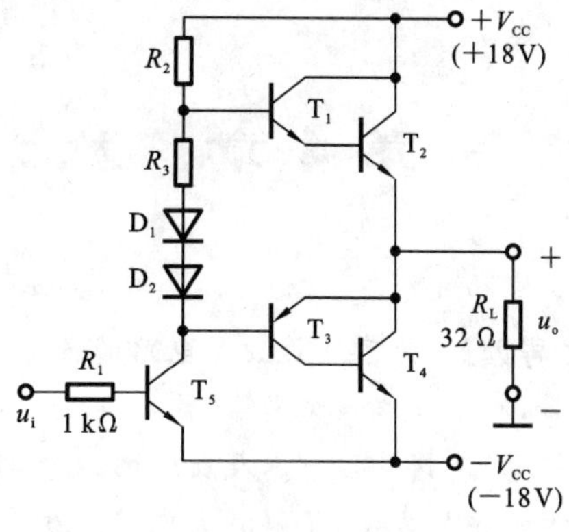

题 3.14 图

(2) T_2 管和 T_4 管的最大集电极电流、最大管压降和集电极最大功耗各约为多少？

3.15 OTL 电路如题 3.15 图所示。

(1) 为了使最大不失真输出电压幅值最大，静态时 T_2 管和 T_4 管的发射极电位应为多少？若不合适，则一般应调节哪个元件参数？

(2) 若 T_2 管和 T_4 管的饱和压降 $|U_{CES}|=3$ V，输入电压足够大，则电路的最大输出功率 P_{om} 和效率 η 各为多少？

(3) T_2 管和 T_4 管的 I_{CM}、$U_{(BR)CEO}$ 和 P_{CM} 应如何选择？

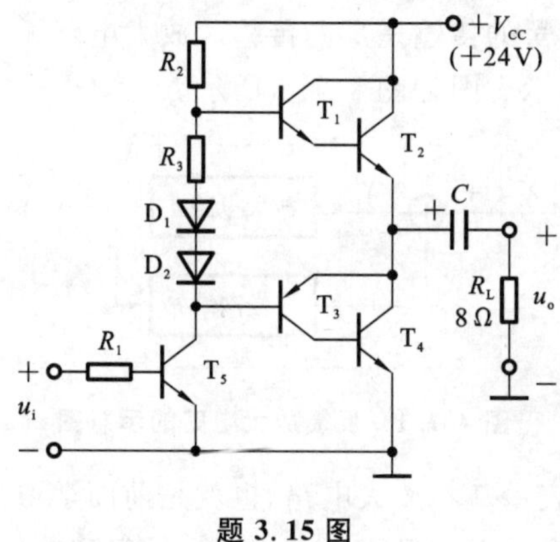

题 3.15 图

第 4 章　放大电路中的反馈

【本章导读】 为了改善放大电路的性能，如提高放大倍数的稳定性，改善输入、输出电阻，展宽通频带，减小非线性失真等，需要在放大电路中引入反馈。通过本章的学习，读者需要理解反馈的概念、反馈的性质以及反馈的组态，掌握负反馈对放大电路性能的影响，掌握在放大电路中引入反馈的方法，了解放大电路产生自激的原因及消除措施。

4.1　反馈的概念

4.1.1　反馈的定义

在放大电路中，信号的传输是从输入端到输出端，这个方向称为正向传输。**反馈是将输出信号取出一部分或全部送回到放大电路的输入回路，与原输入信号相加或相减后再作用到放大电路的输入端，所以反馈信号的传输是反向传输。**放大电路无反馈称为开环状态，有反馈称为闭环状态，反馈放大电路的示意图如图 4.1.1 所示。

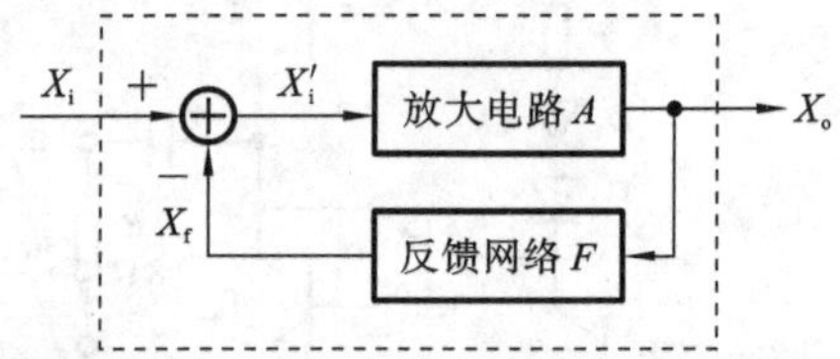

图 4.1.1　反馈放大电路的示意图

图 4.1.1 中上面的方框表示基本放大电路，也就是前面学习过的各种类型的放大电路，这个放大电路的输入信号称为净输入信号 X'_i，经过放大后得到输出信号 X_o；下面的方框是反馈网络，它是将输出信号的一部分送回到输入端的电路。也就是说反馈网络的输入信号是基本放大电路的输出信号，经过反馈网络之后得到的是反馈信号 X_f，X_f 与放大电路的实际输入信号 X_i 进行“比较”，得到净输入信号 X'_i。净输入信号 X'_i 经过基本放大器放大后得到的是整个反馈放大电路的输出。实际输入信号 X_i 是由信号源提供或前级电路提供的信号，是整个反馈放大电路的输入信号。根据前面描述的关系，可以得到

$$X'_i = X_i - X_f \tag{4.1.1}$$

为了便于说明，假设放大电路工作在中频段范围，反馈网络为纯电阻性网络，这样本章 4.1 节至 4.3 节所应用的符号（如 A、F 等）均用实数表示。在 4.4 节介绍负反馈放大电路的自激振荡时，再用相量的形式。由此给出以下定义。

开环放大倍数：

$$A=\frac{X_o}{X'_i}$$

反馈系数：

$$F=\frac{X_f}{X_o}$$

闭环放大倍数：

$$A_f=\frac{X_o}{X_i}$$

因为

$$X_i=X'_i+X_f=X'_i+FAX'_i$$

所以

$$A_f=\frac{X_o}{X_i}=\frac{A}{1+AF} \tag{4.1.2}$$

这个关系式是反馈放大器的基本关系式，它说明**闭环放大倍数是开环放大倍数的$\frac{1}{1+AF}$，其中$1+AF$ 称为反馈深度，反映了反馈对放大电路影响的程度**。

反馈深度可分为下列三种情况。

(1) 当$|1+AF|>1$时，$|A_f|<|A|$，是负反馈。

(2) 当$|1+AF|<1$时，$|A_f|>|A|$，是正反馈。

(3) 当$|1+AF|=0$时，$|A_f|=\infty$，这时输入为零但仍有输出，故称为“自激状态”。

AF 称为环路增益，是指由放大电路和反馈网络所形成环路的增益，当$|AF|\gg 1$时称为深度负反馈。于是闭环放大倍数为

$$A_f=\frac{X_o}{X_i}=\frac{A}{1+AF}\approx\frac{1}{F} \tag{4.1.3}$$

也就是说，**在深度负反馈条件下，闭环放大倍数近似等于反馈系数的倒数，与有源器件的参数基本无关**。一般反馈网络是无源元件构成的，其稳定性优于有源器件，因此深度负反馈时的放大倍数比较稳定。这里需要强调的是 X_i、X_f 和 X_o 可以是电压信号，也可以是电流信号。

下面举一个例子来说明反馈的作用过程。如图 4.1.2 所示的共射极放大电路，采用分压偏置电路可以稳定静态工作点，这里从反馈网络的角度再做说明。

由第 2 章的分析可知，在图 4.1.2 所示的电路中，电阻 R_{b1} 和 R_{b2} 对电压源进行分压，基极

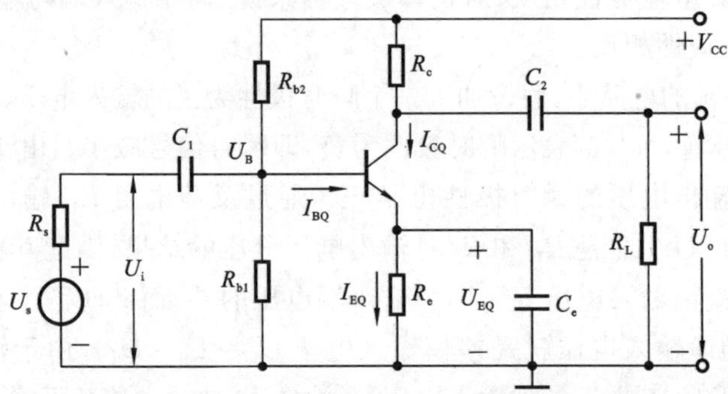

图 4.1.2 稳定静态工作点的分压偏置共射放大电路

电位U_B基本保持不变。当环境温度上升使三极管集电极电流I_{CQ}增大时，由于射极电流I_{EQ}和集电极电流I_{CQ}基本相等，射极电流I_{EQ}也随之增大，则射极电阻R_e上的电压$U_{EQ}=I_{EQ}R_e$也增加。考虑到基极电位U_B基本不变，则三极管基极和射极之间的电压$U_{BEQ}=U_B-U_{EQ}$将减小。而根据三极管的输入特性曲线，基极和射极之间的电压U_{BEQ}决定了基极电流I_{BQ}，I_{BQ}也随之减小，相应地I_{CQ}也减小。通过射极电阻上的电压，就将因温度升高而变大的I_{CQ}的上升趋势牵制住了，这就是负反馈的作用。这里电阻R_e构成反馈网络，它对输出电流I_{EQ}采样后形成反馈电压U_{EQ}，在输入端反馈电压U_{EQ}与输入电压U_i比较后得到净输入信号U_{BEQ}，由此形成反馈回路。

从这个例子可以看出，如果希望稳定电路中的某个量(如上例中的I_{CQ})，可以采取措施将这个量反馈到电路的输入端，当由于某些因素引起该量发生变化时，这种变化将反映到放大电路的输入端，通过与输入量比较，产生一个与输出变化趋势相反的净输入信号，从而使其保持稳定。

4.1.2 反馈的分类

反馈有多种类型，根据反馈的极性可以分为正反馈和负反馈；根据输出端采样信号的性质可以分为电压反馈和电流反馈；根据输入端放大电路与反馈网络的连接方式可以分为串联反馈和并联反馈。就负反馈而言，有电压串联负反馈、电流串联负反馈、电压并联负反馈和电流并联负反馈四种组态。

1. 正反馈和负反馈

在外加输入信号X_i一定时，如果反馈信号X_f的作用增强了净输入信号X'_i，这个净输入信号经过基本放大电路放大后得到更大的输出信号，这样的反馈称为正反馈；相反，如果反馈信号削弱了净输入信号X'_i，经过基本放大电路放大后得到较小的输出信号，则称为负反馈。

为了判断引入的反馈是正反馈还是负反馈，可以采用“**瞬时极性法**”。具体做法是，规定电路输入信号在某一时刻对地的极性，并以此为依据，逐级判断电路中各相关节点电流的流向和电位的极性，从而得到输出信号的极性；根据输出信号的电压极性判断反馈信号的极性；若反馈信号使基本放大电路的净输入信号增大，则说明引入了正反馈，若反馈信号使基本放大电路的净输入信号减小，则说明引入了负反馈。信号的电压极性可用“⊕”“⊖”或“↑”“↓”表示。

利用瞬时极性法判断时，需要掌握的极性关系：对共射组态的三极管来说，基极与发射极的极性相同，基极与集电极极性相反；对运算放大器来说，同相输入端与输出电压极性相同，反相输入端与输出电压极性相反。

在图 4.1.3(a)所示的电路中，假设加上一个瞬时极性为正的输入电压(用符号“⊕”表示瞬时极性为正，即瞬时信号增大；“⊖”表示瞬时极性为负，即瞬时信号减小)，由于输入信号接在集成运放的同相端输入，输出电压的瞬时极性也是正。通过反馈电阻R_f，输出电压被采样并在电阻R_1上形成反馈电压U_f，U_f是R_1和R_f对输出电压分压的结果，因此其极性也为正。我们知道，理想集成运放的差模输入电压等于两个输入端电压的差，而此时两个输入端的电压分别为U_i和U_f，这样实际的净输入电压就是差模输入电压$U_{id}=U_i-U_f$。由于输入电压和反馈电压极性都为正，反馈电压U_f削弱了外加输入电压U_i的作用，使放大倍数下降，因此是负反馈。

图 4.1.3(b)所示的电路为滞回比较器。假设输入一个瞬时极性为正的输入电压，由于输

入电压在集成运放的反相端输入，输出电压的瞬时极性为负，通过 R_1、R_2 对输出电压分压，在 R_1 上形成极性为负的反馈电压，此时集成运放的差模输入 $U_{id}=U_i-U_f$，其中 U_i 为正极性、U_f 为负极性，反馈电压 U_f 增强了输入电压 U_i 的作用，形成正反馈。

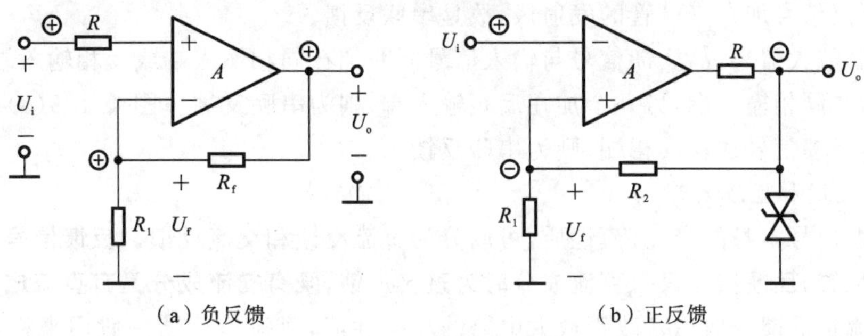

图 4.1.3 反馈极性的判别

通常对于运算放大器而言，当输出端与反相输入端相连时，构成负反馈电路；当输出端与同相输入端相连时，构成正反馈电路。由理想集成运放所构成的运算电路和滤波电路都要求工作在负反馈状态。

2. 电压反馈和电流反馈

按照反馈网络对输出信号的采样方式，反馈可以分为电压反馈和电流反馈。

如果反馈网络对输出电压采样，反馈信号的大小与输出电压成比例，则称为电压反馈。电压反馈在电路中表现为基本放大电路、反馈网络和负载在采样端是并联关系，如图 4.1.4(a)所示。如果反馈网络对输出电流采样，反馈信号的大小与输出电流成比例，则称为电流反馈。电流反馈在电路中表现为基本放大器、反馈网络和负载在采样端是串联关系，如图 4.1.4(b)所示。

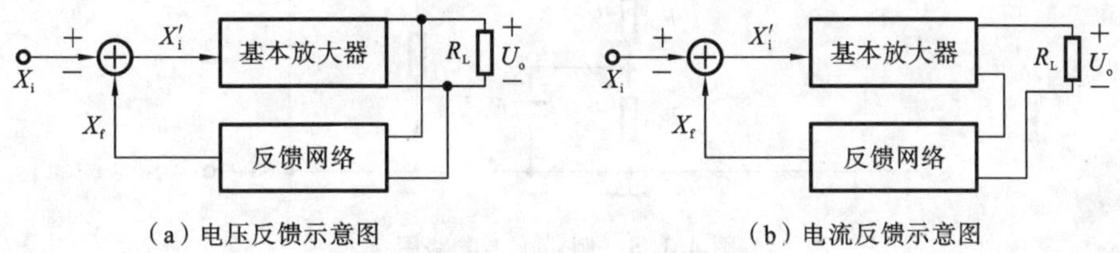

图 4.1.4 电压反馈与电流反馈的判别

判断是电压反馈还是电流反馈的一种方法是“输出短路法”，就是**假设输出端交流短路(输出电压为零)，然后判断是否还存在反馈信号，如果没有反馈信号，就是电压反馈，否则是电流反馈**。与输出端交流短路法相反，另一种方法是“输出开路法”，就是假设输出端交流开路(输出电流为零)，然后判断是否存在反馈信号，如果有反馈信号，就是电压反馈，否则是电流反馈。

在实际应用中一种简单实用的判断方法是，如果放大器的输出端和反馈网络的采样端共点，也就是二者并接在一起，就是电压反馈，否则是电流反馈。图 4.1.3(a)中的反馈电阻与输出电压是共点的，反馈电压是两个电阻对输出电压分压得到的，因此是电压反馈；图 4.1.2 中电阻 R_e 与输出电压 U_c 是不共点的，反馈电压是电流 I_{CQ} 产生的，因此是电流反馈。

3. 串联反馈和并联反馈

在放大电路的输入端，$X'_i=X_i-X_f$，其中净输入信号 X'_i、输入信号 X_i 和反馈信号 X_f 可以是电压，也可以是电流。**如果反馈信号和输入信号以电压形式求和，即反馈信号和输入信号**

串联，称为串联反馈；如果以电流形式求和，即反馈信号和输入信号并联，称为并联反馈。对于晶体管组成的放大电路来说，反馈信号与输入信号同时加在输入晶体管的基极或发射极，则为并联反馈；一个加在基极，另一个加在发射极，则为串联反馈。图 4.1.2 中输入信号加入三极管的基极，反馈信号加在三极管的发射极，故是串联反馈。

对于运算放大器来说，反馈信号与输入信号同时加在同相输入端或反相输入端，则为并联反馈；一个加在同相输入端，另一个加在反相输入端，则为串联反馈。图 4.1.3(a)中输入信号加在同相端，反馈信号加在反相端，则为串联反馈。

4. 交流反馈和直流反馈

根据反馈信号本身的交、直流性质，可以分为直流反馈和交流反馈。**反馈信号只有交流成分时为交流反馈，反馈信号只有直流成分时为直流反馈，既有交流成分又有直流成分时为交直流反馈**。交流负反馈一般用来改善放大电路的动态性能，直流负反馈一般用来稳定静态工作点。图 4.1.2 所示电路中反馈电阻 R_e 只在直流时起作用，而交流时由于 C_e 的旁路不起作用，所以是直流反馈。

【例 4.1.1】 试判断图 4.1.5 所示电路的反馈类型。

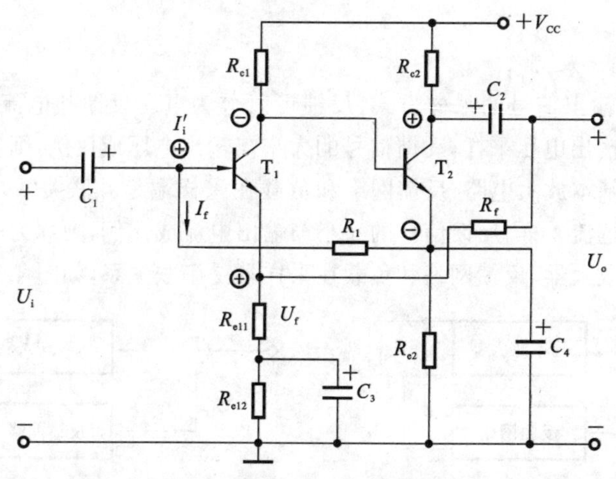

图 4.1.5　例 4.1.1 电路图

解　根据瞬时极性法，各点的电压极性如图 4.1.5 中"⊕""⊖"号所标。由图 4.1.5 可知，对反馈电阻 R_1 引入的反馈支路而言，输出端采样点极性为负，而输入端连接点的极性为正，这样流过电阻 R_1 的电流 I_f 的方向如图 4.1.5 中所示，这意味着净输入电流 I'_i 减小，因此是负反馈。因采样点与输出端不共点，故为电流反馈。因反馈信号与输入信号共点，在输入端体现为电流相比较的形式，因此是并联反馈。又由于 R_1 的采样点与电容 C_4 相连，这个采样量只有在直流情况下才存在，而在交流情况电容短路，等效于接地，采样量不存在，所以是直流电流并联负反馈。

对于反馈电阻 R_f 引入的反馈支路而言，由瞬时极性法可知经 R_f 加在 T_1 管射极上的反馈电压 U_f 是正极性，使得净输入信号($U_{be}=U_i-U_f$)减小，因此是串联负反馈。R_f 的采样点来自输出端，因此是电压反馈。因为 C_2"隔直流、通交流"的作用，直流情况下采样量不存在，所以是交流电压串联负反馈。此外，第一级电路中的 R_{e11} 和 R_{e12} 以及第二级电路中的 R_{e2} 分别构成单级电流串联负反馈。其中 R_{e2} 和($R_{e11}+R_{e12}$)分别构成单级直流反馈，R_{e2}、R_{e11} 分别构成单级交流反馈。

【例 4.1.2】 试判断图 4.1.6 所示电路的反馈类型。

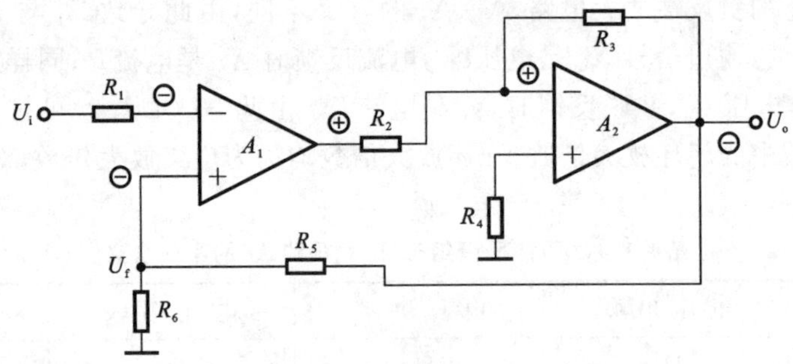

图 4.1.6 例 4.1.2 电路图

解 这里有两个反馈，一个是电阻R_5引入的级间反馈，另一个是电阻R_3引入的级内反馈。根据瞬时极性法，可知这两个反馈都是负反馈。以R_5引入的反馈为例，因反馈信号和输入信号加在集成运放两个输入端，故为串联反馈。因反馈信号与输出电压成比例，故为电压反馈。另外，这个反馈在交流和直流情况下都存在，因此是交直流串联电压负反馈。类似地，R_3 引入的是交直流并联电压负反馈。

4.1.3 负反馈放大电路性能分析

由以上分析可知，负反馈放大电路有基本放大电路和反馈网络组成，若将基本放大电路与反馈网络均看成两端口网络，则不同反馈组态下两个网络的连接方式也不同。四种反馈组态电路的方框图如图 4.1.7 所示。其中图 4.1.7(a)所示为电压串联负反馈电路，图 4.1.7(b)所

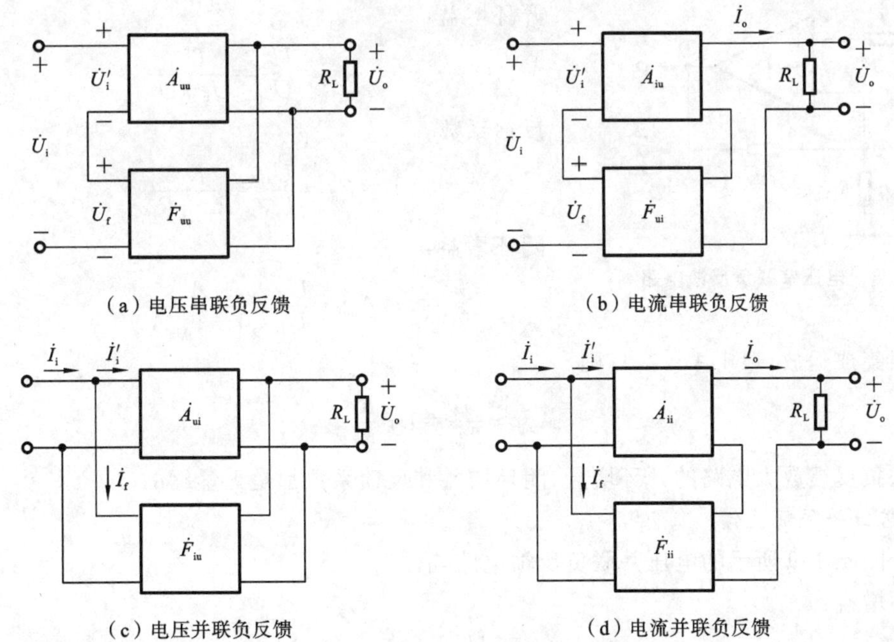

(a) 电压串联负反馈
(b) 电流串联负反馈
(c) 电压并联负反馈
(d) 电流并联负反馈

图 4.1.7 四种反馈组态电路的方框图

示为电流串联负反馈电路，图 4.1.7(c)所示为电压并联负反馈电路，图 4.1.7(d)所示为电流并联负反馈电路。

对于不同组态的负反馈放大电路，X_o、X_i 的含义不同，由此导致 A_f 与 F 的量纲也不同。例如，对于电压反馈，输出信号 X_o 是电压U_o，电流反馈时 X_o 是电流I_o；同样道理，当输入端是串联反馈时，X_i 是电压 U_i，并联反馈时 X_i 是电流I_i。由此，式(4.1.2)可扩展为四个公式，如表 4.1.1 所示。表中的闭环放大倍数、开环放大倍数均称为广义放大倍数，对不同的反馈类型有不同的量纲。

表 4.1.1　四种反馈组态下 A、F 和 A_f 的不同含义

反馈组态	电压串联	电压并联	电流串联	电流并联
X_o	U_o	U_o	I_o	I_o
X_i、X_f、X'_i	U_i、U_f、U'_i	I_i、I_f、I'_i	U_i、U_f、U'_i	I_i、I_f、I'_i
A	$A_{uu}=\dfrac{U_o}{U'_i}$ 电压放大倍数	$A_{ui}=\dfrac{U_o}{I'_i}$ 转移电阻	$A_{iu}=\dfrac{I_o}{U'_i}$ 转移电导	$A_{ii}=\dfrac{I_o}{I'_i}$ 电流放大倍数
F	$F_{uu}=\dfrac{U_f}{U_o}$	$F_{iu}=\dfrac{I_f}{U_o}$	$F_{ui}=\dfrac{U_f}{I_o}$	$F_{ii}=\dfrac{I_f}{I_o}$
A_f	$A_{uuf}=\dfrac{A_{uu}}{1+F_{uu}A_{uu}}$	$A_{uif}=\dfrac{A_{ui}}{1+F_{iu}A_{ui}}$	$A_{iuf}=\dfrac{A_{iu}}{1+F_{ui}A_{iu}}$	$A_{iif}=\dfrac{A_{ii}}{1+F_{ii}A_{ii}}$

1. 电压串联负反馈

图 4.1.8 所示是电压串联负反馈电路。由于输入信号是电压 U_i，输出信号是电压U_o，反馈信号是电压 U_f，在输入端是输入电压与反馈电压相减，所以

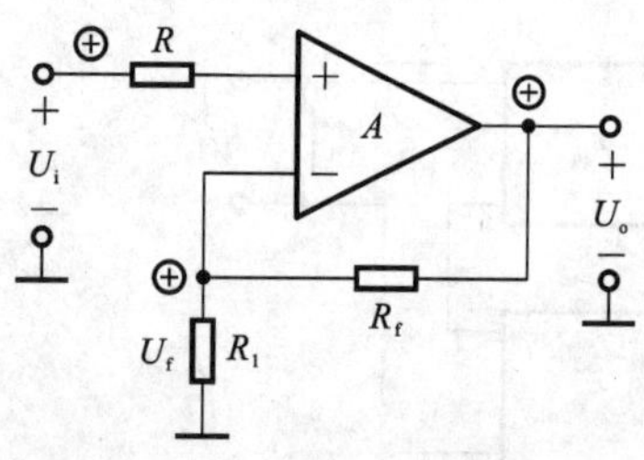

图 4.1.8　电压串联负反馈电路

开环增益：

$$A_{uu}=\frac{U_o}{U'_i}=\frac{U_o}{U_i-U_f}$$

反馈系数：

$$F_{uu}=\frac{U_f}{U_o}=\frac{R_1}{R_1+R_f}$$

闭环增益：

$$A_{uuf}=\frac{U_o}{U_i}=\frac{A_{uu}}{1+F_{uu}A_{uu}}$$

对于理想集成运放，$|1+AF|\gg1$，则

$$A_{uuf}\approx\frac{1}{F_{uu}}=1+\frac{R_f}{R_1}$$

电压串联负反馈放大电路的开环增益、闭环增益和反馈系数都是无量纲的。

2. 电压并联负反馈

对于图 4.1.9 所示的电压并联负反馈电路，有

开环增益：

$$A_{ui}=\frac{U_o}{I'_i}=\frac{U_o}{I_i-I_f}$$

反馈系数：

$$F_{iu}=\frac{I_f}{U_o}=-\frac{1}{R_f}$$

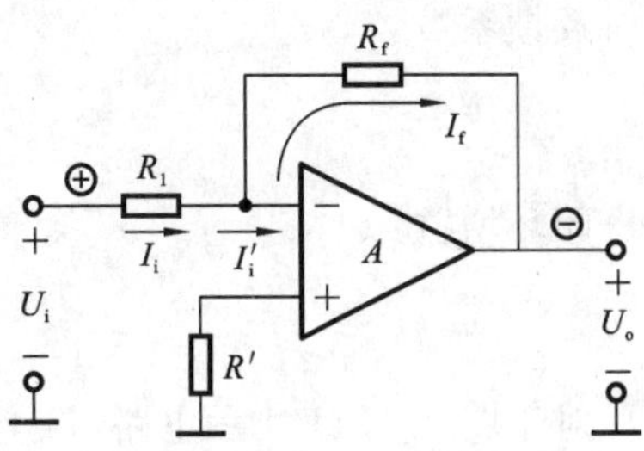

图 4.1.9 电压并联负反馈电路

闭环增益：

$$A_{uif}=\frac{U_o}{I_i}=\frac{A_{ui}}{1+F_{iu}A_{ui}}$$

对于理想集成运放，$|1+AF|\gg1$，则

$$A_{uif}\approx\frac{1}{F_{iu}}=-R_f$$

电压并联负反馈放大电路的开环增益的量纲是电阻，反馈系数的量纲是电导，称为互导反馈系数，闭环增益的量纲是电阻，称为互阻增益。

3. 电流串联负反馈

图 4.1.10 所示的电路为电流串联负反馈放大电路，其开环增益的量纲是电导，反馈系数的量纲是电阻，称为互阻反馈系数，闭环增益的量纲是电导，称为互导增益。

开环增益：

$$A_{iu}=\frac{I_o}{U'_i}=\frac{I_o}{U_i-U_f}$$

反馈系数：

$$F_{ui}=\frac{U_f}{I_o}=R_e$$

闭环增益：

$$A_{iuf}=\frac{U_o}{U_i}=\frac{A_{iu}}{1+F_{ui}A_{iu}}$$

对于图 4.1.10 所示电路，$|1+AF|\gg1$，则

$$A_{iuf}\approx\frac{1}{F_{ui}}=\frac{1}{R_e}$$

4. 电流并联负反馈

电流并联负反馈电路如图 4.1.11 所示。

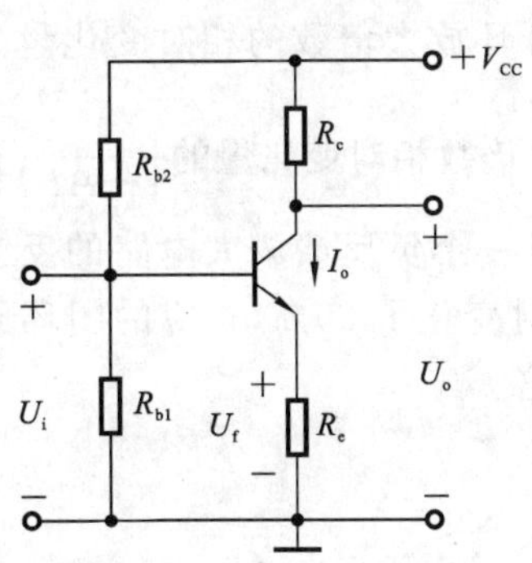

图 4.1.10 电流串联负反馈放大电路

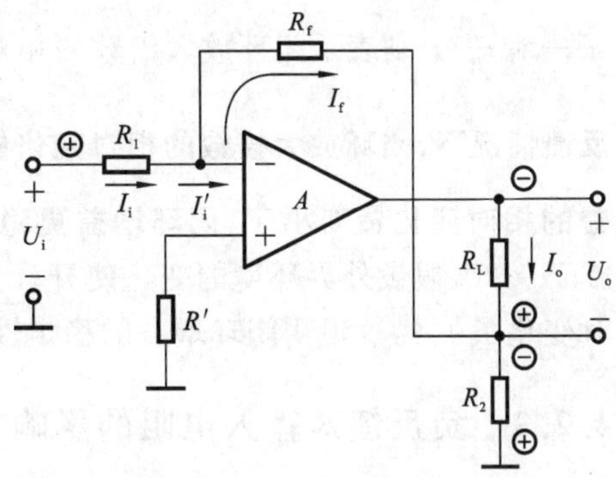

图 4.1.11 电流并联负反馈电路

开环增益：

$$A_{iu}=\frac{I_o}{I'_i}=\frac{I_o}{I_i-I_f}$$

反馈系数：

$$F_{ii}=\frac{I_f}{I_o}=-\frac{R_2}{R_2+R_f}$$

闭环增益：

$$A_{iuf}=\frac{I_o}{I_i}=\frac{A_{ii}}{1+F_{ii}A_{ii}}$$

对于图 4.1.11 所示电路，$|1+AF|\gg 1$，则

$$A_{iif}\approx\frac{1}{F_{ii}}=-\left(1+\frac{R_f}{R_2}\right)$$

电流并联负反馈放大电路的开环增益、反馈系数和闭环增益均无量纲。在分析负反馈放大电路时，反馈组态的判断是非常重要的，在电路分析时需要首先判断组态，然后根据开环增益、闭环增益和反馈系数的定义计算。以上分析都是在深度负反馈条件下得出的结论，与实际的结果有一定误差，但一般而言，只要反馈深度足够深，这个误差能够满足工程需要。

4.2 负反馈对放大电路性能的影响

放大电路引入负反馈后，放大倍数会有所下降，但其他性能指标得到改善，如可以提高放大倍数的稳定性，减小非线性失真，抑制干扰，也可以扩展通频带，改变输入、输出电阻等。

4.2.1 提高放大倍数的稳定性

根据负反馈基本方程，不论何种负反馈，都可使闭环放大倍数下降$|1+AF|$倍。当输入信号一定时，如果电路参数发生变化或负载发生变化，则通过引入负反馈，可使放大电路输出信号的波动性大大减小，即放大倍数的稳定性得到提高。在式(4.1.2)中对变量 A 求导并进行简单的变换可得

$$\frac{dA_f}{A_f}=\frac{1}{1+AF}\frac{dA}{A} \tag{4.2.1}$$

式中：$\frac{dA_f}{A_f}$和$\frac{dA}{A}$分别表示闭环放大倍数的相对变化量和开环放大倍数的相对变化量。这说明**在负反馈情况下，闭环放大倍数的相对变化量是开环放大倍数相对变化量的$\frac{1}{1+AF}$，也就是闭环增益的相对变化量变小了，闭环增益更稳定了**。例如，一个负反馈放大电路的反馈深度为$(1+AF)=20$，假设外界环境的变化使开环放大倍数相对变化了 20%，相应的闭环放大倍数只相对变化了 1%，这说明闭环增益的稳定性提高了 20 倍。

4.2.2 负反馈对输入电阻的影响

负反馈对输入电阻的影响与反馈网络与输入信号的连接方式有关，即与串联反馈或并联反馈有关，而与电压反馈或电流反馈无关。

1. 串联负反馈使输入电阻增加

串联负反馈输入端的电路结构形式如图 4.2.1 所示，反馈电压 U_f 削弱了输入电压 U_i，使

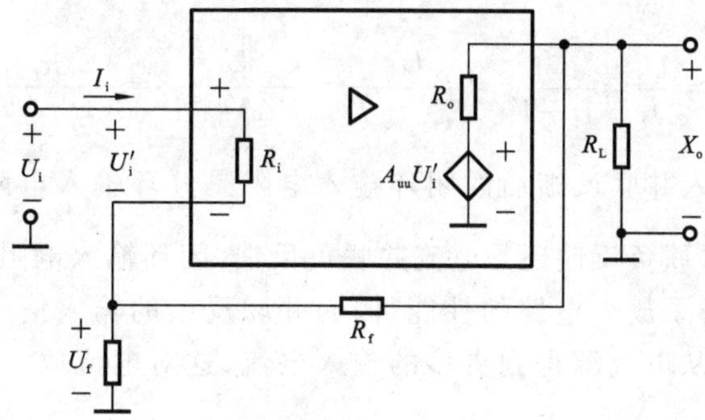

图 4.2.1 串联负反馈输入端的电路结构形式

净输入电压 U'_i 减小。

基本放大电路的输入电阻，即开环时的输入电阻为

$$R_i=\frac{U'_i}{I_i}$$

引入负反馈后的闭环输入电阻为

$$R_{if}=\frac{U_i}{I_i}=\frac{U_f+U'_i}{I_i}=\frac{FX_o+U'_i}{I_i}=\frac{FAU'_i+U'_i}{I_i}=(1+AF)R_i \tag{4.2.2}$$

上面的推导中利用了反馈量与采样量的关系 $U_f=FX_o$，其中采样量与净输入量的关系为 $X_o=AU'_i$，A 为基本放大器的广义放大倍数。

这个结论表明，**引入串联反馈后的闭环输入电阻是开环输入电阻的 $(1+AF)$ 倍，输入电阻增大了**。在上面的推导过程中没有涉及采样方式，因此无论是电压串联负反馈还是电流串联负反馈，闭环输入电阻均增大。闭环输入电阻增大对改善放大电路的性能有利，因为串联反馈的输入信号是电压，而一个放大电路的输入电阻较大，意味着可以从信号源得到更高的输入电压，因而放大电路可以得到更高的输出电压。

2. 并联负反馈使输入电阻减小

并联负反馈输入端的电路结构形式如图 4.2.2 所示，反馈电流 I_f 削弱了输入电流 I_i，使净输入电流 I'_i 减小。

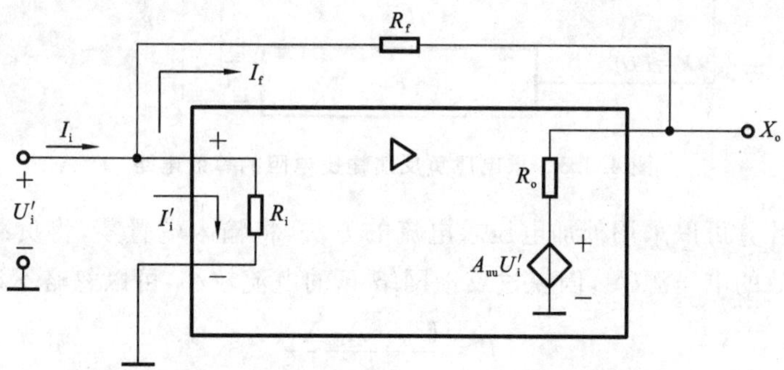

图 4.2.2 并联负反馈输入端的电路结构形式

基本放大器的输入电阻为

$$R_i=\frac{U_i}{I'_i}$$

引入反馈后的输入电阻

$$R_{if}=\frac{U_i}{I_i}=\frac{U_i}{I_f+I'_i}=\frac{U_i}{FX_f+I'_i}=\frac{U_i}{FAI'_i+I'_i}=\frac{R_i}{(1+AF)} \tag{4.2.3}$$

这个结论表明，引入并联反馈后的闭环输入电阻是开环输入电阻的$\frac{1}{1+AF}$，输入电阻将减小。无论是电压并联负反馈还是电流并联负反馈，闭环输入电阻均减小。并联负反馈输入电阻的减小也改善了放大电路的性能，因为并联反馈的输入信号是电流，当放大电路输入电阻较小时，可以从电流源得到更多的输入电流，这对电流放大电路而言是一种性能的改善。

4.2.3 负反馈对输出电阻的影响

负反馈对输出电阻的影响与反馈网络在输出端的采样方式有关，即与电压反馈或电流反馈有关，而与串联反馈或并联反馈无关。

1. 电压负反馈使输出电阻减小

电压负反馈可以使输出电阻减小，这与电压负反馈可以使输出电压稳定是一致的。在放大电路的输出端，电压负反馈可以等效为电压源与输出电阻串联的电路，输出电阻越小，输出电压的稳定性就越好。换句话说，放大电路引入电压负反馈后，稳定了输出电压，其效果就相当于减小了输出电阻。

图 4.2.3 所示为求电压负反馈输出电阻的等效电路，放大网络的输出端对外表现为一个电压源$A_{uo}X'_i$ 和输出电阻R_o 串联，其中R_o 是无反馈时放大网络的输出电阻，A_{uo}是负载开路时的放大倍数，X'_i 是净输入信号。

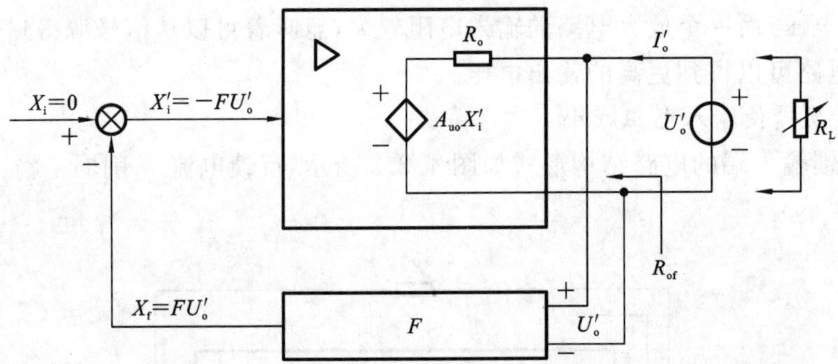

图 4.2.3 求电压负反馈输出电阻的等效电路

输出电阻的计算可以采用外加电压求电流的方法，将输入端置零，将负载电阻开路，在输出端加入一个等效的电压源U'_o，因流过反馈网络 F 的电流较小，可以忽略不计，则

$$I'_o\approx\frac{U'_o-A_{uo}X'_i}{R_o}$$

由于输入端置零，则净输入信号 $X'_i=X_i-X_f=-X_f$，得

$$I'_o=\frac{U'_o+A_{uo}X_f}{R_o}=\frac{U'_o+A_{uo}FU'_o}{R_o}=(1+A_{uo}F)\frac{U'_o}{R_o}$$

闭环输出电阻

$$R_{of}=\frac{U'_o}{I'_o}=\frac{R_o}{(1+A_{uo}F)} \tag{4.2.4}$$

上式表明，**引入电压负反馈，电路的输出电阻是开环输出电阻的**$\frac{1}{1+A_{uo}F}$。无论电压串联负反馈或电压并联负反馈均如此。

2. 电流负反馈使输出电阻增加

电流负反馈可以使输出电阻增加，这与电流负反馈可以使输出电流稳定是一致的。在放大电路的输出端，电流负反馈可以等效为电流源与输出电阻并联的电路，输出电阻越大，输出电流的稳定性就越好。换句话说，引入电流负反馈能在负载电阻 R_L 变化时保持输出电流稳定，其效果就相当于增大了放大电路的输出电阻。

图 4.2.4 所示为求电流负反馈输出电阻的等效电路，放大网络的输出端表现为一个电流源$A_{is}X'_i$ 与输出电阻R_o 并联，其中R_o 是无反馈时放大网络的输出电阻，A_{is}是负载短路时放大网络的放大倍数，X'_i 是净输入信号。

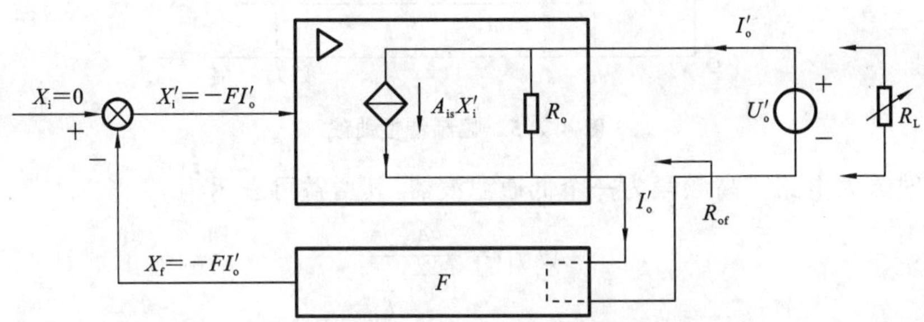

图 4.2.4 求电流负反馈输出电阻的等效电路

将输入端接地，将负载电阻开路，在输出端加入一个等效的电压源 U'_o，则有

$$X'_i=-X_f$$

$$A_{is}X'_i=-A_{is}X_f=-A_{is}FI'_o$$

$$I'_o\approx\frac{U'_o}{R_o}+A_{is}X'_i=\frac{U'_o}{R_o}-A_{is}FI'_o$$

闭环输出电阻

$$R_{of}=\frac{U'_o}{I'_o}=(1+A_{is}F)R_o \tag{4.2.5}$$

上式表明，**引入电流负反馈，电路的输出电阻将增大，是开环输出电阻的($1+A_{is}F$)倍**，无论电流串联负反馈或电流并联负反馈均如此。

综上所述，负反馈对放大电路输入电阻和输出电阻的影响如下。

(1) 反馈信号与外加输入信号的连接方式不同，对输入电阻产生的影响不同：串联负反馈使输入电阻增大，并联负反馈使输入电阻减小。反馈信号在输出端的采样方式不影响输入电阻。

(2) 反馈信号在输出端的采样方式不同，对放大电路的输出电阻的影响不同：电压负反馈使输出电阻减小；电流负反馈使输出电阻增大。反馈信号与外加输入信号的连接方式不影响输出电阻。

(3) 负反馈对输入电阻和输出电阻的影响程度，均与反馈深度($1+AF$)有关。

4.2.4 负反馈对通频带的影响

一般来讲，放大电路对不同频率的信号放大倍数不同。对于阻容耦合共射极放大电路而言，其频率特性具有带通滤波器的效果，幅频特性曲线如图 4.2.5 所示。引入负反馈后，放大电路的放大倍数下降，但通频带却展宽了。

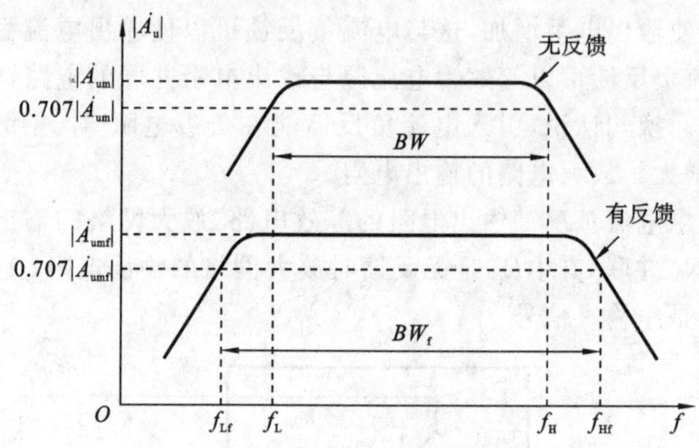

图 4.2.5 幅频特性曲线

无反馈时放大电路在高频段为一个低通滤波器，其增益可表示为

$$\dot{A}(f)=\frac{\dot{A}_{um}}{1+j\dfrac{f}{f_H}} \tag{4.2.6}$$

引入反馈后，假设反馈系数为 F，则高频时的闭环放大倍数为

$$\dot{A}(f)=\frac{\dot{A}(f)}{1+\dot{A}(f)\dot{F}}=\frac{\dfrac{\dot{A}_{um}}{1+j\dfrac{f}{f_H}}}{1+\dfrac{\dot{A}_{um}\dot{F}}{1+j\dfrac{f}{f_H}}}=\frac{\dot{A}_{um}}{1+\dot{A}_{um}\dot{F}+j\dfrac{f}{f_H}}=\frac{\dfrac{\dot{A}_{um}}{1+\dot{A}_{um}\dot{F}}}{1+j\dfrac{f}{(1+\dot{A}_{um}\dot{F})f_H}}=\frac{\dot{A}_{umf}}{1+j\dfrac{f}{f_{Hf}}} \tag{4.2.7}$$

式中：$f_{Hf}=(1+\dot{A}_{um}\dot{F})f_H$，即反馈后，上限截止频率增大了$(1+\dot{A}_{um}\dot{F})$倍。类似地，可以证明引入反馈后的下限截止频率为

$$f_{Lf}=\frac{f_L}{(1+\dot{A}_{um}\dot{F})}$$

根据上述分析，**引入负反馈后，放大电路的上限截止频率提高了$(1+\dot{A}_{um}\dot{F})$倍，下限截止频率降低到为原来的$\dfrac{1}{1+\dot{A}_{um}\dot{F}}$，所以通频带得到了展宽**，$BW_f=(1+\dot{A}_{um}\dot{F})BW$。

负反馈放大电路通频带的展宽是以牺牲增益为代价的。为了衡量二者的相互影响，引入放大电路增益带宽积的概念。增益带宽积就是放大电路的放大倍数与通频带的乘积，负反馈放大电路增益带宽积通常为常数，即

$$\dot{A}_{umf}BW_f=\dot{A}_{um}BW$$

4.2.5 负反馈对非线性失真的影响

对于理想的放大电路，其输出信号与输入信号应完全成线性关系。但是，由于组成放大电路的半导体器件（如晶体管和场效应管）均具有非线性特性，当输入信号为幅值较大的正弦波时，输出信号往往不是正弦波。经谐波分析，输出信号中除含有与输入信号频率相同的基波外，还含有其他谐波，因而产生失真。

放大电路引入负反馈后可以减小非线性失真，其原理可用图4.2.6说明。假设基本放大电路是存在失真的，例如当加入标准的正弦波时，输出波形的正半周幅值增大，负半周幅值减小（简称上大下小）。引入反馈后，正弦波输入信号经过基本放大电路A放大后，其输出信号X_o也会出现“上大下小”的非线性失真，该输出信号经过反馈网络采样后的反馈信号X_f也是“上大下小”，失真的反馈信号与输入信号X_i相减后得到一个“上小下大”的净输入信号，该信号经过存在非线性失真的基本放大电路后，输出的信号正负半周的幅值基本相等，可见，负反馈弥补了放大电路本身的非线性失真。

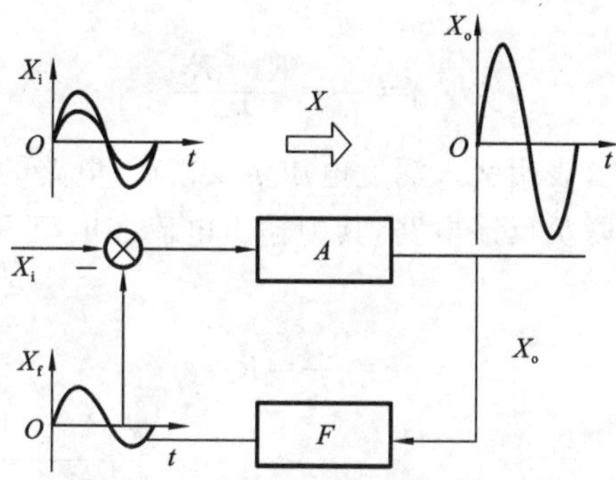

图4.2.6 负反馈对非线性失真的影响

类似于负反馈对放大电路非线性失真的改善，负反馈对噪声和干扰也有抑制作用，这里不再赘述。

4.3 深度负反馈放大电路的估算

负反馈放大电路的性能分析是一个比较复杂的过程，如果要精确地计算其性能参数，不仅麻烦且没有必要。这里仅讨论深度负反馈条件下，其电路性能指标的估计方法。

在深度负反馈的条件下，即$|1+A_f|\gg 1$，负反馈放大电路的闭环放大倍数可简化为

$$A_f=\frac{A}{1+A_f}\approx\frac{A}{A_f}=\frac{1}{F} \tag{4.3.1}$$

上式表明，深度负反馈时放大电路的闭环放大倍数近似等于反馈系数的倒数，只要知道了反馈系数就可以直接求闭环增益A_f。需要说明的是，对于不同的反馈类型，反馈系数的物理意义不同，也就是量纲不同，相应地闭环放大倍数A_f也是广义放大倍数，其量纲可能是电阻，也可能是电导等。只有电压串联反馈时，才可以利用式(4.3.1)直接估算电压放大倍数。对于其他类型的反馈，可以采用下面的方法估算电压放大倍数。

因为 $A_f=X_o/X_i$，$F=X_f/X_o$，且在深度负反馈时满足 $A_f\approx 1/F$，所以

$$\frac{X_o}{X_i}\approx\frac{X_o}{X_f}$$

因此 $X_f\approx X_i$，即净输入信号 $X_i'=X_i-X_f\approx 0$。

当电路引入深度串联负反馈时，$X_i=U_i$，$X_f=U_f$，所以 $U_f=U_i$；当电路引入深度并联负反馈时，$X_i=I_i$，$X_f=I_f$，所以 $I_i\approx I_f$。

图 4.3.1 所示是电压串联负反馈电路，其中电阻 R_2 对输出电压 U_o 采样后，通过与电阻 R_1 串联对输出电压分压，在电阻 R_1 上形成反馈电压 U_f。由于理想集成运放的输入电流可以视为虚断，即输入电流近似为零，因此反馈电压

$$U_f=\frac{R_1}{R_1+R_2}U_o$$

根据反馈系数的定义，有

$$F=\frac{U_f}{U_o}=\frac{R_1}{R_1+R_2}$$

则

$$A_{uf}=\frac{1}{F}=\frac{R_1+R_2}{R_1} \tag{4.3.2}$$

式中：A_{uf} 与负载电阻 R_L 无关，表明引入深度电压负反馈后，电路的输出可近似为受控恒压源。

图 4.3.2 所示是电流串联负反馈电路，其中输出电流在电阻 R_e 上产生反馈电压 U_f，$U_f=F I_o=R_e I_o$。

$$F=\frac{U_f}{I_o}=R_e$$

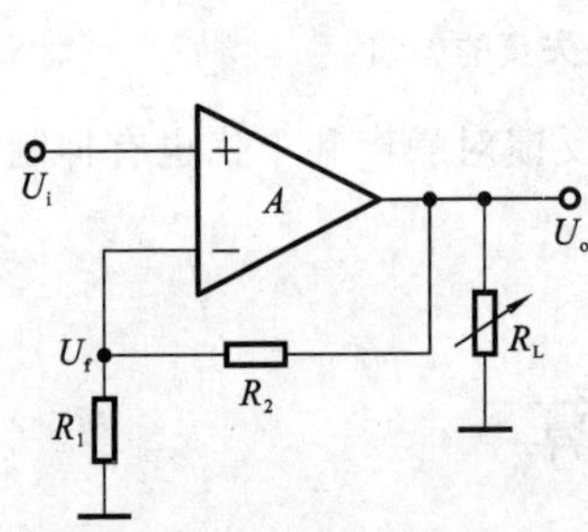

图 4.3.1　电压串联负反馈电路

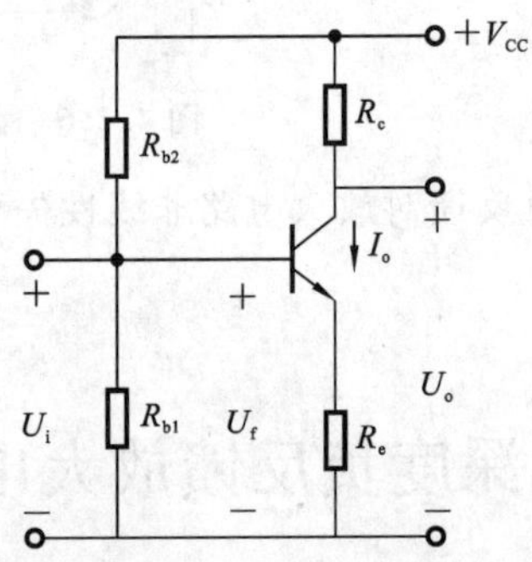

图 4.3.2　电流串联负反馈电路

深度负反馈条件下输入电压 U_i 与反馈电压 U_f 近似相等

$$A_{uf}=\frac{U_o}{U_i}\approx\frac{-R_c I_o}{U_f}=-\frac{R_c}{F}=-\frac{R_c}{R_e} \tag{4.3.3}$$

由第 2 章可知，射极带有电阻的单管共射放大电路的电压增益为

$$A_u=-\frac{\beta R_c}{r_{be}+(1+\beta)R_e}$$

当 R_e 较大时，r_{be} 可忽略，A_u 的大小与式(4.3.3)一样。

图 4.3.3 所示是电压并联负反馈电路，在反馈电阻 R_f 上流过反馈电流 I_f，该电流对输入电流 I_i 具有分流作用。由于集成运放的同相输入端接地，根据集成运放虚短的特性，反馈电流

$$I_f=\frac{0-U_o}{R_f}=-\frac{U_o}{R_f}$$

$I_f \approx I_i$，反馈系数为

$$F=\frac{I_f}{U_o}=\frac{-\frac{U_o}{R_f}}{U_o}=-\frac{1}{R_f}$$

$$A_{uf}=\frac{U_o}{U_i}=\frac{U_o}{I_i R_1}\approx\frac{U_o}{I_f R_1}=\frac{1}{FR_1}=-\frac{R_f}{R_1} \tag{4.3.4}$$

图 4.3.4 所示是电流并联负反馈电路。R_f 在反相输入端电位近似为零，所以 R_f 和 R_2 可以视为并联关系。在负载电阻上流过的电流是输出电流 I_o，该电流在电阻 R_f 和 R_2 并联的支路上分流，得到反馈电流

$$I_f=-\frac{R_2}{R_f+R_2}I_o$$

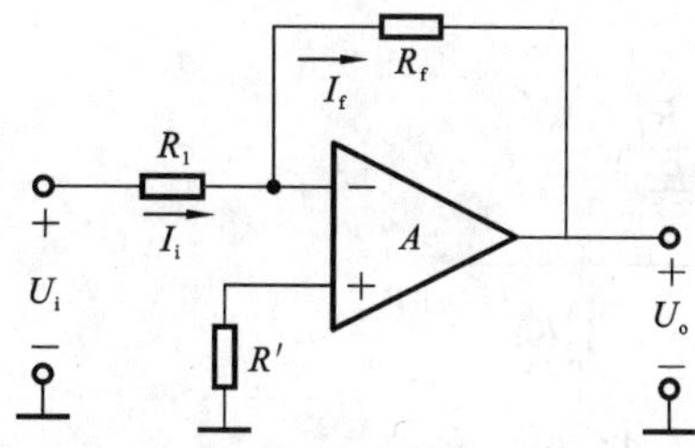

图 4.3.3 电压并联负反馈电路

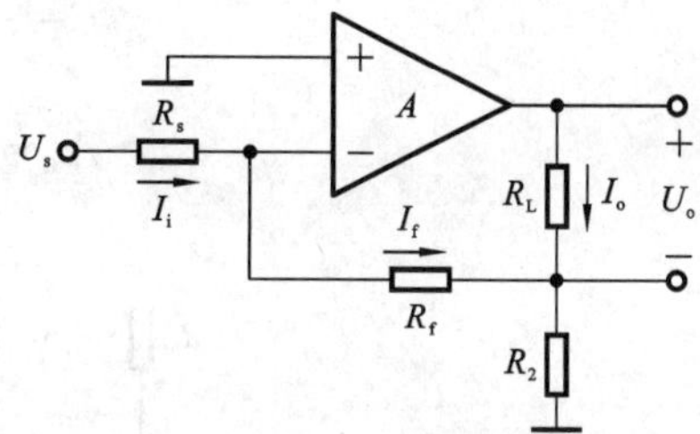

图 4.3.4 电流并联负反馈电路

反馈系数为

$$F=\frac{I_f}{I_o}=-\frac{R_2}{R_f+R_2}$$

$$A_{usf}=\frac{U_o}{U_s}\approx\frac{I_o R_L}{I_f R_s}=\frac{1}{F}\frac{R_L}{R_s}=-\left(1+\frac{R_f}{R_2}\right)\frac{R_L}{R_s} \tag{4.3.5}$$

综上所述，求解深度负反馈放大电路放大倍数的步骤如下。

(1) 判断反馈类型。

(2) 确定广义放大倍数和反馈系数。

(3) 当电路引入串联负反馈时，$U_i \approx U_f$，当电路引入并联负反馈时，$I_i \approx I_f$。利用电路特性，找出A_{uf}(A_{usf})与广义放大倍数的关系，并最终求得结果。

【例 4.3.1】 在图 4.3.5 所示电路中，求解在深度反馈条件下的闭环放大倍数A_{uf}。

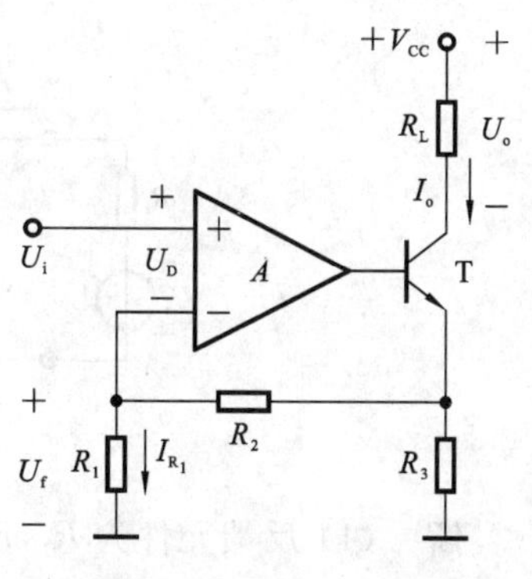

图 4.3.5 例 4.3.1 电路

解 电路中引入了电流串联负反馈，R_1、R_2 和R_3 组成反馈网络，理想集成运放的输入电流近似为零，所以 R_1 与 R_2 是串联的。对静晶体管 T 而言，集电极电流近似等于发射极电流，所以利用分流原理可得

$$I_{R_1}\approx\frac{R_3}{R_1+R_2+R_3}I_o$$

$$U_f=I_{R_1}R_1=\frac{R_3}{R_1+R_2+R_3}I_o R_1$$

所以反馈系数

$$F=\frac{U_f}{I_o}=-\frac{R_1R_3}{R_1+R_1+R_3}$$

$$A_{usf}=\frac{U_o}{U_i}=\frac{I_oR_L}{U_i}\approx\frac{I_oR_L}{U_f}=\frac{R_1+R_2+R_3}{R_1R_3}R_L$$

【例 4.3.2】 在如图 4.3.6 所示电路中。

(1) 判断电路中反馈组态；

(2) 求出在深度负反馈条件下的A_{uf}。

解 (1) 电路中 R_f 和 R_{e1} 组成反馈网络，引入了电压串联负反馈。

(2) 由于是串联深度负反馈，输入电阻近似为无穷大，因此输入电流近似为零，T_1 管的射极电流很小，可以近似为开路，则 R_{e1} 和 R_f 形成串联关系，反馈电压是 R_{e1} 上的电压。故反馈系数

$$F=\frac{U_f}{U_o}=\frac{R_{e1}}{R_{e1}+R_f}$$

$$A_{uf}=\frac{1}{F}=1+\frac{R_f}{R_{e1}}$$

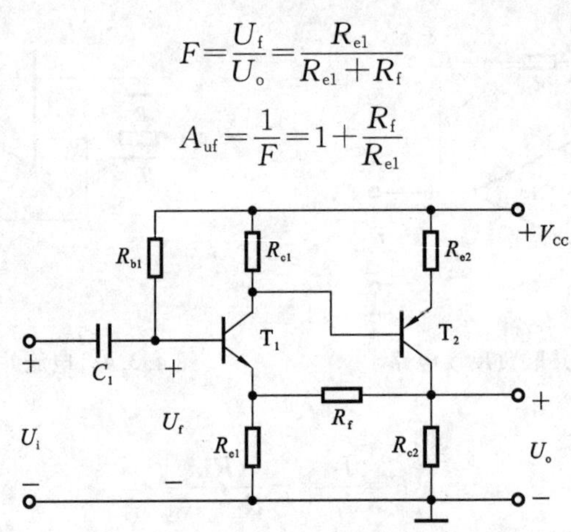

图 4.3.6 例 4.3.2 电路图

【例 4.3.3】 在如图 4.3.7 所示电路中。

(1) 判断电路中引入哪种类型的交流负反馈；

(2) 求出在深度负反馈条件下的A_{uf}。

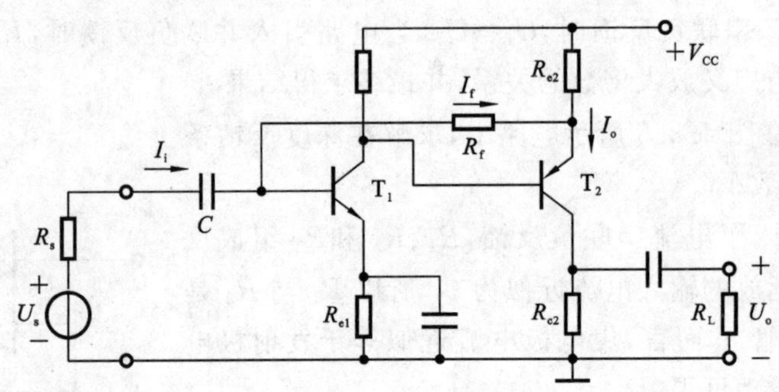

图 4.3.7 例 4.3.3 电路

解 (1) 反馈元件为 R_f，反馈支路与输出电压不共点，所以是电流反馈；反馈支路与输入电压共点，所以是并联反馈，因此反馈类型是电流并联负反馈。

(2) 在交流通路中，直流电源是接地的，而深度并联负反馈的输入电阻可以近似为零，则反馈电阻在输入端的节点可以视为接地点，也就是说，在交流通路中，反馈电阻 R_f 与 R_{e2} 是并联关系。根据分流原理得

$$I_f = \frac{R_{e2}}{R_{e2}+R_f} I_o$$

$$F = \frac{I_f}{I_o} = \frac{R_{e2}}{R_{e2}+R_f}$$

$$A_{usf} = \frac{U_o}{U_s} \approx \frac{I_o R'_L}{I_f R_s} = \left(1+\frac{R_f}{R_{e2}}\right)\frac{R_{c2} /\!/ R_L}{R_s}$$

4.4 负反馈放大电路的自激振荡

负反馈可以改善放大电路的性能指标，但是负反馈引入不当，就会引起放大电路自激，使电路工作不正常，所谓自激，就是放大电路在输入信号为零时，输出却产生了一定频率和一定幅度的信号，本节讨论负反馈放大电路的自激振荡问题。

4.4.1 自激振荡产生的原因

在讨论放大电路自激问题时，不能简单地把放大电路看成是工作在中频段。在高频或低频段，由于放大电路和反馈网络可能存在附加相移，放大倍数需用相量 $\dot{A}$ 表示，反馈系数也需用 $\dot{F}$ 表示。由 4.2 节可知，负反馈对放大电路性能的改善程度与反馈深度 $|1+\dot{A}\dot{F}|$ 有关，反馈深度越深，改善效果越明显。但是反馈引入过深，会使放大电路产生自激振荡，即在不加输入信号的前提下，输出端也会产生一定频率的信号。为了使放大电路正常工作，在设计时应尽量避免产生自激振荡。

根据式(4.1.2)，当 $1+\dot{A}\dot{F}=0$ 时，闭环放大倍数无穷大。此时不需要输入，放大电路也会有输出，即放大电路产生了自激。将 $1+\dot{A}\dot{F}=0$ 改写为

$$\dot{A}\dot{F} = -1 \tag{4.4.1}$$

上式可分解为幅度条件

$$|\dot{A}\dot{F}| = 1 \tag{4.4.2}$$

以及相位条件

$$\varphi_{AF} = \varphi_A + \varphi_F = \pm(2n+1)\pi, \quad n=0,1,2,3,\cdots \tag{4.4.3}$$

式中：φ_{AF} 是放大电路和反馈电路的总附加相移。在中频条件下，放大电路设计为负反馈电路，$\varphi_{AF}=2n\pi$（n 为整数），$\dot{X}'_i=\dot{X}_i-\dot{X}_f$，放大电路不会产生自激振荡。

在高频或低频情况下，由于基本放大器的放大倍数 $\dot{A}$ 和反馈系数 $\dot{F}$ 会随信号频率发生变化，因此电路会出现附加相移。如果附加相移使得 $\varphi_{AF}=\pm(2n+1)\pi$，这样会使 $-\dot{X}_f$ 变成 $\dot{X}_f$，$\dot{X}'_i=\dot{X}_i+\dot{X}_f$，即负反馈变为正反馈。此时如果幅度条件 $|\dot{A}\dot{F}|>1$ 也满足要求，放大电路就会产生自激振荡。信号经过放大和反馈，其幅度会越来越大，直至饱和。

在许多情况下，反馈电路是由电阻构成的，所以 $\varphi_F=0°$，$\varphi_{AF}=\varphi_A+\varphi_F=\varphi_A$。这时附加相移主要是基本放大电路引入的，因此，**基本放大电路的频率特性是产生自激振荡的主要原因。**

一般来讲，单级负反馈放大电路是稳定的，不会产生自激振荡，因为单级放大电路最大的附加相移不超过 90°。两级负反馈放大电路一般也是稳定的，因为两级基本放大电路的最大附加相移达到±180°时，其幅值 $|\dot{A}\dot{F}|\approx 0$，仍不满足自激条件。而三级反馈放大电路存在自激的可能，因为三级基本放大电路的最大附加相移可以达到±270°，达到±180°附加相移时的幅值可以满足 $|\dot{A}\dot{F}|>1$，也就是满足自激条件。因此，三级及三级以上的负反馈放大电路在深度负反馈条件下必须采取措施避免自激发生。

4.4.2 负反馈放大电路的稳定裕度

利用环路增益 $\dot{A}\dot{F}$ 的频率响应图可以有效判断负反馈放大电路是否可能产生自激。

如图 4.4.1 所示，当附加相移 $\varphi=-180°$ 时，所对应的频率称为临界频率 f_c。当 $f=f_c$ 时，要看环路增益 $|\dot{A}\dot{F}|$ 的大小，如果 $|\dot{A}\dot{F}|<1$，即 $20\lg|\dot{A}\dot{F}|\leqslant 0$，则电路稳定；否则将产生自激。

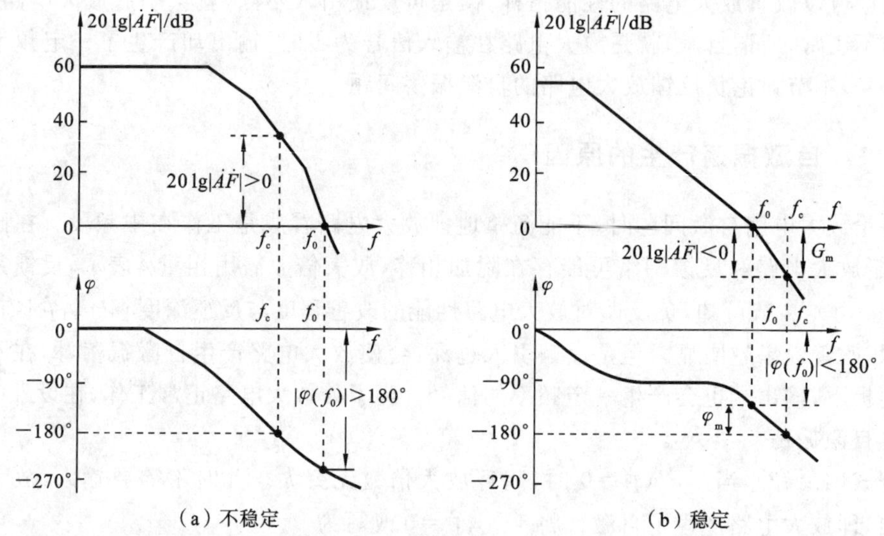

图 4.4.1 环路增益 $\dot{A}\dot{F}$ 的波特图

衡量负反馈放大电路稳定程度的指标是稳定裕度，包括相位裕度和增益裕度。增益裕度的定义为

$$G_m=\lg|\dot{A}\dot{F}|_{f=f_c} \tag{4.4.4}$$

对稳定的放大电路，G_m 越小，$|\dot{A}\dot{F}|$ 越小于 1，表示电路越稳定，一般要求 $G_m\leqslant -10$ dB。

相位裕度的定义为

$$\varphi_m=180°-|\varphi(f_c)| \tag{4.4.5}$$

$\varphi(f_c)$ 表示 $f=f_c$ 时的相位移。稳定的放大电路 $|\varphi(f_c)|<180°$，φ_m 是正值，φ_m 越大说明 $|\varphi(f_c)|$ 越小于 180°，表示反馈电路越稳定。一般要求 $30°\leqslant\varphi_m\leqslant 60°$。

4.4.3 常用的自激消除方法

为了消除负反馈放大电路的自激，一般采取的措施就是破坏自激的幅度条件或相位条

件。破坏幅度条件就是减小环路增益 $|\dot{A}\dot{F}|$，当 $\varphi_{AF}=180^\circ$ 时，使 $|\dot{A}\dot{F}|<1$。但是这种处理方法会导致反馈深度下降，不利于放大电路性能的改善。所以**常用的消除自激的方法是采用相位补偿法**。

对于可能产生自激振荡的反馈放大电路，通常是在放大电路中加入 RC 相位补偿网络，改善放大电路的频率特性，使放大电路具有足够的幅度裕度 G_m 和相位裕度 φ_m。图 4.4.2 所示是消除自激的几种电路。图 4.4.2(a)接入的电容 C 相当于并联在前一级的负载上，在中低频时，电容容抗较大，电容基本不起作用；在高频时，容抗减小，前一级的放大倍数降低，以减小高频时的环路增益 $|\dot{A}\dot{F}|$。该电路的本质是将放大电路的通频带变窄，同时也要求电容容量要大。图 4.4.2(b)采用 RC 校正网络，可以使通频带变窄的情况有所改善，同时对高频电压放大倍数的影响较小。根据密勒定理，图 4.4.2(c)中电容的作用将增大$(1+A)$倍，可以用小电容进行相位补偿。

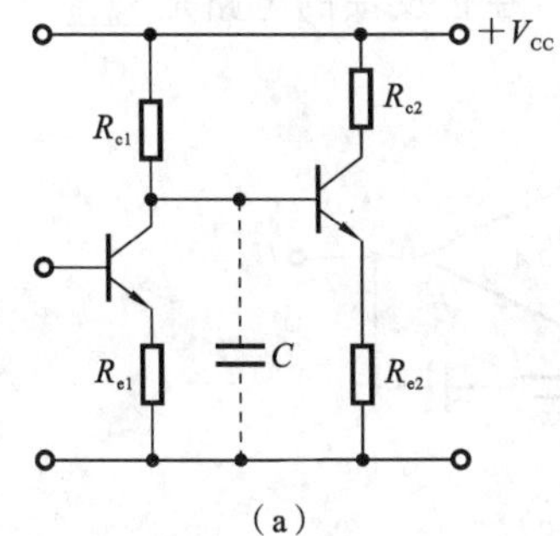

(a)

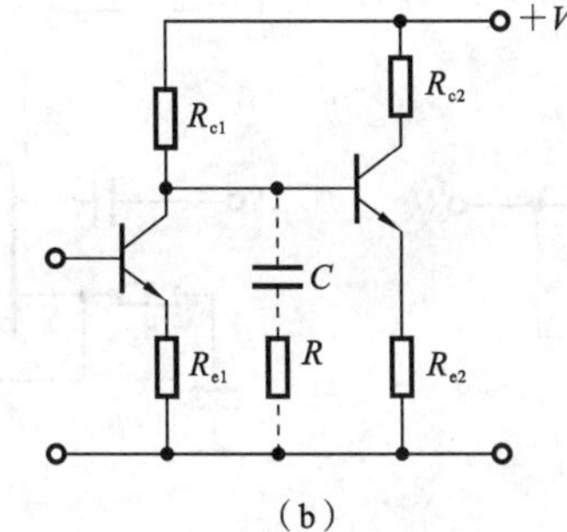

(b)

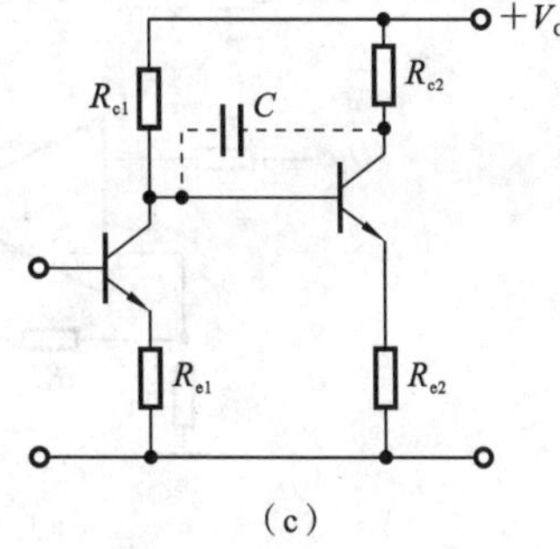

(c)

图 4.4.2 消除自激的几种电路

4.5 本章小结

本章介绍了放大电路中反馈的工作原理，并重点介绍了负反馈的四种类型、负反馈对放大电路性能的影响、深度负反馈的近似分析，以及负反馈放大电路的自激判断方法。

(1) 反馈是将放大电路的输出信号采样后与实际输入信号进行比较，得到净输入信号。净输入信号小于实际输入信号称为负反馈，否则称为正反馈。

(2) 根据反馈对输出量的采样以及对实际输入信号的影响方式，负反馈可以分为电压串联负反馈、电压并联负反馈、电流串联负反馈、电流并联负反馈四种类型。

(3) 负反馈使放大电路增益有所下降，但对于放大电路性能的改善具有重要作用：提高放大电路增益的稳定性；稳定输出量，电流负反馈稳定输出电流，电压负反馈稳定输出电压；改善输入电阻、输出电阻，串联负反馈使输入电阻变大，并联负反馈使输入电阻变小，电流负反馈使输出电阻变大，电压负反馈使输出电阻变小；拓宽放大电路通频带；减小非线性失真等。

(4) 当反馈深度远大于 1 时称为深度负反馈。深度负反馈放大电路的净输入近似为零，可以利用 $X_i \approx X_f$ 来估算放大电路的增益。深度负反馈放大电路具有更稳定的性能。

(5) 负反馈放大电路在实际应用中应注意避免出现自激现象。一般来讲，三级以及三级以上的基本放大电路存在自激的可能，通过分析环路增益的频率响应可以判断放大电路是否可能产生自激，应留有充分的增益裕度和相位裕度。

习 题 4

4.1 直流负反馈是指______，交流负反馈是指______。

4.2 若希望放大器从信号源索取的电流较小，则可采用______反馈；若希望在电路负载变化时输出电流稳定，则可引入______反馈；若希望在电路负载变化时输出电压稳定，则可引入______反馈。

4.3 题 4.3 图所示电路只是原理性电路，只存在交流负反馈的电路是______；只存在直流负反馈的电路是______；交、直流负反馈都存在的是______；只存在正反馈的电路是______。

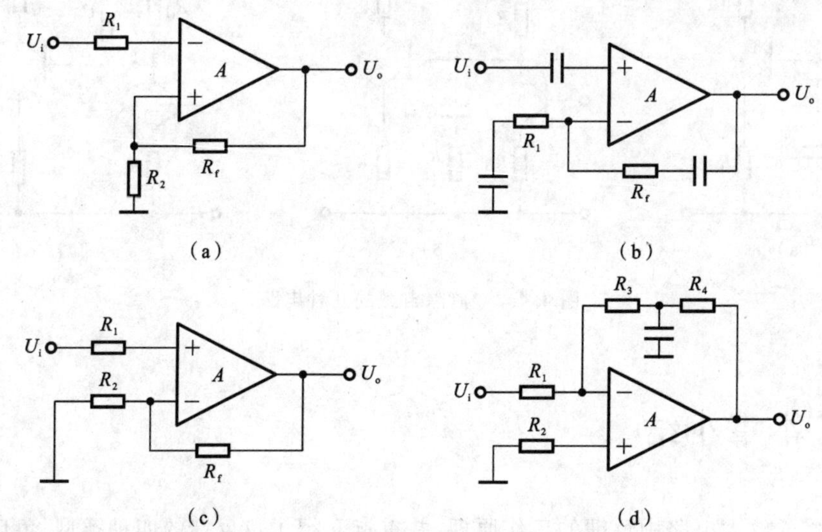

题 4.3 图

4.4 判断题 4.4 图所示各电路中是否引入了反馈，是直流反馈还是交流反馈，是正反馈还是负反馈。设图中所有电容对交流信号均可视为短路。

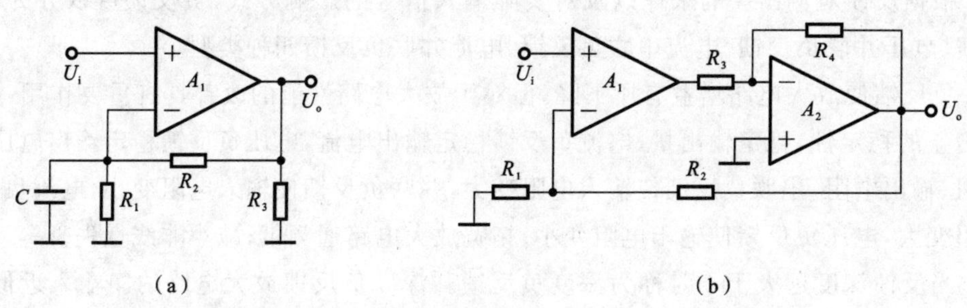

题 4.4 图

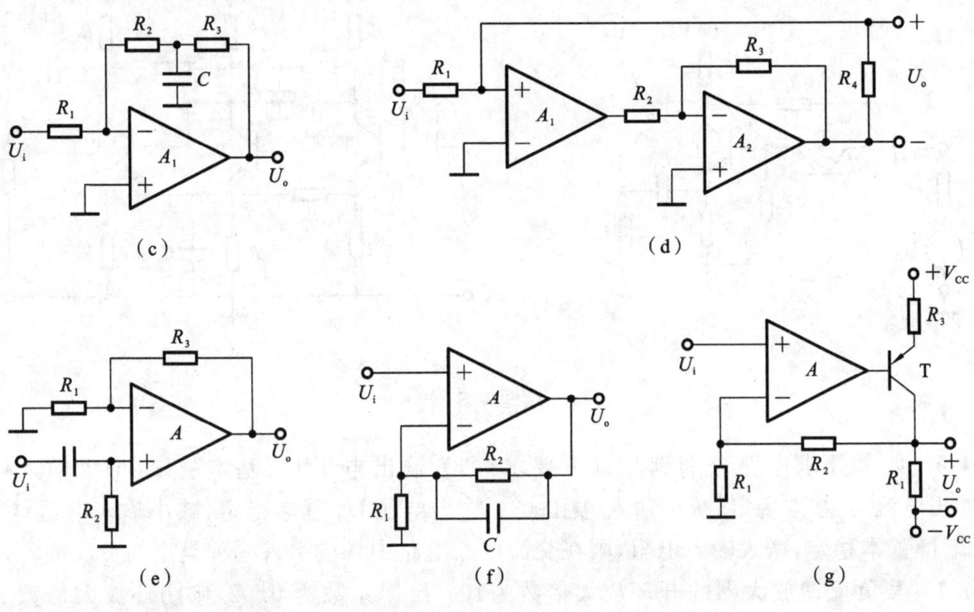

续题 4.4 图

4.5 电路如题 4.5 图所示，判断图中各电路中是否引入了反馈，是直流反馈还是交流反馈，是正反馈还是负反馈。设图中所有电容对交流信号均可视为短路。

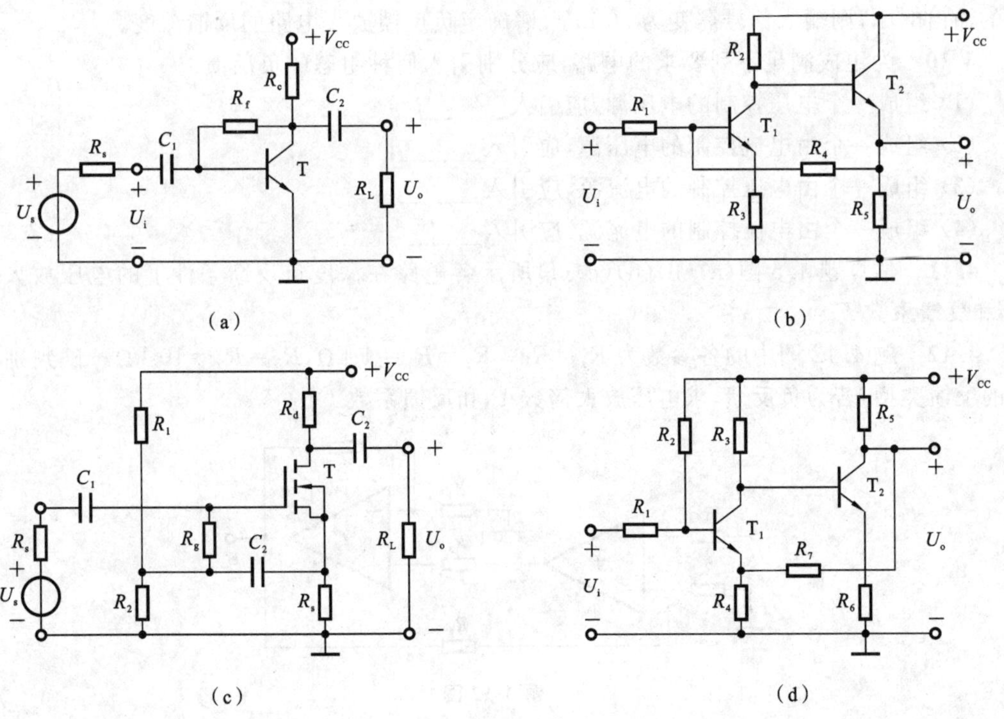

题 4.5 图

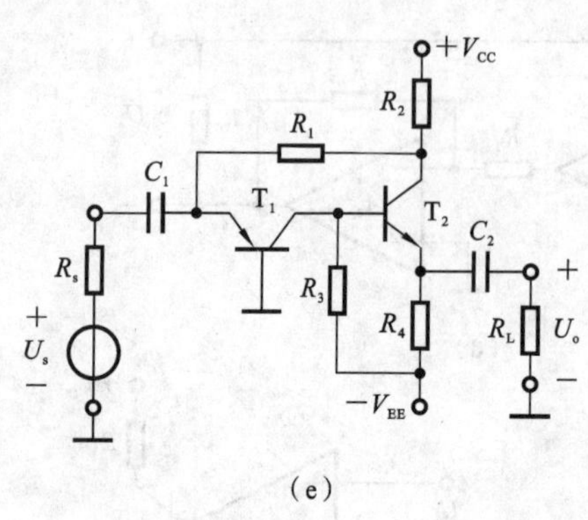

(e)

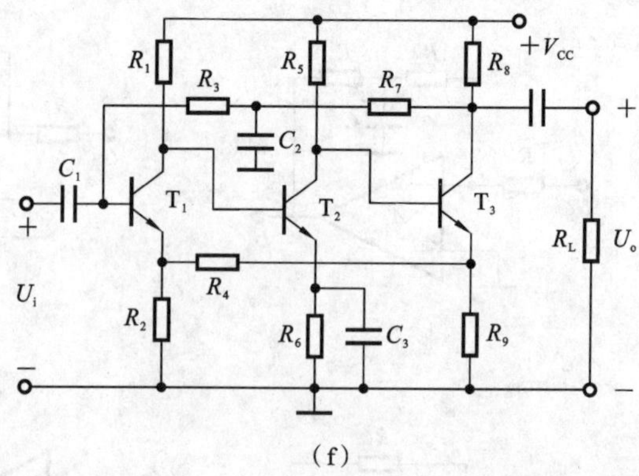

(f)

续题 4.5 图

4.6 如果要求电路分别满足以下要求：(1) 输出电压 U_o 基本稳定，增大输入电阻；(2) 输出电流 I_o 基本稳定，减小输入电阻；(3) 输出电压 U_o 基本稳定，减小输入电阻；(4) 输出电流 I_o 基本稳定，增大输入电阻，则在交流放大电路中各应引入哪种类型的负反馈？

4.7 某负反馈放大器的开环放大倍数为10^4，反馈系数为 0.02，则闭环放大倍数 A_f 是多少？

4.8 某负反馈放大器的闭环电压增益为 20 dB，如果开环电压增益 A_u 变化 10%，闭环电压增益 A_f 变化 1%，则 A_u 是多少？

4.9 已知某放大器开环时输入信号为 2 mV，则输出电压为 2 V，如果加上负反馈达到同样的输出电压，则输入信号需变为 20 mV，请确定负反馈放大电路的反馈深度。

4.10 为组成满足下列要求的电路，应分别引入何种组态的负反馈：

(1) 组成一个电压控制的电压源，应引入______；

(2) 组成一个由电流控制的电压源，应引入______；

(3) 组成一个由电压控制的电流源，应引入______；

(4) 组成一个由电流控制的电流源，应引入______。

4.11 估算题 4.5 图(a)(b)(d)(e)(f)所示各电路在深度负反馈条件下的电压放大倍数 A_{uf}和反馈系数 F。

4.12 题 4.12 图中的各参数为 $R_1=R_2=R_3=R_4=1\ \text{k}\Omega$，$R_5=R_6=10\ \text{k}\Omega$。试判别该电路的反馈类型，若为负反馈，求电压放大倍数A_{uf}和反馈系数 F。

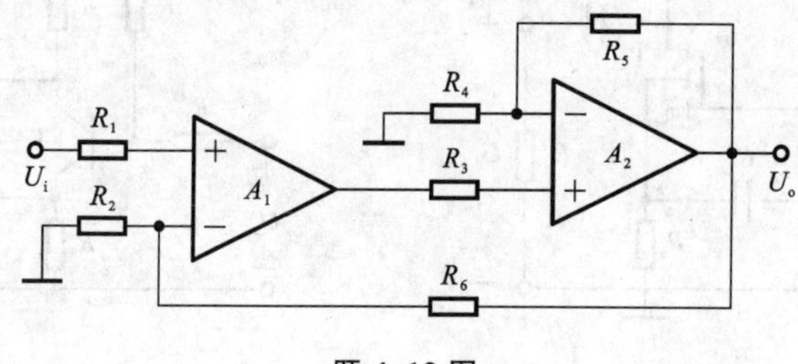

题 4.12 图

第 5 章　集成运放的基本应用

【本章导读】 集成运放广泛应用于各种信号的运算、处理、测量，以及信号的产生、变换等电路中。本章讨论了几种集成运放的典型应用电路，包括比例运算电路、加减法运算电路、积分与微分运算电路、对数与指数运算电路，以及乘法器、滤波器和电压比较器等。重点掌握各种应用电路的组成、工作原理和应用中需要注意的问题，以及模拟集成功率放大器的应用。

5.1　集成运放的线性应用

集成运放的应用包括线性应用和非线性应用，如果电路中的集成运放工作在线性区，称为线性应用，否则为非线性应用。在线性应用时，由于集成运放具有很高的开环电压增益，要工作在线性区，电路结构上必须引入负反馈支路，使净输入信号幅值足够小，集成运放不至于饱和。也就是说，电路中存在负反馈是集成运放工作在线性区的必要条件。

工作在线性区的集成运放可以实现各种模拟信号的运算，如比例、求和、积分、微分等，也可以实现有源滤波的功能。

5.1.1　基本运算电路

基本运算电路是集成运放应用的基础。在运算电路中，以输入电压为自变量，输出电压为函数，当输入电压变化时，输出电压将按一定的函数规律变化。运算电路不仅可以进行信号的运算，也可以应用在控制电路中。例如，自动控制系统中常常需要将传感器变换的电信号经一定数学运算（如比例、积分、微分等）后去控制执行机构，从而获得最佳控制。

1. 运算电路组成原则

运算电路通常由集成运放和反馈支路组成，不同的反馈支路实现不同的运算关系。为了稳定输出电压，运算电路均引入电压负反馈。由于集成运放开环放大倍数极高，不管引入电压串联负反馈，还是电压并联负反馈，均为深度负反馈。

2. 运算电路的分析法

为了方便，在分析运算电路时均假设集成运放为理想集成运放，因而集成运放的净输入电压和净输入电流均为零，**在输入端具有“虚短”和“虚断”两个特点，这是分析运算电路的基本出发点。**

在运算电路中，无论输入电压，还是输出电压，均有相同的接地端。在求解运算关系时，多采用节点电流分析法；对于多输入的电路，还可以利用叠加原理求解。

5.1.2　比例运算电路

比例运算是指输出电压和输入电压符合比例关系。由于集成运放有两个输入端，即反相

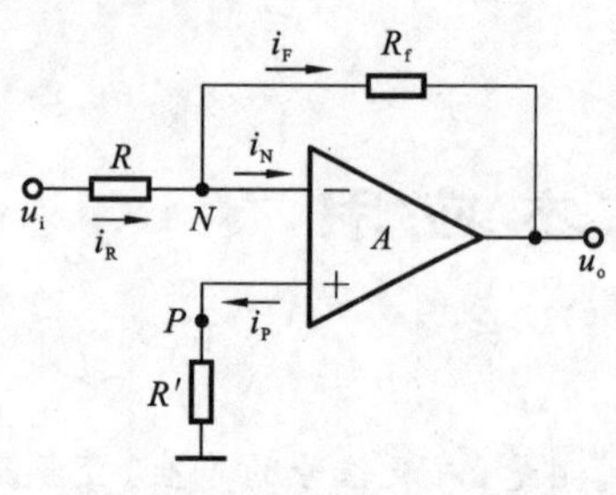

图 5.1.1　反相比例运算电路

输入端和同相输入端，所以比例运算电路也分为反相比例运算电路和同相比例运算电路。

1. 反相比例运算电路

1）基本电路

反相比例运算电路如图 5.1.1 所示，输入信号 u_i，经过外接电阻 R 接到集成运放的反相输入端。同相输入端经补偿电阻 R' 接地，反馈电阻 R_f 接在输出端和反相输入端之间，构成电压并联负反馈。

由于负反馈的存在，集成运放工作在线性区，从线性区的两个特点"虚断"和"虚短"出发，列出关键节点的电流方程，从而可得到输出电压与输入电压的运算关系，一般可分三步进行。

第一步：由相同端虚断的概念（$i_P=0$），可知$u_P=0$。

第二步：由虚短的概念（$u_N=u_P$），可知$u_N=0$，即同相输入端接地，反相输入端电位也为零，这种现象称为虚地，"虚"即"假"，表明电位接近为地，但又不真正接地。**虚地的存在是反相放大电路在闭环工作状态下的重要特征。**

第三步：由反相端虚断的概念（$i_N=0$），可列写节点 N 的电流方程为$i_R=i_F$，故有

$$\frac{u_i-u_N}{R}=\frac{u_N-u_o}{R_f}$$

将$u_N=0$ 代入上式，整理得

$$u_o=-\frac{R_f}{R}u_i \tag{5.1.1}$$

需要说明的是，以上分析仅仅根据必要条件初步判断集成运放工作在线性区，这是不严谨的，如果元件参数选择不当，集成运放有可能不工作在线性区。因此必须对线性区的假设进行检验。

检验集成运放是否工作在线性区的方法是在输入电压最大时检查输出电压是否接近集成运放的饱和输出电压。如果求得的输出电压$|u_o|<U_{om}$，说明线性的假设正确，上述分析有效。如果求得的输出电压$|u_o|\geqslant U_{om}$，说明集成运放实际上已经工作在非线性区，上述分析结果无效，需要用集成运放工作在非线性区的特性重新分析。

2）反相比例运算电路的特点

(1) 由式(5.1.1)可知，u_o 与 u_i 成比例关系，比例系数为$-\frac{R_f}{R}$，负号表示 u_o 与 u_i 反相，比列系数的数值可以是大于、等于和小于 1 的任何值。

(2) R'为补偿电阻，保证集成运放输入级差分放大电路的对称性；其值为 $u_i=0$（将输入端接地）时反相输入端总等效电阻，即各支路电阻的并联，因此 $R'=R/\!/R_f$。

(3) 因为电路引入了深度电压负反馈，且 $1+AF=\infty$，所以输出电阻$R_o=0$，电路带负载后运算关系不变。

(4) 因为从电路输入端和地之间看进去的等效电阻等于输入端和虚地之间看进去的等效电阻，所以电路的输入电阻$R_i=R$。可见，尽管理想集成运放的输入电阻为无穷大，但由于电路引入的是并联负反馈，反向比例运算电路的输入电阻却不大。

(5) 集成运放两个输入端的电位均是 0，输入共模信号成分很少，因此，对集成运放的共模

抑制要求不高。

(6) 当 $R_f=R$ 时，$u_o=-u_i$，此时电路称为反相器。

【例 5.1.1】 图 5.1.1 所示电路中的电阻 R_f 用 T 形网络替代，如图 5.1.2 所示。

(1) 求电路的电压放大倍数表达式 $A_u=u_o/u_i$；

(2) 该电路可作为话筒的前置放大电路，若选取 $R_1=51\ \text{k}\Omega$，$R_2=R_4=390\ \text{k}\Omega$，当 $u_o=-100u_i$ 时，计算R_3 的值；

(3) 直接用 R_f 代替 T 形网络的电阻，当 $R_1=51\ \text{k}\Omega$，$A_u=-100$ 时，求 R_f 值。

解 (1) 由虚地的概念，可知$u_N=0$。

由反相端虚断的概念($i_N=0$)，可列写节点 N 和 M 的电流方程为

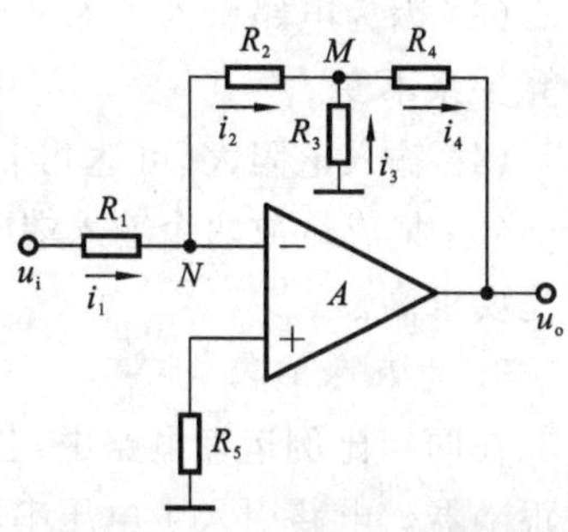

图 5.1.2 T 形网络反相比例运算电路

$$i_1=i_2,\quad \frac{u_i-0}{R_1}=\frac{0-u_M}{R_2}$$

$$i_2+i_3=i_4,\quad \frac{0-u_M}{R_2}+\frac{0-u_M}{R_3}=\frac{u_M-u_o}{R_4}$$

联立上述两式，消掉 u_M，解得

$$A_u=\frac{u_o}{u_i}=-\frac{R_2+R_4+(R_2R_4/R_3)}{R_1}$$

(2) $R_1=51\ \text{k}\Omega$，$R_2=R_4=390\ \text{k}\Omega$，当 $u_o=-100u_i$ 时，有

$$A_u=-\frac{390+390+(390\times390/R_3)}{51}=-100$$

故

$$R_3=35.2\ \text{k}\Omega$$

R_3 可用 50 kΩ 电位器代替，然后设置$R_3=35.2\ \text{k}\Omega$，使 $A_u=-100$。即可利用调节R_3 的值来改变电压增益的大小。

(3) 若 $A_u=-100$，用 R_f 代替 T 形网络，则 R_f 为

$$R_f=-(A_uR_1)=100\times51\ \text{k}\Omega=5100\ \text{k}\Omega$$

由上分析可知，用 T 形网络代替反馈电阻 R_f 时，可用低阻值电阻(R_2、R_3、R_4)的网络得到高增益的放大电路。

2. 同相比例运算电路

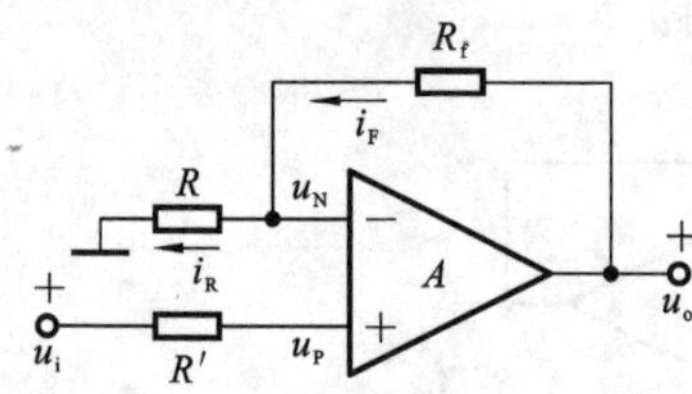

图 5.1.3 同相比例运算电路

将图 5.1.1 所示电路中的输入端和接地端互换，就得到同相比例运算电路，如图 5.1.3 所示。输入信号 u_i 经过电阻 R'加在同相输入端。反相输入端经过电阻 R 接地，反馈电阻 R_f跨接在输入端与输出端之间，电路引入了电压串联负反馈，电路有可能工作在线性区。同样采用上面介绍的三步分析法对同相运算电路进行分析。

第一步：由相同端虚断的概念($i_P=0$)，可知$u_P=u_i$。

第二步：由虚短的概念($u_N=u_P$)，可知

$$u_N=u_i \tag{5.1.2}$$

第三步：由反相端虚断的概念($i_N=0$)，可列写节点 N 的电流方程为$i_R=i_F$，故有

$$\frac{u_N-0}{R}=\frac{u_o-u_N}{R_f}$$

将$u_N=u_i$代入上式，整理得

$$u_o=\left(1+\frac{R_f}{R}\right)u_i \tag{5.1.3}$$

最后，检查输出电压是否在线性范围内，即$|u_o|<U_{om}$。

同相比例运算电路的特点如下。

(1) 由式(5.1.3)可知，输出电压与输入电压比值是一个正常数，输入、输出同相位。

(2) R'为补偿电阻，其值为$R'=R/\!/R_f$。

(3) 因为电路引入了深度电压负反馈，且$1+AF=\infty$，所以输出电阻$R_o=0$，电路带负载后运算关系不变。

(4) 输入电阻大(可达几十兆欧以上)。

(5) 集成运放两个输入端电位均不是0，输入端存在共模成分，因此，对集成运放的共模抑制比要求高。

3. 电压跟随器

在同相比例运算电路中，若将输出电压全部反馈到反相输入端，就构成图5.1.4所示的电压跟随器。电路引入了电压串联负反馈，且反馈系数为1。由于$u_o=u_N=u_P$，故输出电压与输入电压的关系为

$$u_o=u_i$$

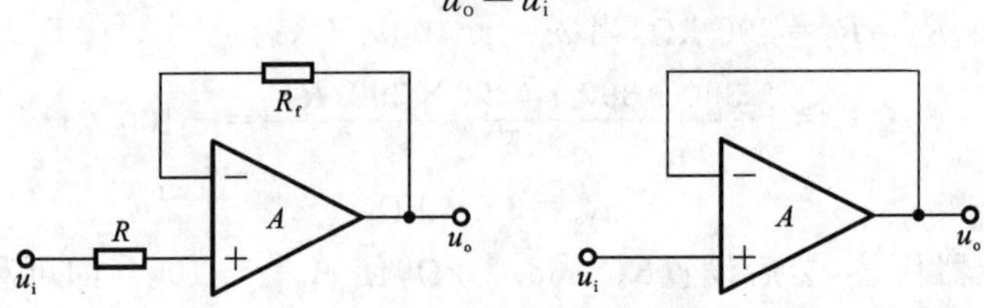

图5.1.4 电压跟随器

该电路的输入电阻$R_i\to\infty$，输出电阻$R_o\to0$，故它在电路中常作为阻抗变换器或缓冲器。例如，当具有内阻为$R_s=100\ \text{k}\Omega$的信号源u_s直接驱动负载$R_L=1\ \text{k}\Omega$的负载时，如图5.1.5(a)所示，它的输出电压u_o为

$$u_o=\left(\frac{R_L}{R_s+R_L}\right)u_i=\frac{1}{100+1}u_i\approx0.01u_i$$

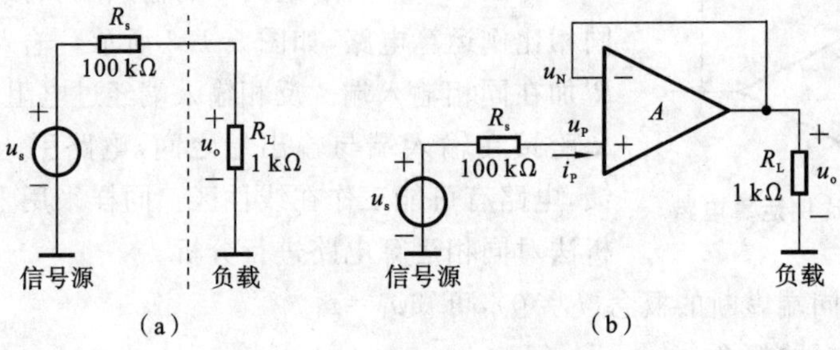

(a)　　(b)

图5.1.5 电压跟随器的应用

从上式中看出输出电压u_o很小。如果将电压跟随器接在高内阻的信号源与负载之间，如图5.1.5(b)所示。因电压跟随器的输入电阻$R_i\to\infty$，该电路几乎不从信号源吸取电流，$u_P=u_s$。因集成运放输出电阻$R_o\to0$，由图可知$u_o=u_N=u_P=u_s$，因此，当负载变化时，输出电压u_o

几乎不变，从而消除了负载变化对输出电压 u_o 的影响。

【例 5.1.2】 电路如图 5.1.6 所示，已知集成运放输出电压的最大幅值为 ±14 V；$u_o = -55u_i$，其余参数如图 5.1.6 中所标注。

(1) 求出 R_5 的值；

(2) 若 u_i 与反相输入端的地接反，则输出电压与输入电压的关系将产生什么变化？

(3) 若 $u_i = 10$ mV，而 $u_o = -14$ V，则电路可能出现了什么故障？

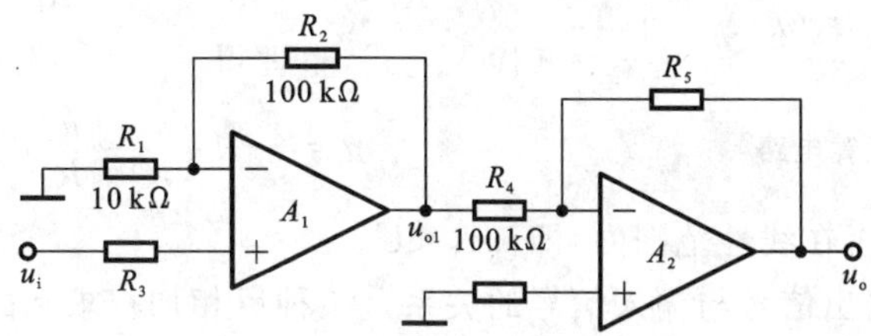

图 5.1.6　例 5.1.2 的电路图

解　在图 5.1.6 所示电路中，A_1 构成同相比例运算电路，A_2 构成反相比例运算电路。

(1)
$$u_{o1} = \left(1 + \frac{R_2}{R_1}\right)u_i = \left(1 + \frac{100}{10}\right)u_i = 11u_i$$

$$u_o = -\frac{R_5}{R_4}u_{o1} = -\frac{R_5}{100} \times 11u_i = -55u_i$$

得
$$R_5 = 500\ \text{k}\Omega$$

(2) 若 u_i 与反相输入端的地接反，则第一级变为反相比例运算电路。因此

$$u_{o1} = -\frac{R_2}{R_1}u_i = -\frac{100}{10}u_i = -10u_i$$

由于第二级电路的比例系数仍为 −5，所以

$$u_o = 50u_i$$

在多级运算电路的分析中，因各级电路的输出电阻均为零，后级电路作为前级电路的负载不影响前级电路的运算关系，所以对每级电路的分析和单级电路完全相同。

(3) 电路正常工作时，若 $u_i = 10$ mV，则 $u_{o1} = -550$ mV。$u_o = -14$ V 表明至少有一级电路的集成运放工作在开环状态，即反馈电阻 R_2 或 R_5 断开，或二者均断开；当然，也可能至少有一级电路接成正反馈，即 A_1 或 A_2 的同相输入端和反相输入端接反，或者二者均接反。

实验中常常会出现故障，只有在理论的指导下才能迅速查出并排除故障。

5.1.3　加减法运算电路

实现多个输入信号按各自不同比例求和或求差的电路统称为加减法运算电路。若所有输入信号均作用于集成运放的同一个输入端，则实现加法运算；若一部分输入信号作用于同相输入端，而另一部分输入信号作用于反相输入端，则实现减法运算。

1. 反相求和运算电路

反相求和运算电路如图 5.1.7 所示，在反相输入端可以加若干输入信号(图示电路含有三个输入信号)，输出电压和它们之间的关系构成反相加法运算。现在仍然采用三步分析法。

第一步：由相同端虚断的概念($i_P = 0$)，可知 $u_P = 0$。

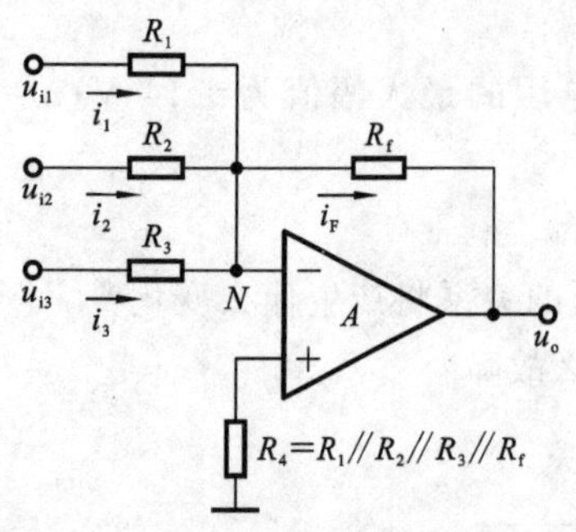

图 5.1.7 反相求和运算电路

第二步：由虚短的概念($u_N=u_P$)，可知$u_N=0$。

第三步：由反相端虚断的概念($i_N=0$)，可列写些节点 N 的电流方程为

$$i_1+i_2+i_3=i_F$$

故有

$$\frac{u_{i1}-u_N}{R_1}+\frac{u_{i2}-u_N}{R_2}+\frac{u_{i3}-u_N}{R_3}=\frac{u_N-u_o}{R_f}$$

将$u_N=0$ 代入上式，整理得

$$u_o=-R_f\left(\frac{u_{i1}}{R_1}+\frac{u_{i2}}{R_2}+\frac{u_{i3}}{R_3}\right) \tag{5.1.4}$$

最后，检查输出电压是否在线性范围内，即$|u_o|<U_{om}$。

式(5.1.4)表明，输出信号与输入信号的关系是一种反相加权求和的关系。实用中电路的输入信号可以扩充到四个、五个甚至更多。

为了保证集成运放的差分输入电路的对称，要求静态时外接等效电阻相等($R_N=R_P$)，应选择补偿电阻$R_4=R_1/\!/R_2/\!/R_3/\!/R_f$。

在反相加法运算电路中，集成运放两个输入端的电位均为 0，因此输入端共模成分少，对集成运放的共模抑制要求不高。实际上，反相求和电路也可以利用叠加定理进行分析，每个输入信号单独激励时的电路都是一个反相比例运算电路，利用反相比例运算电路的结论也能得到上面的分析结果。

2. 同相求和运算电路

同相求和运算电路如图 5.1.8 所示，在运算电路的同相输入端也可以加若干输入信号(图示电路含有三个输入信号)，反相输入端通过电阻 R 接地。输出电压和各输入电压之间的关系构成同相加法运算。采用三步分析法进行分析。

第一步：由相同端虚断的概念($i_P=0$)，列写节点 P 的电流方程，则

$$i_1+i_2+i_3=i_4$$

$$\frac{u_{i1}-u_P}{R_1}+\frac{u_{i2}-u_P}{R_2}+\frac{u_{i3}-u_P}{R_3}=\frac{u_P}{R_4}$$

$$\frac{u_{i1}}{R_1}+\frac{u_{i2}}{R_2}+\frac{u_{i3}}{R_3}=\left(\frac{1}{R_1}+\frac{1}{R_2}+\frac{1}{R_3}+\frac{1}{R_4}\right)u_P$$

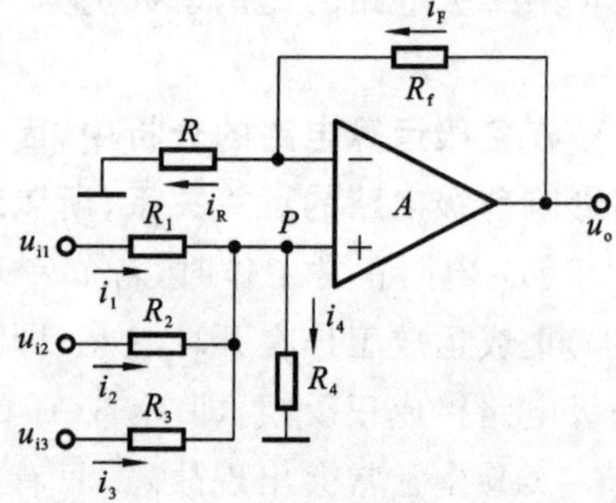

图 5.1.8 同相求和运算电路

所以同相输入端电位为

$$u_P=R_P\left(\frac{u_{i1}}{R_1}+\frac{u_{i2}}{R_2}+\frac{u_{i3}}{R_3}\right)$$

式中
$$R_P=R_1/\!/R_2/\!/R_3/\!/R_4$$

第二步：由虚短的概念($u_N=u_P$)，知

$$u_N=R_P\left(\frac{u_{i1}}{R_1}+\frac{u_{i2}}{R_2}+\frac{u_{i3}}{R_3}\right)$$

第三步：由反相端虚断的概念($i_N=0$)，可列写些节点 N 的电流方程为 $i_R=i_F$，故有

$$\frac{u_N-0}{R}=\frac{u_o-u_N}{R_f}$$

将$u_N=R_P\left(\frac{u_{i1}}{R_1}+\frac{u_{i2}}{R_2}+\frac{u_{i3}}{R_3}\right)$代入上式，整理得

$$u_o=\left(1+\frac{R_f}{R}\right)R_P\left(\frac{u_{i1}}{R_1}+\frac{u_{i2}}{R_2}+\frac{u_{i3}}{R_3}\right)=\left(\frac{R+R_f}{R}\right)\frac{R_f}{R_f}R_P\left(\frac{u_{i1}}{R_1}+\frac{u_{i2}}{R_2}+\frac{u_{i3}}{R_3}\right)$$
$$=\frac{R_P}{R_N}R_f\left(\frac{u_{i1}}{R_1}+\frac{u_{i2}}{R_2}+\frac{u_{i3}}{R_3}\right) \quad (5.1.5)$$

式中：$R_N=R/\!/R_f$。若$R_N=R_P$，则

$$u_o=R_f\left(\frac{u_{i1}}{R_1}+\frac{u_{i2}}{R_2}+\frac{u_{i3}}{R_3}\right) \quad (5.1.6)$$

式(5.1.6)与式(5.1.4)相比，仅符号不同。应当说明，只有在$R_N=R_P$的条件下，式(5.1.6)才成立，否则应利用式(5.1.5)求解。若$R/\!/R_f=R_1/\!/R_2/\!/R_3$，则可省去$R_4$。

第四步：检查输出电压是否在线性范围内，即$|u_o|<U_{om}$。

式(5.1.5)表明，输出信号与输入信号的关系是一种同相加权求和的关系。实际中电路的输入信号可以扩充到 4 个、5 个甚至更多。

同相加法电路中，集成运放的两个输入端都具有非零电压，因此电路中包含共模输入成分，对集成运放的共模抑制比要求高。

与反相求和电路一样，也可以使用叠加定理分析同相求和电路。

3. 加减法运算电路

从对比例运算电路和求和运算电路的分析可知，输出电压与同相输入端信号电压极性相同，与反相输入端信号电压极性相反，因而如果多个信号同时作用于两个输入端，则可实现加减法运算。图 5.1.9 所示为 4 个输入的加减法运算电路，表示反相输入端各信号作用和同相输入端各信号作用的电路如图 5.1.10 所示。电路的输出电压与输入电压关系，同样可以用前面介绍的三分析法进行分析，也可以用叠加定理求解，具体步骤如下。

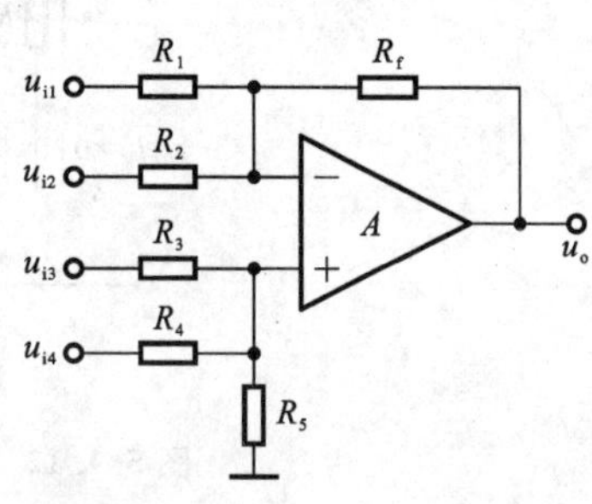

图 5.1.9　加减法运算电路

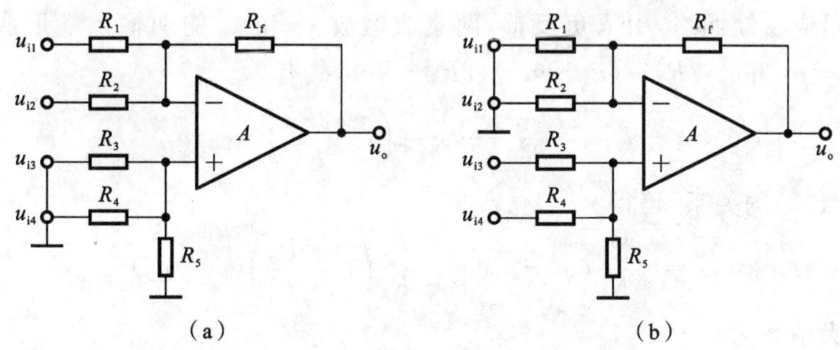

图 5.1.10　利用叠加定理求解加减法运算电路

图 5.1.10(a)所示电路为反相求和运算电路，故输出电压为

$$u_{o1}=-R_f\left(\frac{u_{i1}}{R_1}+\frac{u_{i2}}{R_2}\right)$$

图 5.1.10(b)所示电路为同相求和运算电路，若$R_1/\!/R_2/\!/R_f=R_3/\!/R_4/\!/R_5$，则输出电压为

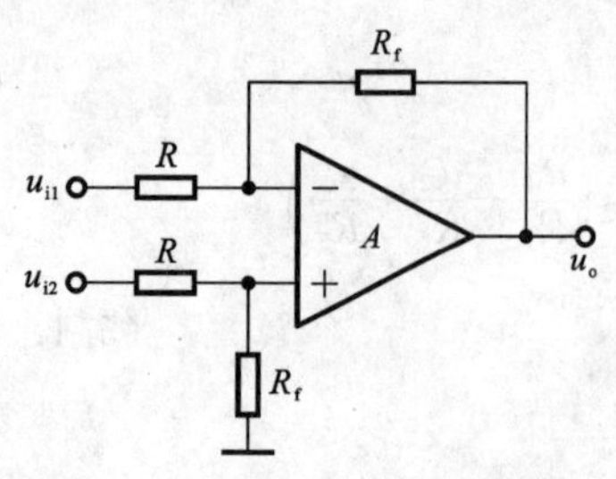

图 5.1.11　差分比例运算电路

$$u_{o2}=R_f\left(\frac{u_{i3}}{R_3}+\frac{u_{i4}}{R_4}\right)$$

因此，所有输入信号同时作用时的输出电压为

$$u_o=u_{o1}+u_{o2}=R_f\left(\frac{u_{i3}}{R_3}+\frac{u_{i4}}{R_4}-\frac{u_{i1}}{R_1}-\frac{u_{i2}}{R_2}\right) \tag{5.1.7}$$

最后，检验输出电压是否在线性范围内，如果在线性范围内，则电路实现了加减法运算。

若电路只有两个输入，且参数对称，如图 5.1.11 所示，则

$$u_o=\frac{R_f}{R}(u_{i2}-u_{i1}) \tag{5.1.8}$$

【例 5.1.3】 图 5.1.12 是一个由三级集成运放组成的仪表放大器基本电路，试分析该电路的输出电压与输入电压的关系式。

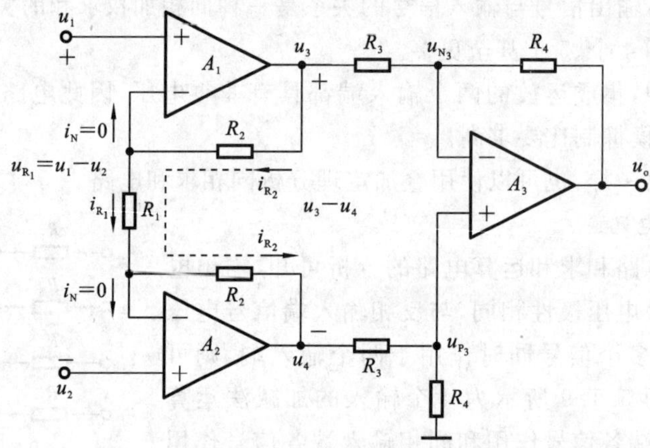

图 5.1.12　由三级集成运放组成的仪表放大器基本电路

解　由 5.1.12 可知，它是由集成运放A_1、A_2 按同相输入接法组成第一级差分放大电路，集成运放A_3 组成第二级差分放大电路。在第一级电路中，u_1、u_2 分别加到A_1 和A_2 的同相端，R_1 和两个 R_2 组成反馈网络，引入负反馈，两集成运放A_1 和A_2 的两输入端形成虚断和虚短，因而有$u_{R_1}=u_1-u_2$ 和$u_{R_1}/R_1=(u_3-u_4)/(2R_2+R_1)$，故有

$$u_3-u_4=\frac{2R_2+R_1}{R_1}u_{R_1}=\left(1+\frac{2R_2}{R_1}\right)(u_1-u_2)$$

根据式(5.1.8)的关系，可得

$$u_o=-\frac{R_4}{R_3}(u_3-u_4)=-\frac{R_4}{R_3}\left(1+\frac{2R_2}{R_1}\right)(u_1-u_2)$$

于是电路的放大倍数为

$$A_u=\frac{u_o}{u_1-u_2}=-\frac{R_4}{R_3}\left(1+\frac{2R_2}{R_1}\right)$$

在仪表放大器中，通常 R_2、R_3 和 R_4 为给定值，R_1 用可变电阻代替，调节 R_1 的值，即可改变电压放大倍数 A_u。

由于输入信号 u_1、u_2 分别加到 A_1 和 A_2 的同相端，电路出现虚断和虚短现象，因而流入电路的电流等于 0，所以输入电阻 $R_i\to\infty$。目前这种仪表放大器已有多种型号的单片集成电路

产品，在测量系统中应用很广。

5.1.4 积分与微分运算电路

积分运算和微分运算互为逆运算。在自控系统中，常用积分电路和微分电路作为调节环节；此外，它们还广泛用于波形的产生和变换，以及仪器仪表之中。以集成运放作为放大电路，利用电阻和电容作为反馈网络，可以实现这两种运算电路。

1. 积分运算电路

将反相比例运算电路中的 R_f 换成电容 C，则构成积分运算电路，如图 5.1.13 所示。

用三步分析法分析电路的输出电压与输入电压的关系如下。

第一步：由相同端虚断的概念（$i_P=0$），可知 $u_P=0$。

第二步：由虚短的概念（$u_N=u_P$），可知 $u_N=0$。

第三步：由反相端虚断的概念（$i_N=0$），列写节点 N 的电流方程为 $i_R=i_C$，故有

$$\frac{u_i-u_N}{R}=C\frac{d(u_N-u_o)}{dt}$$

将 $u_N=0$ 代入上式，整理得

$$u_o=-\frac{1}{RC}\int u_i dt \tag{5.1.9}$$

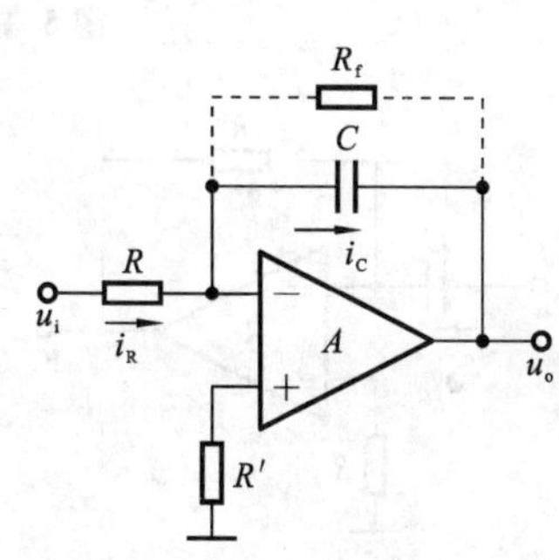

图 5.1.13 积分运算电路

上式说明，输出电压与输入电压的积分成正比，式中 R、C 是积分常数，负号表示反相。

求解 $t_1 \sim t_2$ 时间段的积分值，有

$$u_o=-\frac{1}{RC}\int_{t_1}^{t_2} u_i dt+u_o(t_1) \tag{5.1.10}$$

式中：$u_o(t_1)$为积分起始时刻的输出电压，即积分运算的起始值，积分的终值是 t_2 时刻的输出电压。

当 u_i 为常量时，输出电压

$$u_o=-\frac{1}{RC}u_i(t_2-t_1)+u_o(t_1) \tag{5.1.11}$$

当输入为阶跃信号时，若 t_0 时刻电容上的电压为零，则输出电压波形如图 5.1.14(a)所示，当输入为方波和正弦波时，输出电压波形分别如图 5.1.14(b)(c)所示。可见，利用积分运算电路可以实现方波-三角波的波形变换和正弦-余弦的移相功能。

在实际电路中，为了防止低频信号增益过大，常在电容上并联一个电阻加以限制，如图 5.1.13中虚线所示。

2. 微分运算电路

1）基本微分运算电路

将积分电路中电阻 R 和电容 C 的位置互换，得到基本微分运算电路，如图 5.1.15 所示。

用三步分析法分析电路的输出电压与输入电压的关系如下。

第一步：由同相端虚断的概念（$i_P=0$），可知 $u_P=0$。

第二步：由虚短的概念（$u_N=u_P$），可知 $u_N=0$。

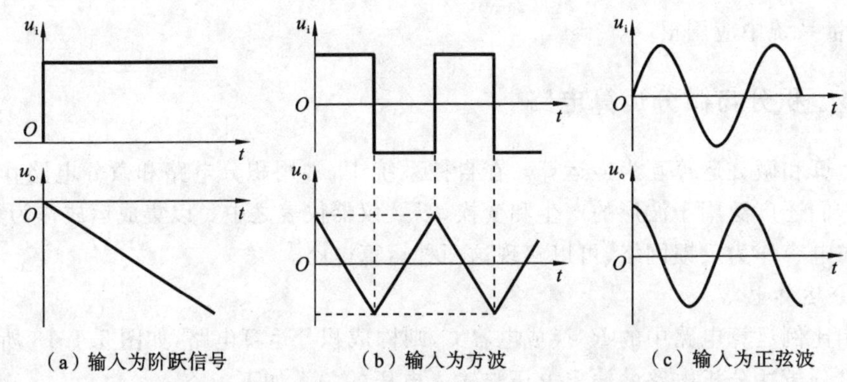

图 5.1.14　积分运算电路在不同输入情况下的波形

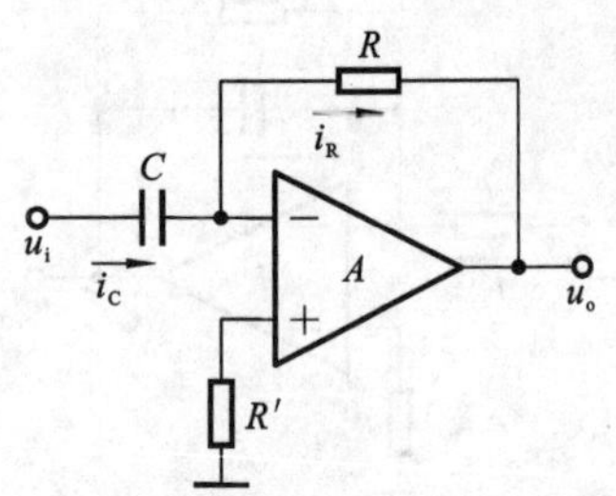

图 5.1.15　基本微分电路

第三步：由反相端虚断的概念（$i_N=0$），列写节点 N 的电流方程为 $i_C=i_R$，故有

$$C\frac{\mathrm{d}(u_i-u_N)}{\mathrm{d}t}=\frac{(u_N-u_o)}{R}$$

将 $u_N=0$ 代入上式，整理得

$$u_o=-RC\frac{\mathrm{d}u_i}{\mathrm{d}t} \tag{5.1.12}$$

式中：R、C 为微分常数，输出电压正比于输入电压对时间的微分，负号表示电路实现反相功能，故称为反相微分运算电路。

2）实用微分运算电路

在图 5.1.15 所示电路中，无论是输入电压产生阶跃变化，还是脉冲式大幅值干扰，都会使得集成运放内部的放大管进入饱和或截止状态，以致即使信号消失，管子还不能脱离原状态回到放大区，出现阻塞现象，电路不能正常工作，同时，由于反馈网络为滞后环节，它与集成运放内部的滞后环节相叠加，易于满足自激振荡的条件，从而使电路不稳定。

为了解决上述问题，可在输入端串联一个小阻值的电阻 R_1，以限制输入电流，也就限制了 R 中的电流；在反馈电阻 R 上并联稳压二极管，以限制输出电压幅值，保证集成运放中的放大管始终工作在放大区，不致于出现阻塞现象；在 R 上并联小容量电容 C_1，起相位补偿作用，提高电路的稳定性；如图 5.1.16 所示。该电路的输出电压与输入电压成近似微分关系。若输入电压为方波，且 $RC\ll\frac{T}{2}$（T 为方波的周期），则输出为尖顶波，如图 5.1.17 所示。

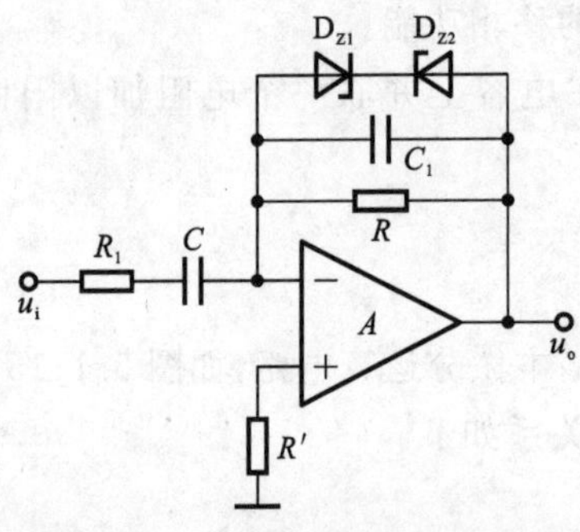

图 5.1.16　实用微分运算电路图

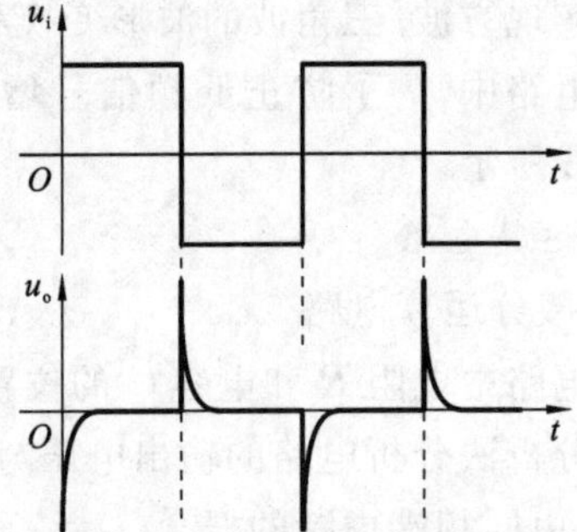

图 5.1.17　微分电路输入、输出波形分析

【例 5.1.4】 在图 5.1.18(a)所示电路中,已知输入电压 u_i 的波形如图 5.1.18(b)所示,当 $t=0$ 时,$U_C=0$,试画出输出电压 u_o 的波形。

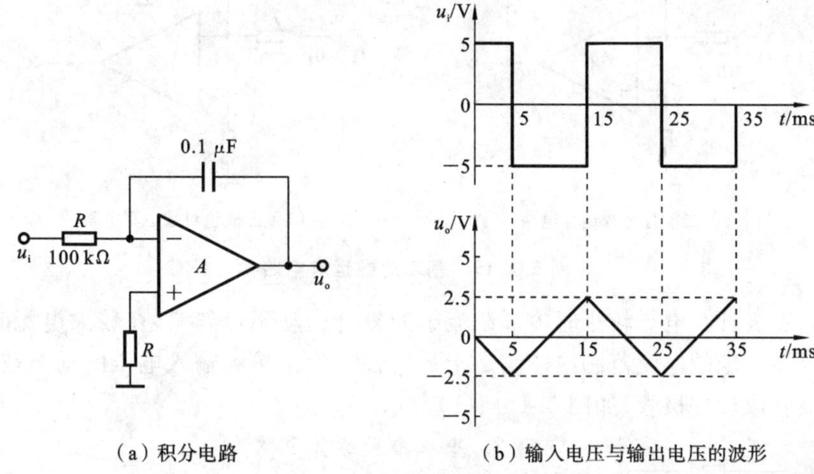

(a) 积分电路　　(b) 输入电压与输出电压的波形

图 5.1.18　积分电路应用举例

解　由式(5.1.10)可知,输出电压的表达式为

$$u_o=-\frac{1}{RC}\int_{t_1}^{t_2}u_i\mathrm{d}t+u_o(t_1)$$

当 u_i 为常量时,有

$$\begin{aligned}u_o&=-\frac{1}{RC}u_i(t_2-t_1)+u_o(t_1)=-\frac{1}{10^5\times10^{-7}}u_i(t_2-t_1)+u_o(t_1)\\&=-100u_i(t_2-t_1)+u_o(t_1)\end{aligned}$$

当 $t=0$ 时,$U_C=0$,则 $u_o=0$。

当 $t=5$ ms 时,$u_o=-100\times5\times5\times10^{-3}$ V$=-2.5$ V。

当 $t=15$ ms 时,$u_o=[-100\times(-5)\times10\times10^{-3}+(-2.5)]V=2.5$ V。

因此输出波形如图 5.1.18(b)所示。

5.1.5　对数与指数运算电路

利用 PN 结伏安特性所具有的指数规律,将二极管或者三极管分别接入集成运放的反馈回路和输入回路,可以实现对数和指数运算,而利用对数运算电路、指数运算电路和加减法运算电路相结合,便可实现乘法、除法、乘方和开方等运算。

1. 基本对数运算电路

图 5.1.19 所示为采用二极管的对数运算电路,为了使二极管导通,输入电压 u_i 应大于零,根据半导体基础知识可知,二极管的正向电流与其端电压的近似关系为

$$i_D\approx I_s e^{\frac{u_D}{U_T}}$$

根据三步分析法:可得出输出电压

$$u_o=-u_D\approx-U_T\ln\frac{u_i}{I_sR}\tag{5.1.13}$$

式(5.1.13)实现了输入和输出电压的反相对数运算关系,其中 U_T 和 I_s 随温度变化而影响运

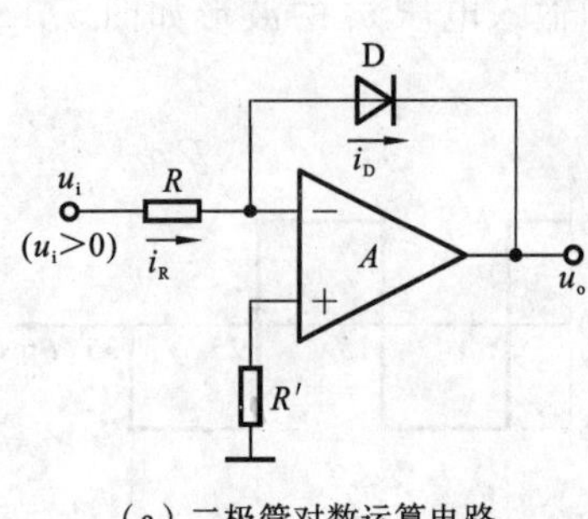

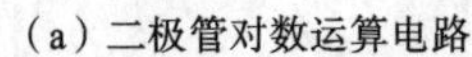

(a) 二极管对数运算电路

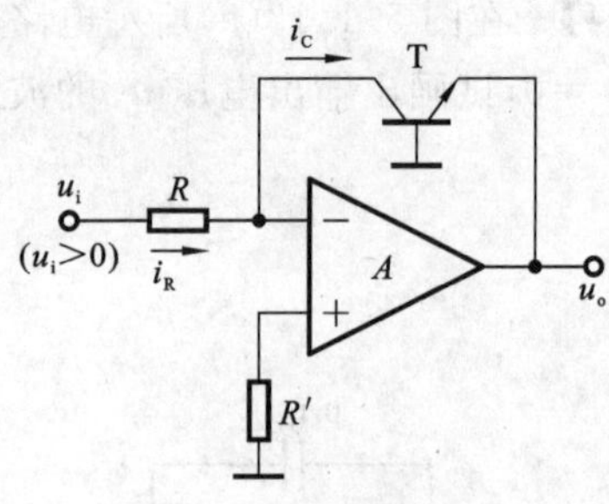

(b) 三极管对数运算电路

图 5.1.19 基本对数运算电路

算精度；而且，二极管在电流较小时内部载流子的复合运动不可忽略，在较大电流时内阻不可忽略；所以，仅在一定的电流范围内才满足指数特性。为了扩大输入电压的动态范围，实际应用中常用三极管取代二极管，如图 5.1.19(b)所示。

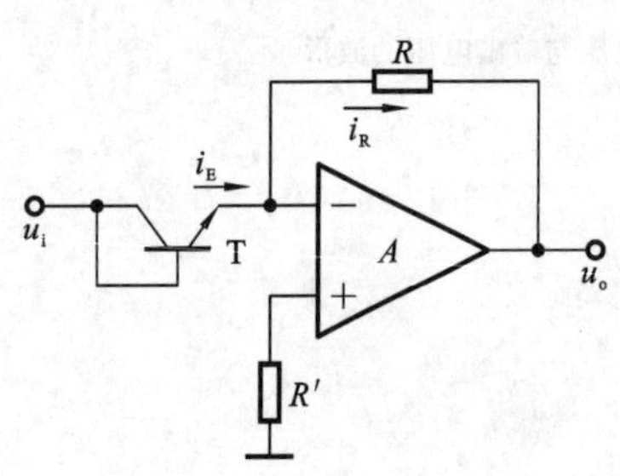

图 5.1.20 基本指数运算电路

2. 基本指数运算电路

将图 5.1.19 所示对数运算电路中的电阻和晶体管互换，便可得到指数运算电路，如图 5.1.20 所示。

根据三步分析法：可得出输出电压

$$u_o = -i_R R = -I_s e^{\frac{u_i}{U_T}} R \tag{5.1.14}$$

为使晶体管导通，输入电压 u_i 应大于零，且只能在发射结导通电压范围内，故其变化范围很小。同时，从式(5.1.14)可以看出，运算结果与 I_s 有关，而 I_s 受温度影响较大，因而指数运算的精度也与温度有关。

5.1.6 模拟乘法器及其应用

模拟乘法器是实现两个模拟量相乘的非线性电子器件，利用它可以方便地实现乘法、除法、乘方和开方运算电路。此外，它还能广泛地应用于广播电视、通信、仪表和自动控制系统中以进行模拟信号的处理，所以它发展很快，成为模拟集成电路的重要分支之一。

1. 模拟乘法器简介

实现乘法运算的方法很多，主要有两种：利用对数和指数的乘法运算和变跨导式模拟乘法器。乘法运算为 $xy=\ln^{-1}(\ln x+\ln y)$，可以看出乘法器可以由对数电路、求和电路、指数电路等运算电路组成，而变跨导式模拟乘法器以差分放大电路为基本组成单元(具体参考相关文献)。

模拟乘法器有两个输入端、一个输出端，输入、输出均对“地”而言，如图 5.1.21(a)所示。输入的两个模拟信号是互不相关的物理量，输出电压是它们的乘积，即

$$u_o = k u_x u_y \tag{5.1.15}$$

式中：k 为乘积系数，也称为乘积增益或标尺因子，其值多为 $+0.1\ V^{-1}$ 或 $-0.1\ V^{-1}$。

模拟乘法器的等效电路如图 5.1.21(b)所示，r_{i1} 和 r_{i2} 分别为两个输入端的输入电阻，r_o 是输出电阻。

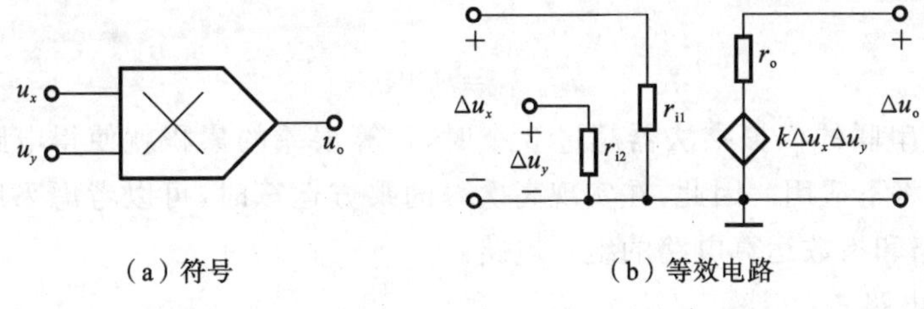

(a) 符号　　(b) 等效电路

图 5.1.21　模拟乘法器的符号及其等效电路

理想模拟乘法器应具备如下条件。

(1) r_{i1} 和 r_{i2} 为无穷大。

(2) r_o 为零。

(3) k 值不随信号幅值和频率变化而变化。

(4) 当 u_x 或 u_y 为零时，u_o 为零，电路没有失调电压、电流和噪声。

在上述条件下，无论 u_x 或 u_y 的波形、幅值、频率、极性如何变化，式(5.1.15)均成立。本节分析均设模拟乘法器为理想器件。

输入信号 u_x 或 u_y 的极性有四种可能的组合，u_x 或 u_y 的坐标平面，分为四个区域，即四个象限，如图 5.1.22 所示。按照允许输入信号的极性，模拟乘法器有单象限、双象限和四象限之分。

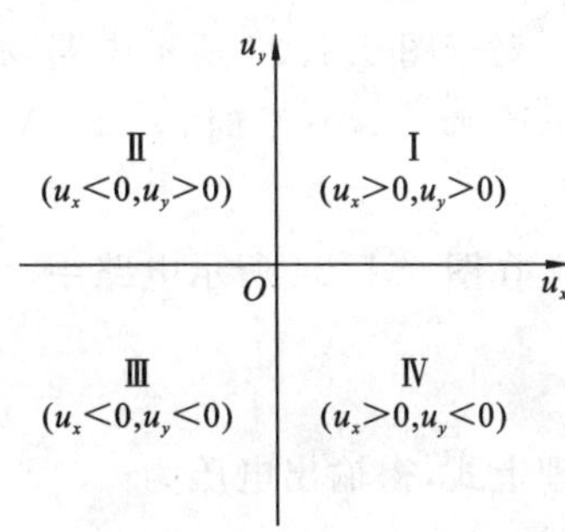

图 5.1.22　模拟乘法器输入信号的四个象限

2. 模拟乘法器的应用

1) 乘方运算电路

将模拟乘法器的两个输入端接入同一信号，如图 5.1.23(a)所示，电路的输出电压为

$$u_o = ku_i^2 \tag{5.1.16}$$

当 u_i 为正弦波，且 $u_i=\sqrt{2}U_i\sin(\omega t)$ 时，则

$$u_o = U_o = 2kU_i^2[1-\cos(2\omega t)] \tag{5.1.17}$$

(a) 平方运算电路

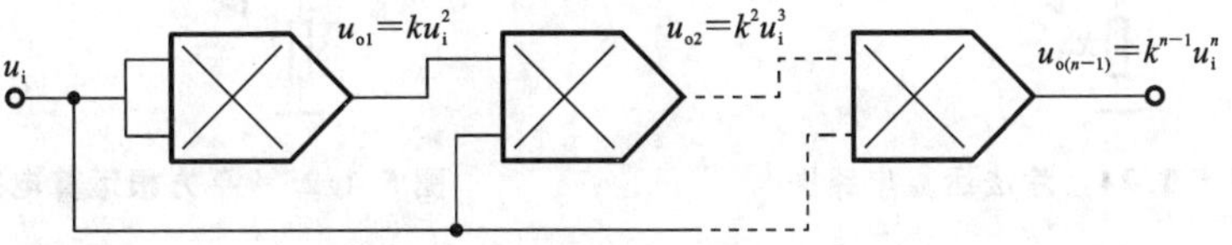

(b) n 次方运算电路

图 5.1.23　乘方运算电路

输出为输入的二倍频电压信号，为了得到纯交流电压可在输出端加耦合电容，以隔离直流电压。

从理论上讲，可以用多个模拟乘法器串联组成 u_i 任意次方的运算电路，如图 5.1.23(b)所

示。输出电压为

$$u_{o(n-1)}=k^{n-1}u_i^n \tag{5.1.18}$$

但是，实际上串联的模拟乘法器超过 3 个时，运算误差的累积就使得电路的精度变得很差，在要求较高时将不适用。因此，在实现高次幂的乘方运算时，可以考虑采用模拟乘法器与集成对数运算电路和指数运算电路的组合电路。

2）除法运算电路

利用反函数型运算电路的基本原理，将模拟乘法器置于集成运放的负反馈通道，便可构成除法运算，如图 5.1.24 所示。与只用集成运放组成的运算电路一样，在用模拟乘法器和集成运放构成运算电路时，也必须引入负反馈。

对于图 5.1.24 所示电路，必须保证 $i_1=i_2$，电路引入的才是负反馈。即当 $u_{i1}>0$ V 时，$u'_o<0$ V；而 $u_{i1}<0$ V 时，$u'_o>0$ V。由于 u_o 与 u_{i1} 反相，故要求 u'_o 与 u_o 同符号，因此 u_{i2} 与 k 应同符号。

在图 5.1.24 所示电路中，由“虚断路”和“虚短路”可知

$$\frac{u_{i1}}{R_1}=-\frac{u'_o}{R_2}=-\frac{ku_{i2}u_o}{R_2}$$

整理上式，得输出电压为

$$u_o=-\frac{R_2}{kR_1}\frac{u_{i1}}{u_{i2}} \tag{5.1.19}$$

由于 u_{i2} 的极性受 k 的限制，故图 5.1.24 所示电路为两象限除法运算电路。对于一个确定的除法运算电路，模拟乘法器 k 的极性是唯一的，故 u_{i2} 的极性也是唯一的，其运算关系也是唯一的。

3）平方根运算

利用乘方运算作为集成运放的负反馈通路，就可构成开方运算电路。在除法运算电路中，令 $u_{i2}=u_o$，就构成平方根运算电路，如图 5.1.25 所示。

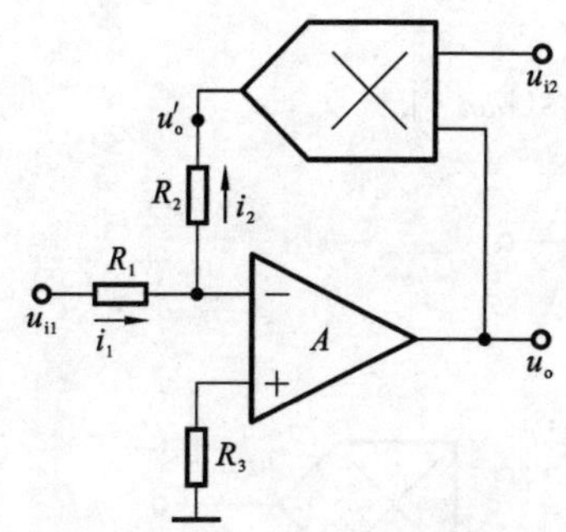

图 5.1.24　除法运算电路图

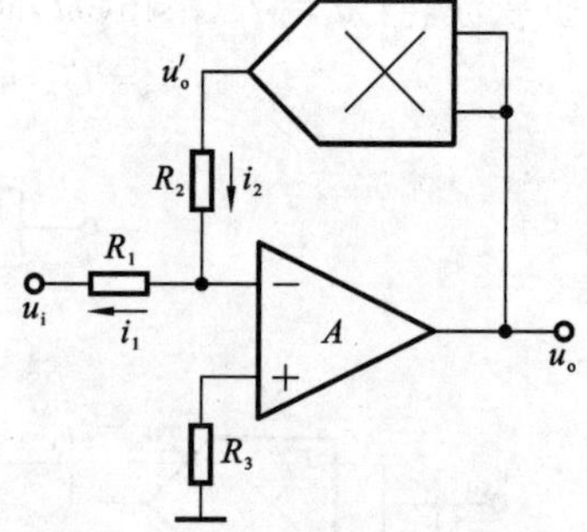

图 5.1.25　平方根运算电路

在图 5.1.25 所示电路中，由“虚断路”和“虚短路”可知

$$-\frac{u_i}{R_1}=\frac{u'_o}{R_2}$$

$$u'_o=-\frac{R_2}{R_1}u_i=ku_o^2$$

故

$$|u_o|=\sqrt{-\frac{R_2u_i}{kR_1}} \tag{5.1.20}$$

为了使根号下为正数，u_i 与 k 必须符号相反。与除法运算电路相同，因为当模拟乘法器选定后 k 的极性就唯一确定了，因此实际的运算关系也被确定了。

5.1.7 滤波电路

1. 滤波电路的分类

所谓滤波，就是保留信号中所需频段的成分，抑制其他频段信号的过程。

根据输出信号中所保留的频段的不同，可将滤波分为**低通滤波**、**高通滤波**、**带通滤波和带阻滤波**。理想滤波电路的幅频特性如图 5.1.26 所示，允许通过的频段称为通带，将信号衰减到零的频段称为阻带。$\dot{A}_u$ 为各频率的增益，$\dot{A}_{up}$为通带的最大增益。

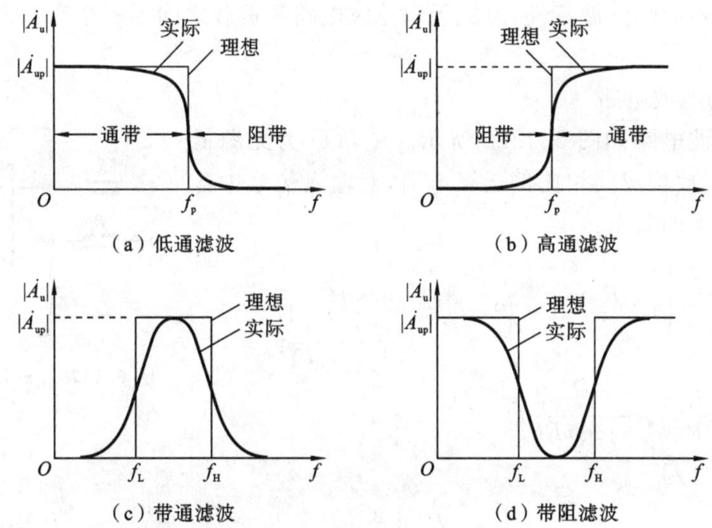

图 5.1.26 理想滤波电路的幅频特性

2. 滤波器的幅频特性

实际上任何滤波器均不可能具备图 5.1.26 所示的理想幅频特性，在通带和阻带之间存在着过渡带。**通带中输出电压与输入电压之比 $\dot{A}_{up}$ 称为通带放大倍数**。图 5.1.27 所示为某低通滤波器的实际幅频特性，$\dot{A}_{up}$是频率等于零时输出电压与输入电压之比，使 $|\dot{A}_u|\approx 0.707|\dot{A}_{up}|$ 的频率为通带截止频率 f_p，**从 f_p 到 $|\dot{A}_u|$ 接近零的频段称为过渡带，使 $|\dot{A}_u|$ 趋近于零的频段称为阻带**。过渡带越窄，电路的选择性越好，滤波特性越理想。

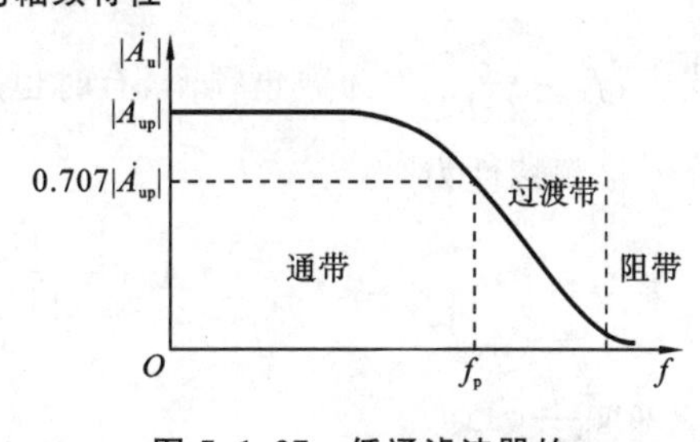

图 5.1.27 低通滤波器的实际幅频特性

理想滤波电路的幅频特性如下。

(1) 通带范围内信号无衰减地通过，阻带范围内无信号输出。

(2) 通带与阻带之间的过渡带为零。

3. 无源滤波电路

若滤波电路仅有无源元件（电阻、电容、电感）组成，称为**无源滤波电路**。若滤波电路有无

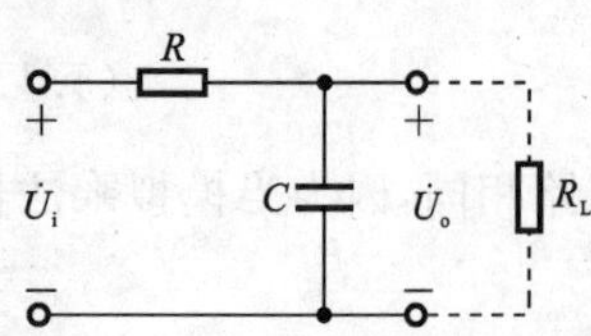

图 5.1.28　RC 低通滤波电路

源元件和有源元件(双极型管、场效应管、集成运放)共同组成,则称为**有源滤波电路**。

图 5.1.28 所示为 RC 低通滤波电路,电容 C 上的电压为输出电压,对输入信号中的高频信号,电容的容抗 X_C 很小,则输出电压中的高频信号幅值很小,受到抑制,为低通滤波器,其幅频特性如图 5.1.27 所示。

无源滤波电路结构简单,但有以下缺点。

(1) 由于 R 及 C 上有信号压降,输出信号幅值下降。

(2) 带负载能力差,当 R_L 变化时,输出信号的幅值将随之变化,滤波特性也随之变化。

(3) 过渡带较宽,幅频特性不理想。

4. 有源滤波电路

为了使负载不影响滤波特性,可在无源滤波电路和负载之间加一个高输入、低输出电阻的隔离电路。

1) 有源低通滤波电路

一阶低通滤波电路如图 5.1.29 所示。R 和 C 为无源低通滤波器,集成运放构成同相比例运算电路,对输入信号中各频率分量均有如下的关系:

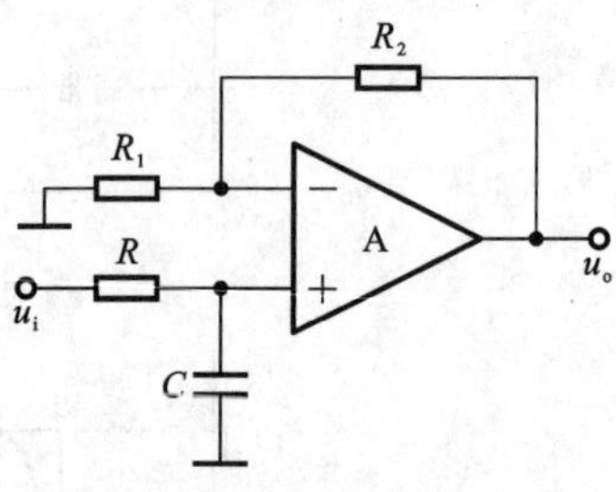

图 5.1.29　一阶低通滤波电路

$$\dot{U}_o = A_d u_P = \left(1+\frac{R_2}{R_1}\right)u_P = \left(1+\frac{R_2}{R_1}\right)\frac{\frac{1}{j2\pi fC}}{R+\frac{1}{j2\pi fC}}\dot{U}_i$$

$$= \left(1+\frac{R_2}{R_1}\right)\frac{1}{1+j2\pi fRC}\dot{U}_i$$

故

$$\frac{\dot{U}_o}{\dot{U}_i} = \left(1+\frac{R_2}{R_1}\right)\frac{1}{1+j(f/f_0)} \tag{5.1.21}$$

式中:$f_0=\frac{1}{2\pi RC}$称为截止频率,有时也用截止频率角 $\omega_0=\frac{1}{RC}$表示。

幅频特性为

$$|\dot{A}_u| = \left|\frac{\dot{U}_o}{\dot{U}_i}\right| = \left(1+\frac{R_f}{R_1}\right)\frac{1}{\sqrt{1+(f/f_0)^2}} \tag{5.1.22}$$

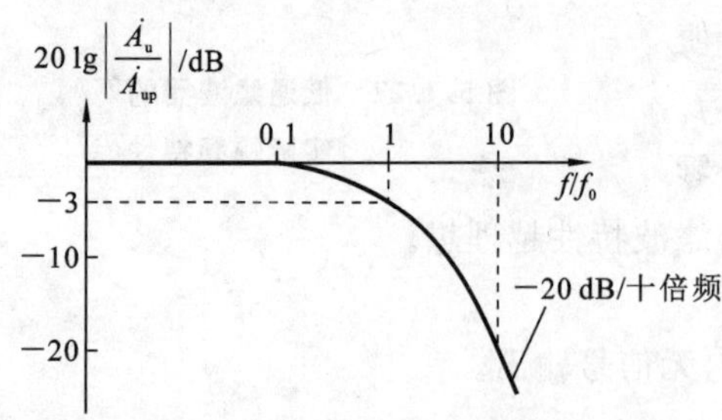

图 5.1.30　一阶低通滤波电路的幅频特性

当信号频率 $f=0$(即直流电路)时,$|\dot{A}_{up}|=1+\frac{R_2}{R_1}$,滤波器相当于一个同相输入比例运算电路,输出电压最大;当 $f=f_0$ 时,$|\dot{A}_u|=\frac{|\dot{A}_{up}|}{\sqrt{2}}$,此时输出电压为最大值的 0.707;当 $f>f_0$ 时,电容容抗随频率的增加越来越小,输出电压也越来越小,其幅频特性如图 5.1.30 所示,实现低通滤波。

由于集成运算引入的是电压串联负反馈，其输入电阻很大，它作为 RC 无源滤波电路的负载，对 RC 电路的影响可以忽略不计；它的输出电阻很小，故带负载能力强；其放大作用又使通带放大倍数增加，但通带与阻带之间仍无明显界限，滤波性能仍不理想，这一类电路一般只用于滤波要求不高的场合。

为了得到更好的滤波效果，可在一阶有源低通滤波电路前再加一级 RC 滤波，组成二阶有源低通滤波电路，如图 5.1.31 所示，二阶的低通滤波器的幅频特性比一阶的好。

2）有源高通滤波电路

将图 5.1.29 中 R 和 C 的位置互换，则为有源高通滤波电路，如图 5.1.32 所示，滤波电容接在集成运放输入端，将阻隔、衰减低频信号，让高频信号顺利通过。

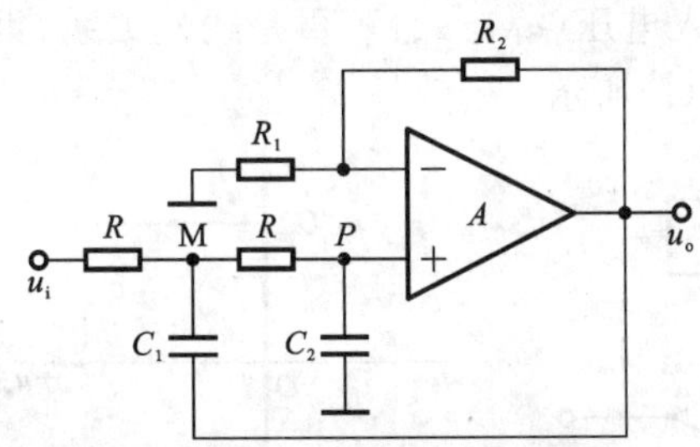

图 5.1.31　二阶低通滤波电路

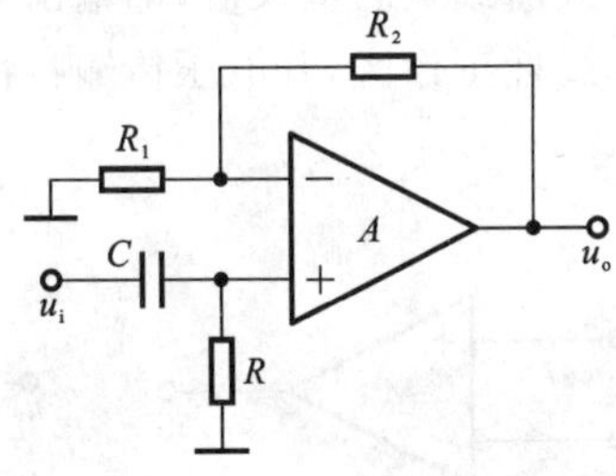

图 5.1.32　一阶高通滤波电路

同低通滤波电路的分析类似，我们可以得出有源高通滤波电路的截止频率 $f_0=\dfrac{1}{2\pi RC}$，对于低于截止频率的低频信号，$|\dot{A}_u|<\dfrac{|\dot{A}_{up}|}{\sqrt{2}}$。

一阶有源高通滤波电路带负载能力强，并能补偿 RC 网络上压降对通带增益的损失，但存在过渡带较宽、滤波性能较差的特点。采用二阶高通滤波电路，可明显改善滤波性能。将图 5.1.31 中的 R 与 C 的位置互换，即为二阶有源高通滤波电路。

滤波电路广泛应用于广播、通信、测量和控制系统中，常用来选取有用的信号，滤除无用频率的信号。

5.2　电压比较器

电压比较器是对输入信号进行鉴幅与比较的电路，是组成非正弦波发生电路的基本单元电路，在测量和控制系统中有着相当广泛的应用。本节主要讲述各种电压比较器的特点及电压传输特性，同时阐明电压比较器的组成和分析方法。

5.2.1　概述

1. 电压比较器的电压传输特性

电压比较器的输出电压 u_o 与输入电压 u_i 的函数关系 $u_o=f(u_i)$ 一般用曲线来描述，称为电压传输特性。输入电压 u_i 是模拟信号，而输出电压 u_o 只有两种可能的状态，不是高电平 U_{OH}，就是低电平 U_{OL}，用以表示比较的结果。使 u_o 从 U_{OH} 跃变为 U_{OL} 或者从 U_{OL} 跃变为 U_{OH}

的输入电压称为阈值电压或门限电压，记作 U_T。

为了正确画出电压传输特性，必须求出以下三个要素。

(1) 输出电压高电平 U_{OH} 和低电平 U_{OL} 的数值。

(2) 阈值电压的数值 U_T。

(3) 当 u_i 经过 U_T 时，u_o 跃变的方向，即从 U_{OH} 跃变为 U_{OL}，还是从 U_{OL} 跃变为 U_{OH}。

2. 集成运放的非线性工作区

在电压比较器电路中，绝大多数集成运放不是处于开环状态(即没有引入反馈)，就是只引入正反馈，如图 5.2.1(a)(b)所示；图 5.2.1(b)中反馈通路为电阻网络。对于理想集成运放，由于差模增益无穷大，只要同相输入端与反相输入端之间有无穷小的差值电压，输出电压就达到正的最大值或负的最大值，即输出电压 u_o 与输入电压(u_P-u_N)不再是线性关系，集成运放工作在非线性工作区，其电压传输特性如图 5.2.1(c)所示。

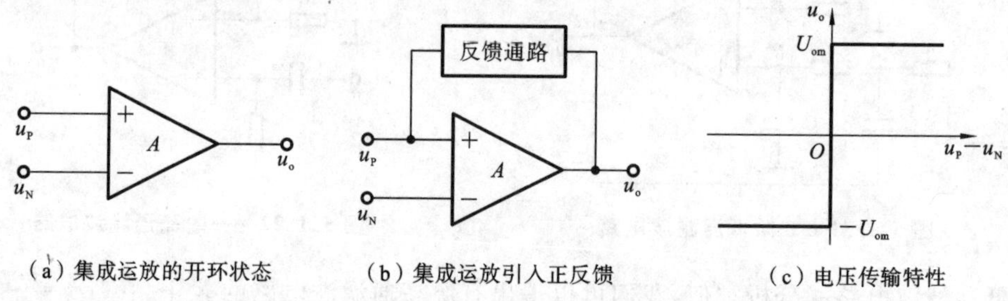

(a) 集成运放的开环状态　(b) 集成运放引入正反馈　(c) 电压传输特性

图 5.2.1　集成运放工作在非线性区的电路特点及其电压传输

理想集成运放工作在非线性区的两个特点如下。

(1) 若集成运放的输出电压 u_o 的幅值为 $\pm U_{om}$，则当 $u_P>u_N$ 时，$u_o=+U_{om}$；当 $u_P<u_N$ 时，$u_o=-U_{om}$。

(2) 由于理想集成运放的差模输入电阻无穷大，故净输入电流为零，即 $i_P=i_N=0$。

3. 电压比较器的种类

1) 单限比较器

电路只有一个阈值电压，输入电压 u_i 逐渐增大或减小过程中，当通过 U_T 时，输出电压 u_o 产生跃变，从高电平 U_{OH} 跃变为 U_{OL}，或者从 U_{OL} 跃变为 U_{OH}。图 5.2.2(a)是某个单限比较器的电压传输特性。

2) 滞回比较器

电路有两个阈值电压，输入电压 u_i 从小变大过程中使输出电压 u_o 产生跃变的阈值电压 U_{T+}，以及 u_i 从大变小过程中使输出电压 u_o 产生跃变的阈值电压 U_{T-}，二者不相等，电路具有滞回特性。它与单限比较器的相同之处在于，当输入电压向单一方向变化时，输出电压只跃变一次。图 5.2.2(b)是某滞回比较器的电压传输特性。

3) 窗口比较器

电路有两个阈值电压，输入电压 u_i 从小变大或从大变小过程中，输出电压 u_o 产生两次跃变。例如，某窗口比较器的两个阈值电压 U_{T-} 小于 U_{T+}，且均大于零；输入电压 u_i 从零开始增大，当经过 U_{T-} 时，u_o 从高电平 U_{OH} 跃变为低电平 U_{OL}；u_i 继续增大，当经过 U_{T+} 时，u_o 又从 U_{OL} 跃变为 U_{OH}；电压传输特性如图 5.2.2(c)所示，中间如同开了窗口，故此得名。窗口比较器与前两种比较器的区别在于：输入电压向单一方向变化过程中，输出电压跃变两次。

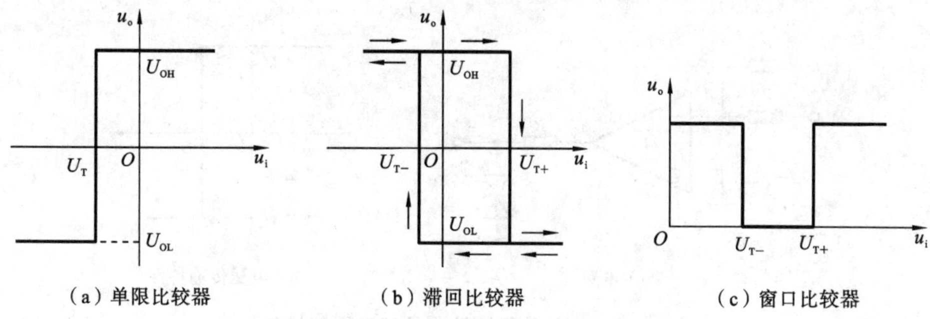

(a) 单限比较器　　(b) 滞回比较器　　(c) 窗口比较器

图 5.2.2 电压比较器电压传输特性举例

5.2.2 单限比较器

1. 过零比较器

过零比较器的阈值电压 $U_T=0$ V，电路如图 5.2.3(a)所示，集成运放工作在开环状态，其输出电压为 $+U_{om}$ 或 $-U_{om}$。当输入电压 $u_i<0$ V 时，$u_o=+U_{om}$；当输入电压 $u_i>0$ V 时，$u_o=-U_{om}$。因此，电压传输特性如图 5.2.3(b)所示，若想获得 u_o 跃变方向相反的电压传输特性，则应在图 5.2.3(a)所示电路中将反相输入端接地，而同相输入端接输入电压。

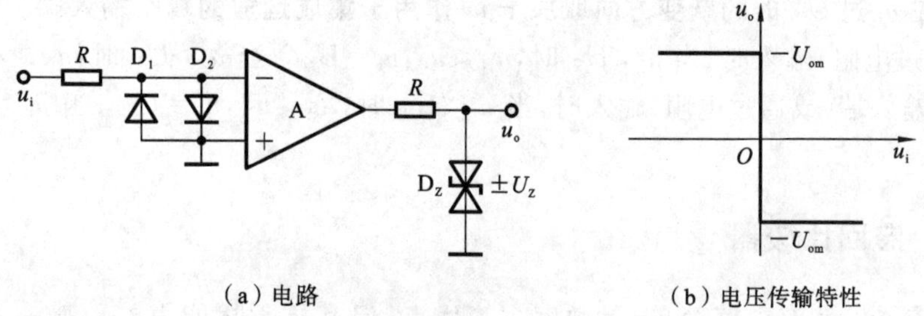

(a) 电路　　(b) 电压传输特性

图 5.2.3 过零比较器及其电压传输特性

为了限制集成运放的差模输入电压，保护其输入级，可加二极管限幅电路。实用电路中为了满足负载的需要，常在集成运放的输出端加稳压管限幅电路，从而获得合适的 U_{OL} 和 U_{OH}，如图 5.2.3(a)所示，图中 R 为限流电阻。为了简化电路，在以后出现的比较器电路中均省略二极管保护环节。

2. 一般单限比较器

图 5.2.4(a)所示电路为一般单限比较器，U_{REF} 为外加参考电压。根据叠加定理和"虚断"，集成运放反相输入端的电位为

$$u_N=\frac{R_2}{R_1+R_2}U_{REF}+\frac{R_1}{R_1+R_2}U_i$$

令 $u_N=u_P=0$，则求出的 u_i 就是阈值电压，因此得出

$$U_T=-\frac{R_2}{R_1}U_{REF} \tag{5.2.1}$$

当 $u_i<U_T$ 时，$u_N<u_P$，所以 $u'_o=+U_{om}$，$u_o=U_{OH}=+U_Z$；当 $u_i>U_T$ 时，$u_N>u_P$，所以 $u'_o=-U_{om}$，$u_o=U_{OL}=-U_z$。若 $U_{REF}<0$，则图 5.2.4(a)所示电路的电压传输特性如图 5.2.4(b)

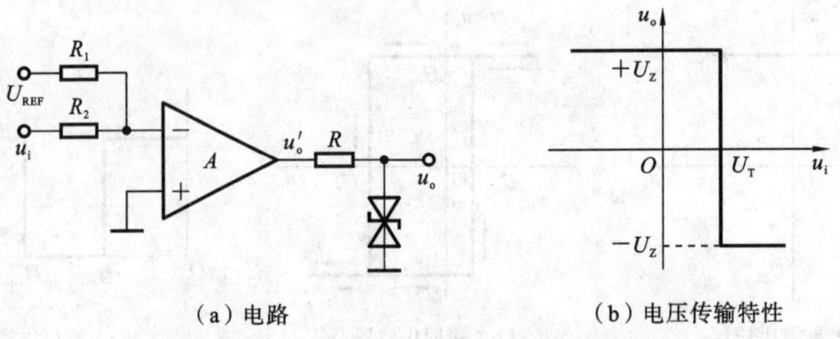

图 5.2.4 一般单限比较器及其电压传输特性

所示。根据式(5.2.1)可知,只要改变参考电压的大小和极性以及电阻 R_1 和 R_2 的阻值,就可以改变阈值电压的大小和极性。若要改变 u_i 过 U_T 时的跃变方向,则将集成运放的同相输入端和反相输入端所外接电路互换。

综上所述,分析电压传输特性三个要素的方法如下。

(1) 通过研究集成运放输出端所接的限幅电路来确定电压比较器的输出低电平 U_{OL} 和输出高电平 U_{OH}。

(2) 分别求出集成运放同相输入端电位 u_P 和反相输入端电位 u_N 的表达式,令 $u_N=u_P$,解得的输入电压就是阈值电压 U_T。

(3) u_o 在 u_i 过 U_T 时的跃变方向取决于 u_i 作用于集成运放的哪个输入端。当 u_i 从反相输入端(或通过电阻)输入时,当 $u_i<U_T$ 时,$u_N<u_P$,$u_o=U_{OH}$;当 $u_i>U_T$ 时,$u_N>u_P$,$u_o=U_{OL}$。当 u_i 从同相输入端(或通过电阻)输入时,当 $u_i<U_T$ 时,$u_P<u_N$,$u_o=U_{OL}$;当 $u_i>U_T$ 时,$u_P>u_N$,$u_o=U_{OH}$。

5.2.3 滞回比较器

单限比较器虽然有电路简单、灵敏度高等优点,但其抗干扰能力差。某一单限比较器,当 u_i 中含有噪声或者电压干扰时,其输入和输出电压波形如图 5.2.5 所示,由于在 $u_i=U_T$ 附近出现干扰,u_o 将时而为 U_{OH},时而为 U_{OL},导致比较器输出不稳定。如果用这个输出电压 u_o 去控制电机,将出现频繁启停现象,这种情况是不允许的。

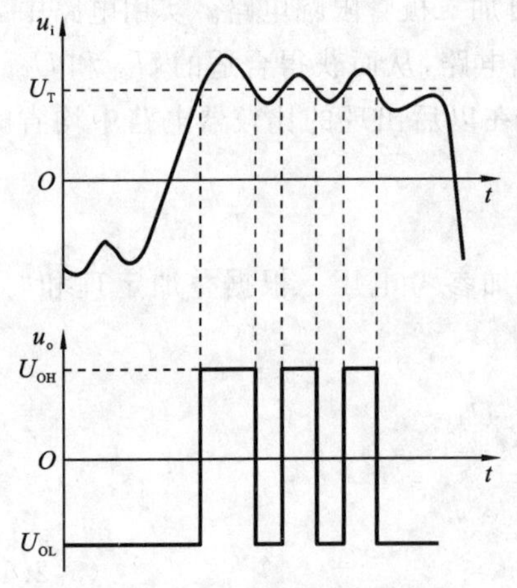

图 5.2.5 单限比较器输入和输出电压波形

1. 电路组成

为了防止这一现象的发生,需要对比较器的电压传输特性进行修正,使其具有一定的容差能力,将比较器输出状态的两个跃变处设置不同的参考电压。为了获得图 5.2.6(c)所示的电压传输特性,在单限比较器的基础上引入正反馈网络,如图 5.2.7 所示,组成了双阈值的反相输入滞回比较器(又称施密特触发器)。如果 u_i 与 U_{REF} 位置互换,则可组成同相输入滞回比较器。由于正反馈作用,比较器的阈值电压随输出电压 u_o 变化而改变。它的灵敏度低一些,但抗干扰能力大大提高了。

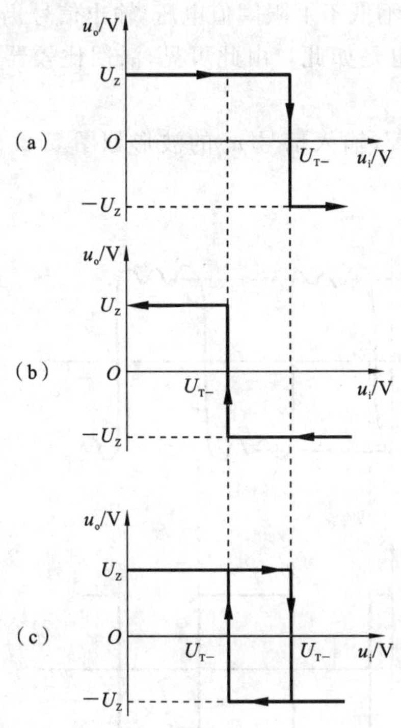

图 5.2.6 反相滞回比较器电压传输特性

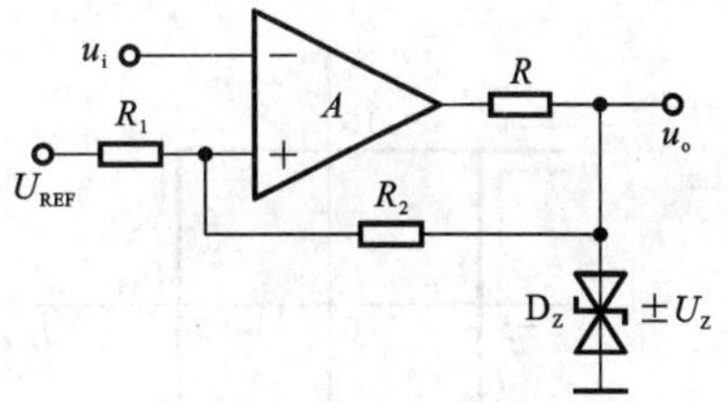

图 5.2.7 反相输入滞回比较器

2. 阈值电压的计算

由图 5.2.6 所示电路可以看出，由于稳压管 D_Z 的作用，$u_o=\pm U_Z$。集成运放反相输入端电位 $u_N=u_i$，显然这里的 u_P 值实际就是阈值电压 U_T，利用叠加定理有

$$U_T=u_P=\frac{R_2}{R_1+R_2}U_{REF}+\frac{R_1}{R_1+R_2}u_o$$

根据输出电压 $u_o=\pm U_Z$，可求出下阈值电压 U_{T-} 和上阈值电压 U_{T+} 为

$$U_{T-}=\frac{R_2}{R_1+R_2}U_{REF}-\frac{R_1}{R_1+R_2}U_Z \tag{5.2.2}$$

$$U_{T+}=\frac{R_2}{R_1+R_2}U_{REF}+\frac{R_1}{R_1+R_2}U_Z \tag{5.2.3}$$

两者之间的差($U_{T+}-U_{T-}$)称为**回差电压**。

3. 电压传输特性

设 $u_i=0$，$u_o=U_Z$，则阈值电压为 U_{T+}。

当 u_i 由零向正方向增加到接近 U_{T+} 前，u_o 一直保持 $u_o=U_Z$ 不变。当 u_i 增加到略大于 U_{T+} 时，u_o 由 U_Z 跃变到 $-U_Z$，同时阈值电压变为 U_{T-}，u_i 再增加，u_o 保持 $u_o=-U_Z$ 不变，其电压传输特性如图 5.2.6(a)所示。

若减小 u_i，只要 $u_i>U_{T-}$，u_o 将始终保持 $u_o=-U_Z$ 不变，只有当 $u_i<U_{T-}$ 时，u_o 才由 $-U_Z$ 跃变到 U_Z，其电压传输特性如图 5.2.6(b)所示。把图 5.2.6(a)(b)的传输特性结合在一起，就构成了如图 5.2.6(c)所示完整的电压传输特性。改变 U_{REF} 的正、负和大小，即可改变 U_{T+} 和 U_{T-} 的正、负和大小。

当输入信号超过上限阈值电压时，滞回比较器就会翻转到输出低电平，这时，即使由于干扰而出现波动使输入信号小于上限阈值电压，但只要不低于下限阈值电压，输出信号仍然会保持不变，不发生错误的翻转。同理，在下限阈值电压也是如此。由此可见，滞回比较器有较强的抗干扰能力。

【例 5.2.1】 电路如图 5.2.8(a)所示，$U_Z=10\ \text{V}$，输入信号 u_i 的波形如图 5.2.8(b)所示，画出其电压传输特性和输出电压 u_o 的波形。

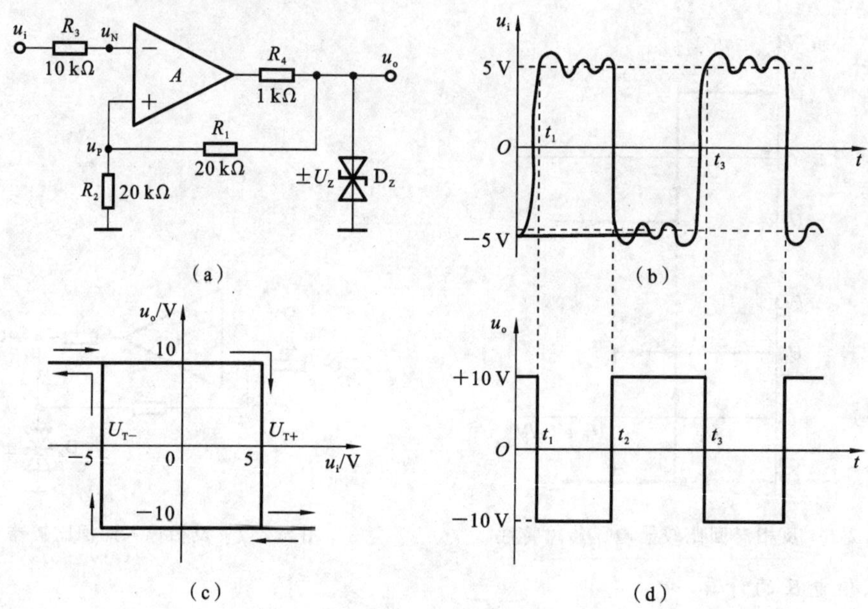

图 5.2.8 例 5.2.1 电路及波形

解 (1) 由电路图可知

$$u_N=u_i$$

则有

$$U_T=u_P=\frac{R_2}{R_1+R_2}u_o$$

则可求出

$$U_{T-}=-\frac{R_2}{R_1+R_2}U_Z=-\frac{20}{20+20}\times10=-5\ \text{V}$$

$$U_{T+}=\frac{R_2}{R_1+R_2}U_Z=\frac{20}{20+20}\times10=5\ \text{V}$$

(2) 画出电压传输特性。

由于图 5.2.8(a)与图 5.2.7 的差别是 $U_{REF}=0$，因此可画出电压传输特性如图 5.2.8(c)所示，此时的上阈值电压和下阈值电压对称于纵轴。

(3) 根据图 5.2.8(b)和图 5.2.8(c)可画出 u_o 的波形。

当 $t=0$ 时，由于 $u_i<U_{T-}=-5\ \text{V}$，所以 $u_o=10\ \text{V}$，阈值电压为 U_{T+}。当 $u_i<U_{T+}=5\ \text{V}$ 时，u_o 保持 10 V 不变。

当 $t=t_1$ 时，$u_i>U_{T+}$，u_o 由 10 V 跃变到 −10 V，阈值电压由 U_{T+} 变为 U_{T-}，当 $u_i>U_{T-}$ 时，u_o 保持 −10 V 不变。

当 $t=t_2$ 时，$u_i \leqslant -5$ V，u_o 又由 -10 V 跃变到 10 V，阈值电压由 U_{T-} 变为 U_{T+}。

以此类推，可画出 u_o 的波形，如图 5.2.8(d)所示。由图 5.2.8(d)可知，虽然 u_i 的波形很不“整齐”，但得到的 u_o 是一近似矩形波。因此，图 5.2.8(a)所示电路可用于波形整形。具有迟滞特性的比较器在控制系统、信号甄别和波形产生电路中应用广泛。

【例 5.2.2】 设计一个电压比较器，使其电压传输特性如图 5.2.9(a)所示，除稳压管的限流电阻外，要求所用电阻的阻值在 20～100 kΩ。

解 根据电压传输特性可知，输入电压作用于同相输入端，而且 $u_o=\pm U_Z=\pm 6$ V，$U_{T+}=-U_{T-}=3$ V，电路没有外加参考电压，故电路如图 5.2.9(b)所示。求解阈值电压的表达式为

$$u_P=\frac{R_2}{R_1+R_2}U_i+\frac{R_1}{R_1+R_2}u_o$$

$$\pm U_T=\pm\frac{R_1}{R_2}U_Z=\left(\pm\frac{R_1}{R_2}6\right)\text{ V}=\pm 3\text{ V}$$

解得
$$R_2=2R_1$$

若 R_1 取为 25 kΩ，则 R_2 应取为 50 kΩ；若 R_1 取为 50 kΩ，则 R_2 应取为 100 kΩ。

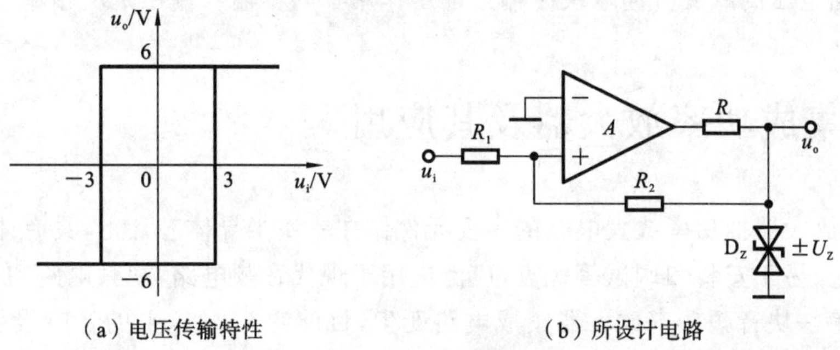

(a) 电压传输特性 (b) 所设计电路

图 5.2.9 例 5.2.2 图

5.2.4 窗口比较器

图 5.2.10(a)所示为一种窗口比较器，外加参考电压 $U_{RL}<U_{RH}$，电阻 R_1、R_2 和稳压管 D_Z 构成限幅电路。

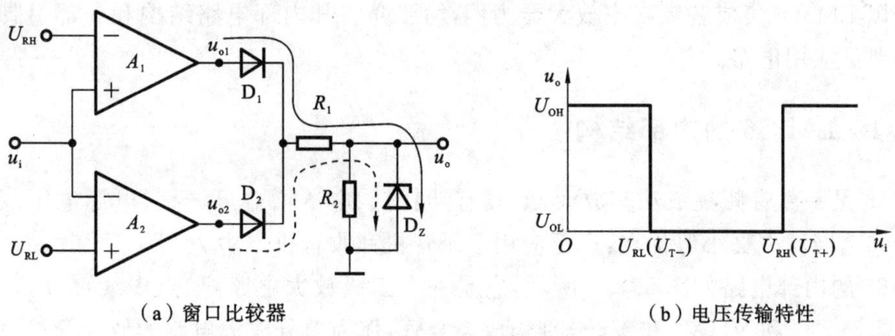

(a) 窗口比较器 (b) 电压传输特性

图 5.2.10 窗口比较器及其电压传输特性

当输入电压 u_i 大于 U_{RH} 时，必然大于 U_{RL}，所以集成运放 A_1 的输出 $u_{o1}=+U_{om}$，A_2 的输

出 $u_{o1}=-U_{om}$，使得二极管 D_1 导通，D_2 截止，电流通路如图 5.2.10 中实线所标注，稳压管 D_Z 工作在稳压状态，输出电压 $u_o=+U_Z$。

当输入电压 u_i 小于 U_{RL} 时，必然小于 U_{RH}，所以集成运放 A_1 的输出 $u_{o1}=-U_{om}$，A_2 的输出 $u_{o2}=+U_{om}$，使得二极管 D_2 导通，D_1 截止，电流通路如图 5.2.10 中虚线所标注，稳压管 D_Z 工作在稳压状态，输出电压 $u_o=+U_Z$。

当 $U_{RL}<u_i<U_{RH}$ 时，$u_{o1}=u_{o2}=-U_{om}$，所以 D_2 和 D_1 均截止，稳压管截止 $u_o=0$ V。

U_{RH} 和 U_{RL} 分别为比较器的两个阈值电压，设 U_{RH} 和 U_{RL} 均大于零，则图 5.2.10(a)所示窗口比较器的电压传输特性如图 5.2.10(b)所示。

通过以上三种电压比较器的分析，可得出如下结论。

(1) 电压比较器电路的显著特征是集成运放多工作在非线性区，可据此识别电路，其输出电压只有高电平和低电平两种可能的情况。

(2) 通常用电压传输特性来描述输出电压与输入电压的函数关系。

(3) 电压传输特性的三个要素是输出电压的高、低电平，阈值电压和输出电压的跃变方向。输出电压的高、低电平取决于限幅电路；令 $u_N=u_P$，所求出的 u_i 就是阈值电压；u_i 等于阈值电压时，输出电压的跃变方向取决于输入电压作用于同相输入端还是反相输入端。

5.3 集成功率放大器及其应用

集成功率放大器把功率放大电路的主要元件做在一块半导体芯片上，具有体积小、外围元件小、性能稳定、易于安装和调试等优点，广泛应用于现代音频电路、视频电路和自动控制电路中。1967 年，第一块音频功率放大器集成电路诞生，目前约 95%以上的音响设备上的音频功率放大器都采用了集成电路。据统计，音频功率放大器集成电路的产品品种已超过 300 种。从输出功率容量来看，已从不到 1 W 的小功率放大器，发展到 10 W 以上的中功率放大器，直到 25 W 以上的厚膜集成功率放大器。从电路的结构来看，已从单声道的单路输出集成功率放大器，发展到双声道立体声的二重双路输出集成功率放大器。从电路的功能来看，已从一般的 OTL 功率放大器，发展到具有过压保护电路、过热保护电路、负载短路保护电路、电源浪涌过冲电压保护电路、静噪声抑制电路、电子滤波电路等功能更强的集成功率放大器。

本节以 LM386 集成音频功率放大器为例，简要介绍其内部电路结构和外部引脚功能，并给出几种典型应用电路。

5.3.1 LM386 的内部结构

LM386 是一款音频集成功率放大器，具有功耗低、电压增益可调整、电源电压范围大、外接元件少和总谐波失真小等优点，广泛应用于录音机和收音机之中。

LM386 的内部电路如图 5.3.1 所示，它是一个三级放大电路，如点虚线部分。第一级为差分放大电路，V_1 和 V_2、V_3 和 V_4 分别构成复合管，作为差分放大电路的放大管；V_5 和 V_6 组成的镜像电流源作为 V_1 和 V_3 的有源负载；差分输入信号分别从 V_2 和 V_4 管的基极输入，从 V_3 管的集电极输出，为双端输入、单端输出差分电路。

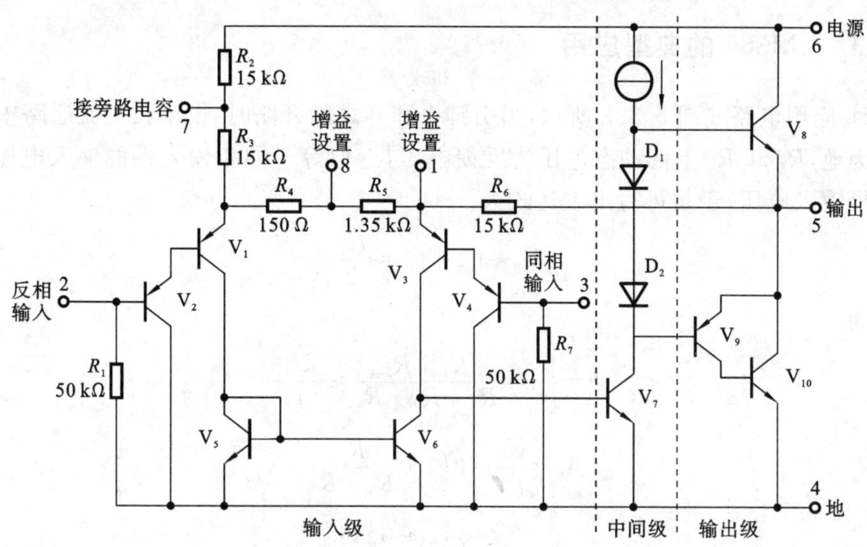

图 5.3.1 LM386 的内部电路

第二级为共射放大电路，V_7 为放大管，采用恒流源作有源负载，以提高本级的电压放大倍数。

第三级中的 V_9 和 V_{10} 复合成 PNP 型管，与 NPN 型管 V_8 构成准互补输出级。二极管 D_1 和 D_2 为输出级提供合适的偏置电压，可以消除交越失真。电路单电源供电，故为 OTL 电路。输出端（引脚 5）应外接输出电容后再接负载。电阻 R_6 从输出端连接到 V_3 的发射极，形成反馈通路，并与 R_4 和 R_5 构成反馈网络，从而引入深度电压串联负反馈，使整个电路具有稳定的电压增益。

5.3.2 LM386 的外部引脚及特点

LM386 采用 8 脚双列直插(dual inline package，DIP)封装，引脚排列如图 5.3.2 所示，引脚 2 为反相输入端，引脚 3 为同相输入端，引脚 5 为输出端，引脚 6 和 4 分别为电源和地，引脚 1 和 8 为电压增益设定端，使用时在引脚 7 和地之间接一个旁路电容，该电容通常取 10 μF。

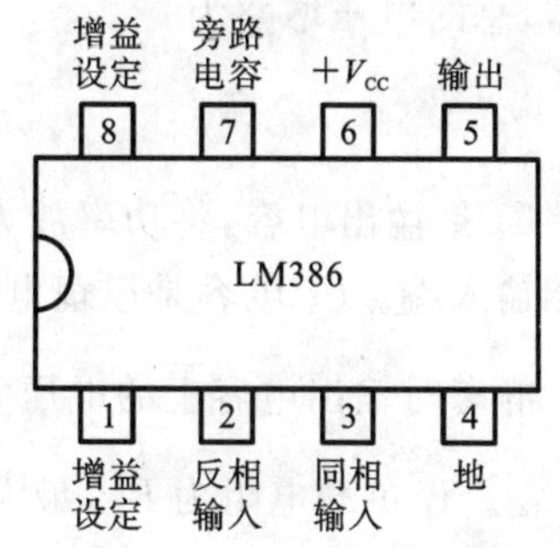

图 5.3.2 LM386 的引脚排列

集成功率放大器克服了晶体管分立元件功率放大器的诸多缺点，性能优良，保真度高，稳定可靠，而且所用外围元件少，结构简单，调试非常方便。

LM386 的工作电源电压范围大(4～12 V)，使用灵活、方便，是具有足够输出功率的通用集成功率放大器，如果在引脚 1 和 8 之间，用 10 μF 电容串入适当电阻，其增益在 20～200 自由设定。

LM386 消耗的静态电流约为 4 mA，输入阻抗为 10 kΩ，频带宽度 300 kHz，内部设有过载保护电路。

5.3.3 LM386 的典型应用

LM386 应用电路如图 5.3.3 所示，当引脚 1 和 8 之间开路时，由于在交流通路中 V_1 管发射极近似为地，R_4 和 R_5 上的动态电压为反馈电压，近似等于同相输入端的输入电压，即为二分之一差模输入电压，于是可写出表达式为

$$\dot{U}_f \approx \dot{U}_4 + \dot{U}_5 \approx \frac{\dot{U}_i}{2}$$

反馈系数为

$$F = \frac{\dot{U}_f}{\dot{U}_o} = \frac{R_4 + R_5}{R_4 + R_5 + R_6} \approx \frac{\dot{U}_i}{2\dot{U}_o}$$

$$A_u = \frac{\dot{U}_o}{\dot{U}_i} = 2\left(1 + \frac{R_6}{R_4 + R_5}\right)$$

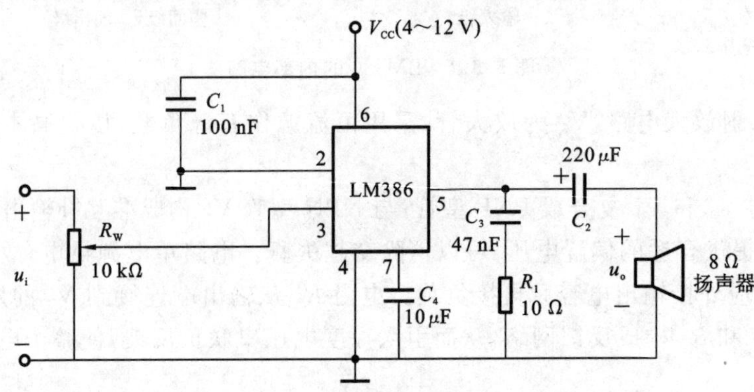

图 5.3.3　LM386 组成的最小增益功率放大器

因为 $R_6 \gg R_4 + R_5$，所以 $A_u = \frac{\dot{U}_o}{\dot{U}_i} \approx \frac{2R_6}{R_4 + R_5}$，图 5.3.3 是由 LM386 组成的最小增益功率放大器，总的电压增益为

$$A_u = \frac{2R_6}{R_4 + R_5} = \frac{2 \times 15}{0.15 + 1.35} = 20$$

C_2 是输出电容，将功率放大器的输出交流送到负载上，输入信号通过 R_W 接到 LM386 的同相输入端。C_1 电容是退耦电容，R_1-C_3 网络起消除高频自激振荡作用。

静态时输出电容上的电压为 $\frac{1}{2}V_{CC}$，LM386 的最大不失真输出电压的峰-峰值约为电源电压 V_{CC}。设负载电阻为 R_L，最大输出功率表达式为

$$P_{om} = \frac{\left(\frac{V_{CC}}{2\sqrt{2}}\right)^2}{R_L} = \frac{(V_{CC})^2}{8R_L}$$

若要得到最大增益的功率放大电路，可采用图 5.3.4 所示电路。电路中 LM386 的 1 脚和 8 脚之间接入一个电解电容器，将电阻 R_5 交流短路，则该电路的电压增益将变得最大，即

$$A_u = \frac{2R_6}{R_4} = \frac{2 \times 15}{0.15} = 200$$

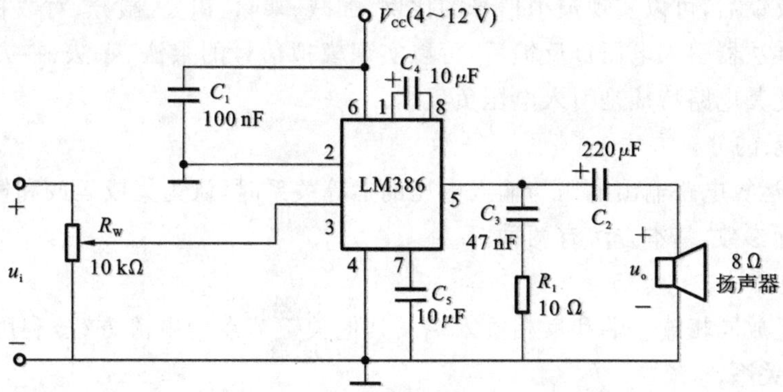

图 5.3.4 LM386 组成的最大增益功率放大器

电路其他元件的作用与图 5.3.3 作用一样。若要得到任意增益的功率放大器，可采用图 5.3.5 所示电路。该电路的电压增益为

$$A_u=\frac{2R_6}{R_4+R_5/\!/R_2}$$

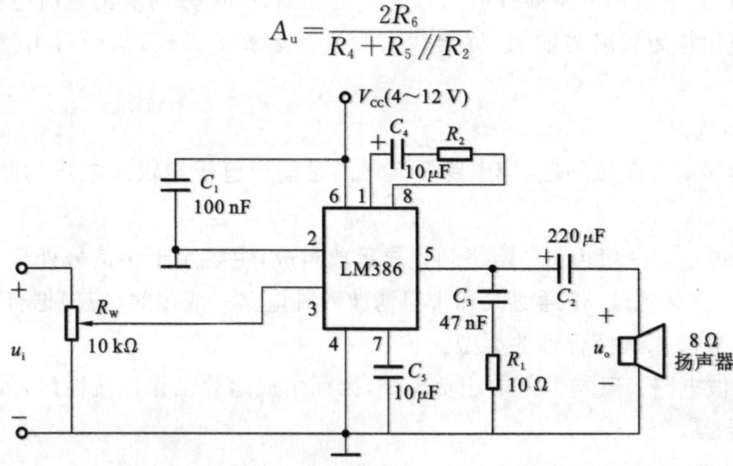

图 5.3.5 LM386 组成的任意增益功率放大器

改变 R_2 的值，就可以使电路的电压增益在 20～200 变化。

实际上，在引脚 1 和 5(即输出端)之间外接电阻也可改变电路的电压放大倍数，设引脚 1 和 5 之间外接电阻为 R'，则

$$A_u=\frac{2(R_6/\!/R')}{R_4+R_5}$$

应当指出，在引脚 1 和 8(或者 1 和 5)外接电阻时，应只改变交流通路，所以必须在外接电阻回路中串联一个大容量电容，如图 5.3.5 所示电路中的 C_4 和 R_2。

5.4 本章小结

1. 基本运算电路

1) 运算电路的特点

运算电路研究时域，即电路实现的输出电压为该时刻输入电压某种运算的结果。集成运

放引入电压负反馈后，可以实现模拟信号的比例、加减、乘除、积分、微分、对数和指数等各种基本运算。模拟乘法器引入电压负反馈后，可以实现模拟信号的乘法、除法、乘方和开方等各种基本运算。因此其电路特征是引入电压负反馈。

2）运算关系的分析方法

通常，求解运算电路输出电压与输入电压的运算关系时，认为集成运放和模拟乘法器均具有理想化的指标参数，基本方法有两种。

(1) 节点电流法。

列出集成运放同相输入端和反相输入端及其他关键节点的电流方程，利用虚短和虚断的概念，求出运算关系。

(2) 叠加原理法。

对于多信号输入的电路，可以分别求出每个输入电压单独作用时的输出电压，然后将它们相加，就是所有信号同时输入时的输出电压，也就得到了输出电压与输入电压的运算关系。

对于多级电路，一般均可将前级电路看成是恒压源，故可分别求出各级电路的运算关系，然后以前级的输出作为后级的输入，逐级代入后级的运算关系式，从而得出整个电路的运算关系。

2. 有源滤波电路

有源滤波电路研究频域问题，即电路要实现的是输出电压与输入电压的频率成分之间的函数关系。

(1) 有源滤波电路一般由 RC 网络和集成运放组成，主要用于小信号处理，按其幅频特性可分为低通滤波、高通滤波、带通滤波和带阻滤波四种电路。应用时，应根据有用信号、无用信号和干扰等所占频段来选择合理的类型。

(2) 有源滤波电路一般均引入电压负反馈，因而集成运放工作在线性区，故分析方法与运算电路基本相同。

3. 电压比较器

(1) 电压比较器能够将模拟信号转化成数字信号特点的两值信号，即高电平或低电平，其电路中的集成运放工作在非线性区。它既用于信号转换，又可作为正弦波发生电路的重要组成部分。

(2) 通常用电压传输特性来描述电压比较器的输出电压与输入电压的函数关系。电压传输特性具有三个要素：一是输出电平；二是阈值电压；三是输出电压的跃变方向，它取决于输入电压是作用于集成运放的反相输入端还是同相输入端。

(3) 本章介绍了单限比较器、滞回比较器和窗口比较器。单限比较器只有一个阈值电压；滞回比较器有两个阈值电压，当输入电压向单一方向变化时输出电压仅跃变一次；窗口比较器有两个阈值电压，当输入电压向单一方向变化时，输出电压跃变两次。

4. 本章基本要求

(1)“会看”，即能够识别运算电路；“会算”，即掌握基本运算电路输出电压和输入电压运算关系的分析方法；“会选”，即根据需求选择电路和电路参数。

(2) 应用时，应根据有用信号、无用信号和干扰等所占频段来选择合理的滤波器类型。

(3) 理解典型电压比较器的电路组成、工作原理和性能特点。

习 题 5

5.1 现有电路：

A. 反相比例运算电路　　B. 同相比例运算电路

C. 积分运算电路　　D. 微分运算电路

E. 加法运算电路　　F. 乘方运算电路

选择一个合适的答案填入空内。

(1) 欲将正弦波电压移相+90°，应选用(　　)。

(2) 欲将正弦波电压转换成二倍频电压，应选用(　　)。

(3) 欲将正弦波电压叠加上一个直流量，应选用(　　)。

(4) 欲实现 $A_u=-100$ 的放大电路，应选用(　　)。

(5) 欲将方波电压转换成三角波电压，应选用(　　)。

(6) 欲将方波电压转换成尖顶波波电压，应选用(　　)。

5.2 填空。

(1) 为了避免 50 Hz 电网电压的干扰进入放大器，应选用(　　)滤波电路。

(2) 已知输入信号的频率为 10～12 kHz，为了防止干扰信号的混入，应选用(　　)滤波电路。

(3) 为了获得输入电压中的低频信号，应选用(　　)滤波电路。

(4) 为了使滤波电路的输出电阻足够小，保证负载电阻变化时滤波特性不变，应选用(　　)滤波电路。

5.3 电路如题 5.3 图所示，集成运放输出电压的最大幅值为±14 V，填表。

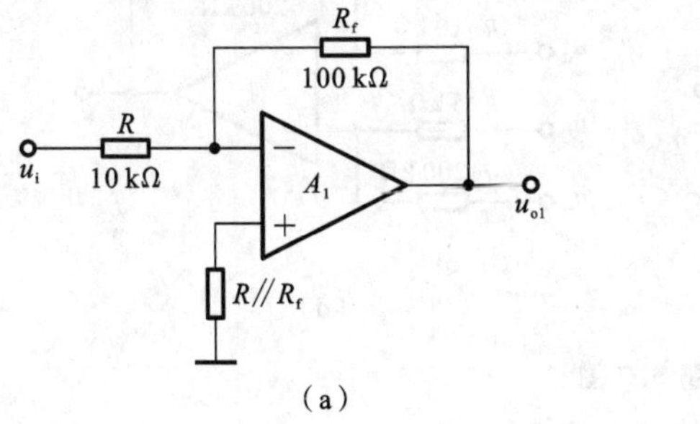

(a)

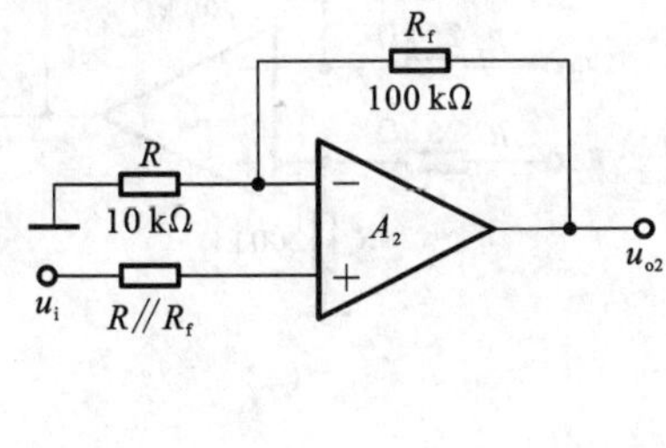

(b)

题 5.3 图

题 5.3 表

u_i/V	0.1	0.5	1.0	1.5
u_{o1}/V				
u_{o2}/V				

5.4 电路如题 5.4 图所示，试求其输入电阻和比例系数。

5.5 电路如题 5.4 图所示，集成运放输出电压的最大幅值为±14 V，u_i 为 2 V 的直流信号。分别求出下列各种情况下的输出电压：

(1) R_2 短路；(2) R_3 短路；(3) R_4 短路；(4) R_4 断路。

5.6 直流毫伏表电路如题 5.6 图所示，当 $R_2 \gg R_3$ 时，(1) 试证明 $U_s=(R_1R_3/R_2)I_M$；当 $R_3=1\ \text{k}\Omega$，$R_2=R_1=150\ \text{k}\Omega$，输入信号电压 $U_s=100\ \text{mV}$ 时，通过毫伏表的最大电流 $I_{M(max)}$ 为多少？

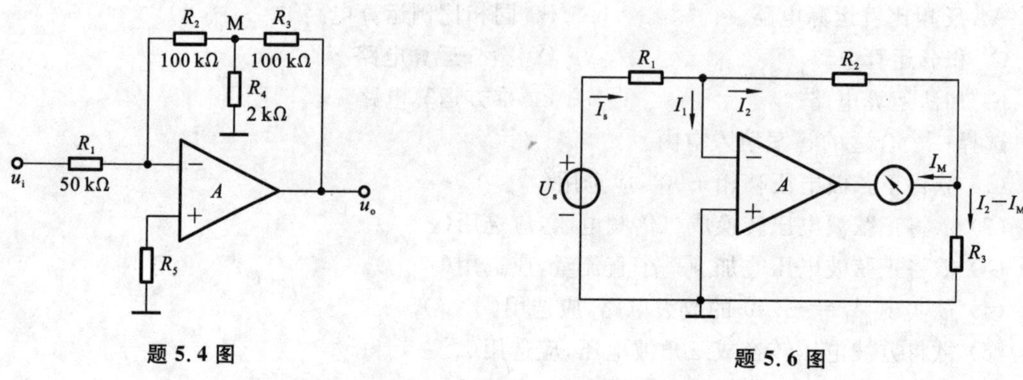

题 5.4 图　　　　题 5.6 图

5.7 试求题 5.7 图所示各电路输出电压与输入电压的运算关系式。

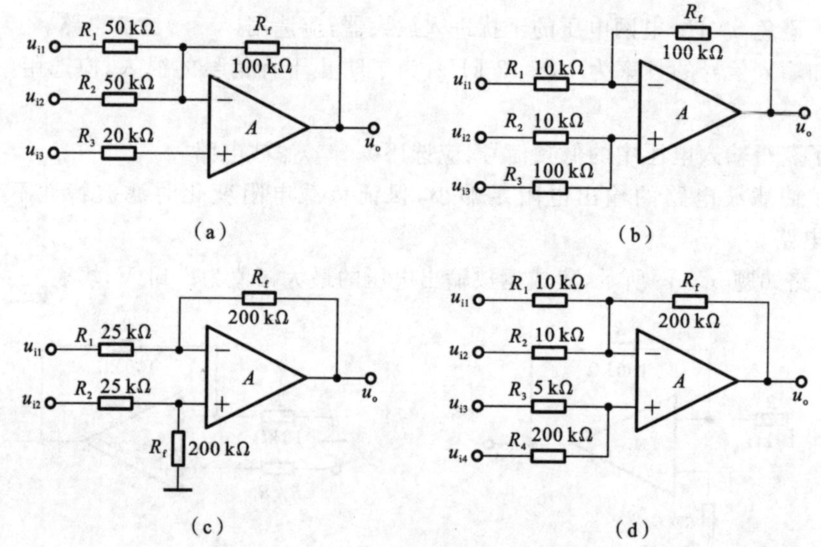

题 5.7 图

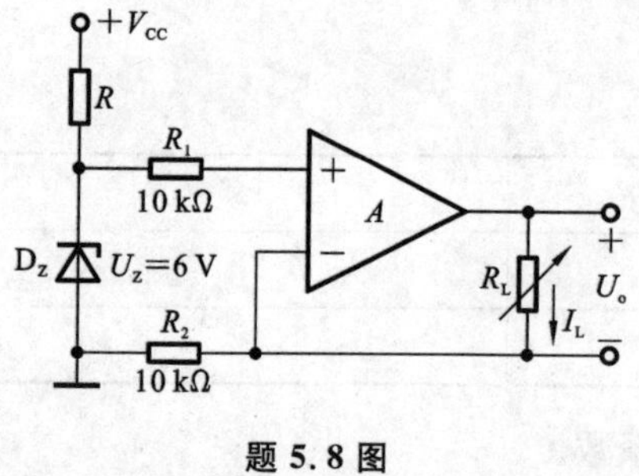

题 5.8 图

5.8 题 5.8 图所示为恒流源电路，已知稳压管工作在稳压状态，试求负载电阻 R_L 中的电流；若要求 R_L 中电流的变化范围为 1～10 mA，则电阻 R_2 应如何变化？

5.9 分别求解题 5.9 图所示各电路的运算关系。

5.10 在题 5.10 图(a)所示电路中，已知输入电压 u_i 的波形如题 5.10 图(b)所示，当 $t=0$ 时 $u_C=0$。试画出输出电压 u_o 的波形。

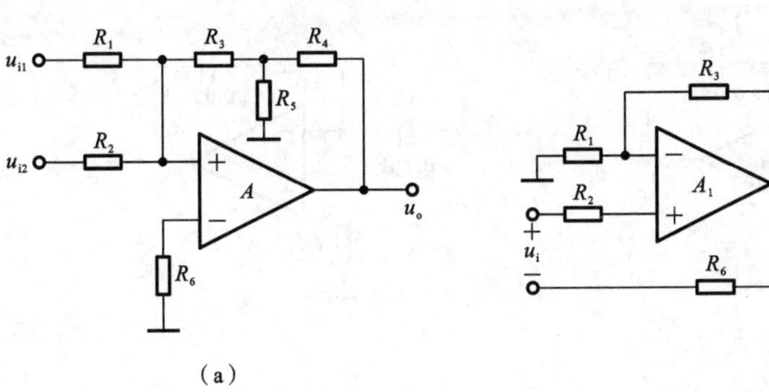

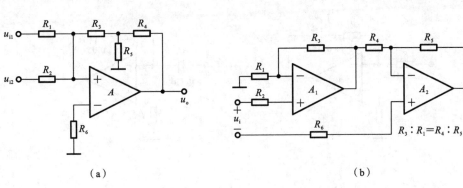

(a)　　　　　　　　　　　　　　(b)

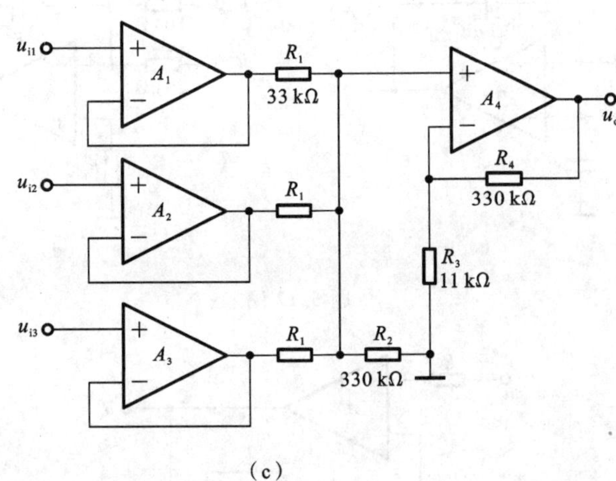

(c)

题 5.9 图

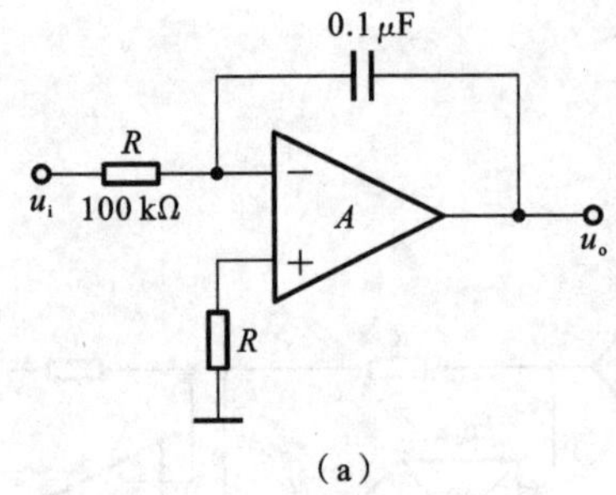

(a)

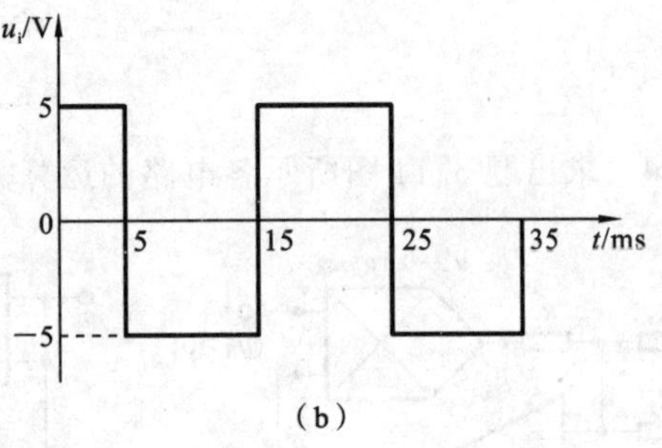

(b)

题 5.10 图

5.11 已知题 5.11 图所示电路输入电压 u_i 的波形如题 5.10 图(b)所示，且当 $t=0$ 时 $u_C=0$。试画出输出电压 u_o 的波形。

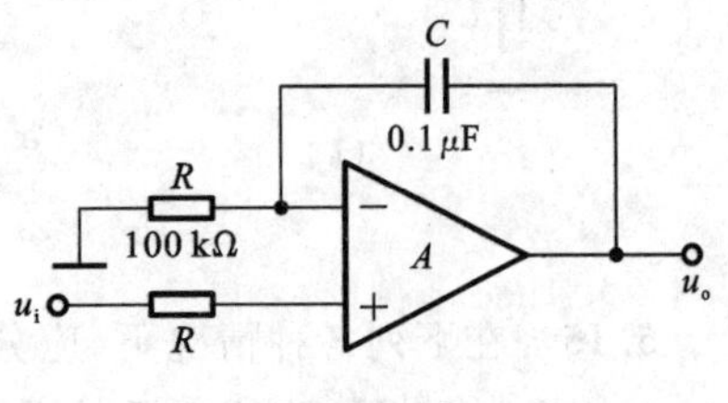

题 5.11 图

5.12 试分别求解题 5.12 图所示各电路的运算关系。

5.13 使题 5.13 图所示电路实现除法运算。

(1) 标出集成运放的同相输入端和反相输入端；

(2) 求出 u_o 和 u_{i1}、u_{i2} 的运算关系式。

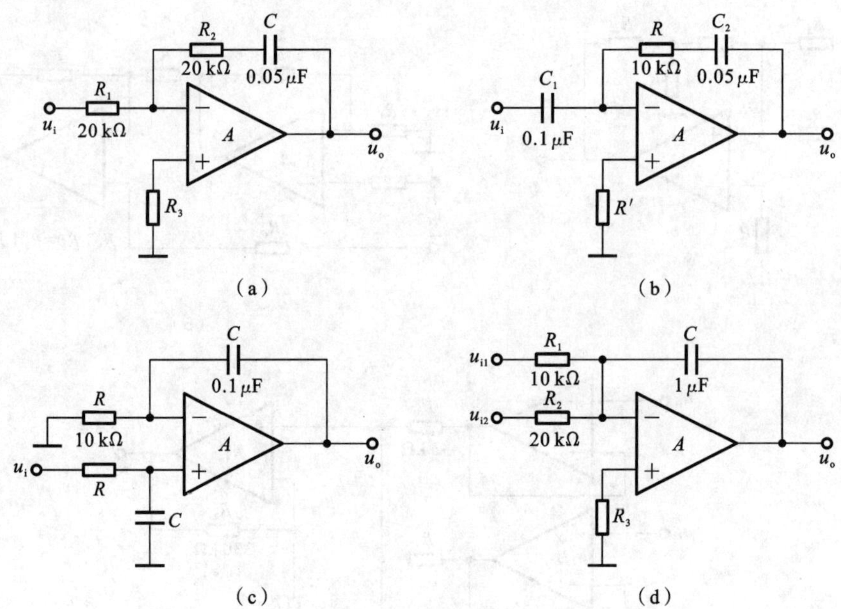

题 5.12 图

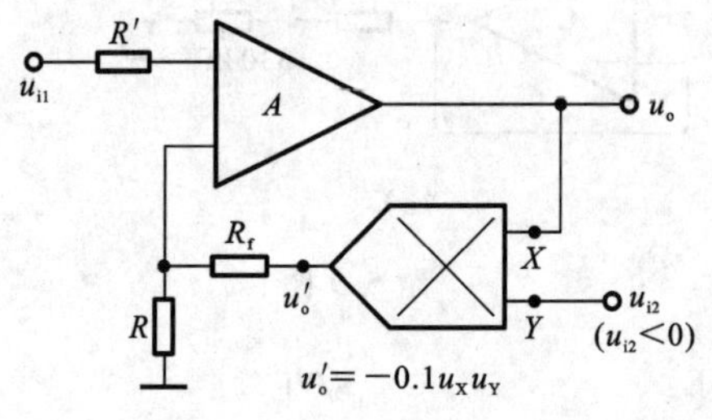

题 5.13 图

5.14 求出题 5.14 图所示各电路的运算关系。

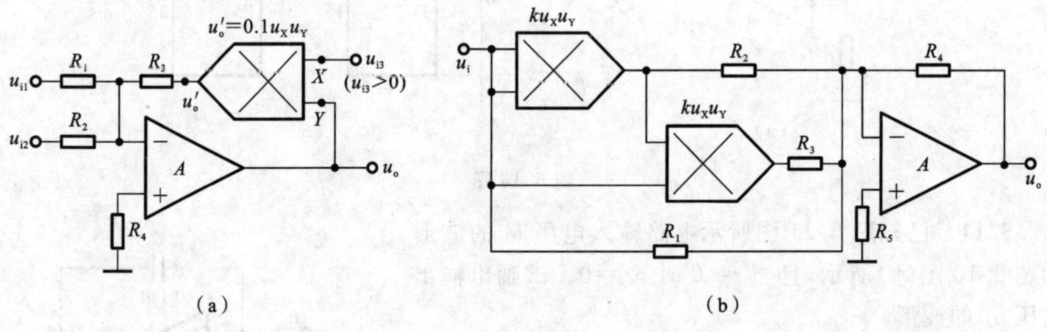

题 5.14 图

5.15 在下列各种情况下，应分别采用哪种类型(低通、高通、带通、带阻)的滤波电路。

(1) 抑制 50 Hz 交流电源的干扰；

(2) 处理具有 1 Hz 固定频率的有用信号；

(3) 从输入信号中取出低于 2 kHz 的信号；

(4) 抑制频率为 100 kHz 以上的高频干扰。

5.16 试说明题 5.16 图所示各电路属于哪种类型的滤波电路,是几阶滤波电路。

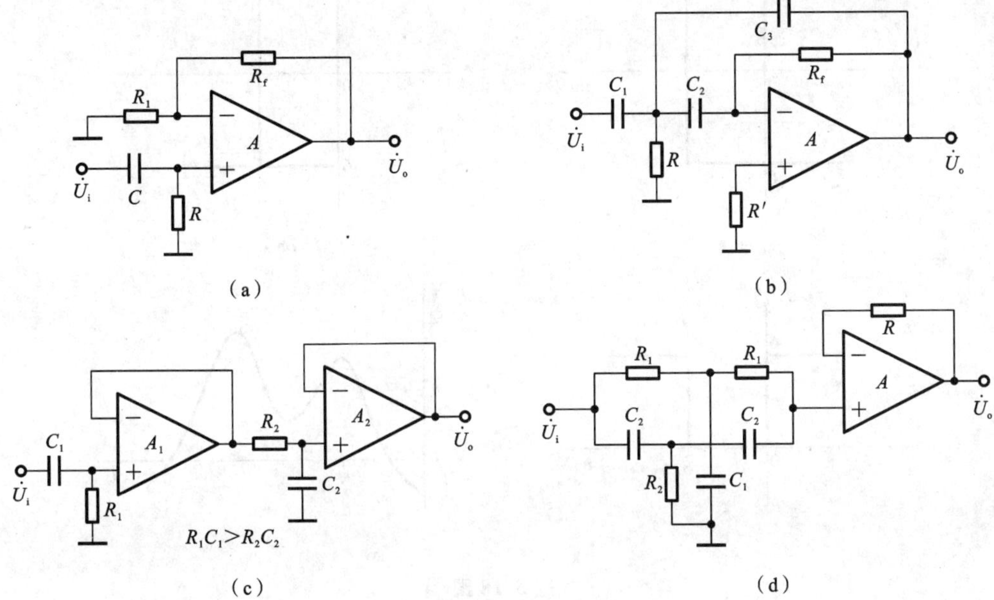

题 5.16 图

5.17 试分别求解题 5.17 图所示各电路的电压传输特性。

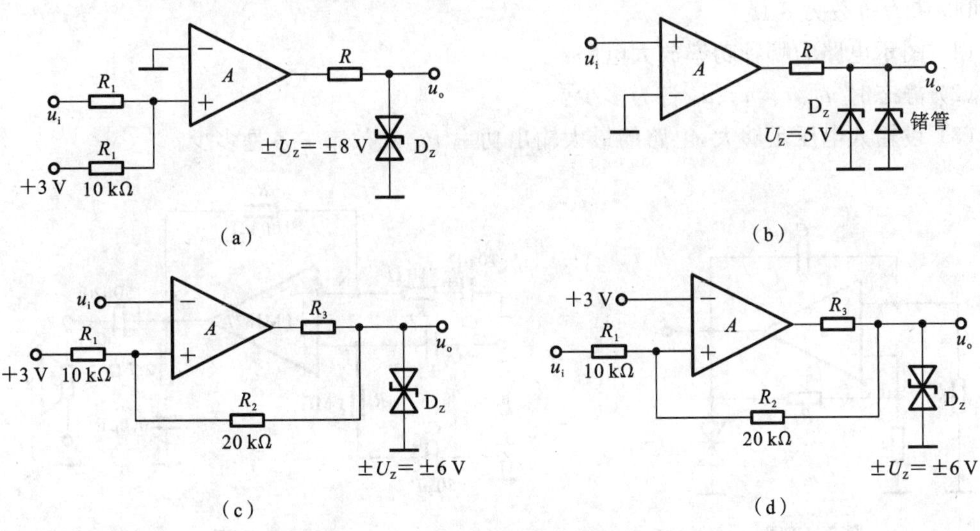

题 5.17 图

5.18 已知三个电压比较器的电压传输特性分别如题 5.18 图(a)(b)(c)所示,它们的输入电压波形均如题 5.18 图(d)所示,试画出 u_{o1}、u_{o2} 和 u_{o3} 的波形。

5.19 题 5.19 图所示电路为某同学所接的方波发生电路,试找出图中的三个错误,并改正。

5.20 LM1877N-9 为 2 通道低频功率放大电路,单电源供电,最大不失真输出电压的峰

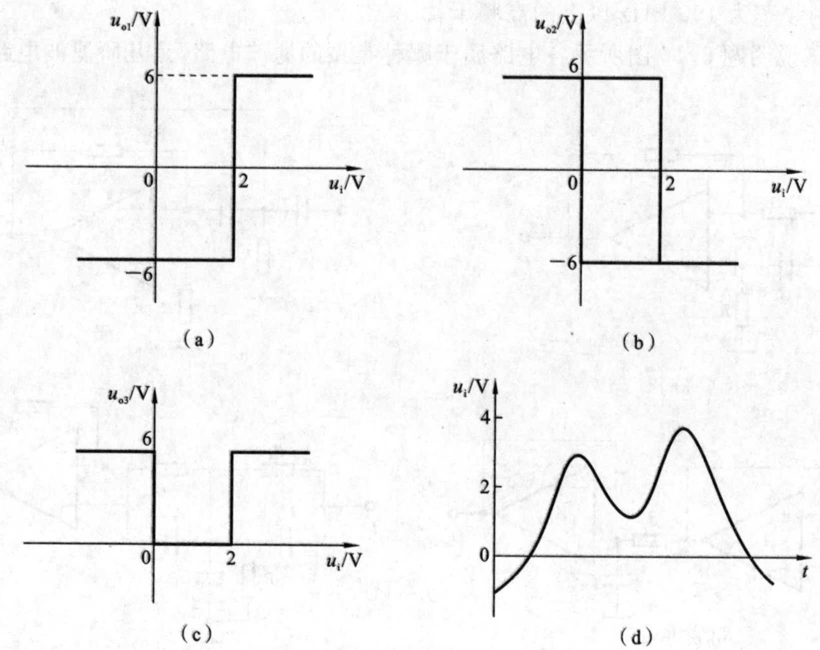

题 5.18 图

峰值 $U_{OPP}=(V_{CC}-6)$ V，开环电压增益为 70 dB。题 5.20 图所示为 LM1877N-9 中一个通道组成的实用电路，电源电压为 24 V，$C_1\sim C_3$ 对交流信号可视为短路；R_3 和 C_4 起相位补偿作用，可以认为负载为 8 Ω。

（1）图示电路为哪种功率放大电路？

（2）静态时 u_P、u_N、u_o'、u_o 各为多少？

（3）设输入电压足够大，电路的最大输出功率 P_{om} 和效率 η 各是多少？

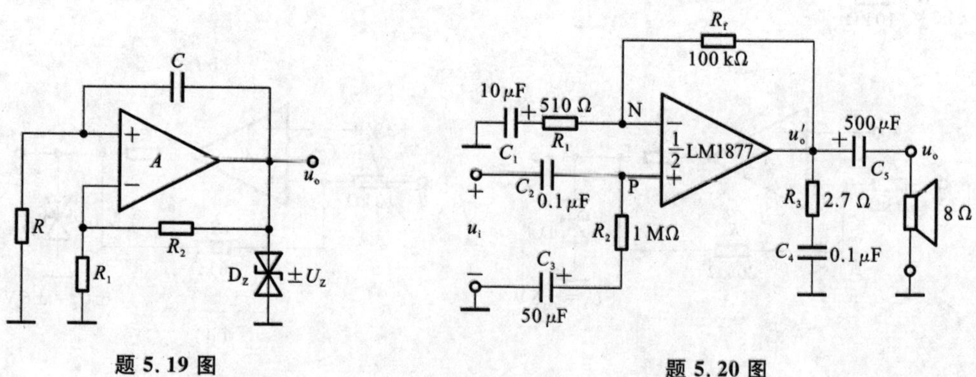

题 5.19 图　　题 5.20 图

第6章 波形产生与变换电路

【本章导读】 本章主要讲述正弦波振荡电路、非正弦波发生电路、波形变换电路的结构组成、工作原理及参数计算方法。通过学习，掌握正弦波振荡电路的幅值平衡条件和相位平衡条件以及RC桥式正弦波振荡的原理；了解变压器反馈式、电感反馈式、电容反馈式和石英晶体正弦波振荡电路的工作原理，理解它们的振荡频率与电路参数的关系，判断电路是否可能产生振荡；理解由集成运放构成的矩形波、三角波和锯齿波发生电路的工作原理、波形分析和有关参数。

波形产生电路广泛应用于各种电子系统之中，如在测量放大电路的指标参数时需要给电路输入正弦波信号；在用示波器测试电路的电压传输特性时需要给电路输入锯齿波电压；在增益可控集成运放的控制端需要输入矩形波等。而为了使所采集的信号能够用于测量、控制、驱动或输入计算机，常常需要将信号进行变换，如将电压变换成电流、将电流变换成电压，或者将电压变换成频率与之成正比的脉冲等。本章将介绍有关波形产生和信号转换电路的组成原则、工作原理以及主要参数的计算方法。

6.1 正弦波振荡电路

正弦波振荡电路是在没有外加输入信号的情况下，依靠电路自激振荡产生正弦波输出电压的电路。它被广泛地应用于测量、遥控、通信、自动控制、热处理和超声波电焊等设备之中，也可作为模拟电子电路的测试信号。

6.1.1 概述

1. 产生正弦波振荡的条件

在负反馈放大电路中，若在低频段或高频段中存在频率 f_0，使电路产生的附加相移为 $\pm\pi$，而且在 f_0 处满足 $|AF|>1$，则电路将产生自激振荡。放大电路产生自激振荡是不被允许的，而波形产生电路恰恰利用了这个特性。

正弦波振荡电路的振荡原理在本质上与负反馈放大电路产生自激振荡的原理有相似之处，即电路需要引入正反馈以满足振荡条件。另外，振荡电路需要外加选频网络以使振荡频率人为可控，这是其电路组成的显著特征。

通常，可将正弦波振荡电路分解为图6.1.1(a)所示方框图，上一个方框为放大电路，下一个方框为反馈网络，反馈极性为正。当输入量为零时，反馈量等于输入量，如图6.1.1(b)所示。由于电扰动（如合闸通电的瞬间），电路产生一个幅值很小的输出量，它含有丰富的频率，

若电路只对频率为 f_0 的正弦波产生正反馈，则将有如下过程：

$$X_o\uparrow \rightarrow X_f\uparrow (X'_i) \rightarrow X_o\uparrow\uparrow$$

也就是输出量 X_o 的增大使反馈量 X_f 增大，因放大电路的输入量 X'_i 就是反馈量 X_f，故 X_o 将进一步增大。

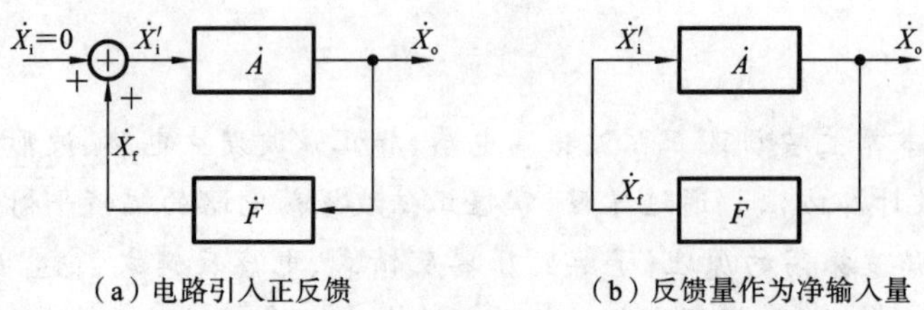

（a）电路引入正反馈　（b）反馈量作为净输入量

图 6.1.1　正弦波振荡电路的方框图

X_o 不会无限制地增大，当 X_o 增大到一定数值时，由于晶体管的非线性特性和电源电压的限制，使放大电路放大倍数的数值减小，最终 X_o 的幅值将维持在一个确定值，电路达到动态平衡。这时，输出量 X_o 通过反馈网络产生反馈量 X_f 作为放大电路的输入量 X'_i，而输入量 X'_i 又通过放大电路维持着输出量 X_o，写成表达式为

$$\dot{X}_o=\dot{A}\dot{X}_f=\dot{A}\dot{F}X_o$$

也就是说，正弦波振荡的平衡条件为

$$\dot{A}\dot{F}=1 \tag{6.1.1}$$

写成幅值与相角的形式为

$$\begin{cases}|\dot{A}\dot{F}|=1 & (6.1.2)\\ \varphi_A+\varphi_B=2n\pi(n\text{ 为整数}) & (6.1.3)\end{cases}$$

式(6.1.2)称为幅值平衡条件，式(6.1.3)称为相位平衡条件，分别简称为幅值条件和相位条件。为了使输出量有一个从小到大直至平衡的过程，电路的起振条件为

$$|\dot{A}\dot{F}|>1 \tag{6.1.4}$$

电路把频率 $f=f_o$ 以外的输出量均逐渐衰减为零，因此输出量为 $f=f_0$ 的正弦波。

2. 正弦波振荡电路的组成及分类

从以上分析可知，正弦波振荡电路必须由以下四个部分组成。

(1) 放大电路：保证电路有从起振到幅值逐渐增大直到动态平衡的过程，使电路获得一定幅值的输出量，实现能量的控制。

(2) 选频网络：确定电路的振荡频率，使电路产生单一频率的振荡，即保证电路产生正弦波振荡。

(3) 正反馈网络：引入正反馈，使放大电路的输入信号等于反馈信号。

(4) 稳幅环节：也就是非线性环节，作用是使输出信号幅值稳定。

在不少实用电路中，常将选频网络和正反馈网络“合二为一”；而且，对于分立元件放大电路，也不再另加稳幅环节，而依靠晶体管特性的非线性来达到稳幅作用。

正弦波振荡电路常用选频网络所用的元件来命名，分为 RC 振荡电路、LC 振荡电路和石英晶体振荡电路三种类型。RC 振荡电路的振荡频率较低，一般在 1 MHz 以下；LC 振荡电路的振荡频率多在 1 MHz 以上；石英晶体振荡电路也可等效为 LC 正弦波振荡电路，其特点是振荡频率非常稳定。

3. 判断电路是否可能产生正弦波振荡的方法和步骤

(1) 观察电路是否包含了放大电路、选频网络、正反馈网络和稳幅环节四个组成部分。

(2) 判断放大电路是否能够正常工作，即是否有合适的静态工作点，且动态信号是否能够输入、输出和放大。

(3) 利用瞬时极性法判断电路是否满足正弦波振荡的相位条件。具体做法是：断开反馈，在断开处给放大电路设定瞬时极性，如图6.1.2所示；然后以$\dot{U}_i$极性为依据判断输出电压$\dot{U}_o$的极性，从而得到反馈电压$\dot{U}_f$的极性；若$\dot{U}_i$与$\dot{U}_f$极性相同，则说明满足相位条件，电路有可能产生正弦波振荡，否则表明不满足相位条件，电路不可能产生正弦波振荡。

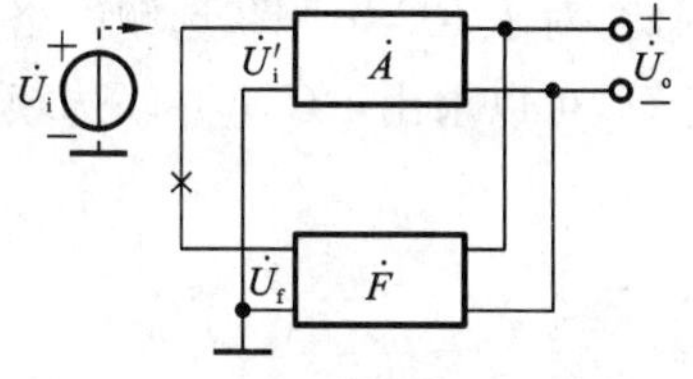

图6.1.2 利用瞬时极性法判断相位条件

(4) 判断电路是否满足正弦波振荡的幅值条件，即是否满足起振条件。具体方法是：分别求解电路的$\dot{A}$和$\dot{F}$，然后判断$|\dot{A}\dot{F}|$是否大于1。只有在电路满足相位条件的情况下，判断是否满足幅值条件才有意义。换言之，若电路不满足相位条件，则电路一定不可能振荡。

6.1.2 RC正弦波振荡电路

RC正弦波振荡电路的结构形式多种多样，但最具典型性的是RC桥式正弦波振荡电路，即文氏桥振荡电路。本节介绍它的电路组成、工作原理和振荡频率的计算方法。

1. RC串并联选频网络

将电阻R_1与电容C_1串联、电阻R_2与电容C_2并联所组成的网络称为RC串并联选频网络，如图6.1.3(a)所示。通常，选取$R_1=R_2=R$，$C_1=C_2=C$。因为RC串并联选频网络在正弦波振荡电路中既为选频网络，又为正反馈网络，所以令其输入电压为$\dot{U}_o$，输出电压为$\dot{U}_f$。

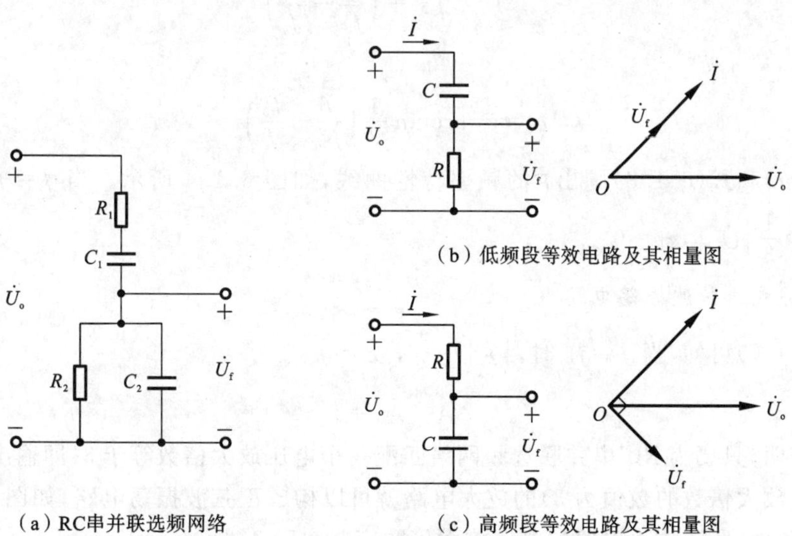

图6.1.3 RC串并联选频网络及其在低频段和高频段的等效电路

当信号频率足够低时，$1/\omega C \gg R$，因而网络的简化电路及其电压和电流的相量图如图6.1.3(b)所示。$\dot{U}_f$超前$\dot{U}_o$，当频率趋近于零时，相位超前趋近于$+90°$，且$|\dot{U}_f|$趋近于零。

当信号频率足够高时，$1/\omega C \ll R$，因而网络的简化电路及其电压和电流的相量图如图 6.1.3(c) 所示。$\dot{U}_f$ 滞后$\dot{U}_o$，当频率趋近于无穷大时，相位滞后$\dot{U}_o$趋近于$-90°$，且$|\dot{U}_f|$趋近于零。

可以想象，当信号频率从零逐渐变化到无穷大时，$\dot{U}_f$ 的相位将从$+90°$逐渐变化到$-90°$，因此，对于 RC 串并联选频网络，必定存在一个频率 f_0，当 $f=f_0$ 时，$\dot{U}_f$ 与$\dot{U}_o$同相。通过以下计算，可以求出 RC 串并联选频网络的频率特性和振荡频率 f_0。

$$\dot{F}=\frac{\dot{U}_f}{\dot{U}_o}=\frac{R/\!/\frac{1}{j\omega C}}{R+\frac{1}{j\omega C}+R/\!/\frac{1}{j\omega C}}$$

整理可得

$$\dot{F}=\frac{1}{3+j\left(\omega RC-\frac{1}{\omega RC}\right)}$$

令 $\omega_0=\frac{1}{RC}$，则

$$f_0=\frac{1}{2\pi RC} \tag{6.1.5}$$

代入式(6.1.5)，得

$$\dot{F}=\frac{1}{3+j\left(\frac{f}{f_0}-\frac{f_0}{f}\right)} \tag{6.1.6}$$

幅频特性为

$$|\dot{F}|=\frac{1}{\sqrt{3^2+\left(\frac{f}{f_0}-\frac{f_0}{f}\right)^2}} \tag{6.1.7}$$

相频特性为

$$\varphi_F=-\arctan\frac{1}{3}\left(\frac{f}{f_0}-\frac{f_0}{f}\right) \tag{6.1.8}$$

根据式(6.1.7)和式(6.1.8)画出$\dot{F}$的频率特性曲线，如图 6.1.4 所示。当 $f=f_0$ 时，$|\dot{F}|=\frac{1}{3}$，即$|\dot{U}_f|=\frac{1}{3}|\dot{U}_o|$，$\varphi_F=0°$。

2. RC 桥式正弦波振荡电路

由式(6.1.7)可知，当 $f=f_0$ 时，$|\dot{F}|=\frac{1}{3}$，故

$$\dot{A}=\dot{A}_u=3 \tag{6.1.9}$$

式(6.1.9)表明，只要为 RC 串并联选频网络匹配一个电压放大倍数等于 3(即输出电压与输入电压同相，且放大倍数的数值为 3)的放大电路就可以构成正弦波振荡电路，如图 6.1.5 所示。考虑到起振条件，所选放大电路的电压放大倍数应略大于 3。

从理论上讲，任何满足放大倍数要求的放大电路与 RC 串并联选频网络都可组成正弦波振荡电路，但是，实际上，所选用的放大电路应具有尽可能大的输入电阻和尽可能小的输出电阻，以减小放大电路对选频特性的影响，使振荡频率几乎仅仅取决于选频网络。因此，通常选用引入电

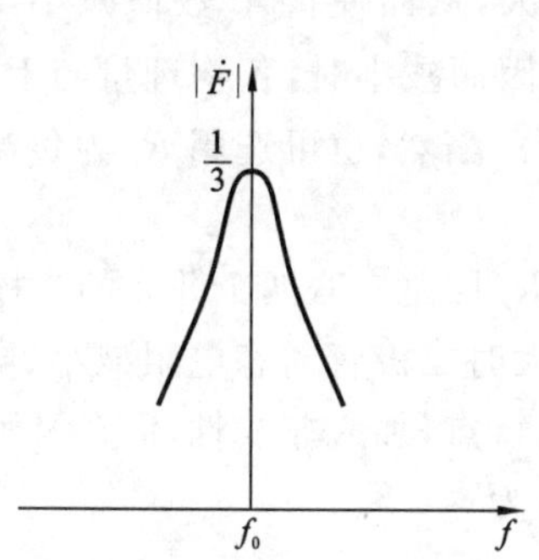

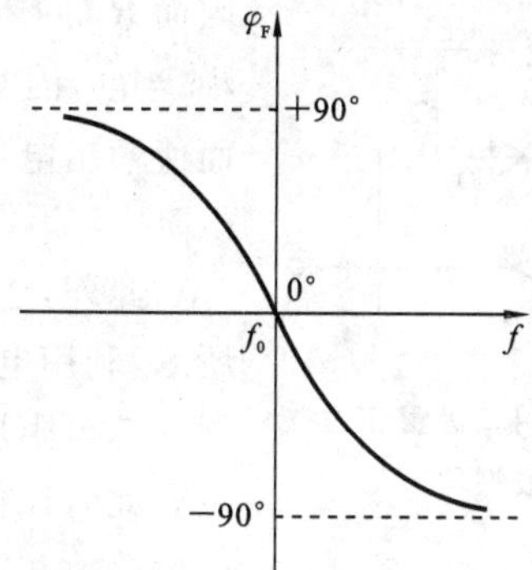

图 6.1.4 RC 串并联选频网络的频率特性

压串联负反馈的放大电路，如同相比例运算电路。

由 RC 串并联选频网络和同相比例运算电路所构成的 RC 桥式正弦波振荡电路如图 6.1.6(a)所示。观察电路，负反馈网络的 R_1、R_f，以及正反馈网络串联的 R 和 C、并联的 R 和 C 各为一臂构成桥路，故此得名。集成运放的输出端和“地”接桥路的两个顶点作为电路的输出；集成运放的同相输入端和反相输入端接另外两个顶点，是集成运放的净输入电压，如图 6.1.6(b)所示。

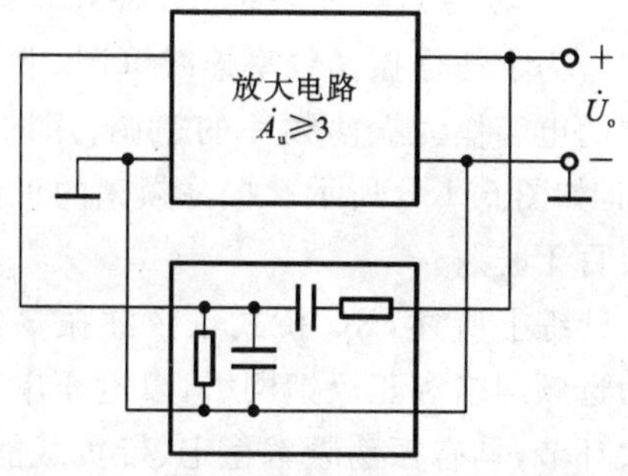

图 6.1.5 利用 RC 串并联选频网络构成正弦波振荡电路的方框图

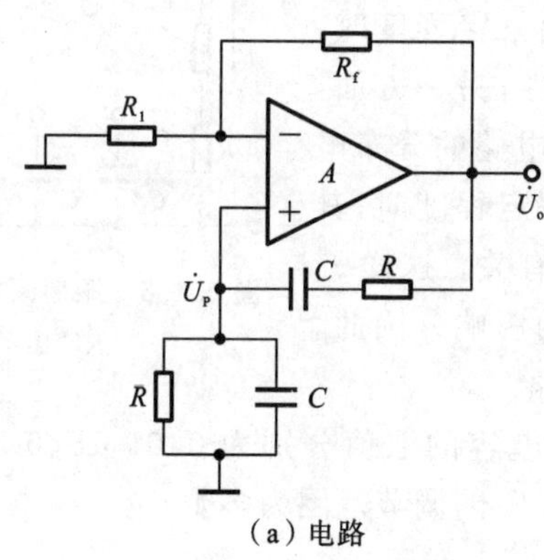

(a) 电路

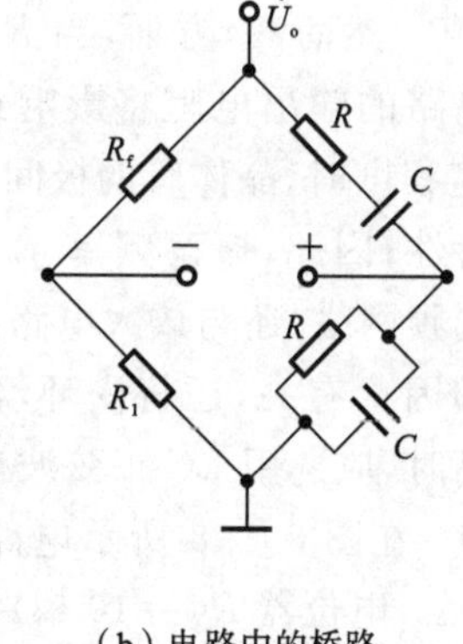

(b) 电路中的桥路

图 6.1.6 RC 桥式正弦波振荡电路

正反馈网络的反馈电压 $\dot{U}_f$ 是同相比例运算电路的输入电压，因而要把同相比例运算电路作为整体看成电压放大电路，它的比例系数是电压放大倍数，根据起振条件和幅值平衡条件有

$$\dot{A}_u = \frac{\dot{U}_o}{\dot{U}_P} = 1 + \frac{R_f}{R} \geqslant 3$$

$$R_f \geqslant 2R_1 \tag{6.1.10}$$

R_f 的取值要略大于 $2R_1$。应当指出，由于 $\dot{U}_o$ 与 $\dot{U}_f$ 具有良好的线性关系，所以为了稳定输出电压的幅值，一般应在电路中加入非线性环节。例如，可选用 R_1 为正温度系数的热敏电阻，当 $\dot{U}_o$ 因某种原因而增大时，流过 R_f 和 R_1 上的电流增大，R_1 上的功耗随之增大，导致温度升高，

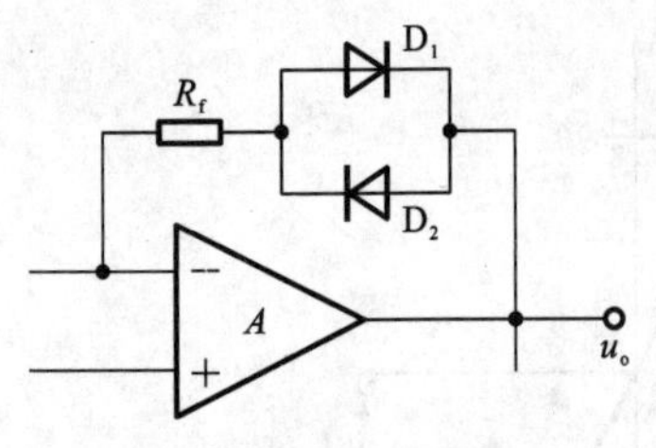

图 6.1.7 利用二极管作为非线性环节

因而 R_1 的阻值增大，从而使得 $\dot{A}_u$ 数值减小，$\dot{U}_o$ 也就随之减小；当 $\dot{U}_o$ 因某种原因而减小时，各物理量与上述变化相反，从而使输出电压稳定。当然，也可选用 R_f 为负温度系数的热敏电阻。

此外，还可在 R_f 回路串联两个并联的二极管，如图 6.1.7 所示，利用电流增大时二极管动态电阻减小、电流减小时二极管动态电阻增大的特点，加入非线性环节，从而使输出电压稳定。此时比例系数为

$$\dot{A}_u = 1 + \frac{R_f + R_1}{R}$$

3. 振荡频率可调的 RC 桥式正弦波振荡电路

为了使得振荡频率连续可调，常在 RC 串并联网络中用双刀多掷开关作为波段开关，接不同的电容作为振荡频率的粗调；用同轴电位器实现 f_0 的微调，如图 6.1.8 所示。振荡频率的可调范围能够从几赫兹到几百千赫兹。

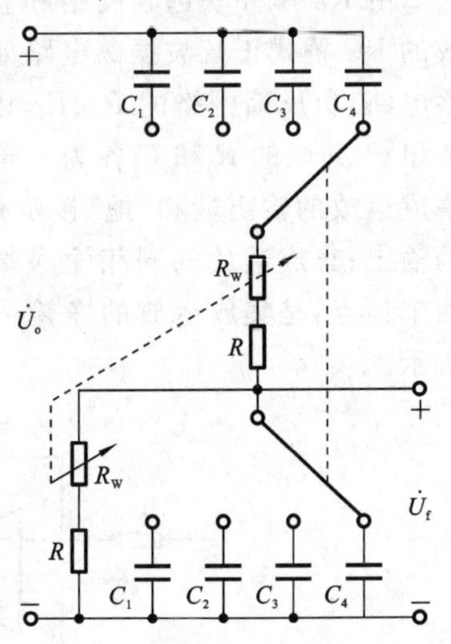

图 6.1.8 振荡频率连续可调的 RC 串并联选频网络

综上所述，RC 桥式正弦波振荡电路以 RC 串并联网络为选频网络和正反馈网络，以电压串联负反馈放大电路为放大环节，具有振荡频率稳定、带负载能力强、输出电压变化小等优点，因此获得相当广的应用。

为了提高 RC 桥式正弦波振荡电路的振荡频率，必须减小 R 和 C 的数值。然而，一方面，当 R 减小到一定程度时，同相比例运算电路的输出电阻将影响选频特性；另一方面，当 C 减小到一定程度时，晶体管的极间电容和电路的分布电容将影响选频特性；因此，振荡频率 f_0 高到一定程度时，其值不仅取决于选频网络，还与放大电路的参数有关。这样 f_0 不但与一些未知因素有关，还将受环境温度的影响。因此，当振荡频率较高时，应选用 LC 正弦波振荡电路。

【例 6.1.1】 在图 6.1.8 所示电路中，若电容的取值分别为 0.01 μF、0.1 μF，1 μF、10 μF，电阻 $R=50\ \Omega$，电位器 $R_W=10\ \text{k}\Omega$。试问：f_0 的调节范围为多少？

解 因为 $f_0=\dfrac{1}{2\pi RC}$，所以 f_0 的最小值为

$$f_{0\min}=\frac{1}{2\pi(R+R_W)C_{\max}}=\frac{1}{2\pi(50+10\times10^3)\times10\times10^{-6}}\ \text{Hz}\approx1.59\ \text{Hz}$$

f_0 的最大值

$$f_{0\max}=\frac{1}{2\pi(R+R_W)C_{\min}}=\frac{1}{2\pi(50+0\times10^3)\times0.01\times10^{-6}}\ \text{Hz}\approx318\ \text{kHz}$$

故 f_0 的调节范围为 1.59 Hz～318 kHz。

6.1.3 LC 正弦波振荡电路

LC 正弦波振荡电路与 RC 桥式正弦波振荡电路的组成原则在本质上是相同的，只是选频

网络采用 LC 电路。在 LC 振荡电路中，当 $f=f_0$ 时，放大电路的放大倍数数值最大，而其他频率的信号均被衰减到零；引入正反馈后，反馈电压作为放大电路的输入电压，以维持输出电压，从而形成正弦波振荡，由于 LC 正弦波振荡电路的振荡频率较高，所以放大电路多采用分立元件电路，必要时还应采用共基电路，也可采用宽频带集成运放。

1. LC 谐振回路的频率特性

常见的 LC 正弦波振荡电路中的选频网络多采用 LC 并联网络，如图 6.1.9 所示。图 6.1.9(a)为理想电路，无损耗，谐振频率为

$$f_0=\frac{1}{2\pi\sqrt{LC}} \tag{6.1.11}$$

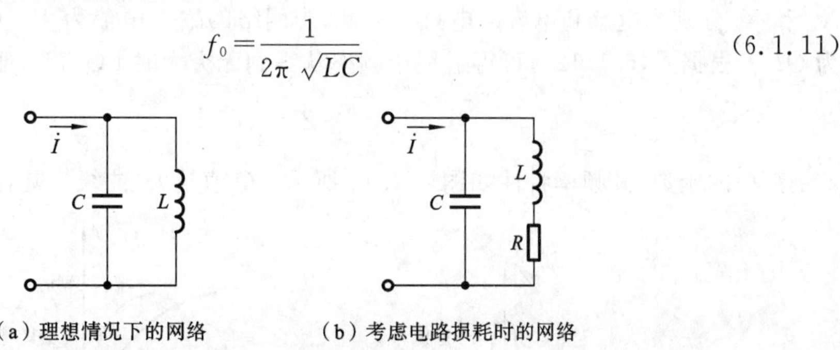

(a) 理想情况下的网络　　(b) 考虑电路损耗时的网络

图 6.1.9　LC 并联网络

在信号频率较低时，电容的容抗很大，网络呈感性；在信号频率较高时，电感的感抗很大，网络呈容性；只有当 $f=f_0$ 时，网络才呈纯阻性，且阻抗无穷大。这时电路产生电流谐振，电容的电场能转换成磁场能，而电感的磁场能又转换成电场能，两种能量相互转换。

实际的 LC 并联网络总是有损耗的，将各种损耗等效成电阻 R，如图 6.1.9(b)所示。电路的导纳为

$$Y=\mathrm{j}\omega C+\frac{1}{R+\mathrm{j}\omega L}=\frac{R}{R^2+(\omega L)^2}+\mathrm{j}\left[\omega C-\frac{\omega L}{R^2+(\omega L)^2}\right] \tag{6.1.12}$$

令式中虚部为零，可求出谐振角频率为

$$\omega_0=\frac{1}{\sqrt{1+\left(\frac{R}{\omega_0 L}\right)^2}}\frac{1}{\sqrt{LC}}$$

令品质因数

$$Q=\frac{\omega_0 L}{R} \tag{6.1.13}$$

振荡角频率为

$$\omega_0=\frac{1}{\sqrt{1+\frac{1}{Q^2}}\sqrt{LC}}$$

当 $Q\gg1$ 时，谐振频率为

$$f_0\approx\frac{1}{2\pi\sqrt{LC}} \tag{6.1.14}$$

将式(6.1.14)代入式(6.1.13)，得

$$Q=\frac{1}{R}\sqrt{\frac{L}{C}} \tag{6.1.15}$$

可见，品质因数 Q 越大，选频网络的损耗越小；在谐振频率相同时，电容容量越小，电感数值越大，品质因数越大，选频特性越好。

当 $f=f_0$ 时，电抗

$$z_0=\frac{1}{Y_0}=\frac{R^2+(\omega L)^2}{R}=R+Q^2R$$

当 $Q\gg1$ 时，$z_0\approx Q^2R$，将式(6.1.15)代入上式，整理可得

$$Z_0\approx QX_L=QX_c$$

X_L 和 X_c 分别为电感和电容的电抗。因此，当网络的输入电流为 I_0 时，电容和电感的电流约为 QI_0。根据式(6.1.12)，可得适用于频率从零到无穷大时 LC 并联网络电抗的表达式为

$$Z=\frac{1}{Y}$$

Z 是频率的函数，其频率特性如图 6.1.10 所示。Q 值越大，曲线越陡，选频特性越好。

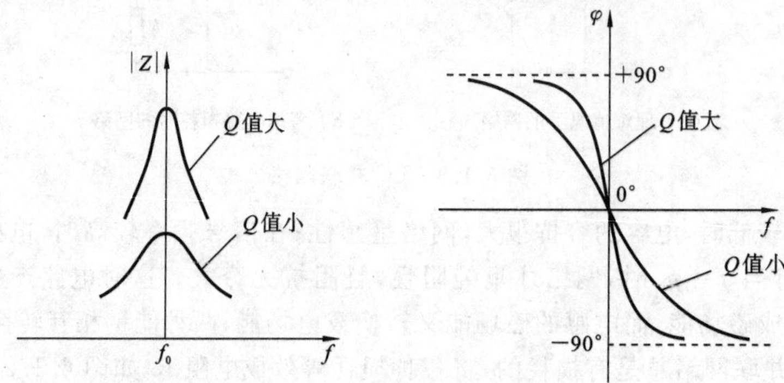

图 6.1.10　LC 并联网络电抗的频率特性

若以 LC 并联网络作为共射放大电路的集电极负载，如图 6.1.11 所示，则电路的电压放大倍数

$$\dot{A}_u=-\beta\frac{Z}{r_{be}}$$

根据 LC 并联网络的频率特性，当 $f=f_0$ 时，电压放大倍数的数值最大，且无附加相移。对于其余频率的信号，电压放大倍数不仅数值减小，而且有附加相移。电路具有选频特性，故称为选频放大电路。若在电路中引入正反馈，并能用反馈电压取代输入电压，则电路就成为正弦波振荡电路。根据引入反馈的方式不同，LC 正弦波振荡电路分为变压器反馈式、电感反馈式和电容反馈式三种电路；所用放大电路视振荡频率而定，可用共射电路、共基电路或者宽频带集成运放。

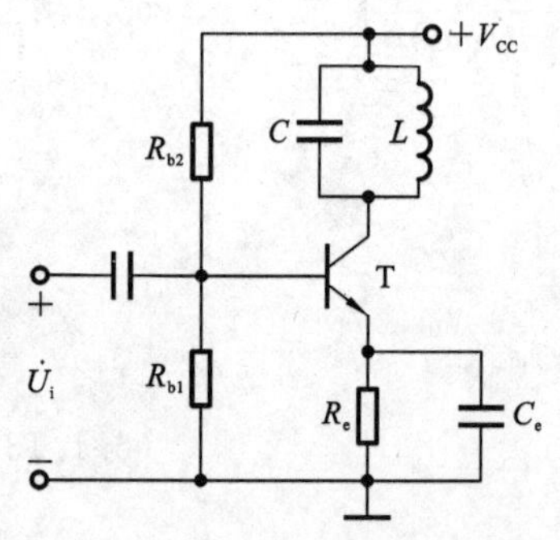

图 6.1.11　选频放大电路

2. 变压器反馈式振荡电路

1）工作原理

引入正反馈最简单的方法是采用变压器反馈方式，如图 6.1.12 所示；为使反馈电压与输入电压同相，同名端如图 6.1.12 中所标注。当反馈电压取代输入电压时，就得到变压器反馈式振荡电路，如图 6.1.13 所示。

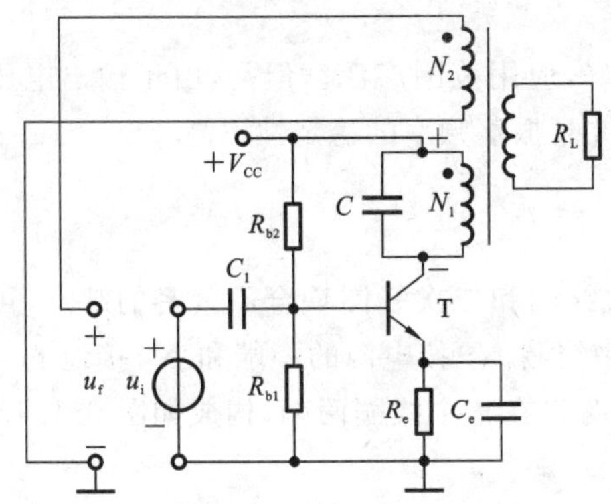

图 6.1.12 在选频放大电路中引入正反馈

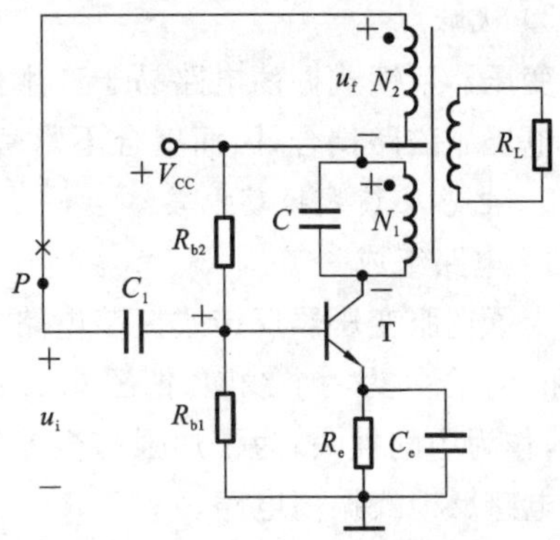

图 6.1.13 变压器反馈式振荡电路

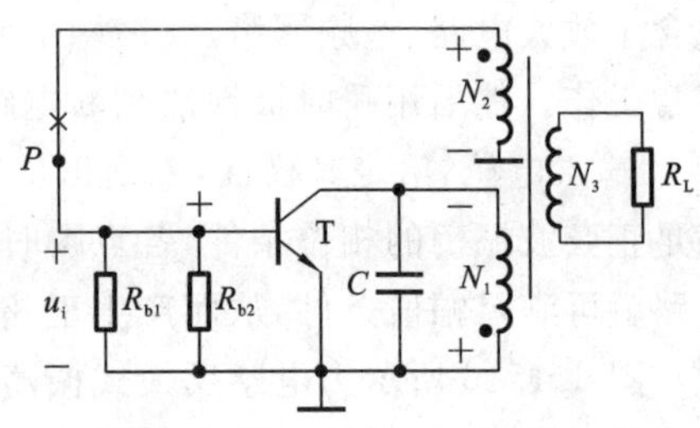

图 6.1.14 变压器反馈式振荡电路的交流通路

对于图 6.1.13 所示的电路，可以用前面所叙述的方法判断电路产生正弦波振荡的可能性。首先，观察电路，存在放大电路、选频网络、正反馈网络以及用晶体管的非线性特性所实现的稳幅环节四个部分。然后，判断放大电路能否正常工作，图 6.1.13 中放大电路是典型的工作点稳定电路，可以设置合适的静态工作点；电路的交流通路如图 6.1.14 所示，交流信号传输过程中无开路或短路现象，电路可以正常放大。最后，采用瞬时极性法判断电路是否满足相位平衡条件。在图 6.1.14 中，断开 P 点，加 $f=f_0$ 的输入电压，规定其极性，得到变压器一次线圈 N_1 的电压极性，进而得到二次线圈 N_2 的电压极性，如图 6.1.14 中所标注，故电路满足相位条件，有可能产生正弦波振荡。

而在多数情况下，不必画出交流通路就可判断电路是否满足相位条件。具体做法是：在图 6.1.13 所示电路中，断开 P 点，在断开处给放大电路加 $f=f_0$ 的输入电压 $\dot{U}_i$，给定其极性对“地”为正，因而晶体管基极动态电位对“地”为正，由于放大电路为共射接法，故集电极动态电位对“地”为负；对于交流信号，电源相当于“地”，所以线圈 N_1 上电压为上“正”下“负”；根据同名端，N_2 上电压也为上“正”下“负”，即反馈电压对“地”为正，与输入电压假设的极性相同，满足正弦波振荡的相位条件。

图 6.1.13 所示电路表明，变压器反馈式振荡电路中放大电路的输入电阻是放大电路负载的一部分，因此 $\dot{A}$ 与 $\dot{F}$ 相互关联。一般情况下，只要合理选择变压器一次、二次线圈的匝数比以及其他电路参数，电路很容易满足幅值条件。

2）振荡频率

当 Q 值较高时，**自激振荡的频率基本上由** LC **并联谐振回路的固有谐振频率** f_0 **决定**，即

$$f=f_0=\frac{1}{2\pi\sqrt{LC}} \tag{6.1.16}$$

其中：L 为线圈 N_1 两端的总电感，即包括线圈 L_1 本身的自感，又包括线圈 N_2 折合到 L_1 两端的等效电感。

3）优缺点

变压器反馈式振荡电路易于产生振荡，波形较好，应用范围广泛。但是，由于输出电压与反馈电压靠磁路耦合，因而耦合不紧密，损耗较大，并且振荡频率的稳定性不高。

3. 电感反馈式振荡电路

1）电路组成

为了克服变压器反馈式振荡电路中变压器一次线圈和二次线圈耦合不紧密的缺点，可将 N_1 和 N_2 合并为一个线圈，把图 6.1.13 所示电路中线圈 N_1 接电源的一端和 N_2 接地的一端相连，作为中间抽头；为了加强谐振效果，将电容 C 跨接在整个线圈两端，构成如图 6.1.15 所示的电感反馈式振荡电路。

2）工作原理

利用判断电路能否产生正弦波振荡的方法来分析图 6.1.15 所示电路。首先观察电路，它包含了放大电路、选频网络、反馈网络和非线性元件——晶体管四个部分，而且放大电路能够正常工作。然后用瞬时极性法判断电路是否满足正弦波振荡的相位条件：断开反馈，加频率为 f_0 的输入电压，给定其极性，判断出从 N_2 上获得反馈电压的极性与输入电压的相同，故电路满足正弦波振荡的相位条件，各点瞬时极性如图 6.1.15 中所标注。只要电路参数选择得当，电路就可满足幅值条件，从而产生正弦波振荡。

图 6.1.16 所示为电感反馈式振荡电路的交流通路，一次线圈的三个端分别接在晶体管的三个极，故称电感反馈式振荡电路为电感三点式电路。

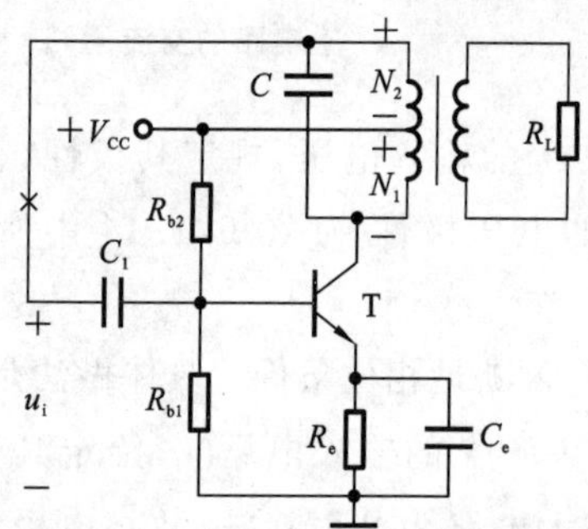

图 6.1.15　电感反馈式振荡电路

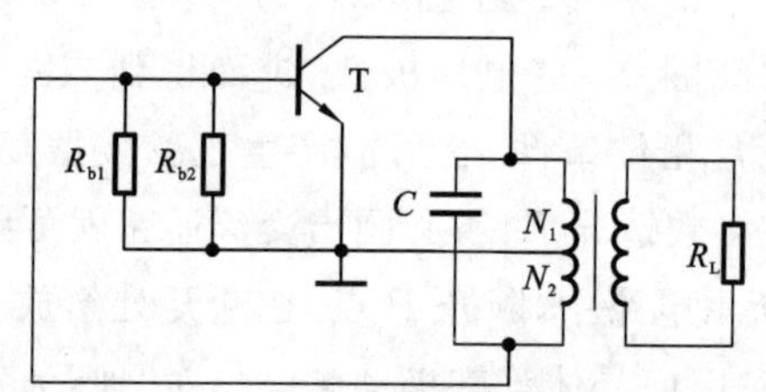

图 6.1.16　电感反馈式振荡电路的交流通路

3）振荡频率和起振条件

断开反馈且空载情况下的交流等效电路如图 6.1.17 所示。

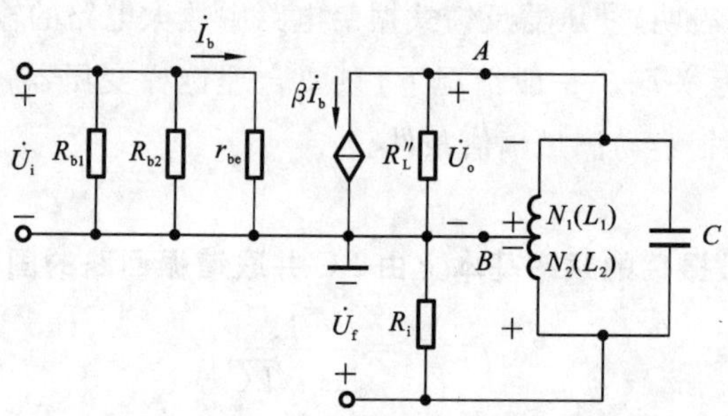

图 6.1.17　电感反馈式振荡电路的交流等效电路

设 N_1 的电感量为 L_1，N_2 的电感量为 L_2，N_1 与 N_2 间的互感为 M，且品质因数远大于 1，则振荡频率

$$f_0 \approx \frac{1}{2\pi\sqrt{(L_1+L_2+2M)C}} \tag{6.1.17}$$

反馈系数的数值

$$|\dot{F}| = \left|\frac{\dot{U}_f}{\dot{U}_o}\right| \approx \frac{j\omega L_2 + j\omega M}{j\omega L_1 + j\omega M_0} = \frac{L_2+M}{L_1+M} \tag{6.1.18}$$

因而，从 A 和 B 两端向右看的等效电阻为

$$R'_i = \frac{R_i}{|\dot{F}|^2} \tag{6.1.19}$$

设 R'_L 为折合 R_L 到 A、B 两点间的等效电阻，则集电极总负载

$$R''_L = R'_L // R'_i \tag{6.1.20}$$

当 $f=f_0$ 且 $Q \gg 1$ 时，LC 回路产生谐振，等效电阻非常大，所取电流可忽略不计，因此放大电路的电压放大倍数

$$\dot{A}_u = -\beta \frac{R''_L}{r_{be}} \tag{6.1.21}$$

根据 $|\dot{A}\dot{F}|>1$，利用式(6.1.18)和式(6.1.21)，可得起振条件为

$$\beta > \frac{L_1+M}{L_2+M}\frac{r_{be}}{R''_L} \tag{6.1.22}$$

从式(6.1.18)、式(6.1.21)、式(6.1.22)可以看出，若增大 L_2 与 L_1 的比值，则一方面 $|\dot{F}|$ 随之增大，有利于电路起振；另一方面，它又使 R''_L 减小，从而使 $|\dot{A}_u|$ 减小，不利于电路起振。所以，L_2/L_1 既不能太大，也不能太小。在大批量生产时，应通过实验确定 N_2 与 N_1 的比值，一般在 $\frac{1}{7} \sim \frac{1}{4}$。

4）优缺点

电感反馈式振荡电路中 N_2 与 N_1 之间耦合紧密，振幅大；当 C 采用可变电容时，可以获得调节范围较宽的振荡频率，最高振荡频率可达几十兆赫兹。由于反馈电压取自电感，对高频信号具有较大的电抗，输出电压波形中常含有高次谐波。因此，电感反馈式振荡电路常用在对波形要求不高的设备之中，如高频加热器、接收机的本机振荡器等。

4. 电容反馈式振荡电路

1）电路组成

为了获得较好的输出电压波形，若将电感反馈式振荡电路中的电容换成电感，电感换成电容，并在置换后将两个电容的公共端接地，且增加集电极电阻 R_c，则可得到电容反馈式振荡电路，如图 6.1.18 所示。因为两个电容的三个端分别接晶体管的三个极，故也称为电容三点式振荡电路。

2）工作原理

根据正弦波振荡电路的判断方法，观察图 6.1.18 所示电路，包含了晶体管四个部分——放大电路、选频网络、反馈网络和非线性元件，而且放大电路能够正常工作。断开反馈，加频率为 f_0 的输入电压，给定其极性，判断出从 C_2 上所获得的反馈电压的极性与输入电压的相同，

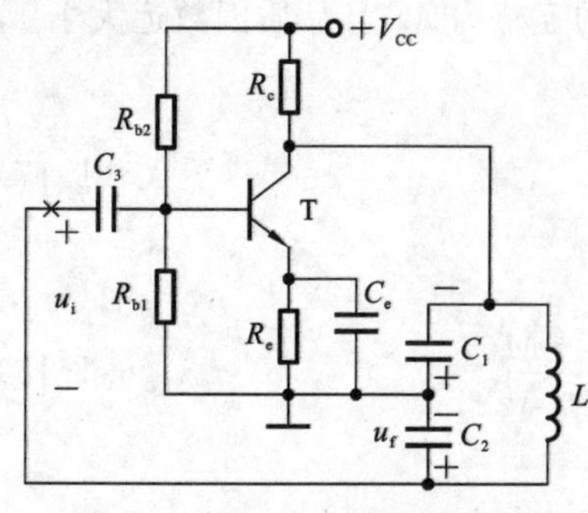

图 6.1.18　电容反馈式振荡电路

故电路满足正弦波振荡的相位条件，各点瞬时极性如图 6.1.18 中所标注。只要电路参数选择得当，电路就可满足幅值条件，从而产生正弦波振荡。

3）振荡频率和起振条件

当由 L、C_1 和 C_2 所构成的选频网络的品质因数 Q 远大于 1 时，振荡频率

$$f_0=\frac{1}{2\pi\sqrt{L\dfrac{C_1C_2}{C_1+C_2}}} \tag{6.1.23}$$

设 C_1 和 C_2 的电流分别为 $\dot{I}_{c_1}$ 和 $\dot{I}_{c_2}$，则反馈系数

$$|\dot{F}|=\left|\frac{\dot{U}_f}{\dot{U}_o}\right|=\left|\frac{I_{c_2}/j\omega C_2}{I_{c_1}/j\omega C_1}\right|\approx\frac{C_1}{C_2} \tag{6.1.24}$$

电压放大倍数

$$|\dot{A}_u|=\left|\frac{\dot{U}_o}{\dot{U}_i}\right|=\beta\frac{R'_L}{r_{be}} \tag{6.1.25}$$

在空载情况下，类比式(6.1.19)可知，式(6.1.25)中集电极等效负载

$$R'_L=R_c/\!/\frac{R_i}{|\dot{F}|^2} \tag{6.1.26}$$

根据 $|\dot{A}\dot{F}|>1$，利用式(6.1.25)和式(6.1.26)，可得起振条件为

$$\beta>\frac{C_2}{C_1}\frac{r_{be}}{R'_L} \tag{6.1.27}$$

与电感反馈式振荡电路类似，若增大 C_2/C_1，则一方面反馈系数数值随之增大，有利于电路起振；另一方面，它又使 R'_L 减小，从而造成电压放大倍数数值减小，不利于电路起振。因此，C_2/C_1 既不能太大，又不能太小，具体数值应通过实验来确定。

电容反馈式振荡电路的输出电压波形好，但若用改变电容的方法来调节振荡频率，则会影响电路的起振条件；而若用改变电感的方法来调节振荡频率，则比较困难。所以，电容反馈式振荡电路常常用在固定振荡频率的场合。在振荡频率可调范围不大的情况下，可采用图 6.1.19 所示电路取代图 6.1.20 所示电路中的选频网络。

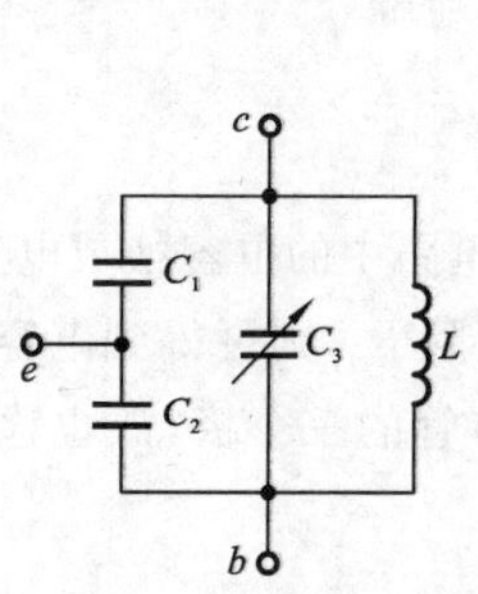

图 6.1.19　频率可调的选频网络

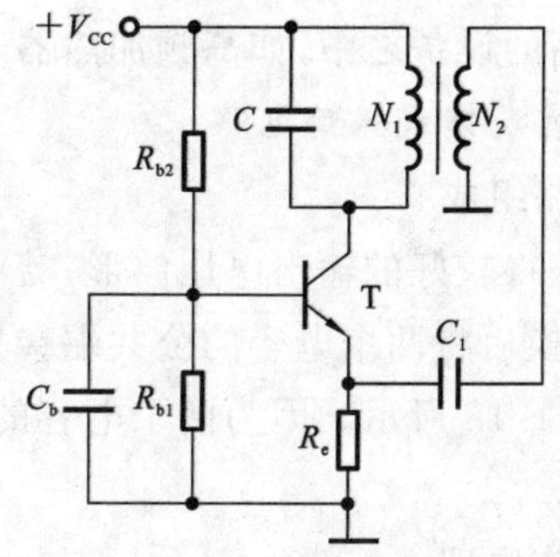

图 6.1.20　例 6.1.2 电路图

【例 6.1.2】 电路如图 6.1.20 所示，图中 C_b 为旁路电容，C_1 为耦合电容，对交流信号均可视为短路。为使电路可能产生正弦波振荡，试说明变压器一次线圈和二次线圈的同名端。

解 图 6.1.20 所示的放大电路为共基放大电路。断开反馈，给放大电路加频率为 f_0 的输入电压，极性为上"+"下"−"；集电极动态电位为"+"，选频网络的电压极性为上"−"下"+"；从变压器二次侧获得的反馈电压应为上"+"下"−"，才满足正弦波振荡的相位平衡条件。因此，变压器一次线圈的下端和二次线圈的上端为同名端；或者说一次线圈的上端和二次线圈的下端为同名端。

【例 6.1.3】 改正图 6.1.21 所示电路中的错误，使之有可能产生正弦波振荡。要求不能改变放大电路的基本接法。

解 观察电路，C_e 容量远大于 C_1、C_2，故为旁路电容，对交流信号可视为短路。C_1、C_2 和 L 构成 LC 并联谐振网络，C_2 上的电压为输出电压，C_1 上的电压为反馈电压，因而电路为电容反馈式振荡电路。

电感 L 连接晶体管的基极和集电极，在直流通路中使两个极近似短路，造成放大电路的静态工作点不合适，故应在选频网络与放大电路输入端之间加耦合电容。

晶体管的集电极直接接电源，在交流通路中使集电极与发射极短路，因而输出电压恒等于零，所以必须在集电极加电阻 R_c。

改正电路如图 6.1.22 所示，与图 6.1.18 所示电路相比，同为电容反馈式振荡电路，只是画法不同而已。

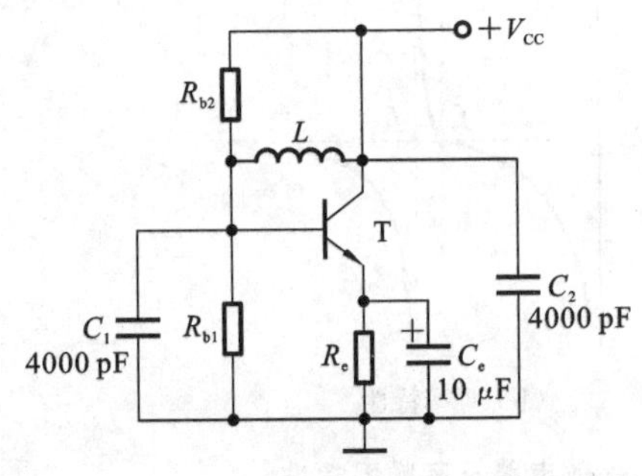

图 6.1.21 例 6.1.3 电路图

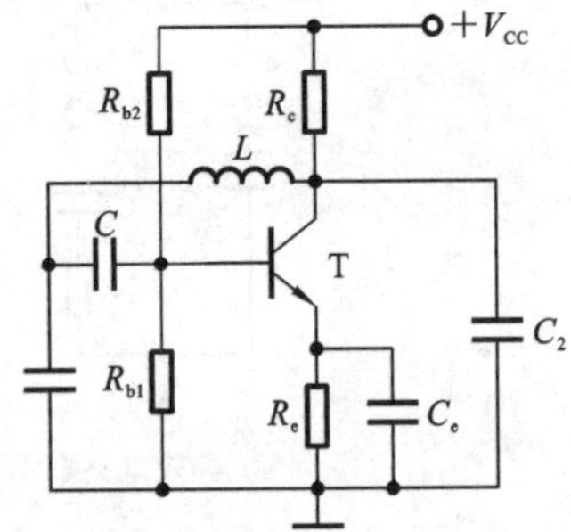

图 6.1.22 图 6.1.21 所示电路的改正电路

6.1.4 石英晶体正弦波振荡电路

石英晶体谐振器简称石英晶体，具有非常稳定的固有频率。对于振荡频率的稳定性要求高的电路，应选用石英晶体作选频网络。

1. *石英晶体的特点*

将二氧化硅(SiO_2)结晶体按一定的方向切割成很薄的晶片，再将晶片两个对应的表面抛光和涂敷银层，并作为两个电极引出导线，加以封装，就构成石英晶体谐振器。其结构示意图及符号如图 6.1.23 所示。

1) 压电效应和压电振荡

在石英晶体两个引脚加交变电场时，它将会产生一定频率的机械振动，而这种机械振动又会产生交变电场，上述物理现象称为压电效应。一般情况下，无论是机械振动的振幅，还是交变电场的振幅都非常小。但是，当交变电场的频率为某一特定值时，振幅骤然增大，产生共振，

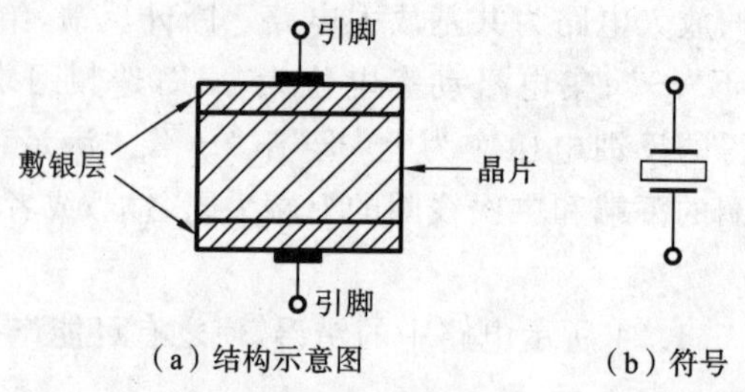

图 6.1.23　石英晶体谐振器的结构示意图及符号

称为压电振荡。这一特定频率就是石英晶体的固有频率，也称为谐振频率。

2）石英晶体的等效电路和振荡频率

石英晶体的等效电路如图 6.1.24(a)所示。当石英晶体不振动时，可等效为一个平板电容C_0，称为静态电容，其值取决于晶片的几何尺寸和电极面积，一般约为 1～100 pF。当晶片产生振动时，机械振动的惯性等效为电感 L，其值为 1～100 mH。晶片的弹性等效为电容 C，其值仅为 0.01～0.1 pF，因此 $C \ll C_0$。晶片的摩擦损耗等效为电阻 R，其值约为 100 Ω，理想情况下 $R=0$ Ω。

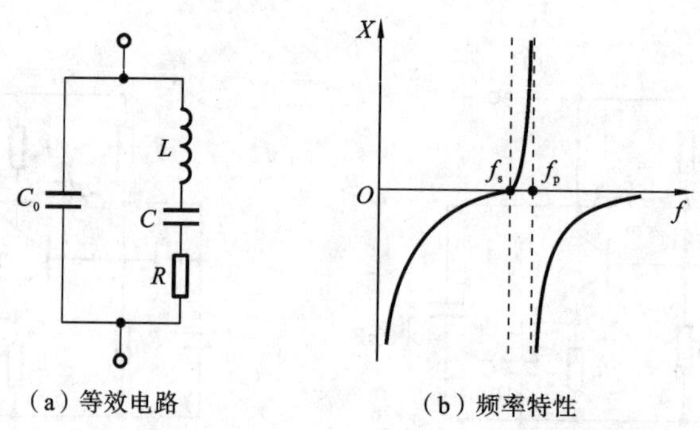

图 6.1.24　石英晶体的等效电路及其频率特性

当等效电路中的 L、C、R 支路产生串联谐振时，该支路呈纯阻性，等效电阻为 R，谐振频率

$$f_s \approx \frac{1}{2\pi\sqrt{LC}} \tag{6.1.28}$$

在谐振频率下整个网络的电抗等于 R 并联C_0的容抗，因 $R \ll \omega_0 C_0$，故可以近似认为石英晶体也呈纯阻性，等效电阻为 R。

当 $f<f_s$时，C_0和 C 电抗较大，起主导作用，石英晶体呈容性。

当 $f>f_s$时，L、C、R 支路呈感性，将与C_0产生并联谐振特性，石英晶体又呈纯阻性，谐振频率

$$f_p \approx \frac{1}{2\pi\sqrt{L\dfrac{CC_0}{C+C_0}}} = f_s\sqrt{1+\frac{C}{C_0}} \tag{6.1.29}$$

由于 $C \ll C_0$，所以 $f_p \approx f_s$。

当 $f>f_p$ 时，电抗主要取决于C_0，石英晶体又呈容性。因此，若 $R=0$ Ω，则石英晶体电抗的频率特性如图 6.1.24(b)所示，只有在$f_s<f<f_p$的情况下，石英晶体才呈感性，并且 C 和C_0

的容量相差越悬殊，f_p和f_s越接近，石英晶体呈感性的频带越狭窄。

品质因数的表达式为

$$Q=\frac{1}{R}\sqrt{\frac{L}{C}}$$

由于 C 和 R 的数值都很小，L 数值很大，所以 Q 值高达$10^4\sim10^6$。另外，因为振荡频率几乎仅取决于晶片的尺寸，所以其稳定度 $\Delta f/f_0$ 可达$10^{-8}\sim10^{-6}$，一些产品甚至高达$10^{-11}\sim10^{-10}$，而即使最好的 LC 振荡电路，Q 值也只能达到几百，振荡频率的稳定度也只能达到10^{-5}，因此，石英晶体的选频特性是其他选频网络不能比拟的。

2. 石英晶体正弦波振荡电路

1）并联型石英晶体正弦波振荡电路

如果用石英晶体取代图 6.1.18 所示电路中的电感，就得到并联型石英晶体正弦波振荡电路，如图 6.1.25 所示。

图 6.1.25 中电容C_1 和C_2 与石英晶体中的C_0并联，总容量大于C_0，当然远大于石英晶体中的 C，所以电路的振荡频率约等于石英晶体的并联谐振频率f_p。

2）串联型石英晶体正弦波振荡电路

图 6.1.26 所示为串联型石英晶体正弦波振荡电路。电容 C_1 为旁路电容，对交流信号可视为短路。电路的第一级为共基放大电路，第二级为共集放大电路。若断开反馈，给放大电路加输入电压，极性上“＋”下“－”；则 T_1 管的集电极动态电位为“＋”，T_2 管的发射极动态电位也为“＋”。只有在石英晶体呈纯阻性，即产生串联谐振时，反馈电压才与输入电压同相，电路才满足正弦波振荡的相位平衡条件。所以，电路的振荡频率为石英晶体的串联谐振频率f_s。调整 R_f 的阻值，可使电路满足正弦波振荡的幅值平衡条件。

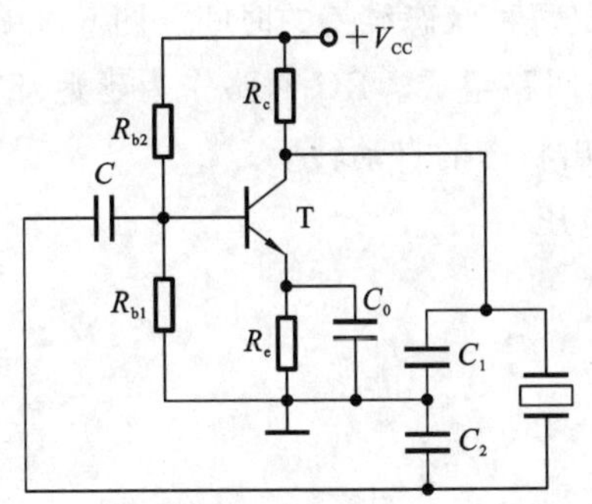

图 6.1.25　并联型石英晶体振荡电路

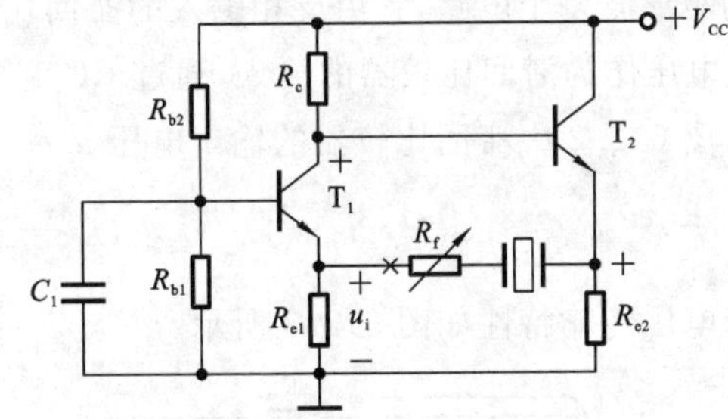

图 6.1.26　串联型石英晶体振荡电路

6.2　非正弦波发生电路

在实用电路中除了常见的正弦波外，还有矩形波、三角波、锯齿波、尖顶波和阶梯波，如图 6.2.1 所示。

模拟电子电路中常用的波形由矩形波、三角波和锯齿波，本节主要讲述这三种非正弦波发生电路的组成、工作原理、波形分析和主要参数，以及波形变换电路的原理。

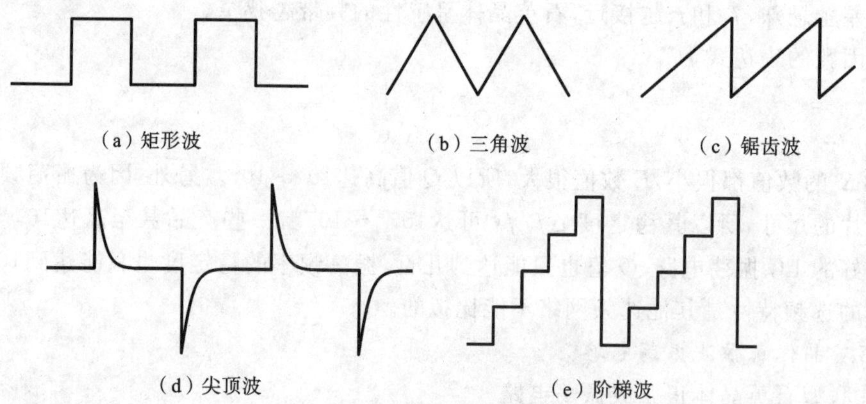

图 6.2.1 几种常见的非正弦波

6.2.1 矩形波发生电路

矩形波发生电路是其他非正弦波发生电路的基础。例如,若方波电压加在积分运算电路的输入端,则输出就获得三角波电压;若改变积分电路正向积分和反向积分时间常数,使某一方向的积分常数趋于零,则可获得锯齿波。

1. 电路组成及工作原理

因为矩形波电压只有两种状态,不是高电平,就是低电平,所以电压比较器是它的重要组成部分;因为产生振荡,就是要求输出的两种状态自动地相互转换,所以电路的输出必须通过一定的方式引回到它的输入,以控制输出状态的转换;因为输出状态应按一定的时间间隔交替变化,即产生周期性变化,所以电路中要有延迟环节来确定每种状态维持的时间。图 6.2.2 所示为矩形波发生电路,它由反相输入的滞回比较器和 RC 回路组成。RC 回路作为延迟环节,C 上电压作为滞回比较器的输入,通过 RC 充放电实现输出状态的自动转换。

图 6.2.2 中滞回比较器的输出电压 $u_o = \pm U_Z$,阈值电压

$$\pm U_T = \pm \frac{R_1}{R_1 + R_2} U_Z \tag{6.2.1}$$

因而电压传输特性如图 6.2.3 所示。

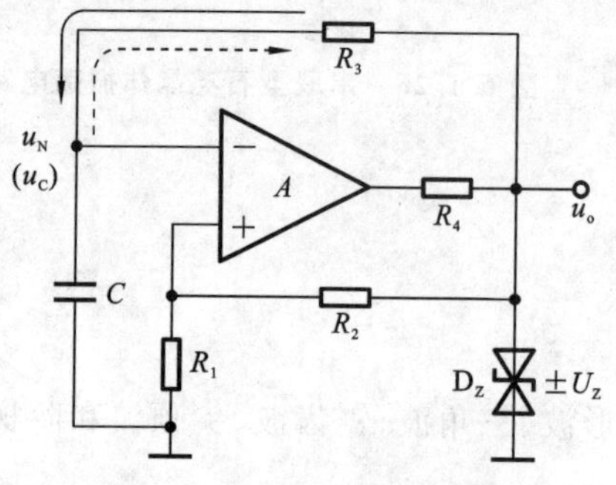

图 6.2.2 矩形波发生电路

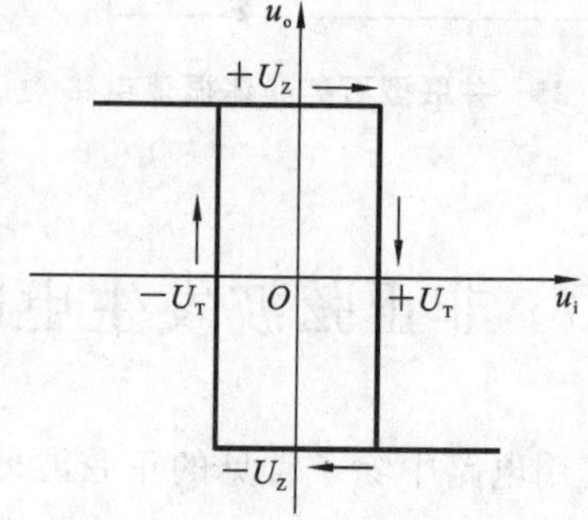

图 6.2.3 电压传输特性

设某一时刻输出电压 $u_o = +U_Z$,则同相输入端电位 $u_p = +U_T$。u_o 通过 R_3 对电容 C 正向

充电，如图 6.2.2 中实线箭头所示。反相输入端电位u_N随时间 t 增长而逐渐升高，当 t 趋近于无穷时，u_N趋于$+U_Z$；但是，一旦$u_N=+U_T$，再稍增大，u_o 就从$+U_Z$ 跃变为$-U_Z$，与此同时u_p 从$+U_T$跃变为$-U_T$。随后，u_o 又通过R_3 对电容 C 反向充电，或者说放电，如图 6.2.2 中虚线箭头所示。反相输入端电位u_N随时间 t 增长而逐渐降低，当 t 趋近于无穷时，u_N趋于$-U_Z$；一旦$u_N=-U_T$，再稍减小，u_o 就从$-U_Z$ 跃变为$+U_Z$，与此同时u_p从$-U_T$ 跃变为$+U_T$，电容又开始正向充电。上述过程周而复始，电路产生了自激振荡。

2. 波形分析及主要参数

由于图 6.2.2 所示电路中电容正向充电与反向充电的时间常数均为 RC，而且充电的总幅值也相等，因而在一个周期内 $u_o=+U_Z$ 的时间与 $u_o=-U_Z$ 的时间相等，u_o 为对称的方波，故称该电路为方波发生电路。电容上电压u_C（即集成运放反相输入端电位u_N）和电路输出电压 u_o 波形如图 6.2.4 所示。矩形波的宽度T_k与周期 T 之比称为占空比，显然 u_o 是占空比为 1/2 的矩形波。

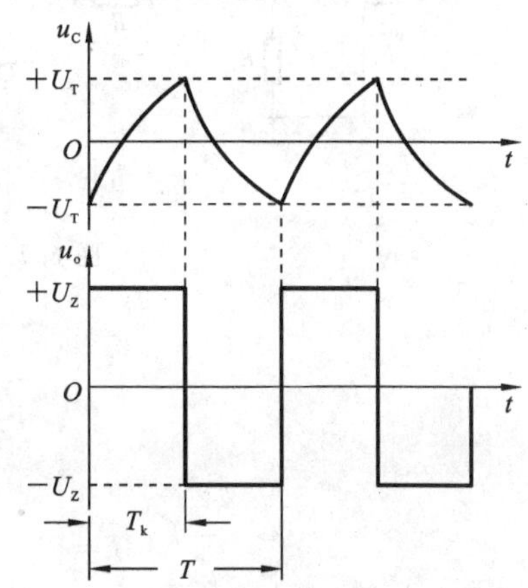

图 6.2.4 方波发生电路的波形图

根据电容上电压波形可知，在 1/2 周期内，电容充电的起始值为$-U_T$，终值为$+U_T$，时间常数为R_3C；时间 t 趋于无穷时，u_C趋于$+U_Z$，利用一阶 RC 电路的三要素法可列出方程

$$+U_T=(U_Z+U_T)(1-e^{-\frac{T/2}{R_3C}})+(-U_T)$$

将式(6.2.1)代入上式，即可求出振荡周期

$$T=2R_3C\ln\left(1+\frac{2R_1}{R_2}\right) \tag{6.2.2}$$

振荡频率

$$f_0=1/T$$

通过以上分析可知，调整电压比较器的电路参数 R_1 和 R_2 可以改变u_C的幅值，调整电阻 R_1、R_2、R_3 和电容 C 的数值可以改变电路的振荡频率。而要调整输出电压 u_o 的振幅，则要换稳压管以改变 U_Z，此时u_C的幅值也将随之变化。

3. 占空比可调电路

通过对方波发生电路的分析，可以想象，欲改变输出电压的占空比，就必须使电容正向充电和反向充电的时间常数不同，即两个充电回路的参数不同。利用二极管的单向导电性可以引导电流流经不同的通路，占空比可调的矩形波发生电路如图 6.2.5(a)所示，电容上电压和输出电压波形如图 6.2.5(b)所示。

当 $u_o=+U_Z$ 时，u_o 通过 R_{W1}、D_1 和R_3 对电容 C 正向充电，若忽略二极管导通时的等效电阻，则时间常数

$$\tau_1=(R_{W1}+R_3)C$$

当 $u_o=-U_Z$ 时，u_o 通过 R_{W2}、D_2 和R_3 对电容 C 反向充电，若忽略二极管导通时的等效电阻，则时间常数

$$\tau_2=(R_{W2}+R_3)C$$

利用一阶 RC 电路的三要素法可以解出

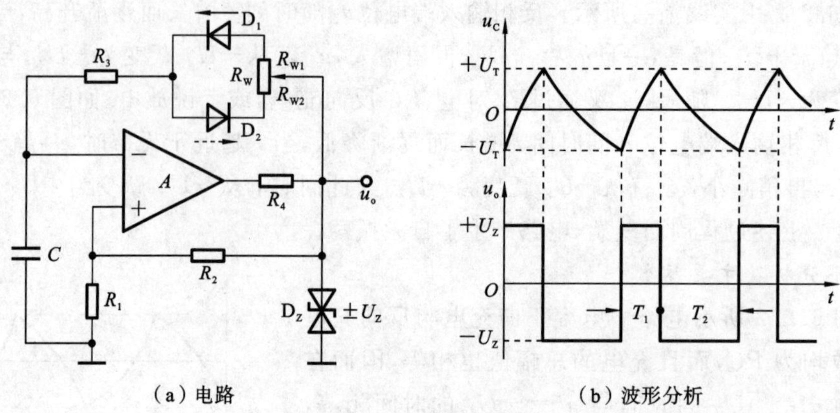

(a) 电路　　　　(b) 波形分析

图 6.2.5　占空比可调的矩形波发生电路

$$\begin{cases} T_1 = \tau_1 \ln\left(1+\dfrac{2R_1}{R_2}\right) \\ T_2 = \tau_2 \ln\left(1+\dfrac{2R_1}{R_2}\right) \end{cases} \tag{6.2.3}$$

$$T = T_1 + T_2 = (R_W + 2R_3)C\ln\left(1+\frac{2R_1}{R_2}\right) \tag{6.2.4}$$

式(6.2.4)表明改变电位器的滑动端可以改变占空比，但周期不变。占空比为

$$q = \frac{T_1}{T} \approx \frac{R_{W1}+R_3}{R_W+2R_3} \tag{6.2.5}$$

【例 6.2.1】 在图 6.2.5 所示电路中，已知 $R_1 = R_2 = 25\ \text{k}\Omega$，$R_3 = 5\ \text{k}\Omega$，$R_W = 100\ \text{k}\Omega$，$C = 0.1\ \mu\text{F}$，$\pm U_Z = \pm 8\ \text{V}$。试求：

(1) 输出电压的幅值和振荡频率约为多少？

(2) 占空比的调节范围约为多少？

(3) 若 D_1 断路，则产生什么现象？

解　(1) 输出电压 $u_o = \pm 8\ \text{V}$。振荡周期

$$\begin{aligned} T &= T_1 + T_2 = (R_W + 2R_3)C\ln\left(1+\frac{2R_1}{R_2}\right) \\ &= [(100+2\times 5)\times 10^3 \times 0.1\times 10^{-6}\times \ln(1+2)]\ \text{s} \\ &= 12.1\times 10^{-3}\ \text{s} \end{aligned}$$

振荡频率

$$f_0 = 1/T = 83\ \text{Hz}$$

(2) 根据式(6.2.5)，将 R_{W1} 的最小值 0 代入，可得 q 的最小值

$$q_{\min} = \frac{T_1}{T} = \frac{R_{W1}+R_3}{R_W+2R_3} = \frac{5}{100+10} \approx 0.045$$

将 R_{W1} 的最大值 100 kΩ 代入，可得 q 的最大值

$$q_{\max} = \frac{T_1}{T} = \frac{R_{W1}+R_3}{R_W+2R_3} = \frac{100+5}{100+10} \approx 0.95$$

占空比 $T_1/T \approx 0.045 \sim 0.95$。

(3) 若D_1 断路，则电路不振荡，输出电压 u_o 恒为 $+U_Z$。因为在D_1 断路的瞬间，若 $u_o =$

$+U_Z$，电容电压将不变，则 u_o 保持 $+U_Z$ 不变；若 $u_o=-U_Z$，则电容仅有反向充电回路，必将使 $u_N<u_p$，导致 $u_o=+U_Z$。

6.2.2 三角波发生电路

1. 电路的组成

在方波发生电路中，当滞回比较器的阈值电压数值较小时，可将电容两端的电压看成近似三角波。但是，一方面这个三角波的线性度较差，另一方面带负载后将使电路的性能产生变化。实际上，只要将方波电压作为积分运算电路的输入，在其输出就得到三角波，如图6.2.6(a)所示。当方波发生电路的输出电压 $u_o=+U_Z$ 时，积分运算电路的输出电压 u_o 将线性下降；而当 $u_o=-U_Z$ 时，u_o 将线性上升，波形如图 6.2.6(b)所示。

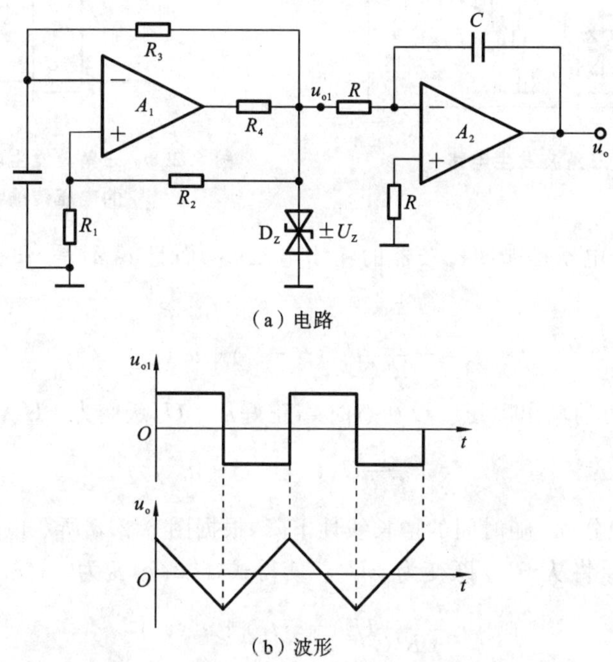

(a) 电路

(b) 波形

图 6.2.6 采用波形变换的方法得到三角波

由于图 6.2.6(a)所示电路中存在 RC 电路和积分电路两个延迟环节，在实用电路中，将它们“合二为一”，即去掉方波发生电路中的 RC 回路，使积分运算电路作为延迟环节，又作为方波变三角波电路，滞回比较器和积分运算电路的输出互为另一个电路的输入，如图 6.2.7 所示。由图 6.2.4 和图 6.2.6(b)所示波形可知，前者 RC 回路充电方向与后者积分电路的积分方向相反，故为了满足极性的需要，滞回比较器改为同相输入。

2. 工作原理

在图 6.2.7 所示三角波发生电路中，虚线左边为同相输入滞回比较器，右边为积分运算电路。对于由多个集成运放组成的应用电路，一般应首先分析每个集成运放所组成电路输出与输入的函数关系，然后分析各电路间的相互联系，在此基础上得出电路的功能。

图 6.2.7 中滞回比较器的输出电压 $u_{p1}=\pm U_Z$，它的输入电压是积分电路的输出电压 u_o，根据叠加原理，集成运放 A_1 同相输入端的电位

$$u_{p1}=\frac{R_2}{R_1+R_2}u_o+\frac{R_1}{R_1+R_2}u_{o1}=\frac{R_2}{R_1+R_2}u_o+\frac{R_1}{R_1+R_2}U_Z$$

令$u_{p1}=u_{N1}=0$，则阈值电压

$$\pm U_T=\pm\frac{R_1}{R_2}U_Z \tag{6.2.6}$$

因此，滞回比较器的电压传输特性如图 6.2.8 所示。

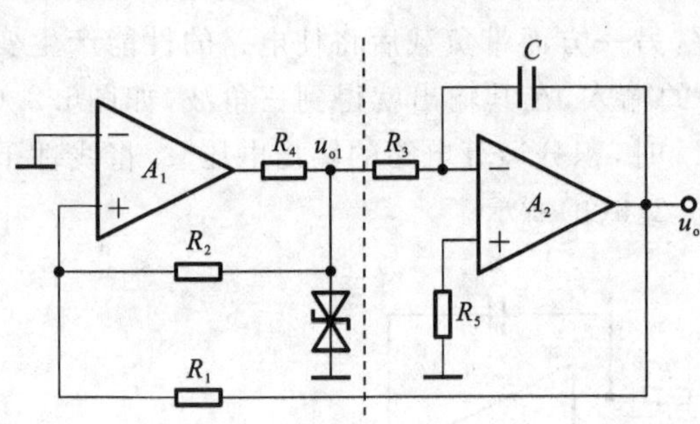

图 6.2.7 三角波发生电路

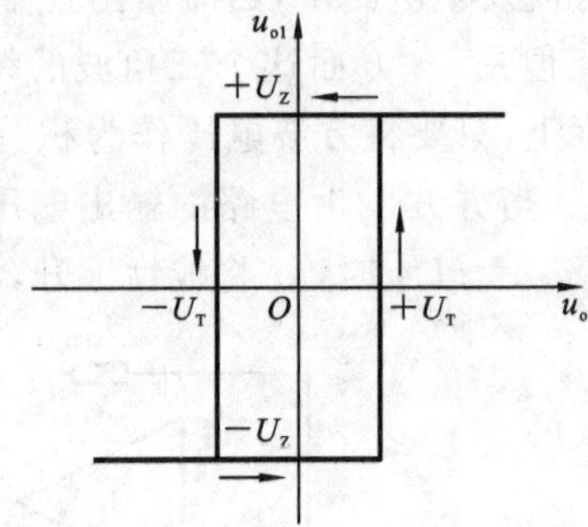

图 6.2.8 三角波发生电路中滞回比较器的电压传输特性

积分电路的输入电压是滞回比较器的输出电压u_{o1}，而且u_{o1}不是$+U_Z$，就是$-U_Z$，所以输出电压的表达式为

$$u_o=-\frac{1}{R_3C}u_{o1}(t_1-t_0)+u_o(t_0) \tag{6.2.7}$$

式中：$u_o(t_0)$为初态时的输出电压。设初态时u_{o1}正好从$-U_Z$跃变为$+U_Z$，则式(6.2.7)应写成

$$u_o=-\frac{1}{R_3C}U_Z(t_1-t_0)+u_o(t_0) \tag{6.2.8}$$

积分电路反向积分，u_o随时间的增长线性下降，根据图 6.2.8 所示电压传输特性，一旦 $u_o=-U_Z$，再稍减小，u_{o1}将从$+U_Z$ 跃变为$-U_Z$。使得式(6.2.7)变为

$$u_o=\frac{1}{R_3C}U_Z(t_2-t_1)+u_o(t_1) \tag{6.2.9}$$

$u_o(t_1)$为u_{o1}产生跃变时的输出电压。积分电路正向积分。u_o随时间的增长线性增大，根据图 6.2.8 所示电压传输特性，一旦 $u_o=+U_Z$，再稍增大，u_{o1}将从$-U_Z$跃变为$+U_Z$，回到初态，积分电路又开始反向积分。电路重复上述过程，因此产生自激振荡。

由以上分析可知，u_o是三角波，幅值为$\pm U_T$；u_{o1}是方波，幅为$\pm U_Z$，如图 6.2.9 所示，因此图 6.2.7 所示电路也可称为三角波-方波发生电路。由于积分电路引入了深度电压负反馈，所以在负载电阻相当大的变化范围内，三角波电压几乎不变。

3. 振荡频率

根据图 6.2.9 所示波形可知，正向积分的起始值为$-U_T$，终值为$+U_T$，积分时间为 $T/2$，将它们代入式(6.2.9)，得出

$$+U_T=\frac{1}{R_3C}U_Z\frac{T}{2}+(-U_T)$$

式中：$U_T=\frac{R_1}{R_2}U_Z$。经整理可得出振荡周期

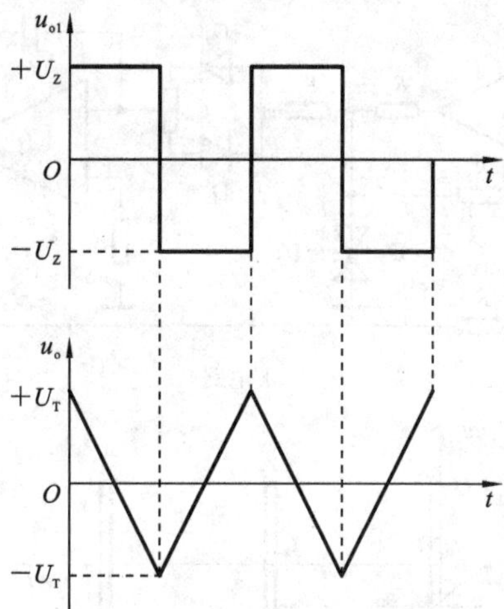

图 6.2.9 三角波-方波发生

$$T=\frac{4R_1R_3C}{R_2} \tag{6.2.10}$$

振荡频率

$$f=\frac{R_2}{4R_1R_3C} \tag{6.2.11}$$

调节电路中 R_1、R_2、R_3 的阻值和 C 的容量，可以改变振荡频率；而调节 R_1 和 R_2 的阻值，可以改变三角波的幅值。

6.2.3 锯齿波发生电路

如果图 6.2.7 所示积分电路的正向积分时间常数远大于反向积分时间常数，或者反向积分的时间常数远大于正向积分的时间常数，那么输出电压 u_o 上升和下降的斜率相差很多，就可以获得锯齿波。利用二极管的单向导电性使积分电路两个方向的积分通路不同，就可得到锯齿波发生电路，如图 6.2.10(a)所示。图中 R_3 的阻值远小于 R_W。

设二极管导通时的等效电阻可忽略不计，电位器的滑动端移到最上端。当 $u_o=+U_Z$ 时，D_1 导通，D_2 截止，输出电压的表达式为

$$u_o=-\frac{1}{R_3C}U_Z(t_1-t_0)+u_o(t_0) \tag{6.2.12}$$

u_o 随时间线性下降。当 $u_o=-U_Z$ 时，D_2 导通，D_1 截止，输出电压的表达式为

$$u_o=\frac{1}{(R_3+R_W)C}U_Z(t_2-t_1)+u_o(t_1) \tag{6.2.13}$$

u_o 随时间线性上升。由于 $R_W \gg R_3$，u_{o1} 和 u_o 的波形如图 6.2.10(b)所示。

根据三角波发生电路的振荡周期的计算方法，可得出下降时间和上升时间，分别为

$$T_1=(t_1-t_0)\approx 2\frac{R_1}{R_2}R_3C$$

$$T_2=(t_2-t_1)\approx 2\frac{R_1}{R_2}(R_3+R_W)C$$

所以振荡周期

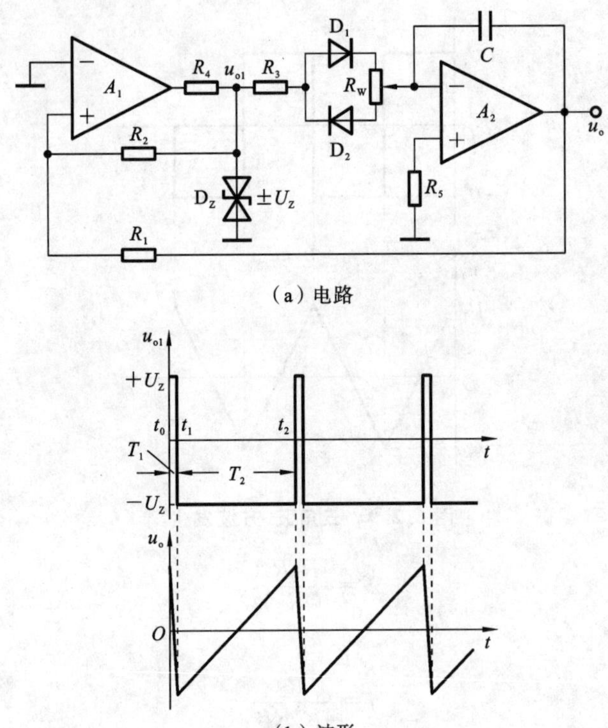

(a) 电路

(b) 波形

图 6.2.10　锯齿波发生电路及其波形

$$T=t_2+t_1\approx\frac{2R_1(2R_3+R_W)C}{R_2} \tag{6.2.14}$$

因为 R_3 的阻值远小于 R_W，所以可以认为 $T\approx T_2$，根据 T_1 和 T 的表达式，可得 u_o 的占空比

$$q=\frac{T_1}{T}=\frac{R_3}{R_W+2R_3} \tag{6.2.15}$$

调整 R_1 和 R_2 的阻值可以改变锯齿波的幅值；调整 R_1、R_2 和 R_W 的阻值以及 C 的容量，可以改变振荡周期；调整电位器滑动端的位置，可以改变 u_{o1} 的占空比以及锯齿波上升和下降的斜率。

6.3　波形变换电路

从三角波和锯齿波发生电路的分析可知，这些电路构成的基本思路是将一种形状的波形变换成另一种形状的波形，即实现波形变换，只是由于电路中两个组成部分的输出互为另一部分的输入，因此产生了自激振荡。实际上，可以利用基本电路来实现波形的变换。例如，利用积分电路将方波变为三角波，利用微分电路将三角波变为方波，利用电压比较器将正弦波变为矩形波，利用模拟乘法器将正弦波的频率变为二倍频等。

下面介绍采用特殊方法实现三角波变锯齿波电路和三角波变正弦波电路。

6.3.1　三角波变锯齿波电路

三角波电压如图 6.3.1(a)所示，经波形变换电路所获得的二倍频锯齿波电压如图 6.3.1

(b)所示。分析两个波形的关系可知,当三角波上升时,锯齿波与之相等,即

$$u_o : u_i = 1 : 1 \tag{6.3.1}$$

当三角波下降时,锯齿波与之相反,即

$$u_o : u_i = -1 : 1 \tag{6.3.2}$$

因此,波形变换电路应为比例运算电路,当三角波上升时,比例系数为1;当三角波下降时,比例系数为-1;利用可控的电子开关,可以实现比例系数的变化。

三角波变锯齿波电路如图6.3.2所示,其中电子开关为示意图,u_C是电子开关的控制电压,它与输入三角波电压的对应关系如图6.3.1所示。当u_C为低电平时,开关断开;当u_C为高电平时,开关闭合。分析含有电子开关的电路时,应分别求出开关断开和闭合两种情况下输出和输入间的函数关系,而且为了简单起见,常常忽略开关断开时的漏电流和闭合时的压降。

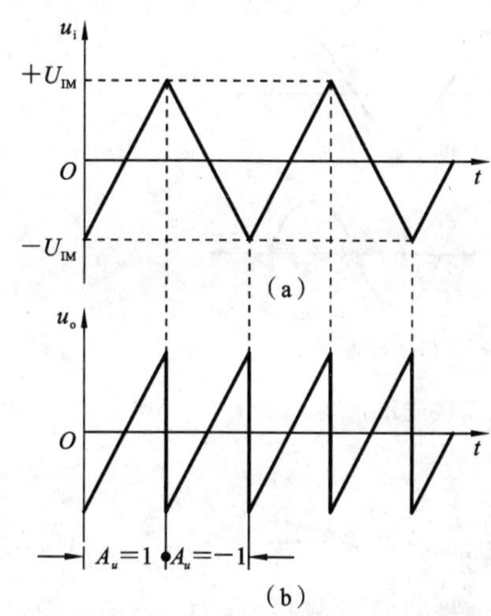

图6.3.1 三角波变锯齿波的电压

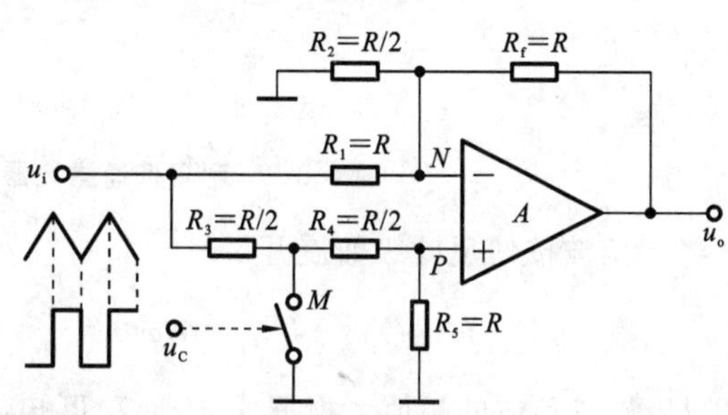

图6.3.2 三角波变锯齿波电路

设开关断开,则u_i同时作用于集成运放的反相输入端和同相输入端,根据虚短和虚断的概念有

$$u_N = u_P = \frac{R_5}{R_3 + R_4 + R_5} u_i = \frac{u_i}{2} \tag{6.3.3}$$

列N点电流方程

$$\frac{u_i - u_N}{R_1} = \frac{u_N}{R_2} + \frac{u_N - u_o}{R_f} \tag{6.3.4}$$

将$R_1 = R$、$R_2 = R/2$、$R_f = R$及式(6.3.3)代入式(6.3.4),解得

$$u_o = u_i \tag{6.3.5}$$

设开关闭合,则集成运放的同相输入端和反相输入端为虚地,$u_N = u_P = 0$ V,电阻R_2中的电流为零,等效电路是反相比例运算电路,因此

$$u_o = -u_i \tag{6.3.6}$$

式(6.3.5)和式(6.3.6)正好符合式(6.3.1)和式(6.3.2)的要求,从而实现了将三角波转换成锯齿波。在实际电路中,可以利用图6.3.3所示电路取代图6.3.2所示电路中的开关,在电

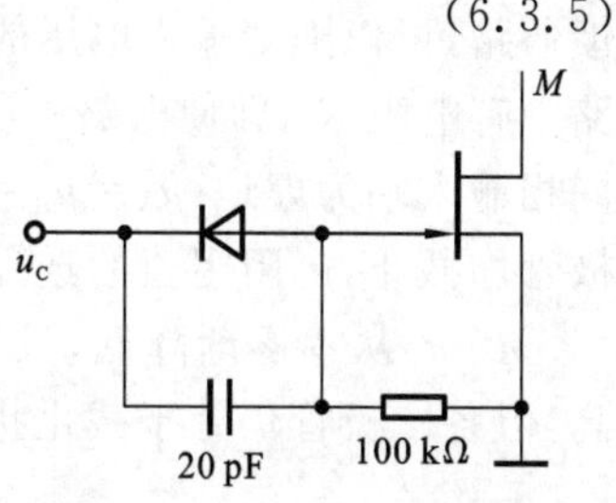

图6.3.3 电子开关电路

路参数一定的情况下，控制电压的幅值应足够大，以保证管子工作在开关状态：可以利用微分运算电路将输入的三角波转换为方波，用来作为电子开关的控制信号，读者可自行设计这部分电路。

6.3.2 三角波变正弦波电路

1. *滤波法*

在三角波电压为固定频率或频率变化范围很小的情况下，可以考虑采用低通滤波（或带通滤波）的方法将三角波变换为正弦波，电路框图如图 6.3.4(a)所示。输入电压和输出电压的波形如图 6.3.4(b)所示，u_o 的频率等于 u_i 基波的频率。

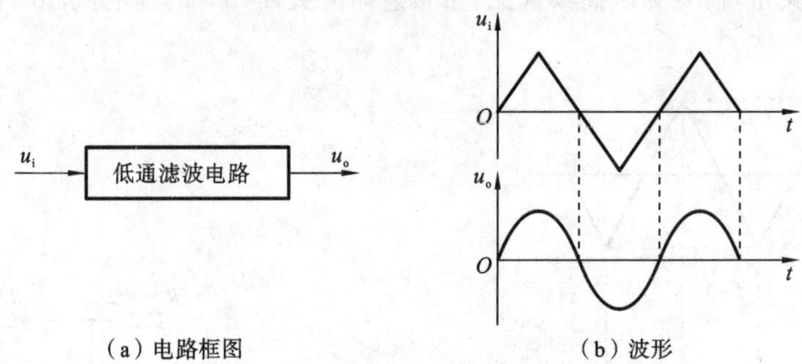

(a) 电路框图　　(b) 波形

图 6.3.4　利用低通滤波器将三角波变换成正弦波

将三角波按傅里叶级数展开

$$u_i(\omega t)=\frac{8}{\pi^2}U_m\left[\sin(\omega t)-\frac{1}{9}\sin(3\omega t)+\frac{1}{25}\sin(5\omega t)-\cdots\right] \tag{6.3.7}$$

其中：U_m是三角波的幅值。根据式(6.3.7)可知，低通滤波器的通带截止频率应大于三角波的基波频率，且小于三角波的三次谐波频率。例如，若三角波的频率范围为 100～200 Hz，则低通滤波器的通带截止频率可取 250 Hz，带通滤波器的通频带可取 50～250 Hz。但是，如果三角波的最高频率超过其最低频率的三倍，就要考虑采用折线法来实现变换了。

2. *折线法*

比较三角波和正弦波的波形可以发现，在正弦波从零逐渐增大到峰值的过程中，与三角波的差别越来越大，即零附近的差别最小，峰值附近的差别最大。因此，根据正弦波与三角波的差别，将三角波分成若干段，按不同的比例衰减，就可以得到近似于正弦波的折线波形，如图 6.3.5 所示。

根据上述思路。应采用比例系数可以自动调节的运算电路。利用二极管和电阻构成的反馈通路，可以随着输入电压的数值不同而改变电路的比例系数，如图 6.3.6 所示。由于反馈通路中有电阻 R_f，即使电路中所有二极管均截止，负反馈仍然存在，故集成运放的反相输入端和同相输入端为虚地，$u_N=u_P=0$ V，当 $u_i=0$ V 时，$u_o=0$ V。由于$+V_{CC}$和$-V_{CC}$的作用，所有二极管均截止，电阻阻值的选择应保证 $u_1<u_2<u_3$，$u'_1>u'_2>u'_3$。

当 u_i 从零逐渐降低，且$|u_N|<0.3U_m$时，u_o 从零逐渐升高，从而u_1、u_2、u_3 也随之逐渐升高，但各二极管仍处于截止状态，根据图 6.3.5 所示曲线，$u_o=-u_i$，比例系数的值

$$|k|=\left|\frac{u_o}{u_i}\right|=1$$

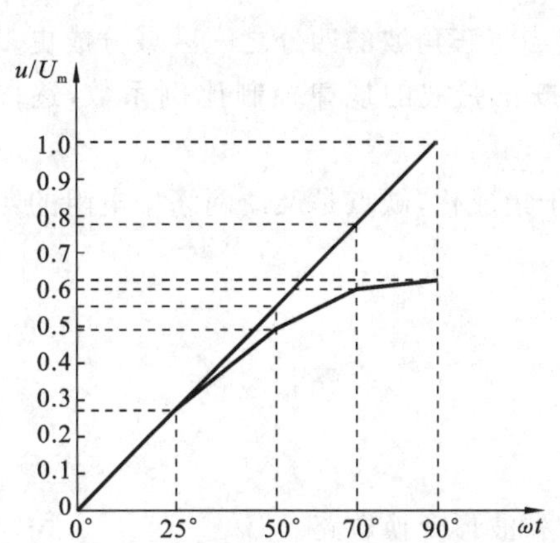

图 6.3.5 用折线近似正弦波的示意图

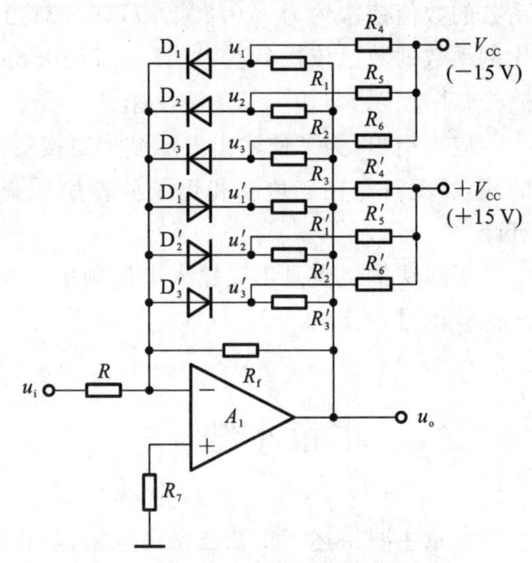

图 6.3.6 三角波变正弦波电路

当 u_i 继续降低，且 $0.3U_m \leqslant |u_i| < 0.56U_m$ 时，D_1 导通，此时的等效电路如图 6.3.7 所示。若忽略二极管的正向电阻，则 N 点的电流方程为

$$\frac{-u_i}{R}+\frac{V_{CC}}{R_4}\approx\frac{u_o}{R_f}+\frac{u_o}{R_1}$$

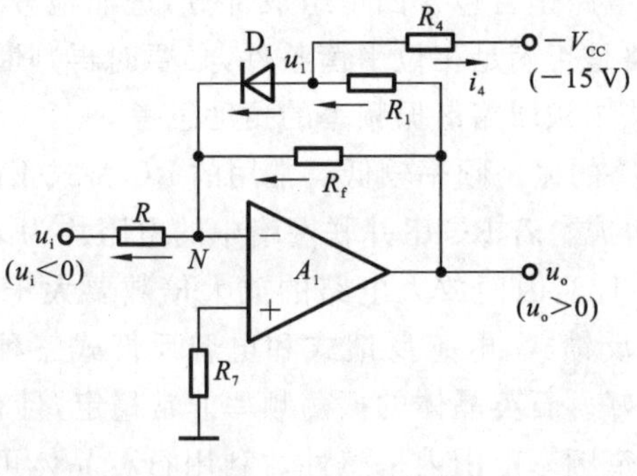

图 6.3.7 三角波变正弦波电路的分析

根据图 6.3.5 所示曲线，$|u_o| \approx 0.89u_i$。合理选择 R_4，使

$$\frac{V_{CC}}{R_4}=\frac{u_o}{R_f}$$

从而比例系数为

$$|k|=\frac{R_1}{R}\approx 0.89$$

选择 $R_1 \approx 0.89R$，就可得到 $|u_o| \approx 0.89u_i$。

随着 u_i 逐渐降低，u_o 逐渐升高，D_2、D_3 依次导通，等效反馈电阻逐渐减小，比例系数的数值依次约为 0.77、0.63。当 u_i 从负的峰值逐渐增大时，D_3、D_2、D_1 依次截止，比例系数的数值依次约为 0.63、0.89、1。

同理，当 u_i 逐渐升高，u_o 逐渐降低时，D'_1、D'_2、D'_3 依次导通，等效反馈电阻逐渐减小，比例系数的数值依次约为1、0.89、0.77、0.63；当 u_i 从正的峰值逐渐减小时，D'_1、D'_2、D'_3 依次截止，比例系数的数值依次约为0.63、0.77、0.89、1；输出电压接近正弦波的变化规律，波形如图6.3.4(b)所示，与输入三角波反相。

应当指出，为了使输出电压波形更接近于正弦波，应当将三角波的四分之一区域分成更多的线段，尤其是在三角波和正弦波差别明显的部分，再按正弦波的规律控制比例系数，逐段衰减。

折线法的优点是不受输入电压频率范围的限制，便于集成化，缺点是反馈网络中电阻的匹配比较困难。

6.4 本章小结

本章主要讲述了正弦波振荡电路、非正弦波发生电路、波形变换电路。

(1) 正弦波振荡电路由放大电路、选频网络、正反馈网络和稳幅环节四部分组成。正弦波振荡的幅值平衡条件为 $|\dot{A}\dot{F}|=1$，相位平衡条件为 $\varphi_A+\varphi_B=2n\pi$（$n$ 为整数）。按选频网络所用元件不同，正弦波振荡电路可分为RC振荡电路、LC振荡电路和石英晶体振荡电路三种类型。

(2) 分析正弦波振荡电路的目的：一是判断电路能不能振荡；二是若能振荡，其振荡频率为多少。为此，应首先观察电路是否包含四个组成部分，进而检查放大电路能否正常放大，然后利用瞬时极性法判断电路是否满足相位平衡条件，必要时再判断电路是否满足幅值平衡条件。振荡频率的计算主要从选频回路谐振频率的角度思考。

(3) RC正弦波振荡电路的振荡频率较低。常用的RC桥式正弦波振荡电路由RC串并联网络和同相比例运算电路组成。若RC串并联网络中的电阻均为 R，电容均为 C，则振荡频率 $f_0=1/2\pi RC$；反馈系数 $F=1/3$，因而放大电路的放大倍数要大于3。LC正弦波振荡电路的振荡频率较高，分为变压器反馈式、电感反馈式和电容反馈式三种。谐振回路的品质因数 Q 值越大，电路的选频特性越好。石英晶体的振荡频率非常稳定，且有串联谐振频率和并联谐振频率之分，在二者之间的极窄频率范围内呈感性。利用石英晶体可构成串联型和并联型两种正弦波振荡电路。

(4) 非正弦波包括矩形波、锯齿波、三角波等，其中，矩形波是基础，其他波形可由此变换而来。矩形波发生电路由滞回比较器和RC延时电路组成，主要参数包括振荡幅值和振荡频率。由于滞回比较器引入了正反馈，从而加速了输出电压的变化；延时电路使比较器输出电压周期性地从高电平跃变为低电平，再从低电平跃变为高电平，而不停留在某一稳态，从而使电路产生振荡。

对矩形波进行积分，可以变换为三角波，对矩形波进行微分可变换为尖顶波。若利用二极管的单向导电性改变RC电路正向充电和反向充电的时间常数，则可将方波发生电路变为占空比可调的矩形波发生电路，改变正向积分和反向积分的时间常数，则可由三角波发生电路变为锯齿波发生电路。

(5) 波形变换电路利用非线性电路将一种形状的波形变为另一种形状。电压比较器可将周期性变化的波形变为矩形波，积分运算电路可将方波变为三角波，微分运算电路可将三角波变为方波。利用比例系数可控的比例运算电路可将三角波变为锯齿波，利用滤波法或折线法可将三角波变为正弦波。

习 题 6

6.1 判断下列说法是否正确，用“√”“×”表示判断结果。

(1) 在题 6.1 图所示方框图中，只要$\dot{A}$和$\dot{F}$同符号，就有可能产生正弦波振荡。(　　)

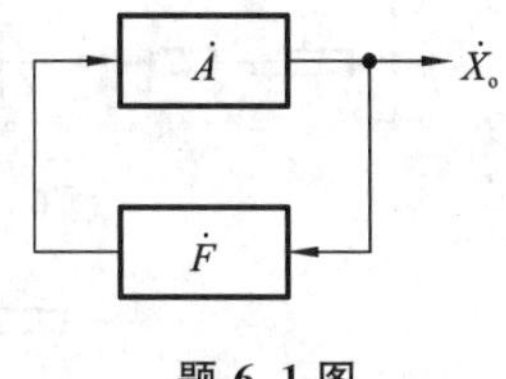

题 6.1 图

(2) 因为 RC 串并联选频网络作为反馈网络时的 $\varphi_F=0°$，单管共集放大电路的 $\varphi_F=0°$，满足正弦波振荡的相位条件 $\varphi_A+\varphi_F=2n\pi$（$n$ 为整数)，故合理连接它们可以构成正弦波振荡电路。(　　)

(3) 电路只要满足 $|\dot{A}\dot{F}|=1$，就一定会产生正弦波振荡。(　　)

(4) 负反馈放大电路不可能产生自激振荡。(　　)

(5) 在 LC 正弦波振荡电路中，不用通用型集成运放作放大电路的原因是其上限截止频率太低。(　　)

(6) 只要集成运放引入正反馈，就一定工作在非线性区。(　　)

6.2 选择下面一个答案填入空内，只需填入 A、B 或 C。

A. 容性　　　B. 阻性　　　C. 感性

(1) LC 并联网络在谐振时呈______，在信号频率大于谐振频率时呈______，在信号频率小于谐振频率时呈______。

(2) 当信号频率等于石英晶体的串联谐振频率或并联谐振频率时，石英晶体呈______；当信号频率在石英晶体的串联谐振频率和并联谐振频率之间时，石英晶体呈______；其余情况下石英晶体呈______。

(3) 当信号频率 $f=f_0$ 时，RC 串并联网络呈______。

6.3 判断题 6.3 图所示各电路是否可能产生正弦波振荡，简述理由。设题 6.3 图(b)中 C_4 的容量远大于其他三个电容的容量。

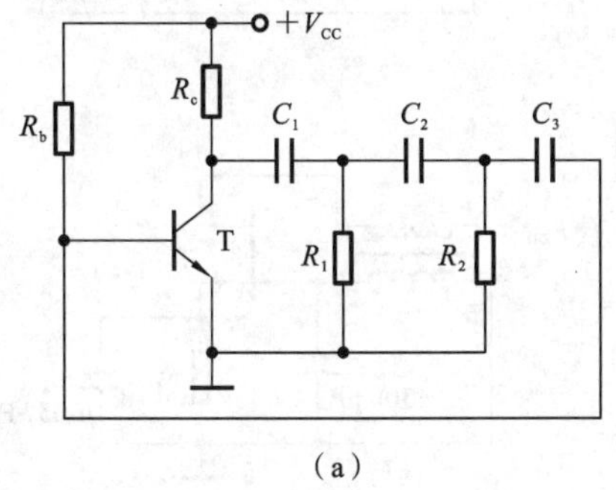

(a)

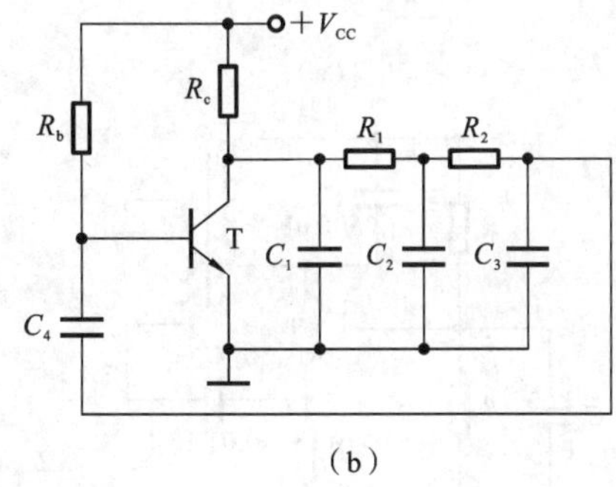

(b)

题 6.3 图

6.4 电路如题 6.4 图所示，试求解：

(1) R'_W的下限值；

(2) 振荡频率的调节范围。

6.5 电路如题 6.5 图所示，稳压管 D_Z 起稳幅作用，其稳定电压 $\pm U_Z = \pm 6$ V。试估算：

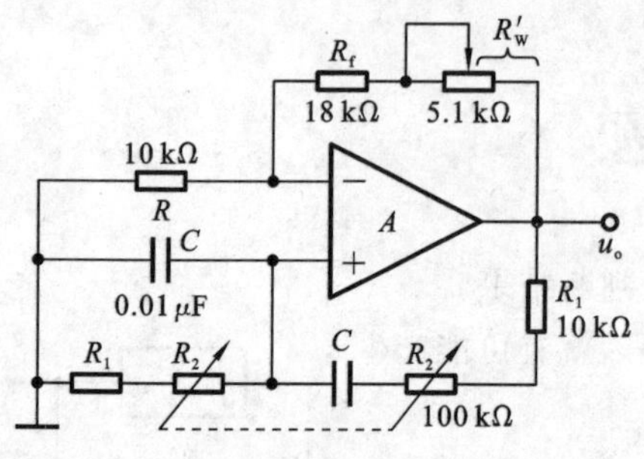

题 6.4 图

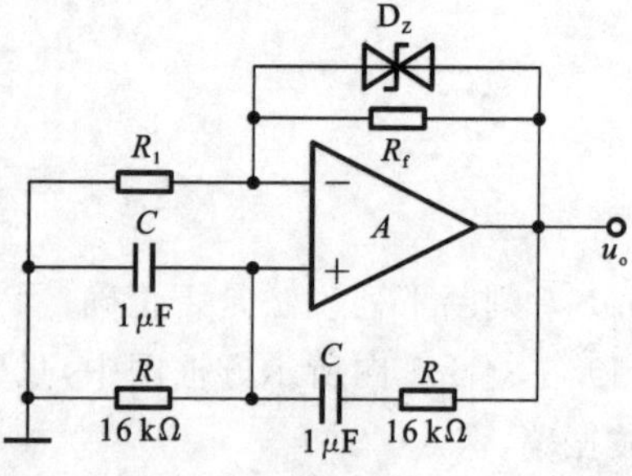

题 6.5 图

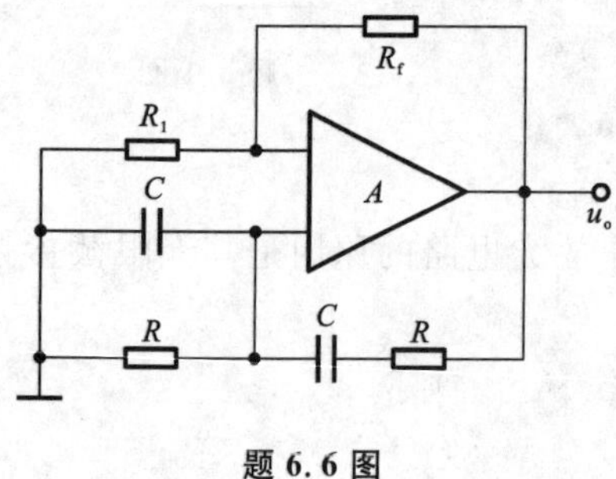

题 6.6 图

(1) 输出电压不失真情况下的有效值；

(2) 振荡频率。

6.6 电路如题 6.6 图所示。

(1) 为使电路产生正弦波振荡，标出集成运放的"+"和"−"，并说明电路是哪种正弦波振荡电路。

(2) 若 R_1 短路，则电路将产生什么现象？

(3) 若 R_1 断路，则电路将产生什么现象？

(4) 若 R_f 短路，则电路将产生什么现象？

(5) 若 R_f 断路，则电路将产生什么现象？

6.7 分别标出题 6.7 图所示各电路中变压器的同名端，使之满足正弦波振荡的相位条件。

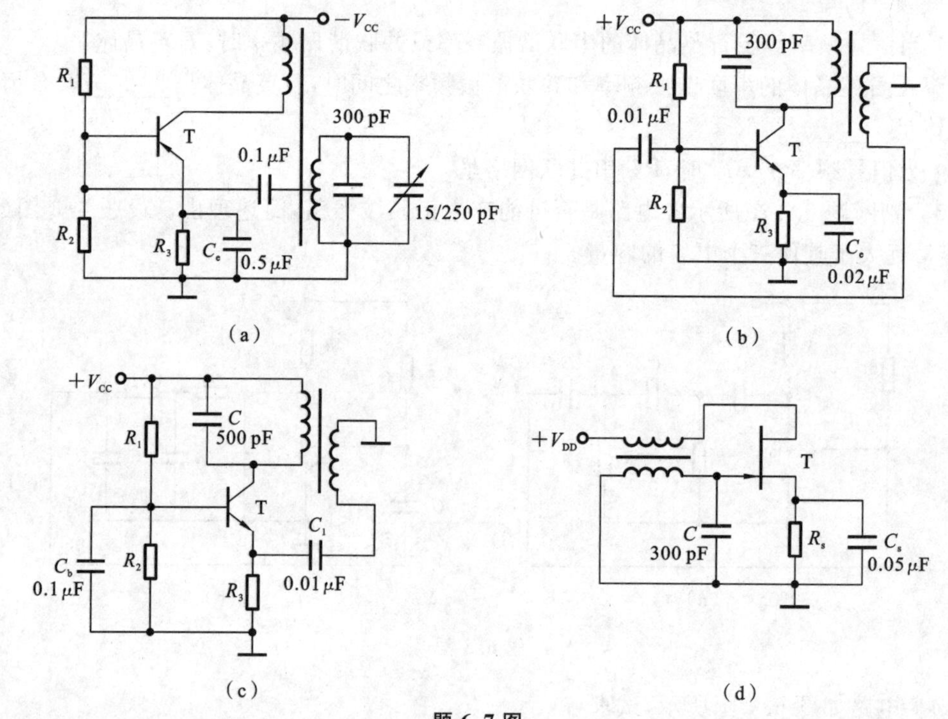

题 6.7 图

6.8 分别判断题6.8图所示各电路是否满足正弦波振荡的相位条件。

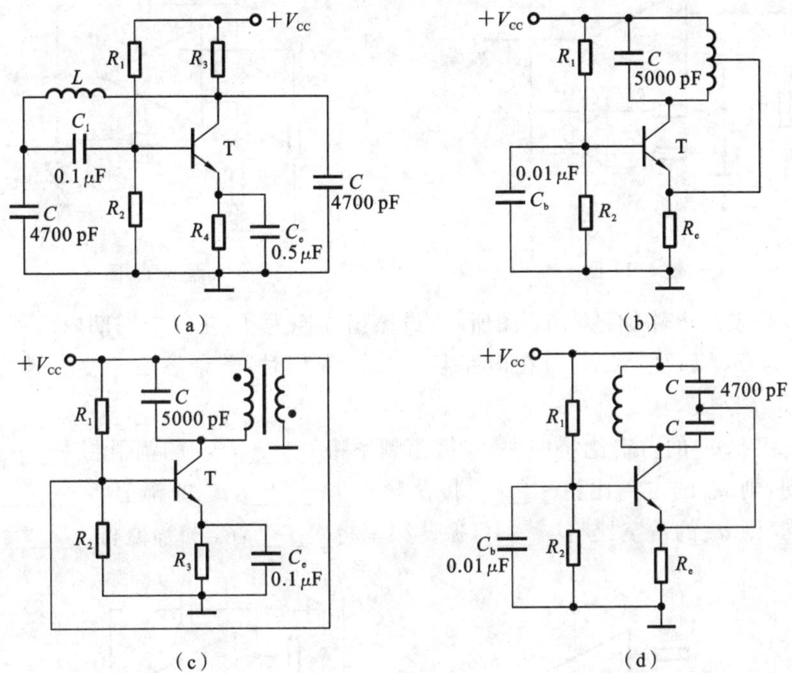

题6.8图

6.9 改正题6.8图(b)(c)所示两电路中的错误，使之有可能产生正弦波振荡。

6.10 试分别指出题6.10图所示两电路中的选频网络、正反馈网络和负反馈网络，并说明电路是否满足正弦波振荡的相位条件。

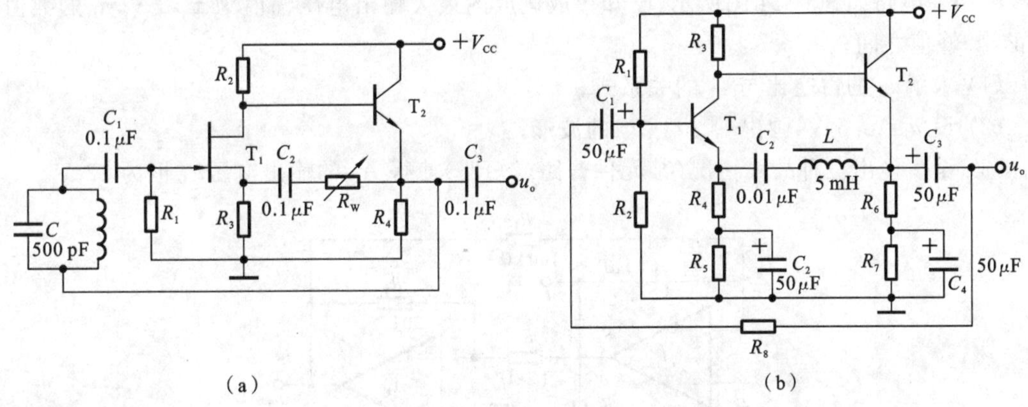

题6.10图

6.11 在题6.11图所示电路中，已知 $R_1=10\ \text{k}\Omega$，$R_2=20\ \text{k}\Omega$，$C=0.01\ \mu\text{F}$，集成运放的最大输出电压幅值为±12 V，二极管的动态电阻可忽略不计。

(1) 求出电路的振荡周期；

(2) 画出 u_o 和 u_C 的波形。

6.12 题6.12图所示电路为某同学所接的方波发生电路，试找出图中的三个错误，并改正。

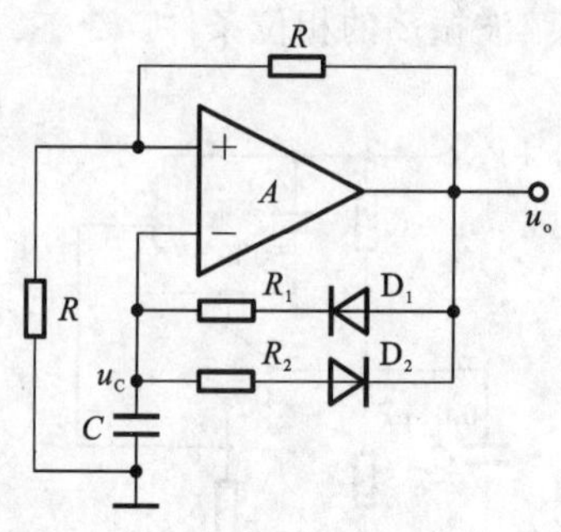

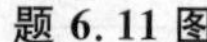

题 6.11 图

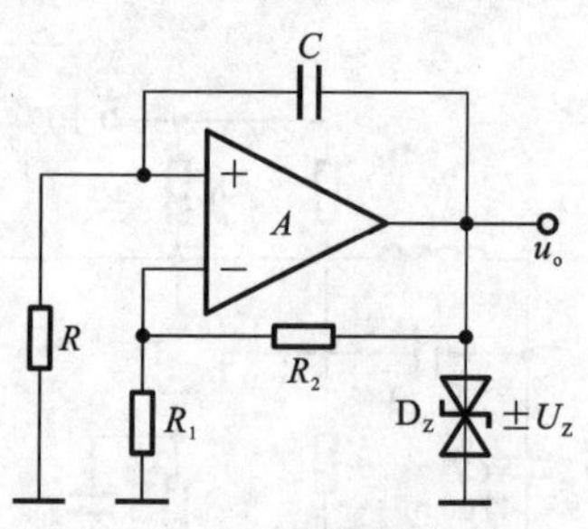

题 6.12 图

6.13 波形发生电路如题 6.13 图所示，设振荡周期为 T，在一个周期内 $u_{o1}=U_Z$ 的时间为 T_1，则占空比为 T_1/T；$R_{W1}\ll R_{W2}$；在电路某一参数变化时，其余参数不变。选择填空：① 增大；② 不变；③ 减小。

当 R_1 增大时，u_{o1} 的占空比将______，振荡频率将______，u_{o2} 的幅值将______；若 R_{W1} 的滑动端向上移动，则 u_{o1} 的占空比将______，振荡频率将______，u_{o2} 的幅值将______；若 R_{W2} 的滑动端向上移动，则 u_{o2} 的占空比将______，振荡频率将______，u_{o2} 的幅值将______。

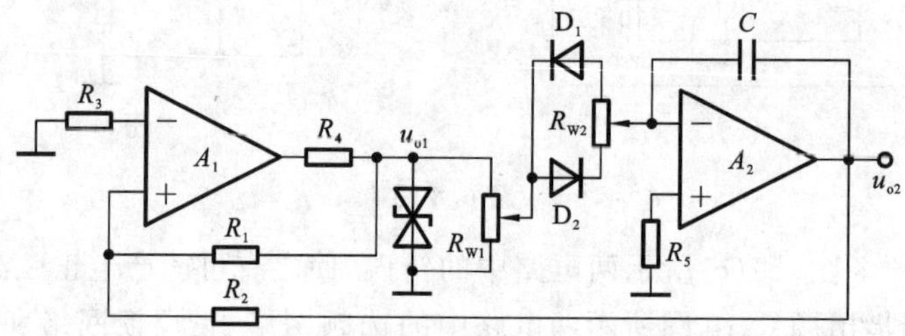

题 6.13 图

6.14 电路如题 6.14 图所示，已知集成运放的最大输出电压幅值为 ±12 V，u_i 的数值在 u_o 的峰-峰值之间。

(1) 求解 u_{o3} 的占空比与 u_i 的关系式；

(2) 设 $u_i=2.5$ V，画出 u_{o1}、u_{o2}、u_{o3} 的波形；

(3) 至少说出三种故障情况(某元件开路或短路)使得 A_2 的输出电压 u_{o2} 恒为 12 V。

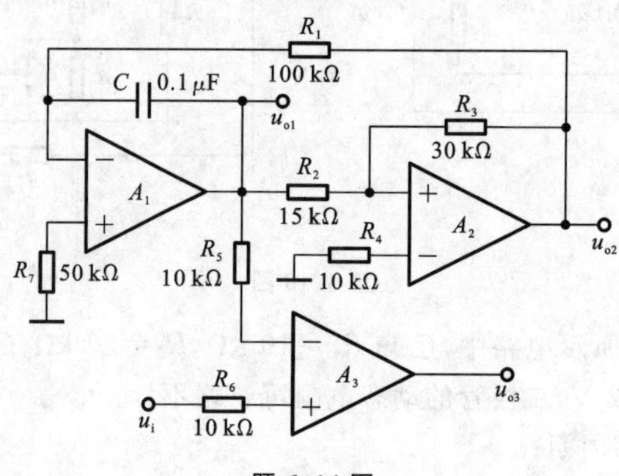

题 6.14 图

6.15 试分析题 6.15 图所示各电路输出电压与输入电压的函数关系。

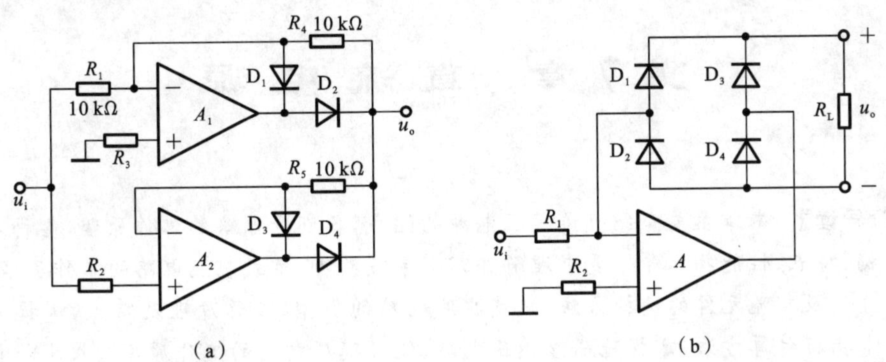

题 6.15 图

6.16 电路如题 6.16 图所示。

(1) 定性画出u_{o1}和 u_o的波形；

(2) 估算振荡频率 f 与 u_i 的关系式。

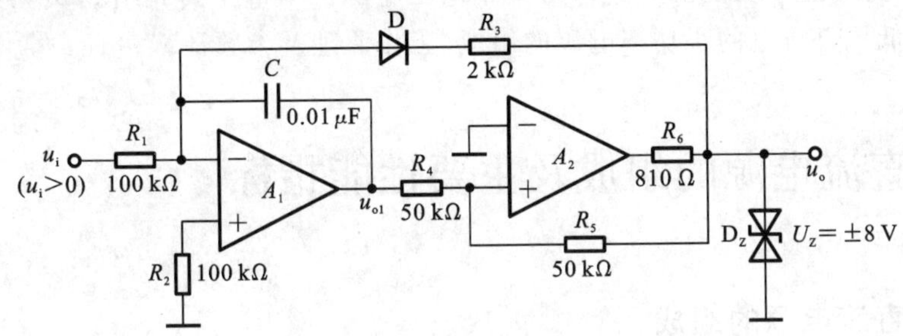

题 6.16 图

第7章 直流电源

【本章导读】 本章主要介绍直流稳压电源的组成,各部分电路的工作原理,各种不同类型电路的结构、特点、性能指示等。要求理解并掌握半波整流、桥式整流电路的工作原理、技术指标的计算方法及整流元件的选择方法;熟悉滤波电路的类型、工作原理及特点,掌握电容滤波电路的技术指标计算方法;掌握稳压管稳压电路、线性稳压电路的工作原理及技术指标计算方法;掌握三端点集成稳压器的应用方法;了解开关稳压电路的类型、工作原理及特点。

任何电子产品或仪器都需要一个稳定的直流电源为其供电。尽管电瓶、电池等化学能电源也可以为一些小功率便携式设备供电,但大多数情况下都是将电网交流电转换成稳定的直流电实现供电,完成这一功能的电路称为直流稳压电源。本章主要介绍 220 V/50 Hz 的单相交流电转换为低压直流电的小功率电源的组成、工作原理及参数计算。

7.1 直流电源的组成及主要性能指标

7.1.1 直流电源的组成

单相交流电经过电源变压器、整流电路、滤波电路和稳压电路转换成稳定的直流电压,其方框图及各部分输出电压波形如图 7.1.1 所示,图中的虚线表示电网电压的波动引起各部分电压的变化。下面就各部分的作用加以介绍。

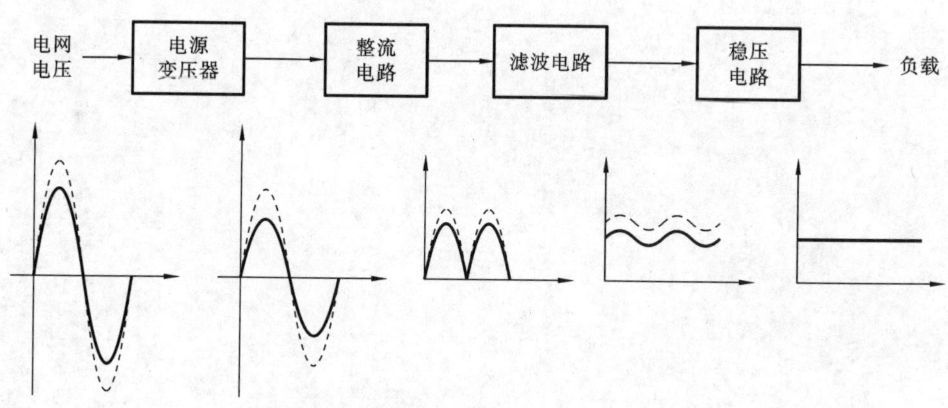

图 7.1.1 单相交流电转换成直流电压的方框图及各部分输出电压波形

1. 电源变压器

电网提供的一般是 220 V(或 380 V) /50 Hz 交流电压,而各种电子设备所需要的直流电压数值各不相同，**电源变压器可以将电网的交流电压变换成所需要的交流电压。**在变换过程中，注意电源变压器的输出电压、输出电流及功率等参数要符合设计指标的要求。

2. 整流电路

整流电路将交流电变换成脉动直流电，通常有半波整流、全波整流、桥式整流等。整流电路的输出波形如图 7.1.1 所示，这种电压虽然包含直流成分，但脉动成分很大，如果直接给电子设备供电，则会影响电路的正常工作。例如，电源交流分量将混入输入信号，被放大电路放大，甚至在放大电路的输出端所混入的交流分量大于有用信号，因而不能直接作为电子电路的供电电源。

3. 滤波电路

滤波电路一般由电感、电容等储能元件组成，它可以将单向脉动的直流电中所含的大部分交流成分滤掉，得到一个较平滑的直流电。然而，由于滤波电路为无源电路，接入负载后输出的直流电压并不稳定，当电网波动时输出电压会跟着波动；当负载发生变化时电压也会波动。对于稳定性要求较高的电子电路，整流、滤波后的直流电压还不能满足要求。

4. 稳压电路

稳压电路有两个功能：**一是在电网电压波动、负载及温度发生变化时保证输出的直流电压是稳定不变的；二是进一步滤除输出电压中的交流成分，使输出更接近直流。**

7.1.2　直流电源的主要性能指标

1. 稳压系数 S_r

稳压系数指负载保持不变时，稳压电路输出电压的相对变化量与输入电压的相对变化量之比，即

$$S_r = \left.\frac{\Delta U_o / U_o}{\Delta U_i / U_i}\right|_{R_L = \text{常数}} \tag{7.1.1}$$

任何电源在输入电压发生变化时，输出电压都会波动。稳压系数越小，说明在相同的输入电压波动时，输出电压的波动越小，稳定性越好。

2. 输出电阻 R_o

输出电阻指当输入电压保持不变时，输出电压的变化量与输出电流变化量之比，即

$$R_o = \left.\frac{\Delta U_o}{\Delta I_o}\right|_{U_i = \text{常数}} \tag{7.1.2}$$

R_o 表明负载电阻对稳压电路性能的影响，其值越小，负载变化引起输出电压的波动越小，带负载能力越强。

3. 纹波电压

纹波电压指稳压电路输出端中含有的交流分量，通常用有效值或峰值表示。纹波电压值越小越好，否则影响正常工作。具体电路中多用纹波系数表示。

4. 温度系数 S_T

温度系数指在输入电压和负载都不变的情况下，环境温度变化所引起的输出电压的变化，即

$$S_T = \left.\frac{\Delta U_o}{\Delta T}\right|_{U_i = \text{常数}, R_L = \text{常数}} \tag{7.1.3}$$

S_T 越小，稳压电路受温度影响越小。

7.2　整流电路

7.2.1　单相半波整流电路

单相半波整流电路是最简单的整流电路，用一根二极管即可实现，如图 7.2.1(a)所示。

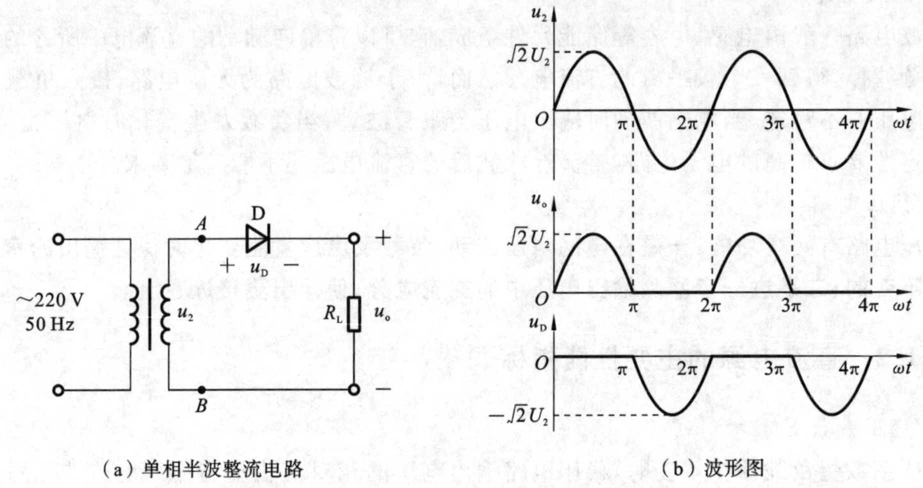

(a) 单相半波整流电路　　(b) 波形图

图 7.2.1　单相半波整理电路及其波形图

1. 整流原理

整流是利用二极管的单相导电性实现的，设 D 为理想二极管，变压器的副边电压有效值为 U_2，瞬时值为 $u_2=\sqrt{2}U_2\sin(\omega t)$。在 u_2 的正半周，A 点为正，B 点为负，二极管外加正向电压，因而处于导通状态。电流从 A 点流出，经过二极管 D 和负载电阻 R_L 流入 B 点，负载 R_L 上的电压 u_o 与变压器次级电压 u_2 相等。在 u_2 的负半周，B 点为正，A 点为负，二极管外加反向电压，因而处于截止状态，负载 R_L 上的电压 u_o 为 0，二极管的管压降 u_D 与 u_2 相等。变压器副边电压 u_2、输出电压 u_o、二极管端电压 u_D 的波形如图 7.2.1(b)所示。

2. 输出直流电压和电流

经过整流后的输出电压、电流都是脉动的，为了便于设计时整流元件的选择，需要计算输出电压、电流的平均值。

输出直流电压就是负载电阻上电压的平均值。由于半波整流后只有半个周期有脉动电压，另外半个周期输出为零，在计算平均值时需要将这半个周期的脉动电压在一个周期内平均，也就是在一个周期内进行积分运算：

$$U_{o(AV)}=\frac{1}{2\pi}\int_0^{\pi}\sqrt{2}U_2\sin(\omega t)\mathrm{d}(\omega t) \tag{7.2.1}$$

解得

$$U_{o(AV)}=\frac{\sqrt{2}U_2}{\pi}\approx 0.45U_2 \tag{7.2.2}$$

流过负载的直流电流也就是负载上电流的平均值

$$I_{o(AV)}=\frac{U_{o(AV)}}{R_L}\approx\frac{0.45U_2}{R_L} \tag{7.2.3}$$

3. 二极管的选择

尽管半波整流电路只有一根二极管，但二极管的型号很多，能否合理选择直接决定电路能否正常工作。为了保证二极管不被损坏，工作电压、电流都不能超过它的极限参数，即二极管的最大整流电流 I_F 一定要大于输出电流平均值；二极管所能承受的最大反向电压 U_R 一定要大于变压器输出电压的最大值。

$$I_F\geqslant I_{o(AV)}\approx\frac{0.45U_2}{R_L} \tag{7.2.4}$$

$$U_R\geqslant\sqrt{2}U_2 \tag{7.2.5}$$

4. 脉动系数 S

脉动系数 S 是衡量整流电路输出电压平滑程度的指标，是整流电路特有的指标。由于负载上得到的电压 u_o 是一个非正弦周期信号，可用傅里叶级数展开为直流分量、基波分量以及各种谐波分量的叠加。脉动系数的定义为基波的峰值与输出电压平均值之比，即

$$S=\frac{U_{o1m}}{U_{o(AV)}} \tag{7.2.6}$$

通过傅里叶级数展开公式，可以算出$U_{o1m}=U_2/\sqrt{2}$，因此

$$S=\frac{U_2/\sqrt{2}}{\sqrt{2}U_2/\pi}\approx 1.57 \tag{7.2.7}$$

7.2.2 单相桥式整流电路

单相半波整流电路结构简单，但是只利用了交流电压的半个周期，输出电压直流成分低，交流分量大，电源利用率低。因此，这种电路仅适用于整流电流较小，对脉动要求不高的场合。为了提高电源的利用率，在实用电路中多采用单相桥式整流电路。其结构由四根二极管组成，如图 7.2.2(a)所示，图 7.2.2(b)为其简化画法。

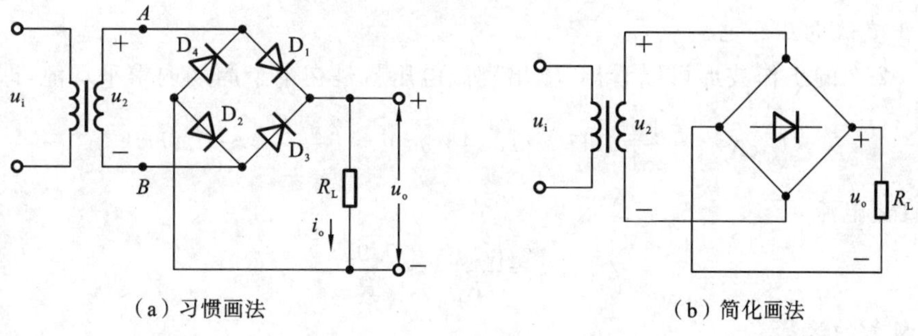

(a) 习惯画法　　(b) 简化画法

图 7.2.2　单相桥式整流电路

1. 工作原理

当 u_2 为正半周时，电流由 A 点流出，经 $D_1 \to R_L \to D_2 \to B$ 点，假设 $D_1 \sim D_4$ 为理想二极管，则负载电阻 R_L 上的电压等于变压器二次电压，即 $u_o = u_2$，D_3 和 D_4 管承受的反向电压为 $-u_2$。当 u_2 为负半周时，电流由 B 点流出，经 $D_3 \to R_L \to D_4 \to A$ 点，因而负载电阻 R_L 上的电压与变压器二次电压反向，即 $u_o = -u_2$，D_1 和 D_2 管承受的反向电压为 u_2。这样，由于 D_1、D_2 和 D_3、D_4 两对二极管交替导通，使负载电阻 R_L 在 u_2 的整个周期内都有电流通过，而且方向不变，输出电压 $u_o = \left|\sqrt{2}U_2 \sin(\omega t)\right|$。图 7.2.3 所示为单相桥式整流电路各部分的电压和电流的波形。

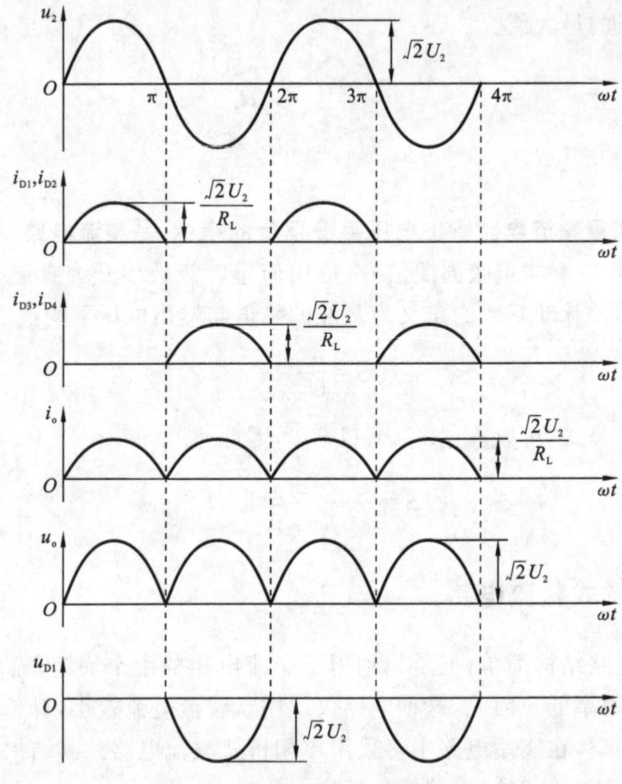

图 7.2.3　单相桥式整流电路波形

2. 输出直流电压和电流

由图 7.2.3 的工作波形可以看出，输出直流电压就是在半个周期内求平均值，即

$$U_{o(AV)} = \frac{1}{\pi}\int_0^{\pi} \sqrt{2}U_2 \sin(\omega t)\,d(\omega t) = \frac{2\sqrt{2}U_2}{\pi} \approx 0.9U_2 \tag{7.2.8}$$

负载上的直流电流

$$I_{o(AV)} = \frac{U_{o(AV)}}{R_L} \approx \frac{0.9U_2}{R_L} \tag{7.2.9}$$

3. 二极管的选择

在单相桥式整流电路中，每根二极管只在变压器副边电压的半个周期有电流通过，所以**每根二极管流过的正向平均电流为负载电阻上电流平均值的一半**，因此，二极管的最大整流电流应满足

$$I_F \geqslant \frac{I_{o(AV)}}{2} \approx \frac{0.45U_2}{R_L} \tag{7.2.10}$$

二极管的最高反向电压与半波整流电路相同。

$$U_R \geqslant \sqrt{2}U_2 \tag{7.2.11}$$

根据谐波分析，桥式整流电路的脉动系数约为 0.67。

综上所述，单相桥式整流电路在变压器次级电压相同的情况下，输出电压平均值高、脉动系数小、管子承受的反向电压和半波整流电路一样。虽然二极管用了四个，但小功率二极管体积小、价格低廉，因此桥式整流电路得到了广泛的应用。

【例 7.2.1】 有一电阻为 15 Ω 的直流负载，工作电压为 9 V，采用桥式整流电路为其供电。

(1) 确定电源变压器次级电压以及二极管的参数；

(2) 若整流二极管 D_1 开路或短路，将会发生什么现象？

解 (1) 由已知条件可知，负载电流为

$$I_L = I_{o(AV)} = \frac{U_o}{R_L} = \frac{9}{15}\ \text{A} = 0.6\ \text{A}$$

对于桥式整流电路，流过每支二极管的电流是负载电流的一半，即 $I_D = 0.3$ A。变压器次级电压有效值

$$U_2 = \frac{U_o}{0.9} = \frac{9}{0.9}\ \text{V} = 10\ \text{V}$$

在选择二极管时通常要考虑电网电压的波动，一般按电压波动 10%进行计算。因此，二极管的最大整流电流和最大反向工作电压应分别满足

$$I_F \geqslant \frac{1.1 I_{o(AV)}}{2} = 1.1 \times 0.3\ \text{A} = 0.33\ \text{A}$$

$$U_R \geqslant 1.1\sqrt{2}U_2 = 1.1\sqrt{2} \times 10\ \text{V} \approx 15.4\ \text{V}$$

按以上数值查找数据手册即可选择所要二极管的型号。

(2) 若 D_1 开路，则电路仅能实现半波整流，因而输出电压平均值仅为原来的一半。若 D_1 短路，则在 u_2 的负半周变压器次级电压将全部加在 D_3 上。若所选二极管 D_3 的最大整流电流 I_F 较小，则 D_3 将因通过的电流过大而烧坏，桥式整流变成半波整流；若 D_3 的最大整流电流 I_F 较大，则变压器将因次级电流过大而烧坏。

7.3 滤波电路

为了减小整流电路输出电压的脉动成分，可在整流电路之后接入滤波电路以滤除交流分量。直流电源中的滤波电路与用于信号处理的滤波电路不同，其输出电流较大，理想情况下能滤除所有交流成分，主要采用电容和电感构成无源滤波电路，其分析方法主要利用电容器两端电压不能突变、流过电感的电流不能突变的原理。

7.3.1 电容滤波电路

在整流电路的输出端（即负载电阻两端）并联一个电容，就构成了电容滤波电路，如图

7.3.1(a)所示。为了得到较好的滤波效果，电容的容量应尽可能大，一般采用电解电容，接线时应注意电容的正、负极性。

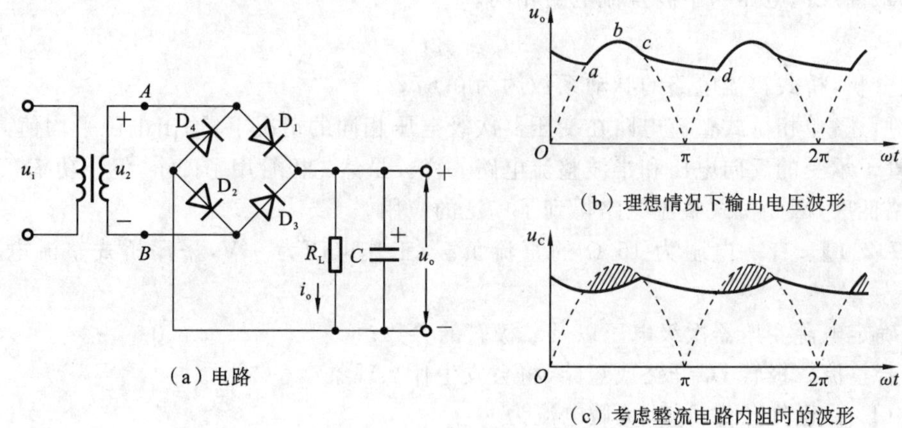

图 7.3.1　桥式整流滤波电路及工作波形图

1. 滤波原理

电容滤波的原理可以用电容器的"快充慢放"过程说明。当变压器二次电压 u_2 处于正半周并且数值大于电容两端电压 u_C 时，二极管 D_1、D_2 导通，其电流一路流经负载电阻 R_L，另一路对电容 C 充电，因二极管导通电阻较小，充电时间常数较小，充电速率很快。在理想情况下，变压器次级无损耗，二极管导通电压为零，所以电容两端电压 u_C(u_o)与 u_2 相等，如图 7.3.1(b)中曲线的 ab 段。当 u_2 上升到峰值后开始下降，电容由充电变为放电，放电通过负载电阻 R_L 完成，电压 u_C 也开始下降，如图 7.3.1(b)中曲线的 bc 段。由于 u_2 的下降速率较慢，电容上电压 u_C 的下降趋势与 u_2 基本相同。

由于电容是按指数规律放电，放电时间常数 R_LC 较大，放电速率缓慢。图 7.3.1(b)中 c 点过后，电容上电压 u_C 的下降速率小于 u_2 下降速率，使 u_C 大于 u_2 从而导致 D_1、D_2 反向偏置而变为截止。此后，电容 C 继续通过 R_L 放电，u_C 按指数规律缓慢下降，如图 7.3.1(b)的 cd 段。

当 u_2 的负半周幅值变化到恰好大于 u_C 时，D_3、D_4 因加正向电压变为导通状态。u_2 再次对 C 充电，u_C 上升到 u_2 的峰值后又开始下降，下降到一定数值时 D_3、D_4 变为截止，C 开始对 R_L 放电，放电到一定数值时 D_1、D_2 变为导通，重复上述过程。从图 7.3.1(b)所示波形可以看出，经滤波后的输出电压不仅变得平滑，而且平均值也有所提高。若考虑变压器内阻和二极管的导通电阻，则 u_C 的波形如图 7.3.1(c)所示，阴影部分为整流电路内阻上的压降。

2. 输出电压的平均值

由于滤波电容的存在，输出电压的平均值不仅与 u_2 有关，还与放电时间常数有关。在滤波电容选定后，时间常数与负载电阻有关。当负载开路时，时间常数为∞，输出电压最高，$U_o=\sqrt{2}U_2$，虽然滤波效果最佳，但电路不带负载，也就失去了使用价值。时间常数 R_LC 对滤波电路的影响如图 7.3.2 所示。负载电阻越小，时间常数越小，输出电流越大，电容放电加快，输出电压越低。在忽略整流电路的内阻时，输出电压在 $0.9U_2\sim\sqrt{2}U_2$ 的范围变化。若考虑内阻，则输出电压 U_o 的值将有所下降。

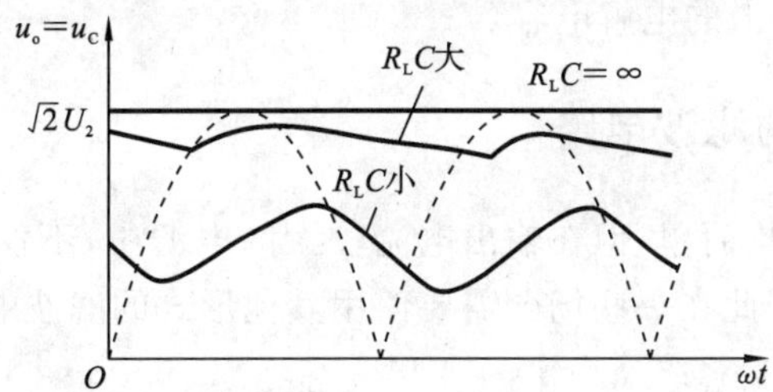

图 7.3.2 时间常数 R_LC 对滤波电容的影响

3. 电容的选择

理论上讲，在负载一定时，电容的容量越大，输出的直流电压越高，波动越小。但电容越大，体积越大，成本也越高。综合考虑，实际工作中常按如下公式选择滤波电容：

$$R_LC \geqslant (3 \sim 5)\frac{T}{2} \tag{7.3.1}$$

其中：T 为交流电网电压的周期。

在满足式(7.3.1)时，输出电压可按下式估算：

$$U_o = 1.2U_2 \tag{7.3.2}$$

4. 对整流电路的影响

在未加滤波电容之前，无论是哪种整流电路中的二极管均有半个周期处于导通状态，也称二极管的导通角 θ 等于 π。加滤波电容后，只有当电容充电时，二极管才导通，因此，每根二极管的导通角都小于 π。并且 R_LC 的值越大，导通角 θ 越小。由于电容滤波后输出平均电流增大，二极管的导通角反而减小，所以整流二极管在短暂的时间内将流过一个很大的冲击电流。这对二极管的寿命很不利，所以必须选用较大容量的整流二极管，通常应选择其最大整流电流 I_F 大于负载电流 2～3 倍的二极管。

【例 7.3.1】 一单相桥式整流电容滤波电路的输出电压 $U_o = 30$ V，负载电流为 250 mA，电网频率为 50 Hz。试选择整流二极管的型号和滤波电容 C 的大小。

解 (1) 选择整流二极管。由于桥式整流每根二极管的平均电流是负载电流的一半，则

$$I_D = \frac{1}{2}I_o = \frac{1}{2} \times 250\ \text{mA} = 125\ \text{mA}$$

由 $U_o = 1.2U_2$ 可求出

$$U_2 = \frac{U_o}{1.2} = \frac{30}{1.2}\ \text{V} = 25\ \text{V}$$

所以二极管承受的最大反向电压为

$$U_{RM} = \sqrt{2}U_2 = \sqrt{2} \times 25\ \text{V} \approx 35\ \text{V}$$

查手册可选 2CP21A，其 $I_F = 3000$ mA，$U_{RM} = 50$ V，满足电路要求。

(2) 滤波电容

$$R_L = \frac{U_o}{I_o} = \frac{30}{250}\ \text{k}\Omega = 0.12\ \text{k}\Omega = 120\ \Omega, \quad T = \frac{1}{50}\ \text{s} = 0.2\ \text{s}$$

根据式(7.3.1)，有

$$C \geqslant \frac{5T}{2R_L} = \frac{5 \times 0.2}{2 \times 120}\ \text{F} = 0.000417\ \text{F} = 417\ \mu\text{F}$$

可选 470 μF,耐压 40 V 以上的电解电容。

7.3.2 其他形式的滤波电路

电容滤波电路虽然结构简单,但在输出电流较大的电源中,不仅输出电压较低,而且输出电压的脉动成分也很大,因此在一些场合需要使用其他形式的滤波电路。

1. 电感滤波

在整流电路与负载电阻之间串联一个电感线圈 L 就构成电感滤波电路,如图 7.3.3(a)所示。由于电感线圈的电感量要足够大,所以一般需要采用有铁心的线圈。

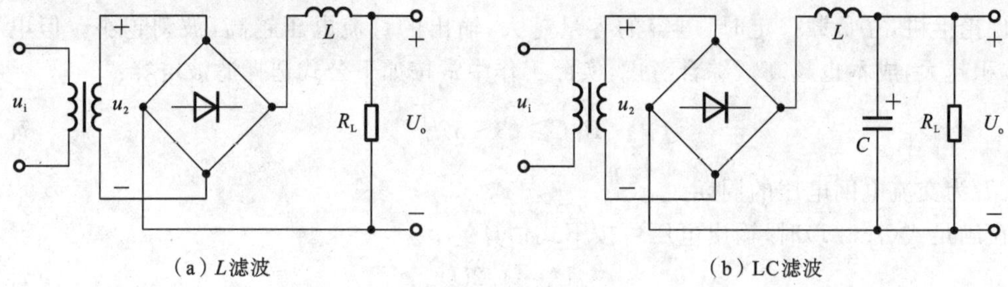

(a) L滤波　　(b) LC滤波

图 7.3.3　电感滤波电路

整流电路输出的电压可以分解为直流分量和交流分量,由于电感的直流电阻很小,就是线圈本身的电阻 R,直流分量在电感上几乎不产生压降。而交流分量产生的阻抗为 $j\omega L$。在电感量较大时,$j\omega L$ 比负载 R_L 大得多,二者分压后交流电压分量大部分降在电感上,因而负载电阻上输出电压的交流分量就很小了。L 越大,R_L 越小,滤波效果就越好,所以**电感滤波适用于负载电流较大且变化量较大的场合。**

为了进一步提高滤波效果,可在输出端再并上一个电容 C,组成 LC 滤波电路,如图 7.3.3(b)所示。由于电容与负载电阻并联后总的容抗更小,对交流分量的分压更小,因而滤波效果更好,尤其对负载电流较小时也有较佳的滤波特性,故 LC 滤波电路对负载的适应力较强。在忽略电感上的压降时,电感滤波和 LC 滤波电路的直流输出电压等于全波整流的输出电压平均值,即

$$U_o \approx 0.9U_2 \tag{7.3.3}$$

2. π 型滤波

利用电阻-电容、电感-电容构成的 π 型滤波电路如图 7.3.4 所示,这种电路可以进一步降低输出电压的脉动成分,滤波效果更好。

RC-π 型滤波的原理:**整流后先经电容 C_1 第一次滤波,C_1 两端电压的交流分量已经减小,然后经 R-C_2 构成的低通滤波器进行第二次滤波,负载上电压的交流分量进一步减小。**

假设第一次滤波后电容 C_1 两端电压的直流分量为 U'_o,交流分量为 U'_{olm},第二次滤波后电容 C_2 两端电压的直流分量为 U_o,交流分量为 U_{olm},则直流分量为负载 R_L 与电阻 R 对 U'_o 的分压,即

$$U_o = \frac{R_L}{R+R_L}U'_o \tag{7.3.4}$$

交流分量为 R_L 与 C_2 并联后与电阻 R 对 U'_{olm} 的分压,即

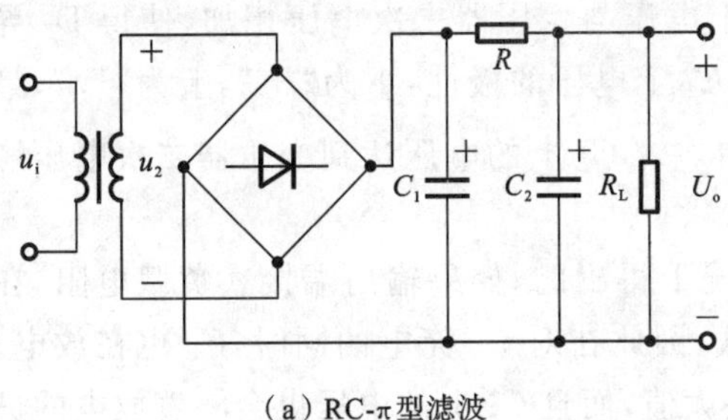

(a) RC-π型滤波

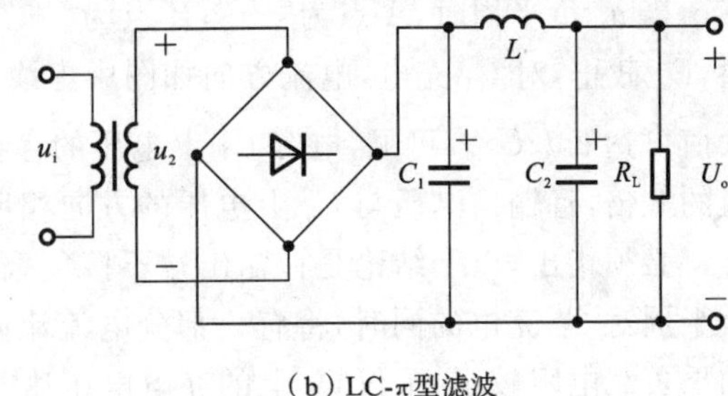

(b) LC-π型滤波

图 7.3.4 π型滤波电路

$$U_{\mathrm{o1m}}=\frac{R_{\mathrm{L}}}{R+R_{\mathrm{L}}}\frac{1/\omega C_2}{\sqrt{R'^2+(1/\omega C_2)^2}}U'_{\mathrm{o1m}} \tag{7.3.5}$$

式中：$R'=R/\!/R_{\mathrm{L}}$，ω 是整流输出脉动电压的基波角频率，在 50 Hz 电网电压下，$\omega=2\pi f=628$ rad/s。若$\frac{1}{\omega C_2}\ll R'$，式(7.3.5)可简写为

$$U_{\mathrm{o1m}}\approx\frac{R_{\mathrm{L}}}{R+R_{\mathrm{L}}}\frac{1}{\omega C_2 R'}U'_{\mathrm{o1m}} \tag{7.3.6}$$

根据脉动系数的定义，得

$$S=\frac{U_{\mathrm{o1m}}}{U_{\mathrm{o}}}\approx\frac{1}{\omega C_2 R'}\frac{U'_{\mathrm{o1m}}}{U'_{\mathrm{o}}}=\frac{1}{\omega C_2 R'}S' \tag{7.3.7}$$

式中：S'为 C_1 两端电压的脉动系数，显然，C_2、R' **越大，脉动系数越小，滤波效果越好。**但由于电阻 R 的存在，也会使输出直流电压降低。为此，可将电阻 R 换成电感，构成图 7.3.4(b)所示的 LC-π 型滤波电路。由于电感的直流电阻小，交流电阻大，可以进一步提高滤波效果。

π 型滤波电路输出直流电压的估算方法与电容滤波相同，即

$$U_{\mathrm{o}}=1.2U_2 \tag{7.3.8}$$

7.3.3 倍压整流电路

在一些应用场合，希望得到较高的直流电压，如果采用前述的整流方法，不仅提升变压器次级电压需要增加次级绕组匝数，造成变压器的体积较大，而且对整流二极管的耐压要求也高。为此，在输出电流要求不大时，可采用倍压整流电路。

图 7.3.5 所示电路是二倍压整流电路，其整流原理如下：u_2 正半周时，A 点为"+"，B 点为"−"，使得二极管 D_1 导通，D_2 截止，对 C_1 充电，电流方向如图 7.3.5 中实线所示，C_1 上电压极性：右为"+"，左为"−"，最大值可达$\sqrt{2}U_2$。

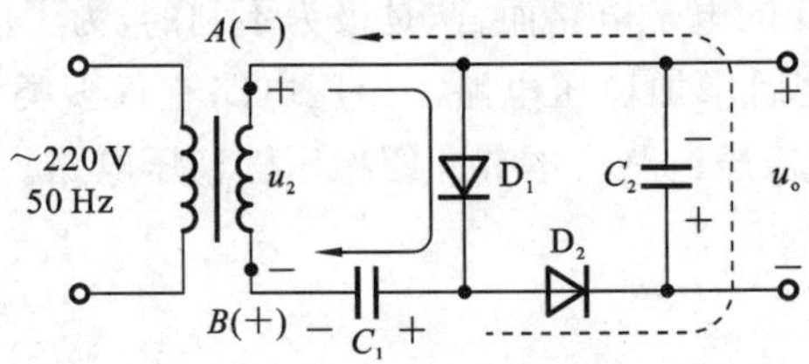

图 7.3.5 二倍压整流电路

当 u_2 负半周时，A 点为"－"，B 点为"＋"，C_1 上电压与变压器二次电压相加，使得 D_2 导通，D_1 截止，对 C_2 充电，电流方向如图中虚线所示，C_2 上电压的极性：下为"＋"，上为"－"，最大值可达 $2\sqrt{2}U_2$。可见，电容 C_1 上电压的存在使得电容 C_2 上的电压达到变压器二次电压峰值的 2 倍，且输出电压与 C_2 上电压的方向相反。

必须指出，以上结论是在输出端不接负载的情况下得出的，如果输出端接入负载电阻，在负半周对 C_2 充电的同时，将有一部分电流流向负载，因此在对 C_2 充电的同时，C_1 也在放电。如果负载电阻较小，不仅 C_2 上的充电电压达不到最大值，而且 C_1 上的电压也会随着放电的进行而下降。可见，**倍压整流电路只适用于小电流输出的应用。**

为了得到更高的电压，可采用图 7.3.6 所示的多倍压整流电路，其工作过程如下：在 u_2 的第一个正半周，电源电压通过 D_1 将电容 C_1 上的电压充到$\sqrt{2}U_2$；在 u_2 的第一个负半周，D_2 导通，u_2 和 C_1 上的电压共同将 C_2 上的电压充到 $2\sqrt{2}U_2$。在 u_2 的第二个正半周，电源对电容 C_3 充电，通路为 $u_2(+)\rightarrow C_2\rightarrow D_3\rightarrow C_3\rightarrow C_1\rightarrow u_2(-)$。电容 C_3 上的电压为 $U_{C_3}=U_2+U_{C_2}-U_{C_1}\approx 2\sqrt{2}U_2$。在 u_2 的第二个负半周，对电容 C_4 充电，通路为 $u_2(-)\rightarrow C_1\rightarrow C_3\rightarrow D_4\rightarrow C_4\rightarrow C_2\rightarrow u_2(+)$，$U_{C_4}=U_2+U_{C_3}+U_{C_1}-U_{C_2}\approx 2\sqrt{2}U_2$，依此类推，电容 C_5、C_6 也充至 $2\sqrt{2}U_2$，它们的极性如图 7.3.6 所标注。只要将负载接至有关电容组的两端，就可得到相应多倍压直流电压输出。显然，为了提高输出电流，应增大输出电容的容量。

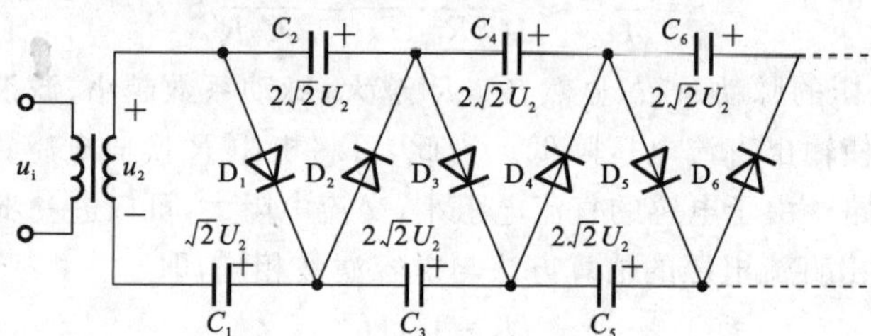

图 7.3.6　多倍压整流电路

7.4　稳压管稳压电路

经过整流、滤波之后得到的输出电压与理想的直流电源电压还有一定的差距，主要存在两方面的原因：一是当电网电压波动时，输出的直流电压也跟着变化；二是当负载电流变化时，由于整流滤波电路存在内阻，内阻上的电压随输出电流变化，输出直流电压也随之发生变化。这对于要求工作电压稳定不变的电子电路而言，是极为不利的，为了能够提供更加稳定的直流电压，需要在整流滤波电路之后增加稳压电路。稳压电路有很多类型，常用的有稳压管稳压电路、串联型稳压电路和开关稳压电路。本节介绍稳压管稳压电路。

7.4.1　电路组成

在整流滤波电路与负载之间，接入由限流电阻 R 和稳压二极管 D_Z 构成的网络，即为稳压管稳压电路，如图 7.4.1 所示。由图 7.4.1 可知，稳压管与负载电阻是并联关系，因此，输出电压就是稳压管两端的电压，只要稳压管两端电压是稳定不变的，输出电压就是稳定的。假设电阻 R 上的电压为 U_R，从图 7.4.1 中可知，电路满足以下关系：

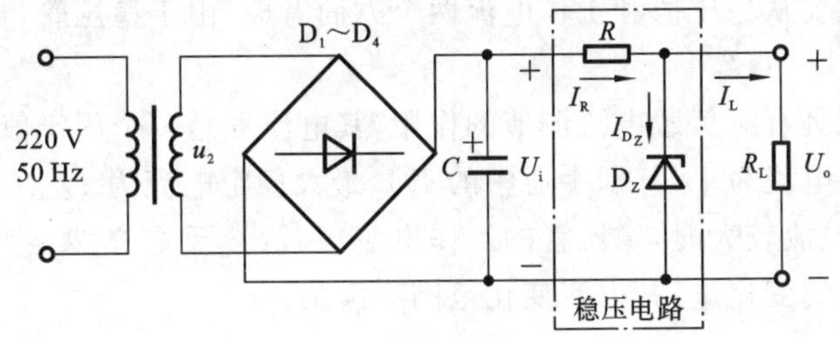

图 7.4.1 稳压管稳压电路

$$U_i = U_R + U_o \tag{7.4.1}$$

$$I_R = I_{DZ} + I_L \tag{7.4.2}$$

7.4.2 稳压原理

稳压电路的工作原理与稳压管的特性有很大关系，如图 7.4.2 为稳压二极管的伏安特性曲线。在击穿区，无论电流怎样变化，其电压 U_Z 总是稳定不变的。对于图 7.4.1 所示的电路，其稳压原理主要从两个方面考虑：**一是当电网电压波动时，稳压电路的输入电压 U_i 跟着波动，这时的输出电压 U_o 是否稳定？二是当负载变化时，输出电流 I_L 跟着变化，这时输出电压是否稳定？**

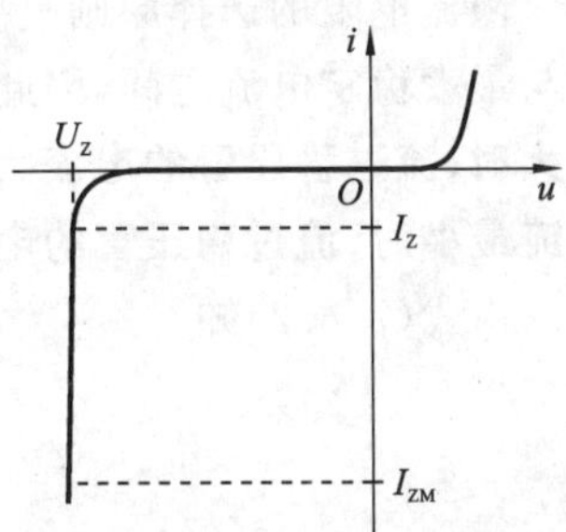

图 7.4.2 稳压二极管的伏安特性曲线

当电网电压升高时，输出电压 U_o 也会升高，由于输出电压就是稳压管两端电压，根据稳压管的伏安特性，流过的电流 I_{DZ} 急剧增加，根据式(7.4.2)，I_R 也急剧增加，限流电阻上的电压 U_R 也跟着增加，在电路参数选择合适时，U_R 的增加量基本等于输入电压 U_i 的增加量，根据式(7.4.1)，输出电压 U_o 保持稳定。

电网电压降低时，其稳压过程与此相反。

当负载电阻 R_L 减小时，负载电流 I_L 增大，根据式(7.4.2)，I_R 也将增大，U_R 随之增加，在电网电压不变，即 U_i 不变的条件下，根据式(7.4.1)，U_o 必然下降，即稳压管两端电压 U_Z 下降，其电流 I_{DZ}随之减小。在电路参数选择恰当时，I_L 增加的量与 I_{DZ}减小的量基本相当，根据式(7.4.2)，I_R 基本保持不变，从而使输出电压 U_o 保持稳定。

相反，如果负载电阻增大，I_L 较小，I_{DZ}增大，同样使 I_R 基本不变，U_o 保持稳定。

综上所述，**稳压原理就是利用稳压管的电流调节作用，通过限流电阻上的电压变化对输出电压进行补偿，从而达到稳压目的。**为了使电路正常工作，必须对电路元件的参数有合理的选择。

7.4.3 电路元件的选择

要设计一个稳压电路，主要是选择合适的稳压管和限流电阻。设计前提是在已知输出电压的同时，还要对负载电流的变化范围有所了解。假设输出电压为 U_o，输出电流的变化范围

为 $I_{Lmin} \sim I_{Lmax}$。

1. 稳压管的选择

稳压管的选择主要从稳压值和工作电流两个方面考虑，由于稳压管与输出电阻并联，稳压值与输出电压相等，$U_Z = U_o$。

稳压管工作电流具有对负载电流调节的作用，其电流不是一个固定值，而是一个范围。假设稳压管的最小稳定电流为 I_{Zmin}（即手册中的 I_Z），最大稳定电流为 I_{Zmax}（即手册中的 I_{ZM}），根据稳压原理，当负载电流较大时，稳压管的工作电流应减小，反之亦然。为了让稳压管电流的调节量跟上负载电流的变化量，其电流变化范围应满足：

$$I_{Zmax} - I_{Zmin} > I_{Lmax} - I_{Lmin}$$

若考虑到空载时 $I_{Lmin} = 0$，则稳压管最大稳定电流的选取应满足：

$$I_{ZM} \geqslant I_{Lmax} + I_{Zmin} \tag{7.4.3}$$

满载时流过稳压管的电流 I_{DZ} 最小，即 $I_{DZmin} = I_R - I_{Lmax}$，稳压管最小稳定电流应满足：

$$I_Z \leqslant I_R - I_{Lmax} \tag{7.4.4}$$

实际的做法是，在稳压管选定之后，通过选取合适的限流电阻 R 满足以上要求。

2. 限流电阻的选择

限流电阻的选择原则是要保证稳压管能够正常的稳压，也就是其工作电流在最小稳定电流与最大稳定电流之间，因此，要满足两个条件：**一是在电网电压最低（即 U_i 最低）且负载电流最大时，流过稳压管的电流大于其最小稳定电流 I_Z；二是在电网电压最高（即 U_i 最高）且负载电流最小时，流过稳压管的电流小于其最大稳定电流 I_{ZM}。**

由式(7.4.2)知

$$I_{DZ} = I_R - I_L = \frac{U_i - U_Z}{R} - I_L \tag{7.4.5}$$

则

$$I_{DZmin} = \frac{U_{imin} - U_Z}{R} - I_{Lmax} \geqslant I_Z \tag{7.4.6}$$

$$I_{DZmax} = \frac{U_{imax} - U_Z}{R} - I_{Lmin} \leqslant I_{ZM} \tag{7.4.7}$$

由此得出限流电阻的选择范围为

$$\frac{U_{imax} - U_Z}{I_{ZM} + I_{Lmin}} \leqslant R \leqslant \frac{U_{imin} - U_Z}{I_Z + I_{Lmax}} \tag{7.4.8}$$

其中：$I_{Lmin} = U_Z / R_{Lmax}$，$I_{Lmax} = U_Z / R_{Lmin}$。

根据式(7.4.8)选择 R 的阻值后，再根据流过它的最大电流算出功率。

7.4.4 稳压系数 S_r 和输出电阻 R_o

稳压管稳压电路的性能可以用稳压系数和输出电阻两个指标进行衡量。

根据稳压系数的定义式(7.1.1)，得

$$S_r = \left.\frac{\Delta U_o / U_o}{\Delta U_i / U_i}\right|_{R_L = \text{常数}} = \frac{U_i}{U_o} \frac{\Delta U_o}{\Delta U_i}$$

在仅考虑变化量时，图 7.4.1 所示的稳压电路可用图 7.4.3 所示的电路等效。其中，r_Z 是稳压管的动态电阻，通常 $R_L \gg r_Z$，$R \gg r_Z$。因而

$$\frac{\Delta U_o}{\Delta U_i}=\frac{r_Z /\!/ R_L}{R+r_Z /\!/ R_L}\approx\frac{r_Z}{R+r_Z}\approx\frac{r_Z}{R} \tag{7.4.9}$$

所以,稳压系数

$$S_r=\frac{U_i}{U_o}\frac{\Delta U_o}{\Delta U_i}\approx\frac{U_i}{U_o}\frac{r_Z}{R} \tag{7.4.10}$$

式(7.4.10)表明,限流电阻 R 越大,稳压系数越小,但 R 的增大,需要较大的 U_i,又增大了稳压系数,因此,需要 U_i 与 R 合理搭配以降低稳压系数。一般选择动态电阻小的二极管可以有效降低稳压系数。

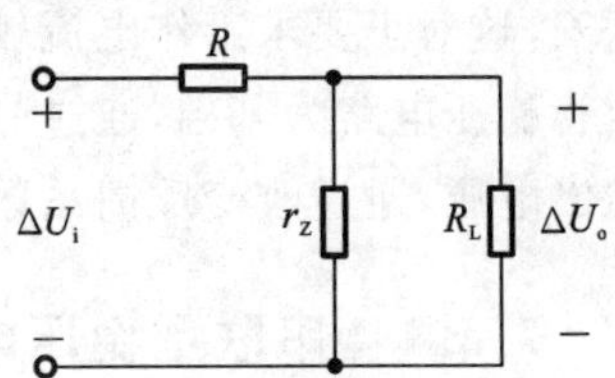

图 7.4.3 稳压管稳压电路的交流等效电路

根据输出电阻的定义式(7.1.2)和图 7.4.3,稳压管稳压电路的输出电阻为

$$R_o=R /\!/ r_Z\approx r_Z \tag{7.4.11}$$

【例 7.4.1】 如图 7.4.1 所示的稳压电路,稳压管为 2CW14,其参数是 $U_Z=6$ V,$I_Z=10$ mA,$P_Z=200$ mW,$r_Z=15$ Ω,整流滤波输出电压 $U_i=15$ V。

(1) 试计算当 U_i 变化±10%,负载电阻在 0.5～2 kΩ 范围变化时,限流电阻 R 的值。

(2) 按所选定的电阻 R 值,计算该电路的稳压系数及输出电阻。

解 (1) 根据稳定电压和功耗的关系,可以求出稳压管最大工作电流

$$I_{ZM}=\frac{P_Z}{U_Z}=\frac{200}{6}\ \text{mA}\approx 33\ \text{mA}$$

最大、最小输入电压为

$$U_{imax}=U_i(1+10\%)=15\times(1+0.1)\ \text{V}=16.5\ \text{V}$$

$$U_{imin}=U_i(1-10\%)=15\times(1-0.1)\ \text{V}=13.5\ \text{V}$$

根据负载电阻的变化范围及输出电压,可计算输出电流的变化范围,代入式(7.4.8),得

$$R\geqslant\frac{U_{imax}-U_Z}{I_{ZM}+I_{Lmin}}=\frac{16.5-6}{33+6/2}\ \text{k}\Omega\approx 0.29\ \text{k}\Omega$$

$$R\leqslant\frac{U_{imin}-U_Z}{I_Z+I_{Lmax}}=\frac{13.5-6}{10+6/0.5}\ \text{k}\Omega\approx 0.34\ \text{k}\Omega$$

即 0.29 kΩ$\leqslant R\leqslant$0.34 kΩ,可选 $R=320$ Ω,电阻的额定功率为

$$P=\frac{(U_{imax}-U_Z)^2}{R}=\frac{(16.5-6)^2}{320}\ \text{W}\approx 0.34\ \text{W}$$

可选 0.5 W 或 1 W 的电阻。

(2) 根据式(7.4.10),稳压系数

$$S_r=\frac{U_i}{U_o}\frac{r_Z}{R}=\frac{15}{6}\times\frac{15}{320}\approx 0.117=11.7\%$$

由式(7.4.11),输出电阻

$$R_o=R /\!/ r_Z=320 /\!/ 15\ \Omega=14.3\ \Omega$$

7.5 串联型稳压电路

稳压管稳压电路存在两个缺点:一是输出电压不可调节;二是输出电流最大只能做到几十

毫安，这对于要求工作电流较大的场合是不能满足的。为此，本节介绍的串联型稳压电路以稳压管稳压电路为基础，通过晶体管的电流放大作用增大输出电流；通过引入深度负反馈来稳定输出电压，通过改变反馈系数来调节输出电压的大小。

7.5.1 串联型稳压电路的组成

串联型稳压电路有多种形式，但其基本原理都是一样的。其组成框图如图 7.5.1 所示，它主要由调整元件、基准电压电路、比较放大电路以及取样网络四部分构成。其中，调整元件既可以是晶体管，也可以是场效应管；比较放大电路既可以用分立元件构成放大器，也可由集成运放构成放大器；基准电压电路一般由稳压管稳压电路构成；取样网络通常用电阻分压的方法获取输出电压的采样值。除此之外，对于要求较高的电源，通常要增加过载或短路保护电路。

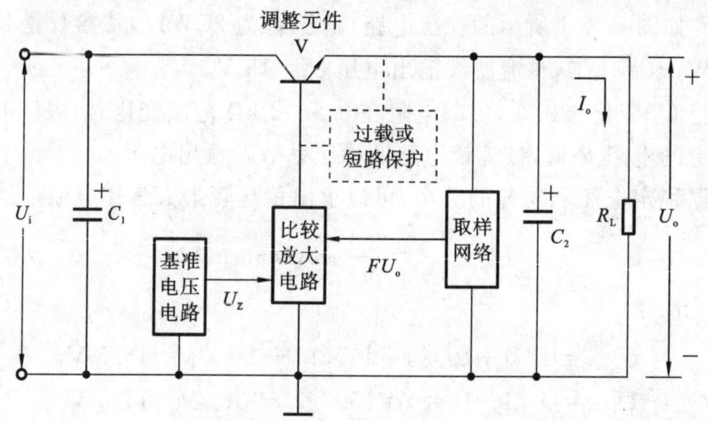

图 7.5.1 串联型稳压电路的组成框图

稳压电路的核心部分是由调整元件 V 和负载电阻 R_L 组成的射极输出器，R_L 作为射极电阻，整流滤波电路的输出电压 U_i 可作为射极输出器的电源。射极输出器是电压串联负反馈电路，具有输出电压稳定的特点。从输入端 U_i 看，调整管与负载之间是串联关系，故称为串联型稳压电路。显然，输出电压 U_o 是输入电压 U_i 与调整管压降 U_{CE} 之差。

$$U_o = U_i - U_{CE} \tag{7.5.1}$$

7.5.2 串联型稳压电路的工作原理

根据图 7.5.1，电路的稳压过程如下：由于电网电压波动或负载变化等原因而使输出电压 U_o 发生变化时，通过取样网络得到的取样电压 FU_o 也相应变化，FU_o 与基准电压 U_Z 比较后，产生的误差信号经比较放大电路进行放大，所放大的差值信号对调整管进行反馈控制，使其管压降进行相应的变化，从而将输出电压 U_o 拉回到接近变化前的数值。可见，这是一个闭环的电压自动调节系统。

图 7.5.2 是两种常用的串联型稳压电路。R_1、R_2 和中间的电位器 R_W 构成取样电路，R_Z 和 D_Z 构成基准电压电路，二者的主要区别在于比较放大环节的不同，图 7.5.2(a)由晶体管 V_2 和 R_c 构成，图 7.5.2(b)由集成运放 A 构成。

对于取样电阻，在选择时应考虑如下两个因素。为降低取样电阻对输出电流的影响，应使

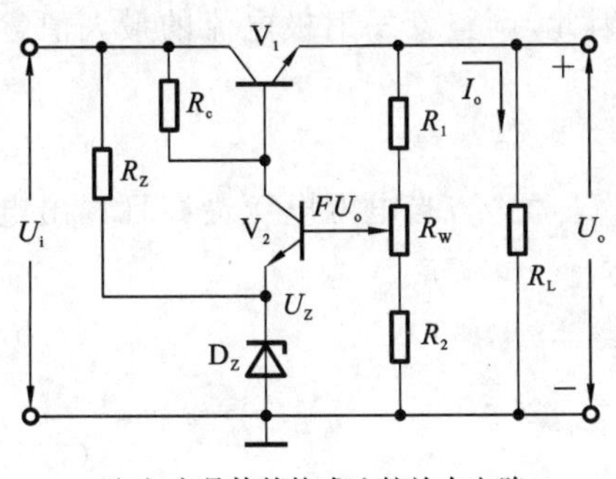

(a) 由晶体管构成比较放大电路

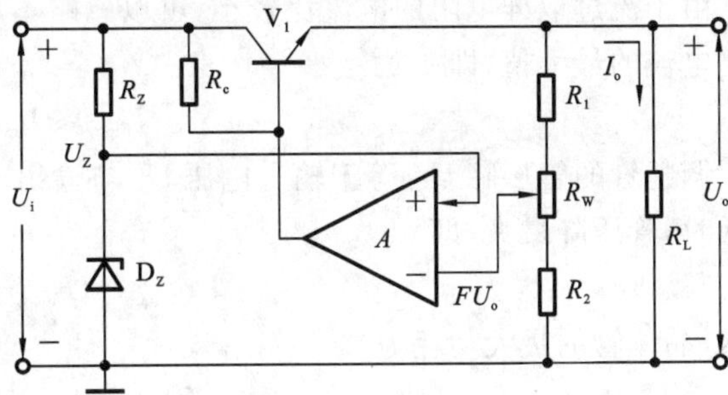

(b) 由集成运放构成比较放大电路

图 7.5.2 常用的串联型稳压电路

取样网络所流过的电流远远小于负载电流，取样电阻值越大越好。同时，取样网络又可看成比较放大电路的输入信号源，为了降低对比较放大电路性能的影响，要求取样电阻越小越好。因此，选择取样电阻时应在二者之间找平衡点，通常在几百欧姆的范围。

基准电压 U_Z 通常由硅稳压管稳压电路提供，其工作原理不再赘述。

比较放大电路的零点漂移越小，放大倍数越大，稳压性能越好。显然，采用集成运放的比较放大电路性能要好一些，但采用晶体管的稳压电路因结构简单、成本低廉也常被采用。

7.5.3 参数计算及调整管选择

下面以图 7.5.2(b)为例，说明电路参数的计算及调整管的选择。

1. 输出电压的调节范围

假设集成运放是理想集成运放，且工作在线性区，根据虚短、虚断及分压公式可得

$$U_Z=U_P=U_N=FU_o=\frac{R_2+R'_W}{R_1+R_2+R_W}U_o$$

输出电压

$$U_o=\frac{R_1+R_2+R_W}{R_2+R'_W}U_Z \tag{7.5.2}$$

式中：R'_W 是电位器下半部分的阻值。

当电位器 R_W 的滑动端在最上端时，$R'_W=R_W$，输出电压最小，为

$$U_{omin}=\frac{R_1+R_2+R_W}{R_2+R_W}U_Z \tag{7.5.3}$$

当电位器 R_W 的滑动端在最下端时，$R'_W=0$，输出电压最大，为

$$U_{omax}=\frac{R_1+R_2+R_W}{R_2}U_Z \tag{7.5.4}$$

显然，调节电位器的滑动位置，可以得到 U_{omin} 与 U_{omax} 之间的任意电压。

2. 调整管选择

在串联稳压电路中，调整管的工作电流和功耗都比较大，通常选用大功率管。为了保证其安全性，选用调整管时，应注意工作电流、电压及功率不能超过其极限值 I_{CM}、$U_{(BR)CEO}$、P_{CM}。同时在计算工作电流、电压时应考虑电网电压波动及负载变化的影响。

在图 7.5.2 所示的电路中，调整管的发射极电流等于输出电流与取样电阻网络的电流之

和。由于流过取样电阻的电流比较小，可以忽略不计，因此，调整管发射极电流的最大值等于输出电流的最大值，即

$$I_{Emax} \approx I_{Lmax} \tag{7.5.5}$$

调整管的管压降 U_{CE} 等于输入电压 U_i 与输出电压 U_o 之差，当电网电压最高且输出电压最低时，管压降最大，即

$$U_{CEmax} = U_{imax} - U_{omin} \tag{7.5.6}$$

显然，晶体管的最大功耗为

$$P_{Cmax} = I_{Emax} U_{CEmax} \tag{7.5.7}$$

综上所述，选用调整管时应满足如下关系式：

$$\begin{cases} I_{CM} > I_{Lmax} \\ U_{(BR)CEO} > U_{imax} - U_{omin} \\ P_{CM} > I_{Lmax}(U_{imax} - U_{omin}) \end{cases} \tag{7.5.8}$$

实际选用时，应注意留一定的余量。另外，在散热不好时，调整管会因功耗过大而温度升高，当温度超过一定数值时会造成损坏，因此应注意采取散热措施。

【例 7.5.1】 电路如图 7.5.2(b)所示，已知输入电压 $U_i = 25 \times (1 \pm 10\%)$ V，调整管的饱和管压降 $U_{CES} = 2$ V，输出电压 U_o 的调节范围为 5～20 V，$R_1 = R_2 = 200\ \Omega$，负载电阻 $R_L = 20\ \Omega$。试问：

(1) 稳压管的稳定电压 U_Z 和 R_W 的取值各为多少？

(2) 为使调整管正常工作，应选用什么型号的晶体管？

解 (1) 将已知条件 $U_{omin} = 5$ V，$U_{omax} = 20$ V，$R_1 = R_2 = 200\ \Omega$ 分别代入式(7.5.3)、式(7.5.4)，求解二元一次方程组，得

$$U_Z = 4\ \text{V}, \quad R_W = 600\ \Omega$$

(2) 当输出电压最高时，流过负载的电流最大，为

$$I_{Lmax} = \frac{U_{omax}}{R_L} = \frac{20}{20}\ \text{A} = 1\ \text{A}$$

根据输入电压的波动范围，可知

$$U_{imax} = (25 + 25 \times 10\%)\ \text{V} = 27.5\ \text{V}$$

根据式(7.5.8)，可得晶体管的极限参数

$$\begin{cases} I_{CM} > 1\ \text{A} \\ U_{(BR)CEO} > U_{Imax} - U_{omin} = 22.5\ \text{V} \\ P_{CM} > I_{Lmax}(U_{imax} - U_{omin}) = 22.5\ \text{W} \end{cases}$$

查询晶体管手册，2SD1480 的极限参数为 $I_{CM} = 4$ A，$U_{(BR)CEO} = 60$ V，$P_{CM} = 25$ W，可满足设计要求。

7.6 集成稳压器

随着集成电路的发展，稳压电路也制成了集成器件。它具有体积小、重量轻、使用方便、运行可靠、价格低等一系列优点，因而得到广泛的应用。目前集成稳压电源的规格种类繁多，具体电

路结构也有差异，最常用的是三端集成稳压器，它有三个管脚，分别为输入端、输出端和接地端。

三端集成稳压器包括输出正电压的W78XX系列和输出负电压的W79XX系列。W78XX系列，可提供最大1.5 A电流，输出电压有5 V、6 V、9 V、12 V、15 V、18 V、24 V七种规格，其型号的后两位数字表示输出电压值。例如，W7805表示输出电压为5 V。同类产品有W78MXX系列和W78LXX系列，它们的输出电流分别为0.5 A和0.1 A。

W79XX系列稳压器是输入、输出为负电压的集成稳压器，它的额定输出电压及额定输出电流规格与W78系列相同。

三端集成稳压器的外形示意图如图7.6.1所示，需要注意的是W79XX系列的输入端(IN)、接地端(GND)的序号与W78XX系列是相反的。

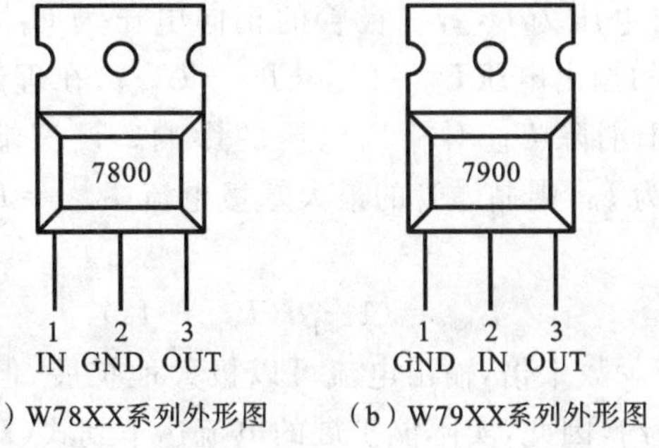

(a) W78XX系列外形图　(b) W79XX系列外形图

图7.6.1　三端集成稳压器的外形示意图

三端集成稳压器的使用十分方便，只需按要求选定型号，再加上适当的散热片，就可接成稳压电路。下面列举说明具体应用电路的接法，以供使用时参考。

7.6.1　集成稳压器基本应用电路

集成稳压器基本应用电路如图7.6.2所示，输出为固定电压，电容C_1的作用是在输入引线较长时，抵消其电感效应，防止产生自激，其容量一般小于1 μF。C_2用来减小高频干扰，其容量可以小于1 μF，也可以取几微法甚至几十微法，以便输出较大的脉冲电流。使用时应防止接地端开路，因为接地端开路时，其输出电位接近于不稳定的输入电位，有可能使负载过压而损坏。如果需产生负电压，改用W79XX系列即可。

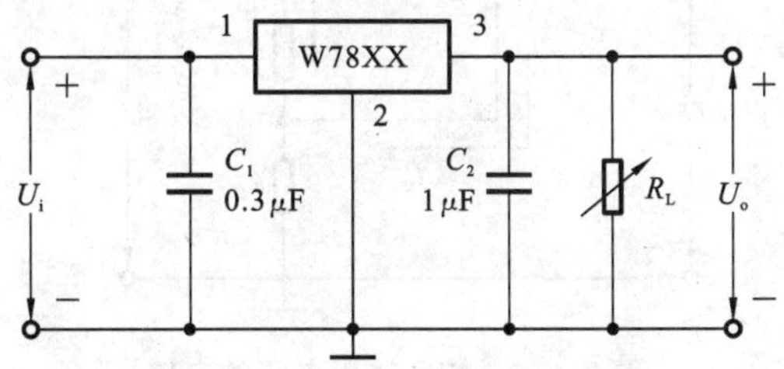

图7.6.2　集成稳压器基本应用电路

7.6.2　扩大输出电流

W78XX、W79XX系列集成稳压器最大输出电流为1.5 A。当需要大于1.5 A的输出电流时，可采用外接功率管来扩大电流输出范围，其电路如图7.6.3所示。

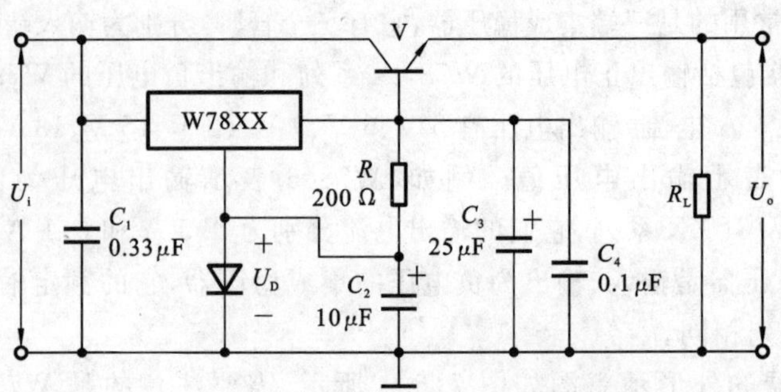

图 7.6.3　扩大输出电流的电路

设三端稳压器的输出电压为 U_{XX}，二极管的正向电压为 U_D，三极管 V 的发射结电压为 U_{BE}。图 7.6.3 所示电路的输出电压 $U_o=U_{XX}+U_D-U_{BE}$。在理想情况下，即 $U_D=U_{BE}$ 时，$U_o=U_{XX}$。可见，二极管用于消除 U_{BE} 对输出电压的影响。设三端稳压器的最大输出电流为 I_{omax}，流过电阻 R 的电流为 I_R，则晶体管的最大基极电流 $I_{Bmax}=I_{omax}-I_R$，因而负载电流的最大值为

$$I_{Lmax}=(1+\beta)(I_{omax}-I_R) \tag{7.6.1}$$

由于功率管的 β 值至少数十倍，输出电流可以极大地扩展，但应注意，输出电流还受功率管极限参数 I_{CM}、P_{CM} 的制约，因此，实际能扩展的电流达不到式(7.6.1)的计算值。

7.6.3　扩大输出电压

若所需电压大于稳压器组件的输出电压，可采用升压电路。如图 7.6.4 所示，R_1 上的电压为 W78XX 的标称输出电压 U_{XX}，根据分压公式，扩展后的输出电压为

$$U_o=U_{XX}+\left(I_Q+\frac{U_{XX}}{R_1}\right)R_2$$

式中：I_Q 为集成稳压器的静态工作电流，其值很小，可以忽略不计。因此

$$U_o=\left(1+\frac{R_2}{R_1}\right)U_{XX} \tag{7.6.2}$$

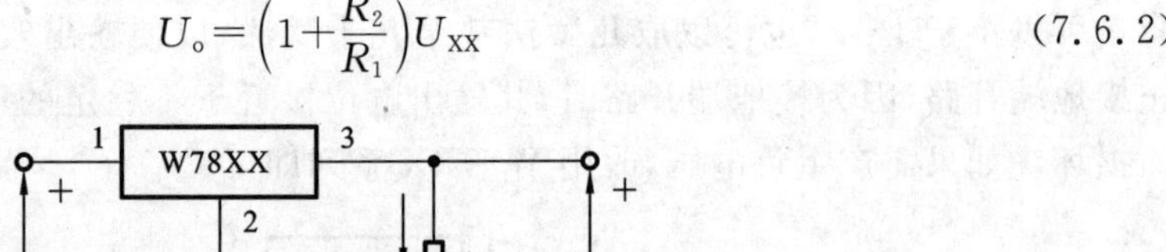

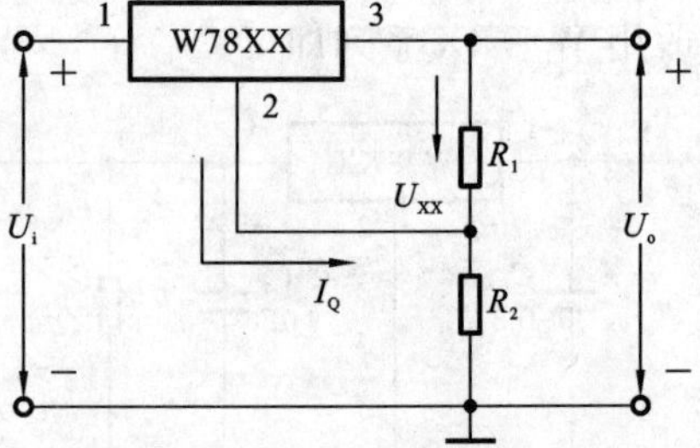

图 7.6.4　扩大输出电压的电路

只要将 R_2 换成可变电阻器即可实现对输出电压的任意调节。由于稳压器的公共端直接与取样电阻相连，当输出电流变化时，公共端电流 I_Q 也会波动，稳压器输出电压的稳定性变差。

实际电路常利用电压跟随器将稳压器与取样电阻隔离，如图 7.6.5 所示。由于集成运放

A 的输出电压与反向输入端电压相等，因此电路的输出电压计算公式与式(7.6.2)相同。

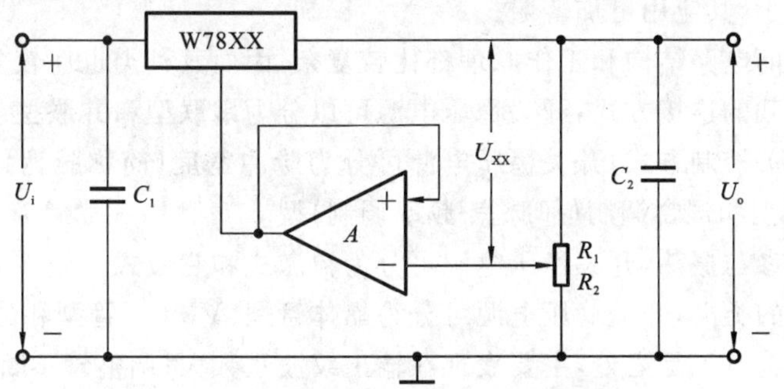

图 7.6.5 输出电压可调的电路

7.6.4 正、负输出的稳压电路

W78XX 系列与 W79XX 系列集成稳压器相互配合，可以得到正、负电压输出的稳压电路，如图 7.6.6 所示。图 7.6.6 中两根二极管起保护作用，正常工作时均处于截止状态。若 W79XX 的输入端未接入输入电压，W78XX 的输出电压将通过负载电阻接到 W79XX 的输出端，使 D_2 导通，从而将 W79XX 的输出端钳位在 0.7 V 左右，保护其不至于损坏；同理，D_1 可在 W78XX 的输入端未接入输入电压时保护其不至于损坏。

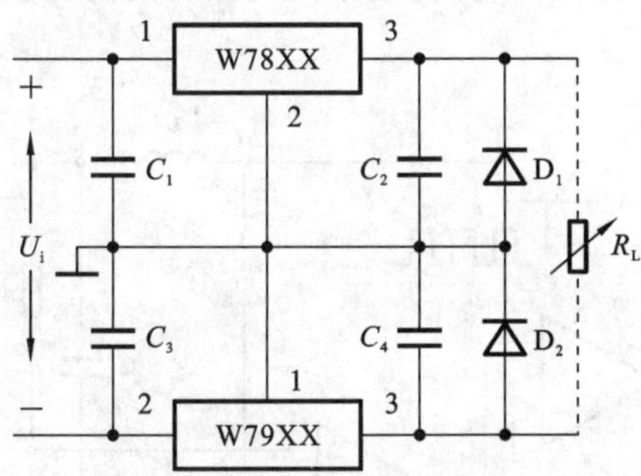

图 7.6.6 正、负输出的稳压电路

7.7 开关稳压电源

前述的稳压电路，调整管工作在放大区，管子的功耗等于管压降与输出电流的乘积，为了使输出电压稳定，管压降不能太小，因此，由此构成的直流电源将在调整管上消耗较大功率，电源的效率低、体积大且笨重，这种电源已无法满足现代电子设备低功耗、小型化的要求，取而代之的是开关稳压电源。

在开关稳压电路中，调整管工作在开关状态，管子要么饱和要么截止。当管子饱和时，有大电流流过管子，但其饱和压降很小，所以管耗很小；当管子截止时，管压降大，但流过的电流接近于零，管耗也很小。所以，**调整管在开关工作状态下的功耗很小。**开关稳压电源的效率一般可达 70%～95%，而线性稳压电路的效率仅为 30%～40%。尤其是随着高频率、高耐压的大功率晶体管的问世,可以直接从电网电压整流供电,省掉了体积庞大的工频变压器,电源的体积与重量大大减小,其应用更加普遍。

开关稳压电源的电路结构和工作原理都比较复杂,因而其种类也比较多。

按调整管与负载的连接方式,开关稳压电源可以分为**串联型和并联型。**

按调整管的开关控制方式,开关稳压电源可分为**脉冲宽度(简称脉宽)调制(PWM)型,脉冲频率调制(PFM)型和混合调制(即脉宽-频率调制)型。**

按调整管是否参与振荡,开关稳压电源可分为**自激式和它激式。**

按使用开关管的类型,开关稳压电源可分为**晶体管型、VMOS管型和晶闸管型。**

开关稳压电源也有不足之处,主要表现在输出纹波系数大;调整管不断在导通与截止之间转换,会对电路产生射频干扰;因电路比较复杂,会造成设计及生产的难度增加且成本高。

7.7.1 串联型开关稳压电路

1. 电路组成

图7.7.1为单端它激式串联型开关稳压电源的电路原理图。与图7.5.1所示的串联型线性稳压电源相比,其取样电路、比较放大A_1、基准电压电路的作用都是相同的,不同的地方只有两处:**一是在调整管T的发射极与负载之间串联了一个储能电感L,在发射极与地之间接一个续流二极管D,这部分电路称为换能电路;二是调整管T工作在开关状态(饱和或截止),为此,增加了图7.7.1中虚线框内的电路,这部分电路称为脉宽调制器。**下面分别说明其工作原理。

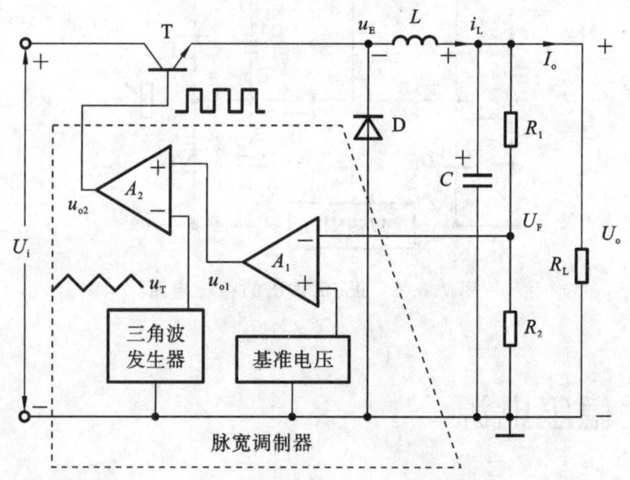

图7.7.1 单端它激式串联型开关稳压电路的原理图

2. 换能电路的基本原理

串联型开关稳压电路将输入端的未稳压直流电压U_i经过开关管转换成脉冲电压u_E,如果将其直接供给负载,在脉冲电压为零期间,负载上是没有电压的,输出电压也就不是直流了。为此,设置了储能电感L,在脉冲电压为零期间由其向负载提供能量,从而保证了输出电压的平稳。

为分析方便,暂不考虑脉宽调制器和取样电路的作用。当调整管处于饱和导通状态时,图

7.7.1 可以简化为图 7.7.2(a)所示的电路，其中，晶体管 T 用闭合开关等效，续流二极管 D 因承受反压而处于截止状态，用断开的开关等效。若忽略晶体管的饱和压降，其发射极电压$u_E \approx U_i$，U_i 加在电感 L 和电容 C 上，流过的电流 i_L 如图 7.7.2(a)中所标注。可见，此过程完成电感 L 储存磁能，电容 C 储存电能以及向负载提供电流。由于电感自感电动势的作用，电感中的电流 i_L 随时间线性增加。当 $i_L > I_o$时，电容 C 开始被充电，U_o 略有增加。u_E、i_L、U_o 的工作波形如图 7.7.3 所示。

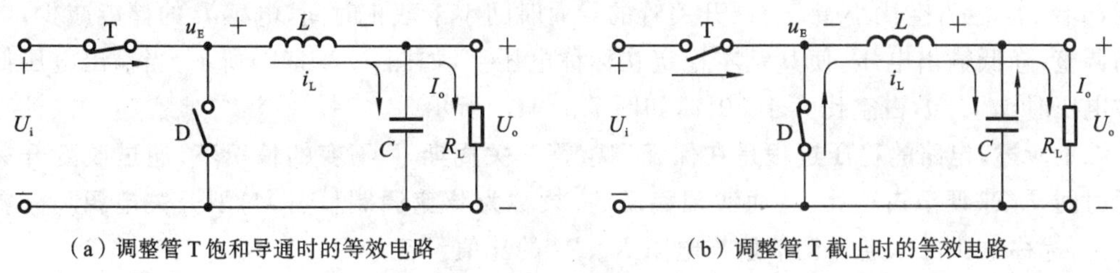

图 7.7.2 换能电路的等效电路

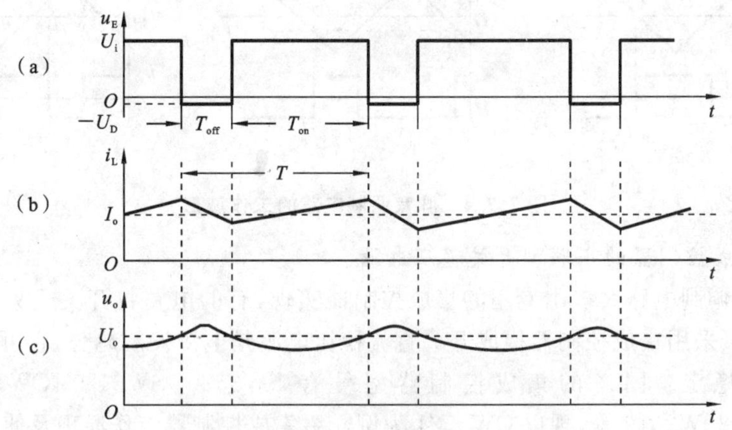

图 7.7.3 换能电路的工作波形

当调整管处于截止状态时，其等效电路如图 7.7.2(b)所示。由于调整管截止，电感 L 存储的能量开始释放，其感应电动势的方向与图 7.7.2(a)相反，续流二极管 D 正向导通，$u_E \approx 0$，负载 R_L 中继续有电流通过。如果没有二极管，就不能构成回路，负载上就没有电流，故称 D 为续流二极管。这时 i_L 随时间线性下降，当 $i_L < I_o$ 时，电容 C 开始放电，U_o 略有下降。

在换能电路中，如果电感 L 数值太小，在 T_{on}期间储能不足，那么在 T_{off}还未结束时，能量已放尽，将导致输出电压为零，出现台阶，这是绝对不允许的。同时为了使输出电压的交流分量足够小，电容 C 的取值应足够大。换言之，只有在 L 和 C 足够大时，输出电压 U_o 和负载电流 I_o 才为连续的，L 和 C 越大，U_o 的波形越平滑。由于输出电流 I_o 是 U_i 通过开关调整管 T 和 LC 滤波电路轮流提供，通常脉动成分比线性稳压电源要大一些，这是开关稳压电路的缺点之一。

在图 7.7.3 中，T_{on}为开关管饱和导通时间，T_{off}为截止时间，T 为开关脉冲的周期。令 $q = T_{on}/T$ 为占空比，若忽略开关调整管的饱和压降、续流二极管的导通压降以及储能电感 L 的直流内阻，则输出电压的平均值 $U_o \approx qU_i$。改变占空比 q，就能改变输出电压的大小。

3. 脉宽调制电路的工作原理

在图 7.7.1 中，脉宽调制电路的输入信号是取样电压 U_F，将它与基准电压比较，得到的误差电压经放大器 A_1 放大后输出电压 u_{o1}，在比较器 A_2 中将 u_{o1} 与三角波发生器输出的电压比较，得到控制信号 u_{o2}。u_{o2} 为脉冲信号，经调整管的基极控制管子的导通与截止，具体稳压过程如下。

当取样电压与基准电压相等时，$u_{o1}=0$，u_{o2} 脉冲信号占空比等于 50%，输出的电压 U_o 等于标称电压，其工作波形如图 7.7.4(a)所示；当输出电压高于标称电压时，取样电压大于基准电压，$u_{o1}<0$，u_{o2} 占空比小于 50%，开关管的导通时间小于截止时间，电感 L 的储能减少，电路自动调整，降低输出电压，使其基本稳定在标称电压上，如图 7.7.4(b)所示；当输出电压低于标称电压时，$u_{o1}>0$，占空比大于 50%，如图 7.7.4(c)所示。

综上所述，**电路的稳压过程是在保证调整管开关周期 T 不变的情况下，通过改变开关管导通时间 T_{on} 来调节占空比，从而实现稳压的，故称为脉宽调制(PWM)型开关电源。**需要说明的是，标称电压可以通过调节取样电阻 R_1、R_2 的比值设定。

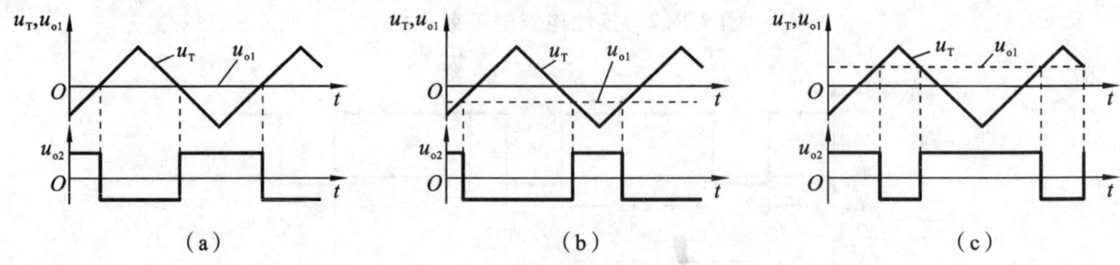

图 7.7.4　脉宽调制电路的工作波形

4. 采用集成控制器的串联型开关稳压电源

目前，脉宽调制电路大多由专用的集成控制器实现，有的电路将开关管集成在芯片内，且含有保护电路。采用集成控制器构成开关直流稳压电源是电源发展趋势，它可使电路简化，工作可靠，性能稳定。国产的集成控制器型号有 SW3520、SW3420、CW1524、CW2524、CW3524、W2018、W2019 等，现以 CW3524 为例介绍集成控制器工作原理及使用方法。

CW3524 的内部结构框图如图 7.7.5 所示。图 7.7.5 中的斜坡发生器就是三角波发生器，可产生幅度在 1.2～3.6 V 的连续不对称三角波，一路到脉宽调制(PWM)的输入端，产生占空比可调的控制信号，另一路加入的触发器和或非门的输入端提供一个同步方波脉冲。斜坡发生器的频率由⑥脚、⑦脚间的外接电阻和电容决定。基准源产生 5 V 的电压，即可以向芯片内部供电，又可以通过⑯脚向外提供基准电压。比较放大器 A 用于将取样电路的输出电压与基准源比较，产生的误差信号控制 PWM 的占空比，从而达到稳压的目的。

当开关电源出现过载时，通过④脚、⑤脚取样，使 CL 比较器输出为 0，从而使 PWM 输出恒为高电平，而输出管截止，切断电源输出。当电源本身出现异常或某种需要时，只要在⑩脚输入大于 0.7 V 的电压，使晶体管饱和导通，从而达到切断开关电源输出的目的。

芯片中集成了两个开关管，由 T 触发器和两个或非门构成分相电路，来自斜波发生器的同步方波脉冲经分相电路输出相位差为 180°的两个方波脉冲，并分别控制两个开关管轮流导通，利用这种特性可以构成半桥式开关稳压电源。

用 CW3524 构成的单端输出降压型开关稳压电路如图 7.7.6 所示，其输出电压为 5 V，输出电流可达 1 A。

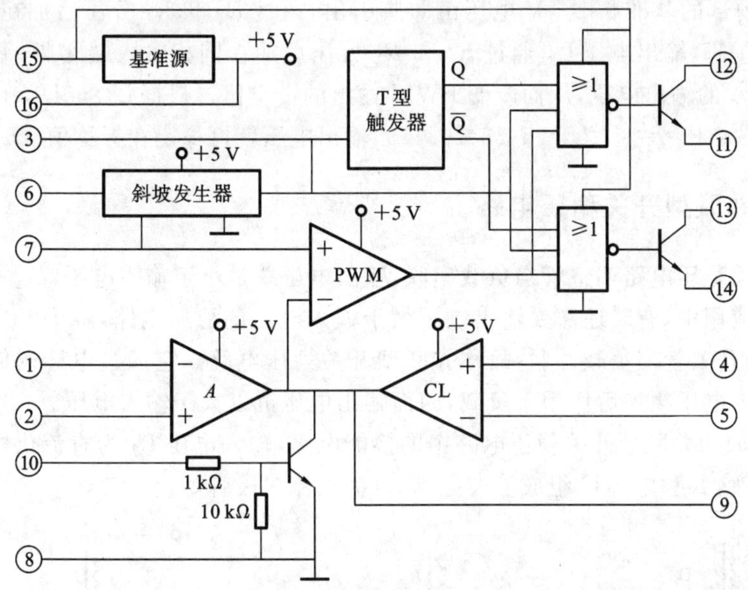

图 7.7.5 集成控制器 CW3524 的内部结构框图

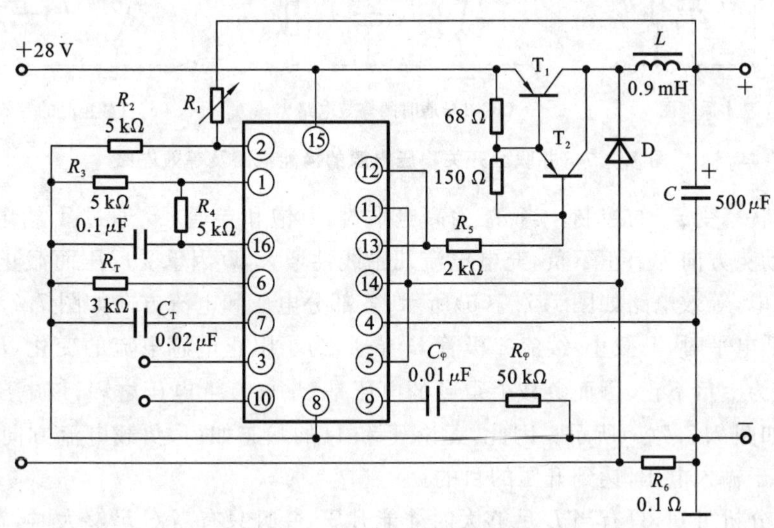

图 7.7.6 用 CW3524 构成的单端输出降压型开关稳压电路

⑮、⑧脚接输入电压 U_i 的正、负端；⑫、⑪脚和⑭、⑬脚为驱动调整管基极的开关信号的两个输出端，两个开关管可单独使用，也可并联使用，连接时一端接开关调整管的基极，另一端接⑧脚(即地端)；①、②脚分别为比较放大器的反相和同相输入端，⑯脚为基准电压源输出端，⑥、⑦脚接的 R_T、C_T 为斜坡发生器的振荡元件，⑨脚接的 R_φ 和 C_φ 为相位校正元件，可防止自激。

调整管 T_1、T_2 均为 PNP 硅功率管，T_1 为 3CD15，T_2 选用 3CG14，D 为续流二极管，与 L 和 C 组成换能电路，选 $L=0.9$ mH，$C=500$ μF 。R_1 和 R_2 组成取样电路，R_3 和 R_4 是基准电压源的分压电路。R_5 为限流电阻，R_6 为过载保护取样电阻。R_T 一般取 1.8～100 kΩ，C_T 一般取 0.001～0.1 μF。控制器最高频率 300 kHz，工作时一般取 100 kHz 以下。

CW3524 内部的基准源+5 V 电压由⑯脚引出，通过 R_3 和 R_4 分压后加在比较放大器 A 的反相输入端①脚，输出电压 U_o 通过 R_1 和 R_2 分压后加在同相输入端②脚，调节 R_1 可以改变比较放大器 A 的输出电压，从而改变 PWM 输出的占空比。根据 $U_o \approx qU_i$，在电源输入 $U_i =$ 28 V 时，只要占空比 $q = U_o/U_i = 5/28 = 0.179$，输出电压就可稳定在标称值+5 V。

7.7.2 并联型开关稳压电路

串联型开关稳压电路调整管与负载串联，输出电压总是小于输入电压，故称为降压型稳压电路。在实际应用中，有时还需要输出电压大于输入电压的稳压电路，称为升压型稳压电路。在这类电路中，开关管与负载并联，故称并联型开关稳压电路。它通过电感的储能作用，将感生电动势与输入电压叠加后作用于负载，因而输出电压可以大于输入电压。

图 7.7.7(a)为并联型开关稳压电路中的换能电路，输入电压 U_i 为直流供电电压，晶体管 T 为开关管，电感 L 和电容 C 组成滤波电路，D 为续流二极管。

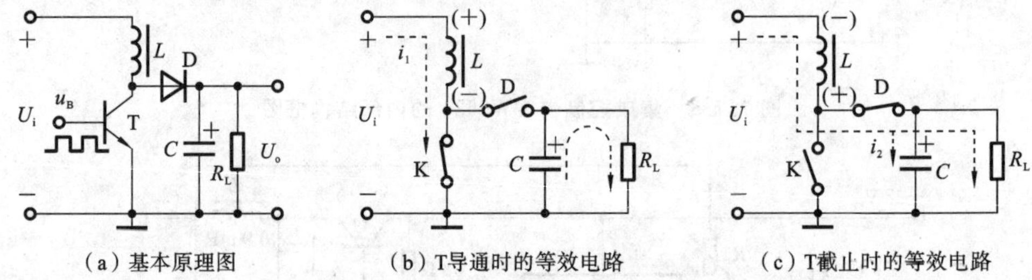

(a) 基本原理图　(b) T导通时的等效电路　(c) T截止时的等效电路

图 7.7.7　并联型开关稳压电源的换能电路及等效电路

T 的工作状态受 u_B 的控制。当 u_B 为高电平时，T 饱和导通，U_i 通过 T 给电感 L 充电储能，其感生电动势方向为上正下负，充电电流几乎线性增大，D 因承受反压而截止，滤波电容 C 对负载电阻供电，等效电路如图 7.7.7(b)所示，各部分电压和电流方向如图 7.7.7 中所标注。

当 u_B 为低电平时，T 截止，续流二极管 D 导通，为了阻止电感电流的变化，L 产生的感生电动势方向变为上负下正，因而负载上得到的电压是 U_i 与 L 上电压之和，该电压同时对 C 充电，等效电路如图 7.7.7(c)所示。因此，无论 T 和 D 的状态如何，负载电流方向始终不变，负载上的电压大于输入电压，达到升压的目的。

根据上述分析可知，只有当 L 足够大时才能升压，并且只有当 C 足够大时，输出电压的脉动才可能足够小。当 u_B 的周期不变时，其占空比越大，输出电压将越高。

u_B 信号也是由脉宽调制电路产生，其电路结构和工作原理与串联型开关电源相同，不再赘述。

7.8 本章小结

任何电子产品都离不开直流电源，本章介绍的直流稳压电源解决了将高压交流电转换为低压直流电的问题。

(1) 线性直流稳压电源由四部分组成：变压器、整流电路、滤波电路、稳压电路。变压器将高压交流电变为低压交流电；整流电路将低压交流电变为脉动电压(电流)，所谓脉动就是电压的变化像脉搏跳动一样忽高忽低，其中既有交流成分又有直流成分；滤波电路尽可能把交流成分滤除掉，把直流成分保留；稳压电路作用是在电网电压波动或负载电流变化时保证输出电压稳定。

(2) 整流电路包括半波整流电路和桥式整流电路，它是利用二极管单相导电性实现的，因此，分析整流电路工作原理时，可以分别从变压器二次侧电压的正、负半周作用下，二极管的工作状态着手，得到负载上电压、电流的波形。根据工作波形可以计算整流后电压(电流)平均值以及加在整流元件上的最大电压(电流)。

(3) 常用的滤波电路包括电容滤波电路、电感滤波电路以及 π 型滤波电路。无论哪种滤波电路，都不可能把交流成分完全滤除，电容滤波电路结构简单但效果一般，π 型滤波电路正好相反，电感滤波解决大电流输出时的滤波问题。需要注意的是，滤波之后输出的电压平均值增加了，如电容滤波后输出电压约为变压器交流输出电压有效值的 1.2 倍，而桥式整流为不加滤波电容时的 0.9 倍。

(4) 所谓稳压，就是元件上电流变化时其电压不变。稳压管的反向击穿区正好具有这样的特性，因此构成了稳压管稳压电路。稳压管稳压电路将稳压管与负载并联，通过稳压管的电流调节作用以及限流电阻的补偿作用实现输出电压的稳定。

(5) 串联型稳压电路由调整元件、基准电压电路、取样网络、比较放大电路组成。调整元件与负载之间是串联关系且工作在线性区。其工作原理是通过取样网络把输出电压的变化与基准电压比较，产生误差，将误差信号放大后控制调整管的管压降。为了使用方便，将稳压电路设计成集成电路。三端集成稳压器仅有输入端、输出端和接地端，使用时根据输出电压和电流的要求正确选择器件型号，并确保输入信号电压大于输出电压 3 V 以上。

(6) 开关稳压电源的优点是效率高，尤其是可以直接对电网电压整流，省掉电源变压器，大大减小了体积和重量，但缺点是输出纹波较大。开关稳压电源主要包括换能电路和脉宽调制电路，无论是串联型还是并联型，换能电路都是利用电感的储能作用实现的。脉宽调制电路主要是通过电压反馈改变比较器的阈值电压，并将阈值电压与三角波电压比较，从而调整开关管以控制脉冲的占空比。占空比与输入电压的乘积等于输出电压。

习 题 7

7.1 直流电源通常由哪几部分组成？各部分的作用是什么？

7.2 分别列出单相半波、桥式整流电路中以下几项参数的表达式，并进行比较。

(1) 输出直流电压 U_o；

(2) 脉动系数 S；

(3) 二极管最大整流电流 I_F；

(4) 二极管最大反向峰值电压 U_R。

7.3 判断下列说法是否正确，用"√""×"表示判断结果填入括号内。

(1) 整流电路可将正弦电压变为脉动的直流电压。 (　　)

(2) 电容滤波电路适用于小电流负载，而电感滤波电路适用于大电流负载。 (　　)

(3) 在单相桥式整流电容滤波电路中，若有一根整流管断开，输出电压平均值变为原来的一半。 ( )

(4) 线性直流电源中的调整管工作在放大状态，开关电源中的调整管工作在开关状态。 ( )

(5)因为串联型稳压电路中引入了深度负反馈，因此不可能产生自激振荡。 ( )

(6) 在稳压管稳压电路中，稳压管的最大稳定电流必须大于最大负载电流。 ( )

(7) 在单相桥式整流电路中，若有一根二极管接反，则可能烧坏其他二极管。 ( )

7.4 选择题。

(1) 直流稳压电源中滤波电路的目的是( )。

A. 将交流变为直流　　B. 将高频变为低频

C. 将交、直流混合量中的交流成分滤掉

(2) 直流电源中的滤波电路应选用( )。

A. 高通滤波电路　　B. 低通滤波电路　　C. 带通滤波电路

(3) 若要组成输出电压可调、最大输出电流为 3 A 的直流稳压电源，则应采用( )。

A. 电容滤波稳压管稳压电路　　B. 电感滤波稳压管稳压电路

C. 电容滤波串联型稳压电路　　D. 电感滤波串联型稳压电路

(4) 串联型稳压电路中的放大环节所放大的对象是( )。

A. 基准电压　　B. 采样电压　　C. 基准电压与采样电压之差

(5) 开关直流电源比线性直流电源效率高的原因是( )。

A. 调整管工作在开关状态　　B. 输出端有 LC 滤波电路

C. 可以不用电源变压器

7.5 题 7.5 图为桥式整流电容滤波电路。已知 $R_L=50\ \Omega$，电容 C 足够大，用交流电压表测得 $U_2=10$ V，问：

(1) 在电路正常工作时，直流输出电压 U_o 为多少？

(2) 若用直流电压表测得 $U_o=9$ V，则说明电路出现了什么问题？

(3) 若负载 R_L 开路，则用直流电压表测得 U_o 为多少？

(4) 当 V_{D_1} 短路时，将出现什么问题？

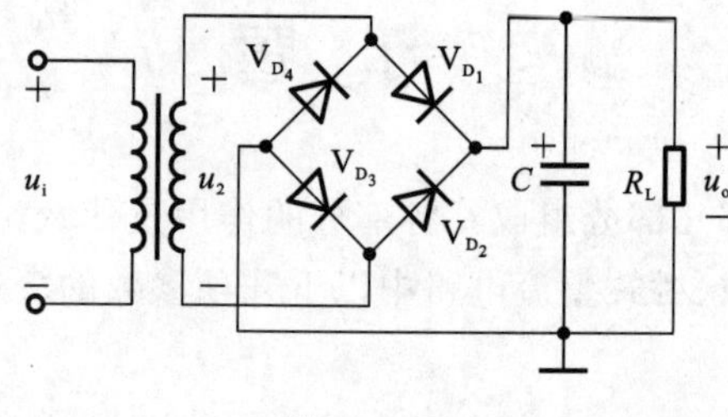

题 7.5 图

7.6 在题 7.6 图所示电路中，标出每个电容两端电压的极性和数值，并分析负载电阻上能够获得几倍的输出电压。

7.7 电路如题 7.7 图所示，已知稳压管的稳定电压为 6 V，最小稳定电流为 5 mA，允许耗散功率为 240 mW，动态电阻小于 15 Ω。试问：

(1) 当输入电压为 20～24 V,R_L 为 200～600 Ω 时,限流电阻 R 的选取范围是多少?

(2) 若 R=390 Ω,则电路的稳压系数 S 为多少?

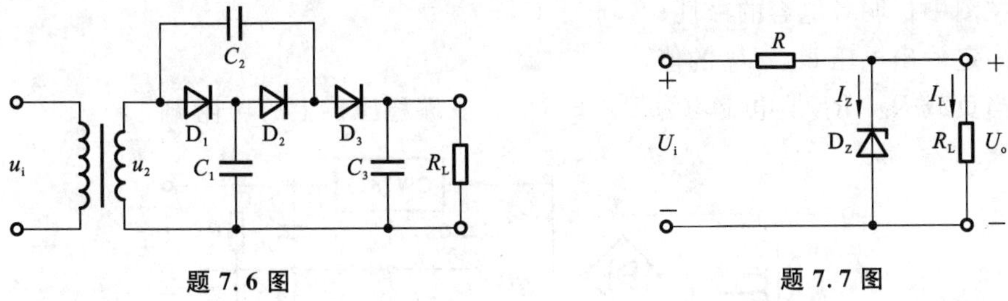

题 7.6 图　　题 7.7 图

7.8 电路如题 7.8 图所示,稳压管的稳定电压 U_Z=4.3 V,晶体管的 U_{BE}=0.7 V,R_1=R_2=R_3=300 Ω,R_o=5 Ω。

(1) 说明晶体管 T_3 的作用;

(2) 计算输出电压的可调范围;

(3) 计算调整管 T_1 发射极允许的最大电流;

(4) 若 U_i=25 V,且波动范围为±10%,则调整管 T_1 的最大功耗为多少?

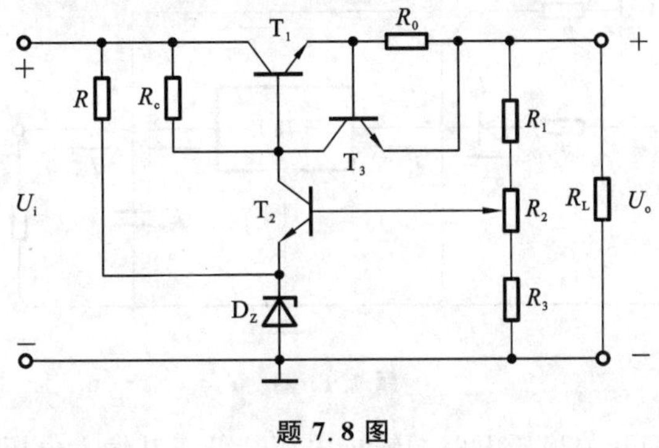

题 7.8 图

7.9 电路如题 7.9 图所示:

(1) 说明电路的整流电路、滤波电路、调整管、基准电压电路、比较放大电路、取样电路等部分各由哪些元件组成;

(2) 标出集成运放的同相输入端和反相输入端;

(3) 写出输出电压的表达式。

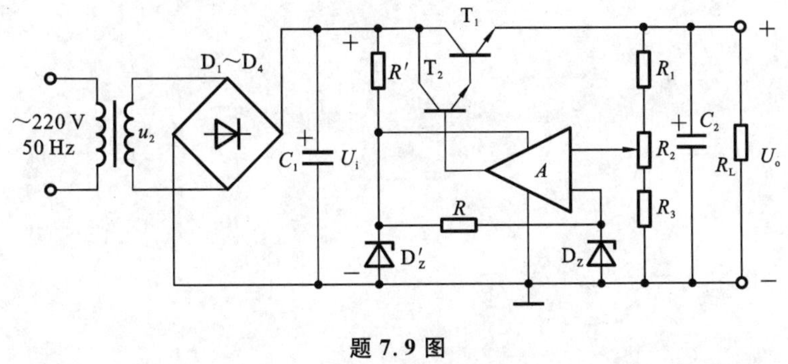

题 7.9 图

7.10 三端稳压器 CW7815 和 CW7915 组成的直流稳压电路如题 7.10 图所示，已知变压器副边电压 $u_{21}=u_{22}=20\sqrt{2}\sin(\omega t)$。

(1) 在图中标明各电容的极性；

(2) 确定输出电压 U_{o1}、U_{o2} 的值；

(3) 当负载 R_{L1}、R_{L2} 上电流均为 1 A 时，估算三端稳压器上的功耗 P_{CM}。

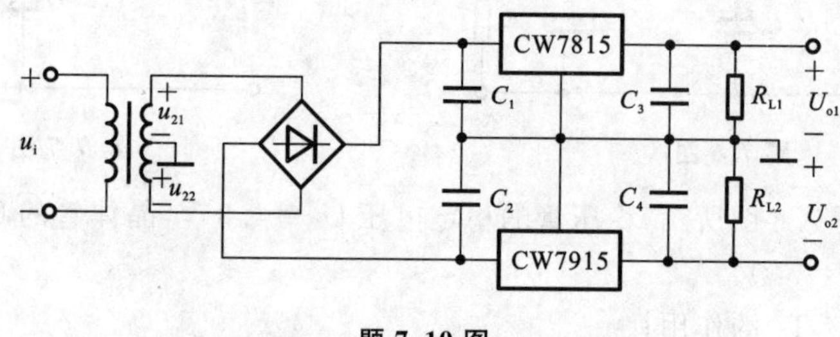

题 7.10 图

7.11 电路如题 7.11 图所示，设 $I'_i \approx I'_o = 1.5$ A，晶体管 T 的 $U_{BE} \approx U_D$，$R_1 = 1\ \Omega$，$R_2 = 2\ \Omega$，$I_D \gg I_B$。负载电流 I_L 的最大值约为多少？

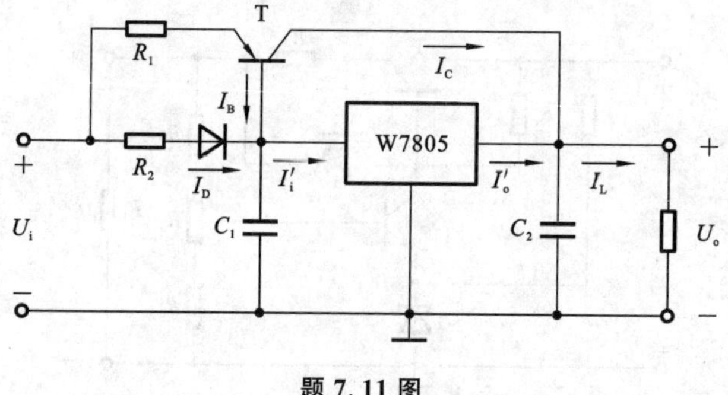

题 7.11 图

7.12 为什么串联型开关稳压电路的输出电压会低于其输入电压？而并联型开关稳压电路的输出电压在一定条件下会高于其输入电压？条件是什么？

附录　电路仿真软件 Multisim

随着计算机技术的发展，利用计算机进行辅助设计已成为电子工程师必备的技能。自 20 世纪 90 年代电子设计自动化(EDA)技术诞生以来，涌现了多种电路辅助分析软件。常用的有 Pspice 和 Electronics Workbench(简称 EWB)。其中，EWB 是加拿大 Interactive Image Technologies 公司研制的基于 Windows 的虚拟电子电路仿真软件。1999 年起，电路仿真部分启用新的名称 Multisim。它可以进行原理图输入、模拟和数字电路混合仿真，具有庞大的元器件模型参数库和更为齐全的仪器仪表库，除了具有完备的分析功能外，还包含万用表、信号发生器、示波器、频谱分析仪、网络分析仪、失真分析仪、频率计、逻辑分析仪、逻辑转换仪、波特图示仪、瓦特表等多种虚拟仪器仪表，可模拟实验室内的操作进行各种实验。因而，学习 Multisim 可以进一步提高电路的仿真能力、设计能力以及综合实践应用能力。

1. Multisim 使用方法

1) Multisim 的安装

下面以 Multisim14.0 版为例，介绍其安装方法。

(1) 安装。

打开安装包的文件夹，运行 setup.exe→选择“Install this product for evaluation”→Next→选择要安装的目录→Next→复选框“Search for important Message and updates on the National instruments...”不需要勾选→Next→单选“I accept the above 2 license Agreements→Next→Next”。安装完成后重启。

(2) 汉化。

将文件夹“Chinese-simplified”复制到“X:\Program Files\National Instruments\Circuit Design Suite 14.0\stringfiles”文件夹，其中 X 为软件安装盘。重启后即完成汉化。

2) Multisim 的操作界面

启动 Multisim，可以看到其主窗口，如附图 1 所示。它由主菜单、系统工具栏、元件工具栏、设计工具栏、原理图编辑窗口、虚拟仪器栏、状态栏等组成。从附图 1 中可以看到，Multism 模仿了一个实际的电子设计工作台，其中最大的区域是原理图编辑窗口，在这里可以进行电路的连接和测试。

主菜单可以选择电路连接、实验所需的各种命令，其中的选项(Options)菜单下的 Global Preferences 和 Sheet Properties 可进行个性化界面设置。需要说明的是，Multisim14 提供两套电气元器件符号标准：ANSI，美国标准，默认为该标准；DIN，欧洲标准，与中国符号标准一致。

系统工具栏包含常用的操作命令按钮，如文件操作按钮(新建、打开、保存、打印)、编辑按钮(剪切、复制、粘贴)、帮助按钮等，其风格与 Windows 相似。除此之外，还有各工具栏显示/隐藏切换按钮、元件编辑向导按钮、数据库管理按钮、在用元件列表按钮、电子规则检查按钮等。

元件工具栏主要用于绘制原理图时快速放置元件及连线。除此之外，Multisim 特有的常用命令，如仿真运行/停止按钮，仿真参数设置按钮，以及放置电压、电流、功率探针按钮等也放置在元件工具栏内，方便使用者操作。

设计工具栏包含一个项目的所有设计文件，方便在各个文件间切换。状态栏用于显示软件运行的状态，如仿真结果、元器件的特性参数、PCB 图中各个网络的特性等。

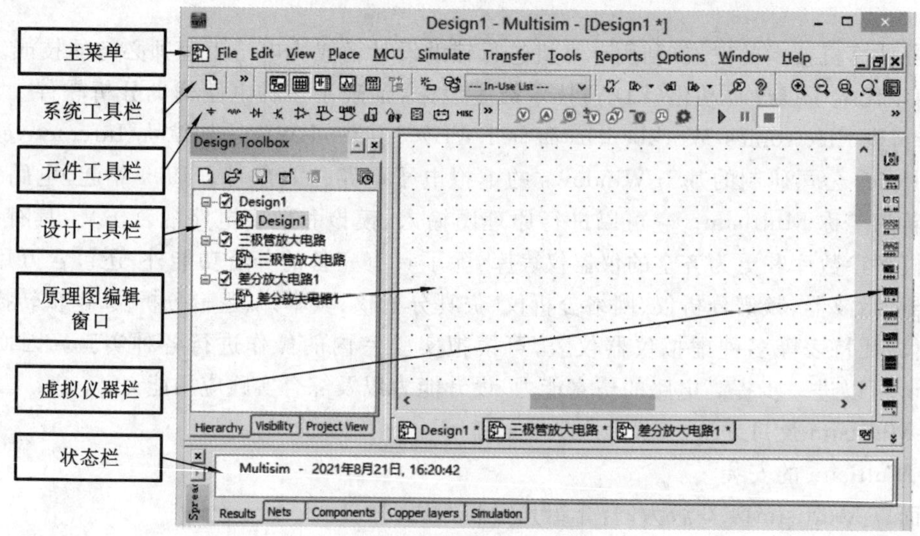

附图 1　Multisim 的主窗口

3）Multisim 操作指南

（1）建立电路。

打开 Multisim14.0，自动进入原理图编辑界面，用户可以根据自己的喜好设置电路的颜色、尺寸和显示模式。

建立电路主要是放置元件和连线。放置元器件有三种方法：① 主菜单→Place Component（绘制元件）；② 单击元件工具栏中的按钮；③ 在绘图区点击鼠标右键，弹出菜单→Place Component 。无论采用哪种方法，在库中选择所需的元件时，应注意选择元件的参数规格。Multisim14 有三个元件数据库：主元件库（Master Database），用户元件库（User Database），合作元件库（Corporate Database）。使用时常选用主元件库，后两个库由用户或合作人创建。

对于库中找不到的元件，可以用元器件向导（Component Wizard）编辑自己的元器件，一般是在已有元器件基础上进行编辑和修改。方法是：菜单 Tools→Component Wizard，按照规定步骤编辑。用元器件向导编辑生成的元器件放置在 User Database（用户数据库）中。编辑新元件需要建立元件仿真模型，这是一项复杂的工作，对一般用户比较困难，解决方法之一是到元件生产厂家的网站下载仿真文件。

绘制连线可以采用自动或手动的方法：自动连线时，首先让鼠标指向一个元件的端点使其出现一个小圆点，按下鼠标左键并拖曳出一根导线，拉住导线并指向另一个元件的端点使其出现一个小圆点，再按下鼠标左键确定终点，则导线连接完成。当导线连接后呈现丁字交叉时，系统自动在交叉点放节点（Junction）；手动连线时，单击起始引脚，在需要拐弯处单击以固定连线的拐弯点，从而手动设定连线路径。

关于交叉点，默认丁字交叉为导通，十字交叉为不导通，对于出现十字交叉而又希望导通的情况，可以分段连线，即先连接起点到交叉点，然后连接交叉点到终点；也可以在已有连线上放置一个节点，从该节点引出新的连线，添加节点可以使用菜单 Place→Junction，或者使用快捷键 Ctrl+J。

(2) 给电路增加仪表。

为了便于显示仿真结果，可以在电路中增加虚拟仪表，方法是主菜单→Simulate(仿真)→Instruments(仪表)→…；也可以从主界面右侧的虚拟仪表工具栏中选择。常用的仪表有万用表、函数信号产生器、瓦特表、示波器、波特图示仪、频率计、逻辑分析仪等。有了这些虚拟仪器，进行电路仿真与调试时就像在实验室的工作台上一样方便。利用以上方法绘制的三极管放大电路如附图 2 所示。附图 2 中的 XSC1 为虚拟示波器，XBP1 为虚拟波特图示仪。

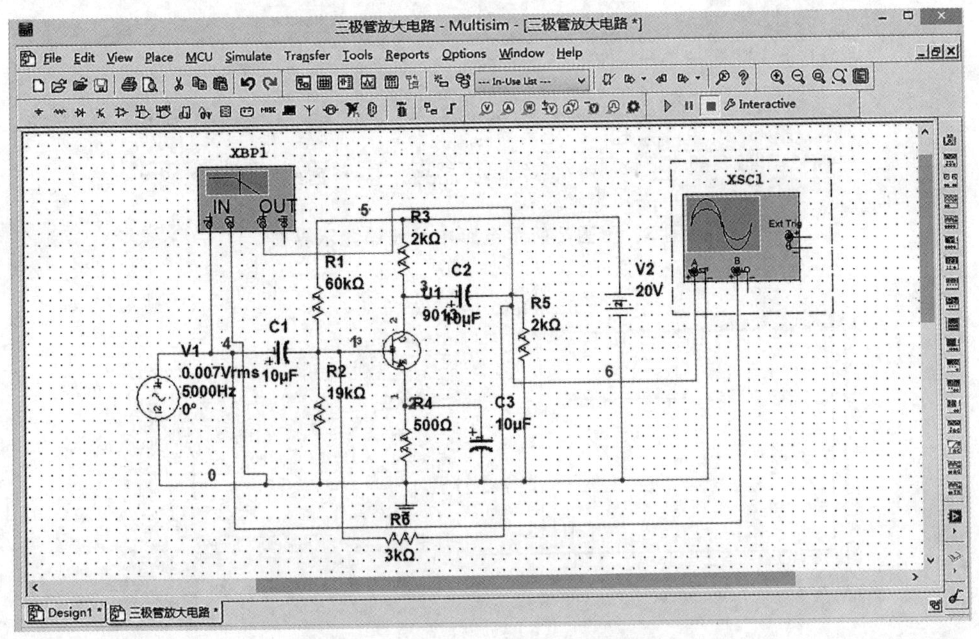

附图 2 用 Multisim 绘制的三极管放大电路

(3) 电路仿真。

基本方法：按下 Simulate→Run，仿真开始；Multisim 界面的状态栏右端出现仿真状态指示；双击虚拟仪表，获得仿真结果。按下 Simulate→Pause，仿真暂停；按下 Simulate→Stop，仿真结束。需要注意的是在仿真状态下修改原理图及元件参数是无效的，因此必须结束仿真后修改。

附图 3 是附图 2 所示电路中示波器显示的界面。双击示波器，进行设置，可以点击 Reverse 按钮将其背景反色。拖动两个测量标尺(图中的两条竖线)，压着正弦波的最高点和最低点，下部显示区给出对应电压波形最大值为 290.403 mV，最小值为 −343.870 mV，峰值为 634.274 mV。同时，也可以用标尺测量信号周期，两标尺之间的时间间隔是 100.379 μs，标尺之间是半个周期，显然周期为此值的 2 倍。

附图 4 是附图 2 所示的电路中波特图示仪显示的界面。其中，附图 4(a)是幅频特性曲线，附图 4(b)是相频特性曲线。在幅频特性中，标尺与曲线的交点幅值下降 3 dB，对应的频率

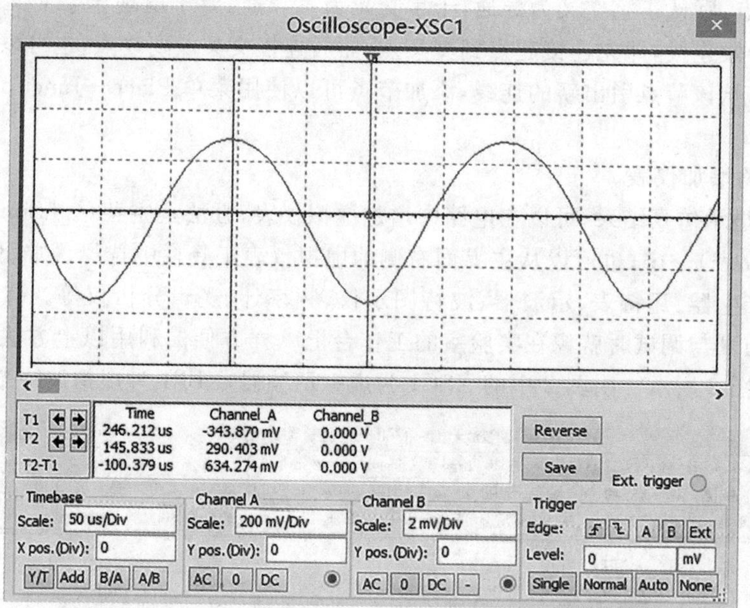

附图 3　附图 2 所示电路中示波器显示界面

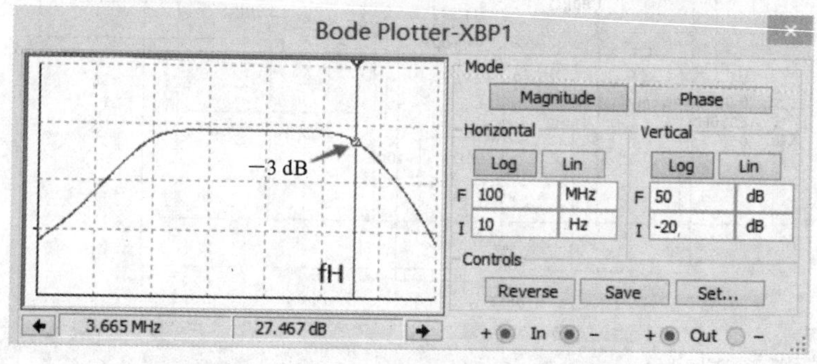

（a）幅频特性

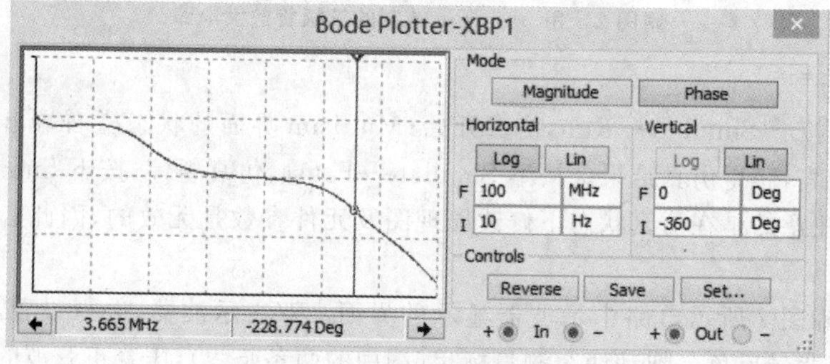

（b）相频特性

附图 4　附图 2 电路中波特图示仪显示界面

就是上限截止频率 fH，数值为 3.665 MHz，同样的方法可以测量下限截止频率 fL 为 942 Hz，显然，二者之差为通频带。相频特性显示在中频段的相位角为−180°，说明是反向放大器。工作频率等于 fH 时，相位角为−228.774°，工作频率大于 fH 时，相位角向−360°方向变化，小于

fL 时，向 0°方向变化。

(4) 电路分析。

Multisim 中的所有电路的分析都基于三个基本分析：直流、瞬态和交流（稳态）分析。

直流分析模式下，模拟器确定电路的静态工作点。电容器被视为开路，电感器被视为短路，模拟器使用节点公式和矩阵等线性电路的方法求解。

瞬态分析模式下，模拟器关心的是电路在离散时间点的解。其过程与直流分析有两个不同之处：在每个时间点执行线性化过程，无功元件不再被忽略；它们通过数值积分技术离散化。因此，瞬态分析利用线性化和数值积分过程求解。

交流（稳态）分析模式下，模拟器计算电路的正弦小信号稳态解。模拟器首先执行 DC 分析并基于工作点的值得到交流小信号模型，然后尝试在相量域中求解电路。因此，所有无功元件在特定正弦频率下转换为复阻抗，所有不带“AC”参数的独立电压/电流源（包括线性化模型的一部分）被忽略，即电压源短路，电流源开路。

Multisim 中的所有其他分析都建立在这些核心分析的基础上。例如，直流扫描分析只是一系列直流分析的集合，其中直流电源在两个直流分析之间进行步进。类似地，交流扫描分析（Multisim 中简称交流分析）也是一系列交流分析的集合。

以上述单管共射放大电路的静态工作点分析为例，其静态工作点的分析过程如下：主菜单 Simulate→Analyses and simulation →DC Operating Point。选择三极管的基极、发射极和集电极电位为输出信号，点击“Add”，选择节点 V(1)、V(2)、V(3)→Run，得到的输出结果如附图 5 所示。

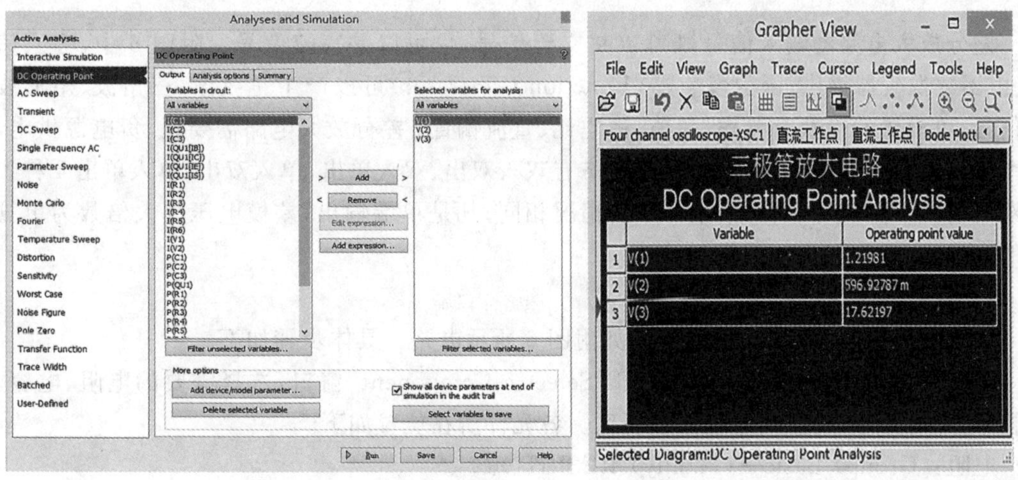

附图 5　三极管放大电路静态工作点分析

2. Multisim 应用举例——差分放大电路的仿真

直接耦合是多级放大的耦合方式之一，对直流信号、变化缓慢的信号只能用直接耦合放大电路进行放大，但随之而来的是零点漂移影响电路的稳定，解决这个问题的一个办法是采用差分放大电路。

附图 6 是由两个相同的共射放大电路组成的差分放大电路，当开关 S1 拨向下方时，构成了一个典型的差分放大电路，调零电位器 RP 用来调节 V1、V2 管的静态工作点，使得输入信号为 0 时，双端输出电压（即 Uc1、Uc2 之间的电压）为 0。当开关 S1 拨向右侧时，构成了一个具有恒流源的差分放大电路,用恒流源代替射极电阻 RE,可以进一步提高抑制共模信号的能力。

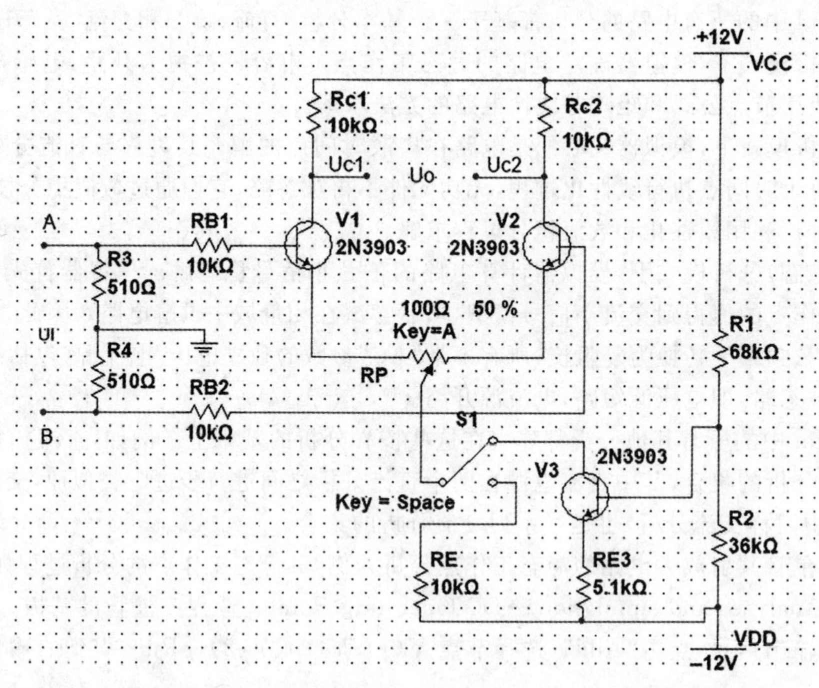

附图 6　差分放大电路

差分放大电路的输入信号既可以是交流信号,也可以是直流信号。附图 6 中,输入信号 UI 由函数发生器提供,函数发生器(Function Generator)可以产生正弦波、三角波、矩形波电压信号,可设置的参数有频率、幅值、占空比、直流偏置。差分放大电路需要正、负电源供电,有两个输入端和两个输出端,因此电路组态有双入双出、双入单出、单入双出、单入单出 4 种。凡是双端输出,差模电压放大倍数与单管情况相同;凡是单端输出,差模电压放大倍数为单管情况的一半。

1) 绘制仿真电路

(1) 打开 Multisim14 软件,画出如附图 6 所示电路。具体步骤如下。

单击“Place”→“component”,打开“Select a Component”窗口,选择需要的电阻、电容、晶体管、电源等元件,放置到原理图编辑区。各元件所在位置如下。

电阻:(Group) Basic→(Family) RESISTOR。

电位器:(Group) Basic→(Family) POTENTIONMETER。

晶体管:(Group) Transistors→(Family) BJT_NPN→(Component) 2N3903。

单刀双掷开关:(Group) Basic→(Family) SWTTCH→(Component) SPDT。

电源 VCC:(Group) Sourses→(Family) POWER_SOURSES→(Component) VCC。

电源 VDD:(Group) Sourses→(Family) POWER_SOURSES→(Component) VDD。

地 GND:(Group) Sourses→(Family) POWER_SOURSES→(Component) GROUND。

(2) 在主页面右侧竖排虚拟仪器图标中选择需要的虚拟仪器,如信号发生器(Function Generator)、双通道示波器(Double Channel Oscilloscope)等,单击图标绘制虚拟仪器,并调整各元器件位置，绘制连线。

(3) 选择“Place”→“Junction”命令，放置节点，选择“Place” →“Text”命令，在各节点旁输入文本“A”“B”“UI”“Uc1”“Uc2”“Uo”，便于分辨和观察信号。

2) 静态工作点的调节和测量

(1) 调节典型差分放大器零点。

在附图 6 所示电路中接入万用表、直流电压表。不加交流信号，将放大器输入端 A、B 与地短接，开关 S1 拨向下方构成典型差分放大电路，如附图 7 所示。接通±12V 直流电源，用直流电压表测量输出电压 Uo，仿真运行，调节晶体管发射极调零电位器 RP，使 Uo＝0，即调整电路使左右完全对称，则调零工作完毕。调节要仔细，力求准确。直流电压表绘制方法：Place →Component→Indicators→VOLTMETER_V。

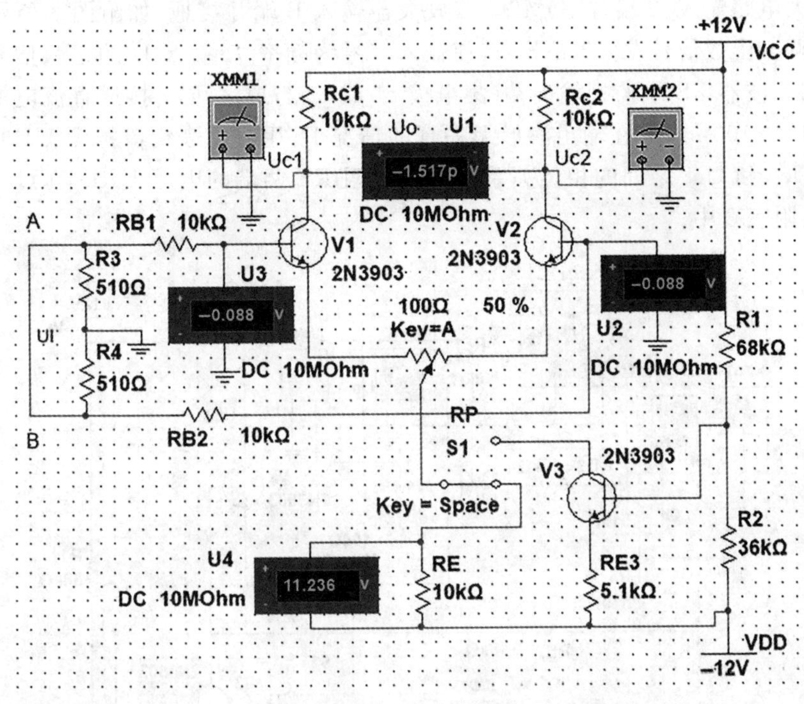

附图 7 差分放大电路调零及静态工作点测量电路

(2) 典型差分放大器静态工作点测量。

零点调好以后，测量电路中各处的静态工作点，可以用万用表、电压表和电流表等工具测量，也可用直流分析法、探针测量法来测量，该例用直流电压表测量 V1、V2 管各电极电位及射极电阻 RE 两端电压，如附图 7 所示。将数据记入附表 1 中。

附表 1 典型差分放大电路静态工作点数据表

测量值	UC1/V	UB1/V	UE1/V	UC2/V	UB2/V	UE2/V	URE/V
计算值	IC/mA		IB/mA		UCE/V		

(3) 恒流源差分放大器静态工作点分析与测量。

将开关 S1 拨向上方，构成恒流源差分放大电路，重复上述实验步骤，记录数据到附表 2 中。

附表 2　恒流源差分放大电路静态工作点数据表

<table>
<tr><td rowspan="2">测量值</td><td>UC1/V</td><td>UB1/V</td><td>UE1/V</td><td>UC2/V</td><td>UB2/V</td><td>UE2/V</td><td>URE/V</td></tr>
<tr><td></td><td></td><td></td><td></td><td></td><td></td><td></td></tr>
<tr><td rowspan="2">计算值</td><td colspan="2">IC/mA</td><td colspan="2">IB/mA</td><td colspan="3">UCE/V</td></tr>
<tr><td colspan="2"></td><td colspan="2"></td><td colspan="3"></td></tr>
</table>

3) 测量差模电压放大倍数(单端输入双端输出)

在附图 6 所示电路中接入函数信号发生器、示波器及万用表。函数信号发生器 XFG1 的“+”端接放大电路输入 A 端，“COM”端接放大器输入 B 端并接地，如附图 8 所示，构成单端输入方式。调节函数信号发生器 XFG1，使输入信号为频率 $f=1$ kHz 的正弦信号，并使输出电压置零，用示波器 XSC1 监视输出端(集电极 c1 或 c2 与地之间)。接通直流电源，逐渐增大输入电压 UI(约 100 mV)，在输出波形无失真的情况下，用万用表交流挡测 UI、Uc1 和 Uc2，并观察 UI、Uc1 和 Uc2 之间的相位关系及射极电阻 RE 两端的电压 URE 随 UI 改变而变化的情况，记入附表 3 中。

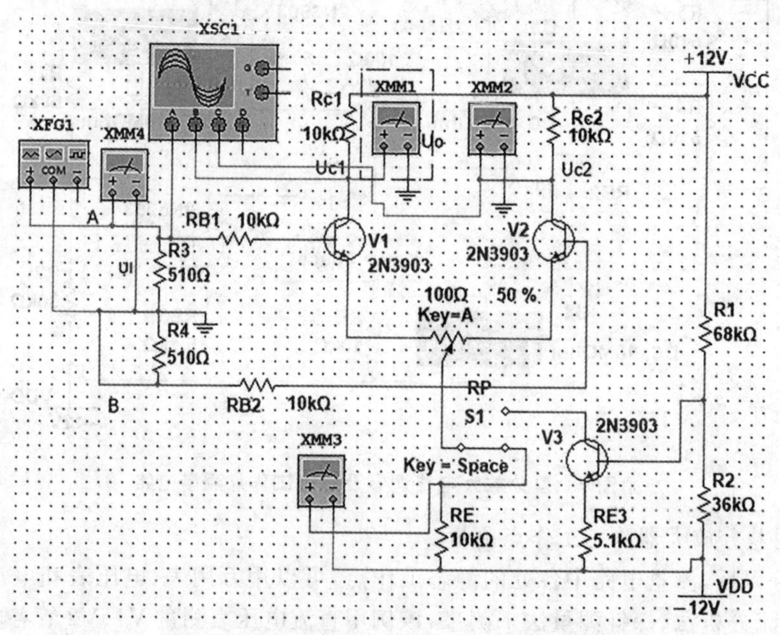

附图 8　差分放大电路差模(单端输入)电压放大测量电路

附表 3　典型差分放大电路单端差模输入数据表

<table>
<tr><td rowspan="2">测量值</td><td colspan="3">测量值</td><td colspan="2">计算值</td><td colspan="3">观察</td></tr>
<tr><td>UI/V</td><td>Uc1/V</td><td>Uc2/V</td><td>$Ad1=\frac{Uc1}{UI}$</td><td>$Ad=\frac{Uo}{UI}$</td><td>UI 与 Uc1 相位关系</td><td>UI 与 Uc2 相位关系</td><td>URE 与 UI 相位关系</td></tr>
<tr><td>单端差模输入</td><td>100 mV</td><td></td><td></td><td></td><td></td><td></td><td></td><td></td></tr>
</table>

将开关 S1 拨向上边，构成恒流源差分放大电路，重复上述实验步骤，记录数据到附表 4 中。

附表 4　恒流源差分放大电路单端差模输入数据表

测量值	测量值			计算值		观察		
	UI/V	Uc1/V	Uc2/V	$Ad1=\frac{Uc1}{UI}$	$Ad=\frac{Uo}{UI}$	UI 与 UC1 相位关系	UI 与 Uc2 相位关系	URE 与 UI 相位关系
单端差模输入	100 mV							

4）测量共模电压放大倍数

在附图 6 所示电路中将放大器 A、B 短接，并接入函数信号发生器、示波器及交流毫伏表。函数信号发生器 XFG1 的"+"端与 A 相接，"COM"端接地，构成共模输入方式。如附图 9 所示。设置输入频率 $f=1$ kHz，UI=1 V，用示波器监视输出端（集电极 c1 或 c2 与地之间）电压，其波形如附图 10 所示。在输出电压无失真的情况下，用交流毫伏表测量 Uc1、Uc2 的值并记入附表 5 中。

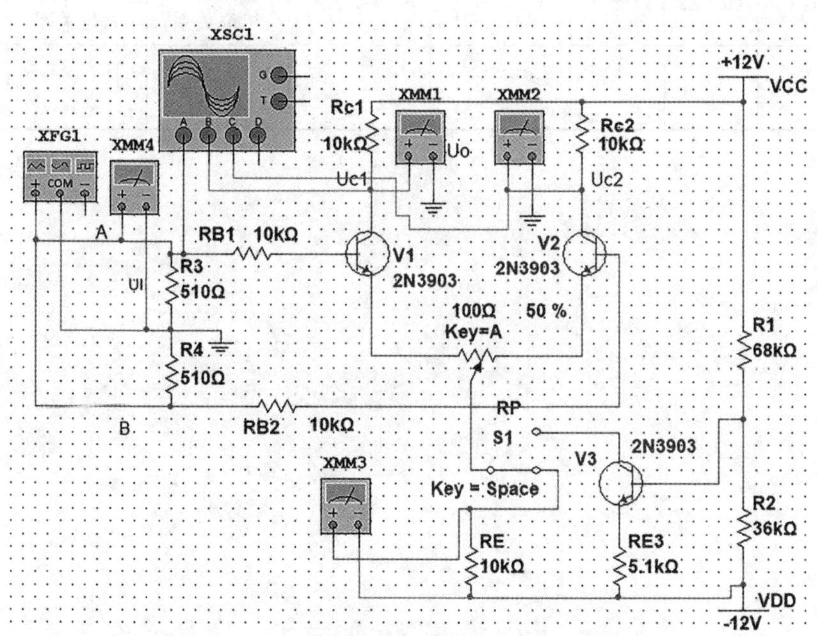

附图 9　差分放大电路共模电压放大测量电路

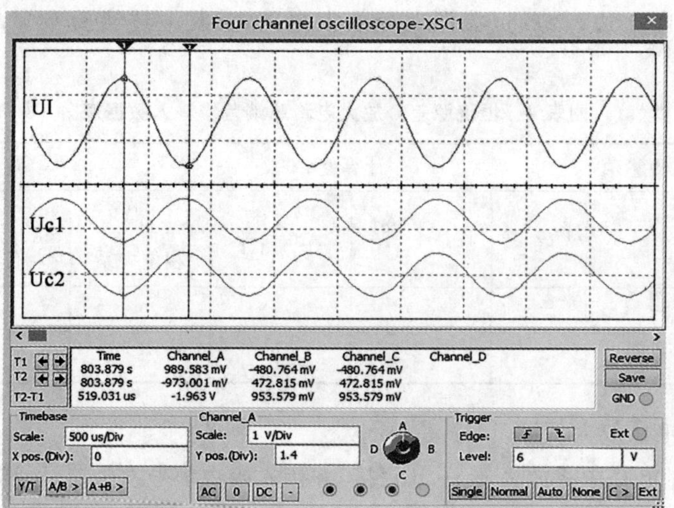

附图 10　典型差分放大电路共模放大波形

附表 5　典型差分放大电路共模输入数据表

测量值	测量值			计算值		观察		
	UI/V	Uc1/V	Uc2/V	$Ad1=\frac{Uc1}{UI}$	$Ad=\frac{Uo}{UI}$	UI 与 Uc1 相位关系	UI 与 Uc2 相位关系	URE 与 UI 相位关系
共模输入	1000/mV							

参考文献

[1] 清华大学电子学教研组.模拟电子技术基础[M].5版.北京:高等教育出版社,2015.

[2] 华中科技大学电子技术课程组.电子技术基础(模拟部分)[M].5版. 北京:高等教育出版社,2005.

[3] 殷瑞祥.电路与模拟电子技术[M].3版. 北京:高等教育出版社,2016.

[4] 周雪.模拟电子技术[M].4版.西安:西安电子科技大学出版社,2016.

[5] 杨家树,吴雪芬.电路与模拟电子技术[M].3版.北京:中国电力出版社,2015.

[6] 刘联会,郭洪涛.模拟电子技术[M].北京:北京邮电大学出版社,2017.

[7] 朱甦.模拟电子技术与应用[M].北京:北京理工大学出版社,2017.

[8] 陈振云、云彩霞.模拟电子技术[M].武汉:华中科技大学出版社,2013.

[9] 成立,杨建宁.模拟电子技术[M].南京:东南大学出版社,2006.

[10] 李霞.模拟电子技术基础[M].武汉:华中科技大学出版社,2009.

[11] 张全英,刘芸.模拟电子技术[M].北京:机械工业出版社,2000.

[12] 唐静.模拟电子技术项目教程[M].北京:北京邮电大学出版社,2017.

[13] 靳孝峰.模拟电子技术[M].天津:天津大学出版社,2011.

[14] 安小江.模拟电子技术[M].2版.西安:西北大学出版社,2014.

[15] 熊伟林.模拟电子技术及应用[M].3版.北京:机械工业出版社,2015.

[16] 高海生.模拟电子技术基础[M].南昌:江西科学技术出版社,2009.

[17] 杨媛媛.模拟电子技术[M].成都:电子科技大学出版社,2019.